中国当代
青年建筑师 X

上册

CHINESE CONTEMPORARY
YOUNG ARCHITECTS X

何建国 主编

图书在版编目（CIP）数据

中国当代青年建筑师. X. 上册 / 何建国主编. --
天津 : 天津大学出版社, 2022.1
ISBN 978-7-5618-7073-0

Ⅰ. ①中… Ⅱ. ①何… Ⅲ. ①建筑师－生平事迹－中
国－现代②建筑设计－作品集－中国－现代 Ⅳ.
①K826.16②TU206

中国版本图书馆CIP数据核字(2021)第212122号

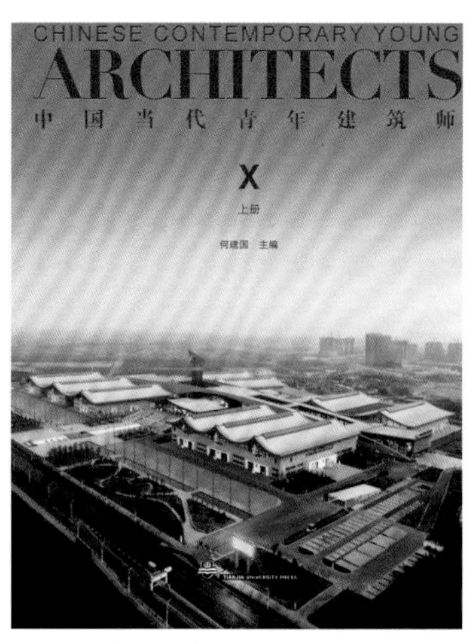

封面：清华大学建筑设计研究院有限公司/作品
——石家庄国际会展中心
［详见下册内文P263］

中国当代青年建筑师X（上册）
ZHONGGUO DANGDAI QINGNIAN JIANZHUSHI X

顾　　问　程泰宁　何镜堂　黄星元　刘加平　罗德启　马国馨　张锦秋　钟训正
主　　任　彭一刚
委　　员　戴志中　蒋涤非　李保峰　刘克成　刘宇波　梅洪元
　　　　　覃　力　仝　晖　吴　越　徐卫国　翟　辉　郑　炘
编　　辑　中联建文（北京）文化传媒有限公司
统　　筹　何显军
编辑部主任　王红杰
编　　辑　丁海峰　李天华　雷　方　柳　琳　宋　玲　唐　然　汪　杰　赵晶晶
美术设计　何世领
策划编辑　油俊伟
责任编辑　油俊伟
投稿热线　13920487878
媒体支持　微信公众号“青年建筑师”

封底：福建省建筑设计研究院有限公司/作品
——中医药文化博物馆
［详见上册内文P56］

出版发行　天津大学出版社
地　　址　天津市卫津路92号天津大学内（邮编：300072）
电　　话　发行部：022-27403647　邮购部：022-27892072
网　　址　www.tjupress.com.cn
印　　刷　北京盛通印刷股份有限公司
经　　销　全国各地新华书店
开　　本　230mm×300mm
印　　张　23
字　　数　539千
版　　次　2022年1月第1版
印　　次　2022年1月第1次
定　　价　349.00元

中国当代的青年建筑师是一股不可忽视的力量，他们在建筑界声名鹊起，他们所承接的项目的分量也在日渐加重，他们在中国建筑大发展的时代背景下，有更多的机会施展才华，有理论和实践紧密结合的成长轨迹，必将成为未来建筑设计的中坚力量！

他们作为中国建筑史发展的一个片段，展现出了这个层面应有的风貌。面对激烈的市场竞争，在复杂的建筑行业链条中，许多青年建筑师执着追求、蓄势待发，他们也需要更多的肯定和鼓励！

今天，关注青年建筑师的发展，不仅是市场需求，更是中国设计崛起的标志！

编者

中国当代青年建筑师X 战略合作伙伴

CHINESE CONTEMPORARY YOUNG ARCHITECTS X

中国建筑设计院有限公司
CHINA ARCHITECTURE DESIGN GROUP
www.cadri.cn

中国中元国际工程有限公司
www.ippr.com.cn

上海建筑设计研究院有限公司
www.isaarchitecture.com

北京市建筑设计研究院有限公司
BEIJING INSTITUTE OF ARCHITECTURAL DESIGN
www.biad.com.cn

广东省建筑设计研究院
Architectural Design and Research Institute of Guangdong Province
www.gdadri.com

江西省建筑设计研究总院集团有限公司
www.jxsjzy.com

同济大学建筑设计研究院（集团）有限公司
www.tjadri.com

中铁二院工程集团有限责任公司
www.creegc.com

中建八局第二建设有限公司设计研究院
www.8b2.cscec.com

上海中森建筑与工程设计顾问有限公司
ZHONGSEN ARCHITECTURAL & ENGINEERING DESIGNING CONSULTANTS LTD.
www.johnson-cadg.com

中联西北工程设计研究院有限公司
China United Northwest Institute for Engineering Design & Research Co.,Ltd.
www.cuced.com

浙江大学建筑设计研究院有限公司
Architectural Design & Research Institute of Zhejiang University Co., Ltd.
www.zuadr.com

清華大学 建筑设计研究院有限公司
ARCHITECTURAL DESIGN & RESEARCH INSTITUTE OF TSINGHUA UNIVERSITY CO., LTD.
www.thad.com.cn

航天建筑设计研究院有限公司
www.jzsj.casic.cn

浙江省建筑设计研究院（ZIAD）
www.ziad.cn

中国建筑西北设计研究院有限公司
www.cscecnwi.com

甘肃省建筑设计研究院有限公司
www.gsadri.com.cn

哈尔滨工业大学建筑设计研究院
The Architectural Design and Research Institute of HIT
www.hitadri.cn

山西省建筑设计研究院有限公司
The Institute Of Shanxi Architectural Design And Reserch CO.,LTD

www.sxjzsj.com.cn

中国电建集团华东勘测设计研究院有限公司
www.ecidi.com

中国中建设计集团有限公司
www.ccdg.cscec.com

拉萨市设计院
DESIGN INSTITUTE OF LHASA CITY

www.xzlssjy.com

启迪设计集团股份有限公司
Tus-Design Group Co., Ltd.
www.tusdesign.com

深圳市建筑设计研究总院有限公司
www.sadi.com.cn

广州市城市规划勘测设计研究院
www.gzpi.com.cn

中衡设计集团股份有限公司
www.artsgroup.cn

华南理工大学建筑设计研究院
ARCHITECTURAL DESIGN & RESEARCH INSTITUTE OF SCUT

www.scutad.com.cn

www.ydi.cn

JIANGSU PROVINCE
ARCHITECTURAL D&R INSTITUTE CO., LTD.
江苏省建筑设计研究院股份有限公司

www.jsarchi.com

CCDI悉地国际
www.ccdi.com.cn

福建省建筑设计研究院有限公司
FUJIAN PROVINCIAL INSTITUTE OF ARCHITECTURAL DESIGN AND RESEARCH CO., LTD.

www.fjadi.com.cn

合肥工業大學设计院(集团)有限公司
HFUT Design Institute (Group) Co., Ltd.

www.hfutdi.cn

www.xjdsjy.com

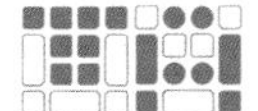

清华同衡建筑分院
T-H-U-P-D-I-T-H-T-A

www.thupdi.com

重庆市设计院有限公司
www.cqadi.com.cn

山东省建筑设计研究院有限公司
Shandong Provincial Architectural Design & Research Institute Co., Ltd.

www.sdad.cn

中国当代青年建筑师 X

上册目录

CHINESE CONTEMPORARY YOUNG ARCHITECTS X

058

陈冠东

广东省建筑设计研究院有限公司
第三建筑设计研究所

066

陈弘

浙江工业大学工程设计集团有限公司

072

蔡志昶

南京工业大学建筑学院

078

蔡沪军

上海彼印建筑设计咨询有限公司

084

曹磊

合肥工业大学设计院（集团）有限公司

092

曹健

安徽省城建设计研究总院股份有限公司

098

丁世杰

青岛时代建筑设计有限公司

104

杜鹏

上海加禾建筑设计有限公司

108

董容鑫

清华大学建筑设计研究院有限公司

中国当代青年建筑师 X

上册目录

CHINESE CONTEMPORARY YOUNG ARCHITECTS X

176
韩勇炜
中国中建设计集团有限公司

184
胡展鸿
广州市城市规划勘测设计研究院

190
胡楠
长沙市规划设计院有限责任公司

198
黄佳
广东省建筑设计研究院有限公司
第五建筑设计研究所

206
惠无央
上海加禾建筑设计有限公司

210
何金生
航天建筑设计研究院有限公司第一综合设计院

216
黄燕鹏
广东省建筑设计研究院有限公司
岭南建筑设计研究所

224
季凯风
北京寻引建筑设计有限公司

230
靳东儒
甘肃省建筑设计研究院有限公司

中国当代青年建筑师 X

上册目录

CHINESE CONTEMPORARY YOUNG ARCHITECTS X

边挺

职务：汉嘉设计集团股份有限公司第三建筑设计研究院院长
职称：高级工程师
执业资格：国家一级注册建筑师

教育背景
1995年—2000年　浙江工业大学建筑学学士

工作经历
2000年—2004年　汉嘉设计集团股份有限公司建筑师
2004年—2007年　汉嘉设计集团股份有限公司创作中心创作所主任
2007年至今　汉嘉设计集团股份有限公司第三建筑设计研究院院长

主要设计作品
安吉太和澜山郡
保亿和宁府
中大朗园
卡森王庭世家
昆仑府
武汉东湖会（湖滨客舍）
黄果树魅力小镇
金隅中铁诺德都会森林
西安长安里·1912项目
歌斐颂巧克力小镇
成都汉嘉国际社区
新湖仙林翠谷
瘦西湖唐郡
无锡·桃花源
野风山
莱德绅华府
北京华夏金山岭休闲度假酒店

汉嘉设计集团股份有限公司第三建筑设计研究院

汉嘉设计集团股份有限公司（原浙江城建设计集团股份有限公司）成立于20世纪90年代初，公司自成立以来，设计了大批富有影响力的建筑作品。作为全国民营设计行业的领军企业，公司努力将自身打造成为设计界的航空母舰。其下属的第三建筑设计研究院主要致力于高端住宅和旅游地产的规划设计，尤其在低密度联排别墅领域已经取得了实质性的成果，近年来，更是在各地设计了一系列富有当地特色的新型度假休闲项目，得到了业主的高度认可。未来，除了在已有的优势领域精益求精外，团队更会在新的设计领域积极探索，不断设计出优秀的新作品。

地址：杭州市湖墅南路501号
电话：0571-89975113
传真：0571-89975113
网址：www.cnhanjia.com

保亿和宁府

Baoyi Hening Community

项目业主：保亿置业（宁波江北）有限公司
建设地点：浙江 宁波
建筑功能：居住建筑
用地面积：26 000平方米
建筑面积：75 000平方米
设计时间：2019年
项目状态：在建
设计单位：汉嘉设计集团股份有限公司
主创设计：边挺、赵维、沈朝严

项目位于宁波市江北区庄桥街道，方案整体平面简洁精练，空间分布层次分明。景观在“礼、逸、融、尊”四个空间格局中次第展开。总平面布局充分满足了住宅的均好性，达到了户户有景、户户不同的要求。北地块住宅采用南北朝向，住宅楼宇布置在利用周边环境资源的基础上，营造项目内部自身的景观空间，形成不同层级的居住组团空间。

景观设计提取王阳明感物美学的人文精神，从传统的强调对称工整和景观轴线的模式中脱离出来，更多地强调通过景观的作用，让人得以放松休闲，从而营造细腻柔美的室外环境。设计以“时光一生长”为母题，将其衍生及提炼，分别从空间的律动、光影的变幻以及景观视线和节点的精致交错为切入点进行景观的表达。

杭州大家栖溪小区

Hangzhou Dajia Qixi Community

项目业主：杭州锦临置业有限公司
建设地点：浙江 杭州
建筑功能：居住建筑
用地面积：9 700平方米
建筑面积：27 000平方米
设计时间：2017年—2018年
项目状态：建成
设计单位：汉嘉设计集团股份有限公司
主创设计：边挺、许铭、郑董

小区作为全国百强房企大家地产在临安的首个项目，虽然规模很小，只有两幢楼，但是设计师进行了精心规划，并没有因为规模小而对设计品质进行打折，充分利用周边河景景观、双湾水岸资源、内外双公园配置。立面风格干净简洁，但又不失雅致。

金隅中铁诺德都会森林

Jinyu China Iron Nord Metropolis Forest

项目业主：金隅中铁诺德（杭州）房地产开发有限公司
建设地点：浙江 杭州
建筑功能：居住建筑
用地面积：64 800平方米
建筑面积：250 000平方米
设计时间：2017年—2019年
项目状态：建成
设计单位：汉嘉设计集团股份有限公司
主创设计：边挺、于鑫苗、石丹青

项目住宅规划呈流线型布置，建筑布局既迎合了周边地块的走势，又最大化地满足了南北朝向、充分利用景观及规避不利问题等。小区采用中心大花园的设计，建筑围绕中心大花园布置，具有均好性。设计采用开放式社区理念，住区边界采用“分而不断，开而不乱”的策略，在提高小区开放性的同时，也保持了一定的领域性，增强了社区与城市的互动和联系。

安吉太和澜山郡

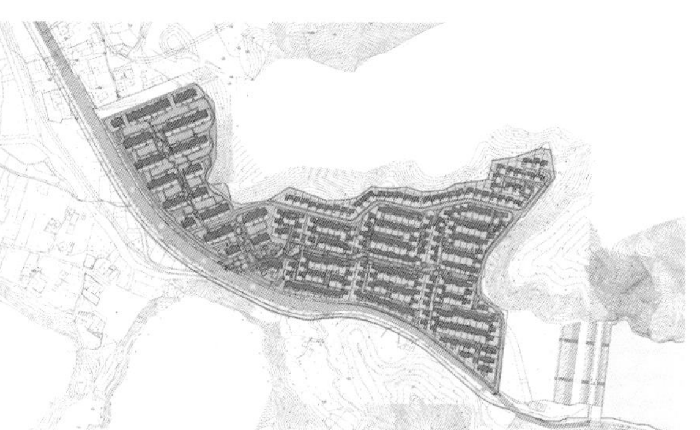

Anji Taihe Lanshan County

项目业主：安吉天泉置业有限公司
建设地点：浙江 安吉
建筑功能：居住建筑
用地面积：80 042平方米
建筑面积：142 088平方米
设计时间：2020年至今
项目状态：在建
设计单位：汉嘉设计集团股份有限公司
主创设计：边挺、叶淑强、赵维、沈朝严

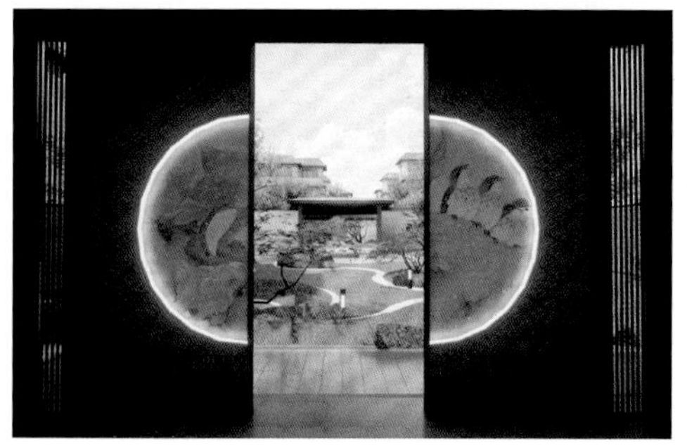

项目位于安吉县太和山水库以西、玉磬南路北侧。设计充分尊重场地的自然特征和周边城市条件，以建筑与城市和自然的协调统一为宗旨，以现代、简约、大气的手法，采用规划、建筑与景观设计三位一体、同步进行的方式，营造出整个社区的归属感和安全感。

总平面布局结合地形地势，依山势分布，由南往北、由西往东层层加高，以抬地式的处理和坡地景观的引入，使得建筑与环境能够有机融合，营造出一种高低结合、生机盎然的情趣。经典的多段式设计，丰富而不繁复的线脚，平直的水平向线条，拱元素，以不同材料或相同材料不同颜色的组合、拼接，体现高贵大气的整体建筑风格。

大通珑府小区

Datong Longfu Community

项目业主：巍山大通实业有限公司
建设地点：云南 大理
建筑功能：居住建筑
用地面积：251 902平方米
建筑面积：412 608平方米
设计时间：2020年
项目状态：在建
设计单位：汉嘉设计集团股份有限公司
主创设计：边挺、叶淑强、赵维

项目设计以人为本，在满足居住者生理与心理需求的同时，使景观空间与建筑环境水乳交融，营造“家”的氛围。建筑师充分利用地块内外环境，通过主次分明、动静分区的景观框架体系组织建筑外部空间，突出项目特色，提升居住空间品质。

建筑设计，通过丰富细腻的建筑与环境细节的表现来提高居住者的适应性、舒适性与社区的整体品质。合理的交通组织和景观设置使每处住宅都拥有良好的环境条件。建筑造型充分吸收巍山传统的建筑精华，采用唐代建筑风格，色调简洁明快，屋顶舒展平远，门窗朴实无华，给人端庄大方、整齐华美的感觉。

柏如超

职务：砻｜E+C水易石创建筑工作室创始人、设计总监
职称：高级工程师
执业资格：国家一级注册建筑师

教育背景

1991年—1995年　安徽建筑大学建筑学学士

工作经历

1995年—2001年　合肥市建筑设计研究院
2001年—2003年　中国轻工业上海设计院
2003年—2010年　上海现代建筑设计(集团)有限公司
2011年　创立砻｜E+C水易石创建筑工作室

个人荣誉

2017年中国民族建筑研究会年度杰出设计师
2019年入选《中国当代青年建筑师VIII》

主要设计作品

上海陆家嘴中央公寓
荣获：2006年上海市优秀工程勘察设计奖
宁波南苑环球国际大酒店
荣获：2009年中华人民共和国成立六十周年优秀设计入围奖
都江堰市新闻中心
荣获：2010年四川省优秀工程勘察设计二等奖
2010年上海市优秀工程勘察设计三等奖
盛世龙城
荣获：2016年国际人居生态建筑竞赛建筑、规划双金奖
成都龙樾湾
中国驻多哥使馆新建馆舍工程
枞阳县客运中心工程
中国轻纺城仓储物流中心
浙江蓝天影视文化商业中心
遵义东欣广场城市综合体
合肥澳中财富中心
雅加达钻石塔
复旦复华中日医疗健康产业中心
北京北苑医养项目
东黄山国际小镇南组团产业策划和城市设计
东黄山国际小镇南组团B-11/B-12地块设计
怀柔新城大中小富乐村、开放东路等地块设计

徐明杰
资深主创建筑师

刘红
项目建筑师

倪思思
主创建筑师

徐瑜
项目建筑师

熊永强
资深主创建筑师

黄馨
主创建筑师

E+C｜水易石创建筑工作室于2007年成立，是基于“专业化”和“综合化”的设计咨询机构。十多年来，水易石创多次在全国有一定影响力的设计招标项目中中标，在业界获得了良好声誉。

业务内容包括前期策划、规划业务咨询及工程规划设计、建筑设计、园林景观设计等。公司重视项目的全过程设计，坚持“精品设计”理念，以严谨务实、精益求精的工作方法和可靠完善的组织团队来完成各项设计任务。

2011年，根据战略发展需要，为进一步提升核心竞争力，联合设计名企水石国际创立了品牌“砻｜E+C水易石创建筑工作室”，以此品牌为核心，设计建成了诸多颇具影响力的设计精品。

2016年，荣获中国建筑学会主办的“2016年国际人居生态建筑规划方案设计竞赛杰出设计单位奖”。

2019 年，创始人及其作品入选《中国当代青年建筑师VIII》。

地址：上海市徐汇区古宜路188号A栋301室
电话：021-64286968
传真：021-64286962
网址：www.ecad.sh.cn
电子邮箱：ecad_sh@126.com

中铁雅加达梯田广场

China Railway
Jakarta terrace
Plaza

项目业主：中铁国际
建设地点：印度尼西亚 雅加达
建筑功能：城市综合体
用地面积：4 502 平方米
建筑面积：201 000平方米
设计时间：2017年
项目状态：方案设计
合作单位：中铁合肥建筑市政工程设计研究院有限公司
设计团队：柏如超、张督军、徐明杰、杨阳

长方形玻璃由金属支架连接，这些网状的钢结构起到了支撑、承载玻璃的作用，同时也赋予整个建筑一种力量与美感。

万达长春集采标段 C2 项目

C2 Project of Wanda Changchun Standard Section

项目业主：万达集团
建设地点：吉林 长春
建筑功能：居住建筑
用地面积：145 000平方米
建筑面积：288 000平方米
设计时间：2020 年
项目状态：方案
设计单位：上海水石建筑规划设计股份有限公司
　　　　　砻｜E+C 水易石创建筑工作室
设计团队：柏如超、熊永强、徐明杰、倪思思、
　　　　　刘红、徐瑜、黄馨

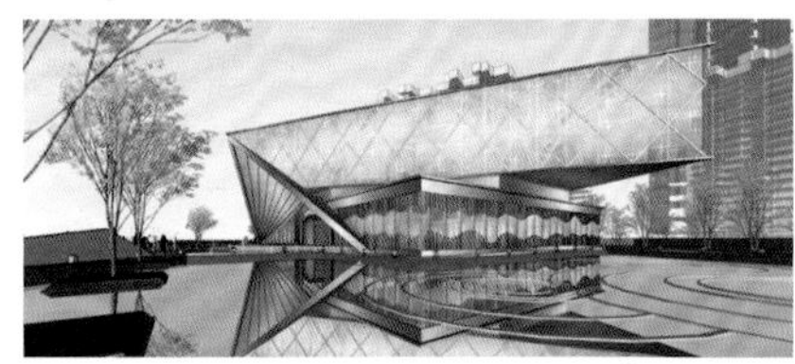

项目设计灵感来源于长春这个北国春城的地理特征和东北曲艺的人文特征。从东北二人转道具“手绢花”旋转的状态，提炼出项目的基本形态。整个建筑由上下两个体块旋转叠加而成。以北国春城的雪景作为项目立面的元素，建筑如雾凇冰凌一般，以晶莹剔透的效果呈现在人们眼前，表现了北国春城悠久璀璨的文化。

桐城龙山徽韵

Tongcheng Longshan Huiyun

项目业主：桐房集团
建设地点：安徽 桐城
建筑功能：居住建筑
用地面积：61 841平方米
建筑面积：148 000平方米
设计时间：2011 年
项目状态：建成
设计单位：[illegible]｜E+C 水易石创建筑工作室
设计团队：柏如超、黄恕、张芳

项目规划设计结合当地文化和周边环境，契合“徽韵”这一主题，与徽派文化一脉相承、与自然环境和谐统一。建筑布局结合徽派建筑文化，以水系为脉络，建筑错落有致，形成棋盘式街区，同时小区内部空间注重归宿感和围合感，借鉴传统园林的手法，创造合适的空间尺度和转折变化。

建筑立面设计追求简约、雅致、淡泊、平和的徽派建设意境。屋顶采用长短和高低变化相互穿插的组合以及退台等形式，错落有致地勾勒出丰富的徽派建筑屋顶轮廓。色彩提炼徽派建筑精髓“七分白，三分黑”，以黑灰白为主，在细部处理上辅以木色等暖色调，以彰显徽派建筑的神韵。

北京北苑医养项目

Beijing Beiyuan Medical Care Project

建设地点：北京
建筑功能：医养建筑
用地面积：76 070平方米
设计时间：2017 年
项目状态：方案
设计单位：上海水石建筑规划设计股份有限公司
　　　　　砼｜E+C 水易石创建筑工作室
设计团队：柏如超、马晓强、程东伟、徐明杰

项目设计将展现一个灵活、绿色、生态、开放、共享、充满生机的城市田园。把养老公寓、医疗、办公、商业等功能有机组织，打造优美的医疗环境、便捷的办公环境、舒适的购物环境和宜人的养生环境。

项目设计贯彻“新城市主义”的定位，从配套功能、社区营造和人性设计三方面入手，致力于建成生活便利、景观优美、尺度宜人的城市空间。强调文化氛围，着重构筑生态型居住社区，以整体社会效益、经济效益与环境效益三者统一为基准点，展现区域的人文气息以及现代、典雅的高端形象。人性化的空间设计，形成舒展、雅致、和谐的“城市中心”。

复旦复华中日医疗健康产业中心

Fudan Fuhua Sino-japanese Medical and Health Care Industrial Center

项目业主：复旦复华
建设地点：上海
建筑功能：城市更新
建筑面积：31 700平方米
设计时间：2016 年
项目状态：建成
设计单位：E+C ｜水易石创建筑工作室
设计团队：柏如超、徐明杰、杨阳

项目坚持 “以人为本”的设计原则，以“生态、节能、温馨、活力”作为设计理念。在适宜休息的地方设立座椅，在人员流动和适宜运动的地方开辟小路，并为帮助患者治疗和恢复规划了一些绿植及设施。设计方案使户外空间能够为治疗所用，使其成为有吸引力、令人舒心、通达便利的检查疗养空间。项目改造，坚持四个原则：保留原有的结构体系、增加中庭空间体系、符合现有容积率、保证现代高端品质。

陈超

职务：UA尤安设计·尤安巨作设计总监、首席建筑师
职称：工程师

教育背景
2001年—2005年　中国美术学院文学学士

工作经历
2011年至今　UA尤安设计

主要设计作品
乌鲁木齐绿地中心一、二期
南昌国际会展中心二期
南昌赣江新区绿地健康智慧小镇
江西绿地靖安明镜湾
深圳融创智汇广场
德阳之心城市综合体
济南贸易港

陈超先生是一位行走在绘画艺术与工程技术边缘的跨界建筑设计师。从业以来，他始终秉持着末端设计的理念，奋战在建筑创作第一线，综合各方面设计因素，为项目注入不同的设计溢值点。15年磨一剑，成功跨界，如今他在城市规划、超高层领域、商业综合体、私人会所、轻奢住宅等领域都有着丰富的经验。他坚持对项目的高标准要求，多次荣获国家级、省部级奖项，作品获得了行业的认可。

崔俊琦

职务：UA尤安设计·尤安巨作设计总监、首席建筑师

教育背景
2002年—2007年　河南理工大学建筑学学士

工作经历
2011年至今　UA尤安设计

主要设计作品
融创南京浦口浦滨路以北项目
滁州池杉湖概念规划
兴进武鸣区规划设计
融创华南五桂山项目
灵山片区项目
长沙城际空间站二期

崔俊琦先生从业14年，自2011年加入UA尤安设计以来，不断提高、完善自我，在城市规划、大型居住社区、精品住宅、星级酒店、特色小镇、风情商业等领域成功完成并落地了一大批优秀项目。他始终坚持公司提倡的“核心建筑师”理念，从自身做起，从不放弃对项目品质的追求，提升对内、对外的主动沟通能力和整合资源能力。同时，他积极加入上海建筑学会等社会机构，开拓视野，为中国的建筑事业奉献自己的力量。

贾东杰

职务：UA尤安设计·尤安巨作设计副总监、主持建筑师
职称：高级工程师
执业资格：国家一级注册建筑师

教育背景
1999年—2003年　重庆大学工学学士

工作经历
2017年至今　UA尤安设计

主要设计作品
湖州绿地新里云上府
厦门融创影视小镇
广州越秀番禺客运站TOD城市综合体
广州万科城市之光商业综合体
宁波绿地尚湾城市展
江西南昌绿地贸易港展示中心
四川泸州绿地城一期CD地块
浙江湖州绿地会展CD地块

贾东杰先生从业十多年，参与和主持过多种建筑类型的设计工作，擅长解决复杂设计项目的综合问题。在城市设计、中高档住宅、超高层建筑、商业建筑、文化建筑、综合体建筑等方面积累了丰富的经验。目前，他致力于对建筑与城市的关系及文化、科技与建筑融合方面的探索与实践。作为UA尤安设计核心建筑师，他在为建设单位提供优质设计服务的同时，也在为解决城市未来发展的问题积极探索。

尤安设计
URBAN ARCHITECTURE

地址：上海市殷高路1号中设广场
网址：www.uachina.com.cn

上海尤安建筑设计股份有限公司（简称“UA尤安设计”）是一家有规模的以建筑方案设计为核心、以创新创意为驱动力的专家型工程咨询公司。公司拥有建筑行业（建筑工程专业）甲级资质，主要从事建筑设计业务的研发、咨询与技术服务。公司以方案设计为轴心，聚焦于概念设计、方案设计、初步设计等建筑设计前端的各环节，并根据下游客户需求，提供包括施工图设计及施工配合在内的一体化建筑设计解决方案。设计作品遍布全国，涵盖超高层建筑、商业综合体、星级酒店、中高端住宅、甲级办公楼、城市更新、租赁住房等多个领域，多次荣获国内外学术、地产设计大奖。基于对城市的关注，无论是在公共建筑还是在居住开发领域，UA尤安设计都力图用作品在城市的记忆中留下令人振奋的精神财富，引领中国原创设计力量的崛起。

南昌国际会展中心二期

Nanchang International Convention and Exhibition Center Phase II

项目业主：绿地控股集团
建设地点：江西 南昌
建筑功能：酒店、会展综合体
用地面积：25 061平方米
建筑面积：85 086平方米
设计时间：2014年
项目状态：建成
设计单位：UA尤安设计

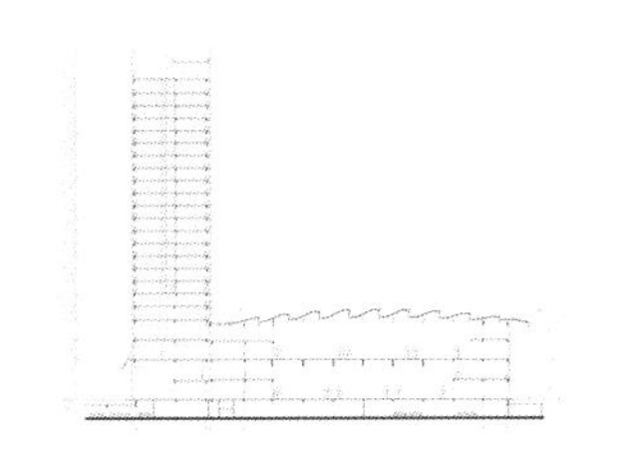

项目位于南昌市红谷滩新区九龙湖片区，是华中地区最大的会展综合体，拥有江西省最大的无柱会议厅，作为绿地南昌国际博览城的核心，配合一期大型会展中心使用。项目包含有406间客房的五星级酒店、25 000平方米的大型会议中心、50 000平方米的甲级办公楼和35 000平方米的展览型商业。

整体造型设计元素汲取“九龙帆影”的意向，回应对渔歌唱晚的水乡情结的追忆以及对枕江（赣江）傍湖（九龙湖）的场地解读；以连续的折板玻璃幕墙作为技术手段，由高层顶部开始，造型如同渔帆一般。设计师希望用建筑讲述一个关于南昌的故事。

深圳融创智汇广场

Shenzhen SUNAC Zhihui Plaza

项目业主：融创中国
建设地点：广东 深圳
建筑功能：商业、办公建筑
用地面积：17 727平方米
建筑面积：139 285平方米
设计时间：2014年
项目状态：建成
设计单位：UA尤安设计

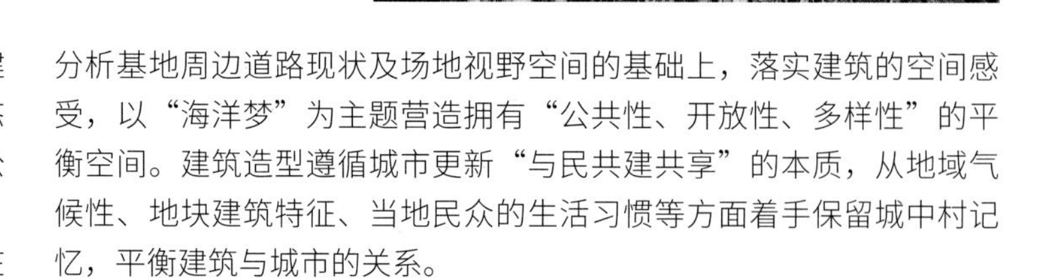

项目是深圳市第一个“工改公”工程，坐享北站CBD交通枢纽。建筑区别于传统商务集群“白天办公，夜晚城空”的状态，项目激活业态复合价值，将商务办公、人文生活、体验式商业相融合，创新商务办公模式，多维定制、互为配套、资源共享，再塑创新型商务新生态。

规划设计以“凝聚产业发展，打造公共活力空间”为出发点，在分析基地周边道路现状及场地视野空间的基础上，落实建筑的空间感受，以“海洋梦”为主题营造拥有“公共性、开放性、多样性”的平衡空间。建筑造型遵循城市更新“与民共建共享”的本质，从地域气候性、地块建筑特征、当地民众的生活习惯等方面着手保留城中村记忆，平衡建筑与城市的关系。

南昌赣江新区绿地健康智慧小镇

Nanchang Ganjiang New District Greenland Health Wisdom Town

项目业主：绿地控股集团
建设地点：江西 南昌
建筑功能：康养建筑
用地面积：88 000平方米
建筑面积：156 800平方米
设计时间：2017年
项目状态：建成
设计单位：UA尤安设计

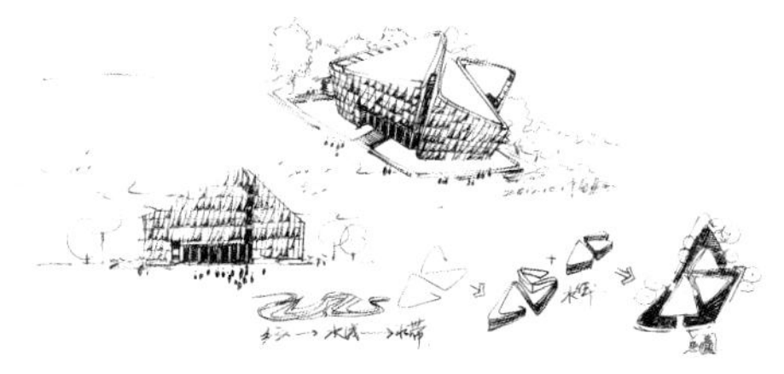

项目设计以健康产业为依托，以风情商业街脉络引入时间概念，以时间为线索构建具有南昌历史文化特征的风情小镇。在建筑设计上延用水的概念，以水为母题提取折形水纹的元素，构建滨水建筑特征。

设计亮点如下。

1．建筑的生态观。借儒乐湖景观资源，将城市空间向水打开，强调建筑与湖的关系，使建筑呈现不断生长的自然性，唤醒水城文化记忆。

2．介入城市活动。建筑顶部的横向长窗设计，为一座超理性的建筑注入了复杂的情感并建立了建筑与环境的对话关系。每当夜晚灯光开启，它就介入了城市的活动。

3．建筑的哺育性。底层横向开展，激活城市滨水展示界面，促使更多的公共活动在这里展开，将建筑从一个固化的视觉功能物体拓展为更具激发性与哺育性的系统。

乌鲁木齐绿地中心一、二期

Urumqi Greenland Center Phase I and II

项目业主：绿地控股集团
建设地点：新疆 乌鲁木齐
建筑功能：办公建筑
用地面积：50 136平方米
建筑面积：376 074平方米
设计时间：2013年
项目状态：建成
设计单位：UA尤安设计

项目位于乌鲁木齐唯一的双核区——CBD+CLD（中央商务区+中央商住区），基地东临城市绿谷生态区，城市休闲主轴横穿基地，轴线东侧尽端为天山博格达峰风景区，周边大面积的水资源进一步提升了地块的景观价值。

乌鲁木齐是以会展经济、外事交流、国际商务活动、文化活动和文化创意产业为核心的城市新中心。乌鲁木齐绿地中心将成为辐射亚欧的城市新名片，是建立中西亚与中国经贸、文化活动联系的重要节点。

江西绿地靖安明镜湾

Jiangxi Greenland Jing'an Mingjing Bay

项目业主：绿地控股集团
建设地点：江西 宜春
建筑功能：文旅建筑
用地面积：4 066平方米
建筑面积：1 220平方米
设计时间：2019年
项目状态：建成
设计单位：UA尤安设计

项目是一座以文旅为主体，以商业与康养为辅助的生活禅宗小镇的旅游服务中心，肩负着公共配套服务与文化传播的重任。设计深挖当地禅宗文化的渊源与底蕴，始终贯彻以传统方式传达当代精神，使人感受心灵的澄明与自由，营造极致的禅意境界。

建筑造型意象极具东方韵味，整个建筑由舒展曲折的屋顶、质朴的幕墙体系、融通的连廊、围合的院墙门亭形成一个上下嵌套的关系。屋顶形式采用庙宇造型，尽管错位与变形，但仍可看出对传统中国坡屋顶的隐喻。建筑的空间关系、细部处理都体现出中国式禅意的智慧。

陈晓宇

职务：AIM亚美设计集团总建筑师、董事长
执业资格：加拿大注册建筑师、加拿大皇家建筑师会员

教育背景

1994年—1997年　华南理工大学建筑学硕士

工作经历

2006年至今　AIM亚美设计集团总建筑师、董事长

个人荣誉

2011年中国年鉴颁发的中国建筑行业卓越贡献人物奖
2012年中国建筑设计行业卓越贡献人物奖
2013年《中国建筑设计作品年鉴》特邀编委
2015年“金钻奖”年度十大最具创意(建筑、景观、商业空间)设计师大奖
2016年“概念商业广场”国际建筑设计竞赛专业组优秀奖
2016年全国健康产业工作委员会规划设计发展中心副主任
2020年粤港澳大湾区智库副主席

主要设计作品

中信森林湖兰溪谷二期	荣获：2010年东莞市优秀建筑工程设计方案一等奖
联华花园城	荣获：2011年绿色宜居住宅
星河传说荷塘月色二期	荣获：2011年中国低碳建筑设计创新奖
广晟海韵兰庭	荣获：2014年中国人居典范竞赛创新示范楼盘奖
星港城万达广场	荣获：2017年中国城市可持续发展推动力“金殿奖” 2016年最佳商业楼盘
七星岗古海岸遗址	荣获：2017年广州市优秀城乡规划设计
GREEN BELT	荣获：2017年概念商业广场国际建筑设计竞赛优秀奖
新凯广场	荣获：2018年中国城市可持续发展推动力“金殿奖”
延安万达城红星镇	荣获：2020年中国最具投资价值文旅小镇“金殿奖” 2019年中国建筑设计金奖“金拱奖”
广东外语外贸大学附属江门外国语学校	荣获：2020年中国建筑设计金奖“金拱奖”

AIM亚美设计集团（AIM Design Group）成立于加拿大，广州总部聚集国内外精英设计师200余人，一直致力于打造以建筑设计为核心，从策划、规划、景观、室内、灯光、幕墙设计到商业招商、运营的一体化定制的全程服务产业链。

AIM亚美设计集团是少数同时具有国际品牌、中国建筑行业综合甲级资质以及与客户长期战略合作三大核心竞争力的设计集团。不仅拥有一流的创意，还有一支强大的包括结构、水电、暖通、室内、景观等专业的技术队伍作为项目支撑，以确保方案的可实施性和造价的有效控制。在与国内众多知名地产商的长期合作中，无论是设计品质还是服务均受到业主好评。AIM亚美设计集团先后承接了诸如星港城万达广场、桂林融创文旅小镇、延安万达城红星镇、黄埔合景万达广场、新凯广场、东方新天地、通驿民众服务区、广东外语外贸大学附属江门外国语学院、广州国际皮具中心、巴伐利亚庄园、敏捷华南金谷、金州体育城、保利珑门广场、广州天颐华府、广晟海韵兰庭、万科幸福城、佛山恒大城、天安珑城、广州南站地下空间设计、京华广场、阳江国际金融中心等上百个成功案例。

AIM亚美设计集团有资深的行业背景、良好的方案水平、优质的设计服务团队，AIM亚美设计集团各大品牌供方库包括：万科、恒大、保利、万达、融创、方圆、招商、中海、新城控股、中粱、敏捷、奥园、龙湖、碧桂园、希尔顿、香格里拉、洲际、万豪、精选国际酒店等。

地址：广东省广州市珠江新城华穗路406号保利克洛维中景A座16楼
电话：020-38819168
传真：020-38812825
网址：www.aimym.net
电子邮箱：a@aimgi.com

广东外语外贸大学附属江门外国语学校

Guangdong University of Foreign Studies Jiangmen Foreign Language School

项目业主：保利集团
建设地点：广东 江门
建筑功能：教育建筑
建筑面积：53 860平方米
设计时间：2017年
项目状态：建成
设计单位：AIM亚美设计集团
主创设计：陈晓宇、IGNASI HERMIDA TELL、刘波、叶俊添

项目融入当地艺术元素，营造出一种具有中式意境的设计效果，传承侨乡中西文化。设计“以人为本”，建筑单体间有机联系、互相协调、互相对话，以形成道路立面和外部空间的整体连续性，空间上主张动静分区，手法上简洁实用，兼具科学性与人文色彩，同时呼应学校的愿景——为学生创造一个包含学园、乐园、家园和探究园的完整校园生活。校园教学区、生活区、运动区、实验区四大功能区划分清晰、布置合理。功能区之间相互交融渗透，在规划中充分体现结构多样、协调、富有弹性，满足可持续发展的需求。

保利西海岸

Poly West Coast

项目业主：保利集团
建设地点：广东 江门
建筑功能：居住建筑
建筑面积：559 892平方米
设计时间：2018年
项目状态：建成
设计单位：AIM亚美设计集团
主创设计：陈晓宇、IGNASI HERMIDA TELL、刘波、叶俊添

项目采用中式意境、西式表达的方式，融入当地艺术元素，打造活力城市，传承侨乡中西文化。设计利用新会区一线江景资源，打造特色水岸住区，引入舒朗葱郁的多功能草坪，融入文化的同时给人带来现代公园式生活体验，让居民乐享悠然之情。外立面设计灵感来源于以充满想象力的建筑设计而闻名的凡尔赛宫，凡尔赛被称为对称和理性美的代表，售楼处的主立面坚实挺拔、虚实结合，利用石材形成体量感，借助柱廊形成开敞空间，中轴线和富于变化的入口空间营造出仪式感。保利西海岸不仅仅是为了居住而建造的，更是一座城市实力的象征，也承载着人们对未来的憧憬和对历史的回溯，从而演变成为文化的沉淀。

名高广场

Minggao Plaza

项目业主：广州市名高置业发展有限公司
建设地点：广东 广州
建筑功能：商业建筑
建筑面积：58 000平方米
设计时间：2018年
项目状态：建成
设计单位：AIM亚美设计集团
主创设计：陈晓宇、IGNASI HERMIDA TELL、叶俊添

项目致力于打造有特色的中高档都市休闲商业服务区，实现核心价值目标“在都市中休闲办公、享受生活”。围合的办公楼形成双子塔的布置形式，综合市政绿化退为绿化广场，建成“中轴对称”的绿化体系，形成不同层次的公共景观空间以吸引人流。西地块的南侧设置集中大堂，便于管理和提高金融办公的档次。首层和二层设置商业以及绿色金融办公用房，这样既充分地发挥其面临迎宾大道的商业价值，又响应绿色金融街的号召，营造出自由交流的商业空间。同时在办公楼首层沿路边布置商业网点，结合基地环境，融入周边的商业氛围，争取最佳经济效益，同时增加商业配套，提高商业品位。

黄埔合景万达广场

Huangpu Hejing Wanda Plaza

项目业主：万达集团、合景泰富集团
建设地点：广东 广州
建筑功能：商业建筑
建筑面积：250 000平方米
设计时间：2018年
项目状态：建成
设计单位：AIM亚美设计集团
主创设计：陈晓宇、IGNASI HERMIDA TELL、梁云飞

项目融电商、娱乐型消费、文化式体验于一体，打造多功能、服务全面的产业众创空间。外立面以凤凰为设计概念，在外墙金属板上模拟羽毛的纹路，寓意凤凰羽毛，并与黄埔地名来源呼应。商业中心建筑外形的设计灵感来自大数据传输路径，使建筑如艺术品一般，从每个角度观赏都有不同的新意。白天商业中心晶莹剔透、洁白而宁静；夜幕降临，它又变身为色彩斑斓的“梦幻之城”，呈现绚丽的形象。此外立面设计方案主要用不同材质与肌理的体块互相咬合，打造具有现代感的建筑造型。规划上采用“一心”“二轴”“四组团”的结构，与办公园区围合成中心，以贯穿东西和南北的商业街为主轴，再将客流引入，聚集中央人流。该项目成为黄埔文化建筑园区的新地标，利于拉动黄埔周边的区域整体经济，提升黄埔区产业及旅游形象。

嘉辉广场

Jiahui Plaza

项目业主：东莞嘉创房地产开发有限公司
建设地点：广东 东莞
建筑功能：商业建筑
建筑面积：50 000平方米
设计时间：2018年
项目状态：建成
设计单位：AIM亚美设计集团
主创设计：陈晓宇、潘丽敏、何家乐、黎子维

项目致力于打造一个有主题、有互动、人性化的特色商业中心。入口处采用乐高元素的体块关系设计富有艺术感的天花，通过高低错落的体块，结合灯光带动整个商业广场的氛围，将主题深入商业的规划动线、空间的艺术设计及商业设施中。

主中庭的玻璃平台犹如潘多拉的礼品盒错落地镶嵌在空间中，玻璃盒与每层的观景平台相结合，从每个角度拍摄都是一个极具视觉冲击力的购物空间。观光梯引入了透明屏幕的设计，是整个商业中心的一大亮点，动态的效果极具视觉冲击力。另一个中庭设计有超大型水族箱，伴随水族箱的是跨越4个楼层的轨道餐厅，令消费者置身于自然与科技中，可以享受不一样的购物体验。

陈宁川

职务：中冶南方工程技术有限公司四川分公司副总经理
职称：工程师

教育背景
1997年—2002年　西南交通大学建筑学学士

工作经历
2002年—2014年　成都市建筑设计研究院
2014年至今　中冶南方工程技术有限公司四川分公司

主要设计作品
什邡中学高中部会演中心
荣获：2010年四川省优秀工程勘察设计三等奖
什邡中学高中部音体楼
荣获：2010年四川省优秀工程勘察设计二等奖
成都市国家综合档案馆
荣获：2013年成都市优秀原创方案一等奖
中国电建金属结构研发中心
荣获：2020年湖北省优秀工程勘察设计三等奖
岷江花园
峨眉山人民医院
宜宾绿地总部大楼
宜宾CFC中心
新纳科技大学实验中心
四川大学多学科交叉大楼
德源公交车库
广元市会展中心
成都市金沙西园

中冶南方工程技术有限公司（简称“中冶南方”）是由中国冶金科工股份有限公司控股的高新企业，总部位于武汉市。中冶南方具有综合甲级资质，是集工程技术研究、设计、开发、应用于一体，面向全国，服务海内外的综合设计公司。在全国勘察设计企业综合实力百强评选和全国勘察设计企业营业收入排序中，一直位居前10名，多项工程获国家级、省部级奖项，并通过了ISO 9001质量管理体系认证。

中冶南方工程技术有限公司四川分公司，是中冶南方加大力度发展基础设施板块、大力开拓西南市场、扩大民用市场影响力的主要阵地。其项目涉及全国多个省市地区，业务涵盖城市规划、产业策划、建筑与景观设计、城市市政工程设计、项目管理与咨询服务。业务模式包括策划咨询、规划设计、项目管理、EPC等，在西南地区，尤其是四川省内均具有相当影响力。

地址：四川省成都市高新区
天府大道中段500号
电话：028-85159800
028-61999602
传真：028-85159800
网址：www.wisdri.com
电子邮箱：wisdri@wisdri.com

西南科技大学实验中心

Experimental Center of Southwest University of Science and Technology

项目业主：西南科技大学
建设地点：四川 绵阳
建筑功能：教育建筑
建筑面积：35 000平方米
设计时间：2018年
项目状态：建成
设计单位：中冶南方工程技术有限公司四川分公司
设计：陈宁川
刘林滔、贺欣然

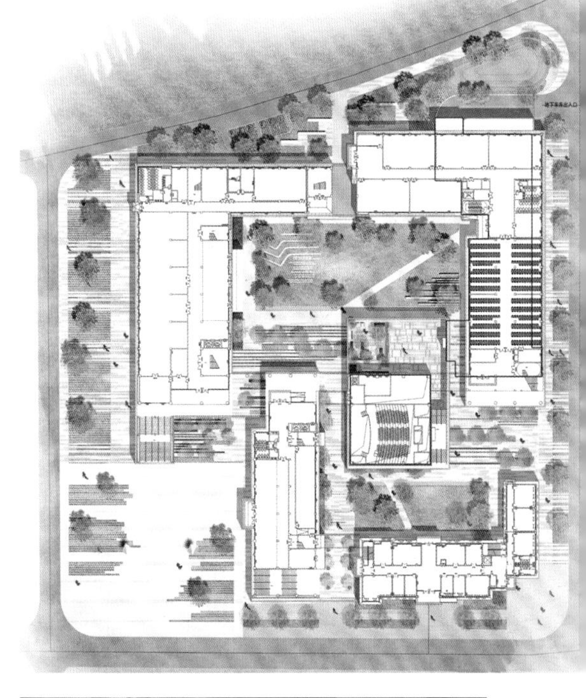

项目包含文科实验室和理科实验室，是一座供全校师生使用的建筑物。基于此，建筑师在建筑物第二层设置了联系各楼栋的交通灰空间，既提高了室内空间使用率，也为师生提供了舒适的室外交流与休息的场所，并为教学增添了一丝轻松。

建筑采用红砖外墙，通过体块的穿插与肌理的变化，使这座新建建筑矗立在有20年历史的校园中，既不显得突兀，也不过于低调；既体现秩序，又不显得沉闷；内敛中透着活泼，与周围环境相得益彰。

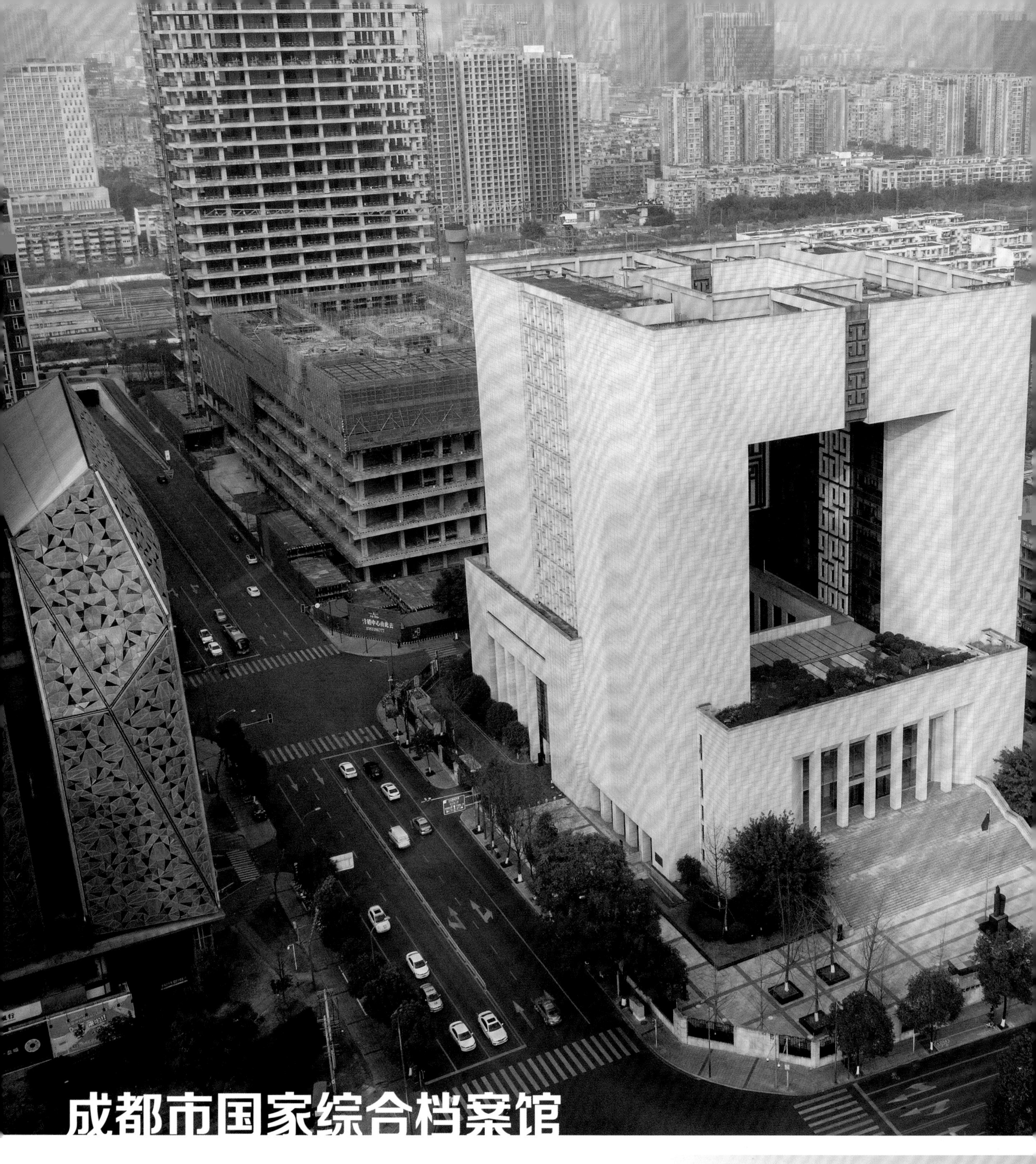

成都市国家综合档案馆

Chengdu National General Archives

项目业主：成都市国家综合档案馆
建设地点：四川成都
建筑功能：文化建筑
建筑面积：50 000平方米
设计时间：2012年
项目状态：建成
设计：陈宁川
付明、刘林滔、杨子辉

项目以“鼎”这种中国最古老的档案传承实体作为新建档案馆建筑风格的隐喻主体，以作为正统凭证的传承实体“印玺”为隐喻的附加符号，加以解构、推演、变化、重组，最终形成厚重、大气、权威、开放的建筑形体，从而充分赋予建筑历史文化内涵，形成重要的建筑特质与隐喻的建筑定位。

此外，在众多立面处理细节上，重点以通高的裙房柱廊、广场级尺度的大踏步以及大量实体墙面材质来体现档案建筑的庄严性和纪念性；以源自三星堆文化的抽象符号、实体墙面的浮雕元素以及广场和庭院的主题性雕塑来传达蜀文化的神韵。

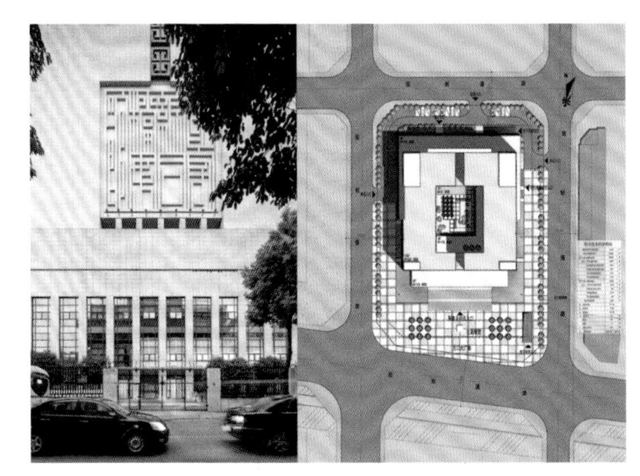

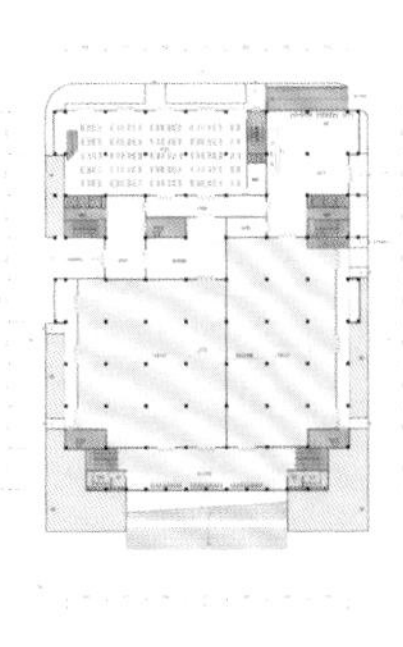

中国电建金属结构研发中心

China Power Construction Metal Structure R & D Center

项目业主：中国水电七局　　建设地点：四川成都
建筑功能：办公建筑　　用地面积：26 000平方米
建筑面积：83 000平方米　　设计时间：2015年
项目状态：建成
设计单位：中冶南方工程技术有限公司四川分公司
设计：陈宁川
　　　彭冉、刘林滔、周玲丽

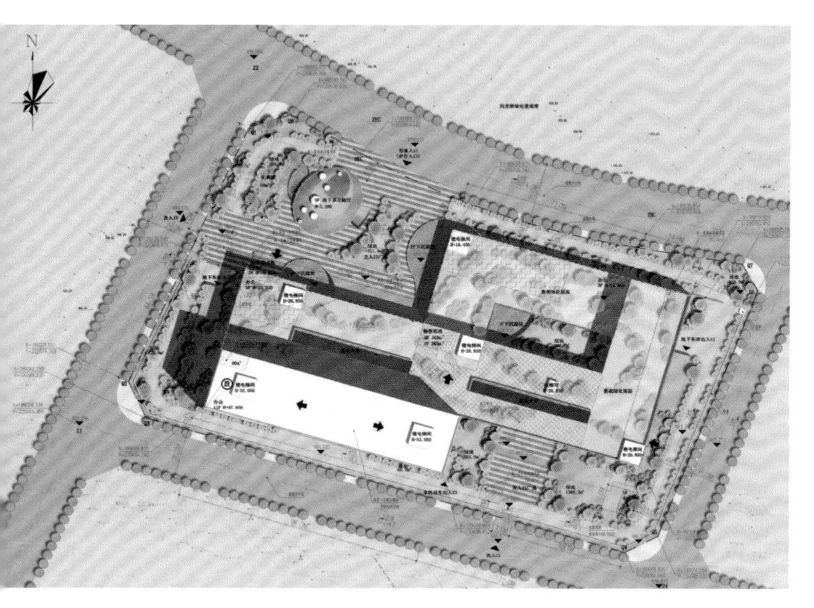

项目位于成都市兴隆湖南侧，是湖畔第一个开工建设及第一个竣工的项目，在天府新区科学城片区建设中起着引领作用。

建筑的形体用符号“∞”隐喻水电能源的生生不息，同时这种构成形体向湖面提供大量的屋顶景观空间，为这里的研发人员提供了舒适的办公环境。巧合的是，从高空俯瞰，在四层屋面呈现一个“7”字，也是使用单位水电七局的隐喻，或许这才是最终选择此方案的原因。每每陪同参观者到此，道出这个“7”字，对方才会恍然大悟。这种隐藏的仪式感算是给现在沉闷的设计工作带来了些许趣味，当然这些小趣味并不影响建筑本身对空间和品质的追求，反而是种促进。建筑采用钢结构设计，48米无柱大跨空间是建筑的显著标志点，也是对结构设计的挑战。建筑立面细节采用玻璃幕墙与金属遮阳百叶，现代科技感十足，同时符合金属结构研发中心气质。

陈嘉文

职务：深圳市东大国际工程设计有限公司设计总监
职称：高级工程师

教育背景
2003年—2008年　深圳大学建筑学学士

工作经历
2009年至今　深圳市东大国际工程设计有限公司

主要设计作品
丰县职业技术学院
荣获：2015年深圳建筑创作奖银奖
东莞滨海湾新区湾区一号
荣获：2019年深圳建筑创作奖银奖
梦网科技大厦
深圳数字电视国家工程实验室大厦
西宁新千锦绣新天地商业综合体
徐州市民中心
深圳体育运动学校
安阳亚龙湾东湖
深圳新航站楼运营指挥中心
深圳横岗高级中学
虚拟大学园产业化综合大楼
瑞声南宁东盟研发中心

建筑思想
陈嘉文先生具有极强的整合能力和协调沟通能力。由他参与和主持设计的项目涵盖办公、产业园、商业综合体、文化、医疗、教育、居住等建筑类型，不仅覆盖面广，而且精专独特。
陈嘉文先生的设计强调建筑逻辑性的衍生，建筑的生成从周边环境中找到最合理的答案，兼顾造型美观和功能适用，不仅能够凸显建筑所代表的企业、团体的形象，还能融入环境。另外，关注使用者体验，结合不同类型的建筑和使用者的感观需求，营造具有独特场所感的建筑环境。

刘鹏程

职务：深圳市东大国际工程设计有限公司设计总监
执业资格：国家一级注册建筑师

教育背景
2002年—2007年　华中科技大学建筑学学士

工作经历
2016年至今　深圳市东大国际工程设计有限公司

主要设计作品
深圳大鹏新区鹏安苑保障房
深圳湾口岸综合服务楼
青岛蓝湾远创科技园
恒荣立方珠海凤凰溪谷
深圳长湖学校
深圳市上洞电厂人才住房
西安振业高陵地块
四川巴中光正科技学院
海口南二区小学
三亚红塘湾小学
深圳市第二十七高级中学

建筑思想
功能的本质为活动需求。理解功能，从活动出发，追求功能的出发点。生活方式的改变会影响建筑的功能需求，设计的时代性体现在建筑的技术特征以及人们的生活方式上。
建筑的核心是为人们服务，以人为本、从需求出发，实现价值。通过合理的空间安排、节点设计，给使用者带来正向的心理效应。
建筑的本体真实就是建筑的永恒性。本体性表达方式多元，如形体构成空间，材质体现效用，结构展示受力等。
建筑师为业主提供问题的解决方案，本质是提供对空间、经济活动、社会关系等问题的综合解决策略，说服的实质是对价值观的认同。

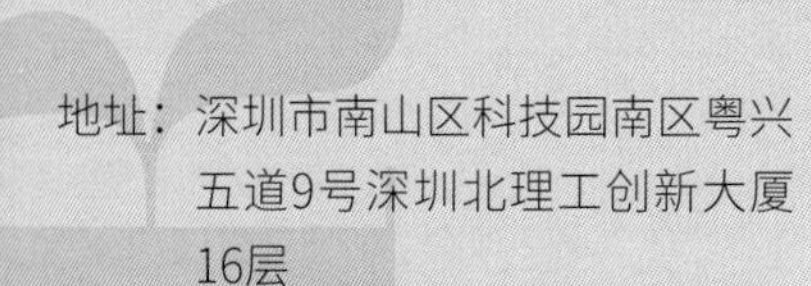

深圳市东大国际工程设计有限公司（以下简称“东大国际”）由“东南大学建筑设计研究院深圳分院”改制而来,创始院长为建筑大师孟建民院士，它依托东南大学，已在深圳立足20余年，是一家学习型、研究型、创新型的企业。

东大国际现有员工180余人，拥有业内优秀的设计人才，具有丰富的设计经验。著名建筑设计大师赖聚奎教授为东大国际总建筑师。

东大国际坚持不断地为员工营造快乐工作与健康成长的环境。

东大国际是一家帮助客户实现建筑梦想的设计公司，立足于设计的创新与服务，坚持为客户创造利润与价值，并立志成为全国建筑设计创新服务第一品牌，优质的服务赢得了业内各界的尊敬。

东大国际秉承“相信、创新、共赢”之理念，立足深圳，面向全国，完成了一系列地域公建、商业综合体、城市公园景观项目的规划设计，服务于万科、振业、卓越、山东鲁能、三亚鲁能等多家专业地产开发商，以创新、服务之美誉获得了各界的称赞，赢得了良好的社会效益与品牌信誉。

地址：深圳市南山区科技园南区粤兴五道9号深圳北理工创新大厦16层
电话：0755-82996899
微信订阅号：DDFY001
企业微信号：dongdaguoji
网址：www.seusz.com
电子邮箱：574385565@qq.com

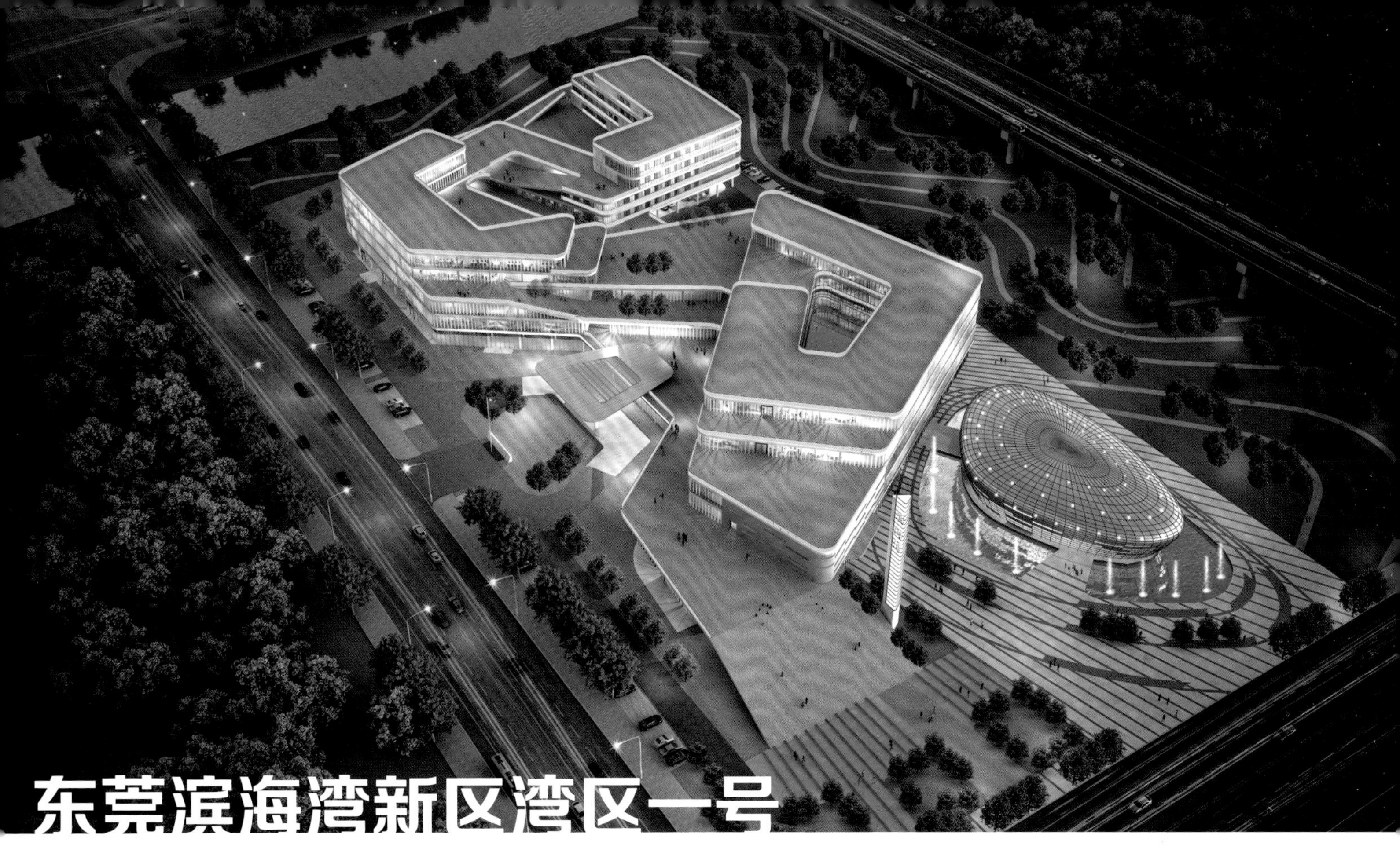

东莞滨海湾新区湾区一号

Dongguan New Marina District Bay Area No.1

项目业主：东莞市滨海湾新区控股有限公司
建设地点：广东 东莞
建筑功能：办公、居住、展厅、服务中心
用地面积：44 000平方米
建筑面积：56 000平方米
设计时间：2019年
项目状态：建成
设计单位：深圳市东大国际工程设计有限公司
主创设计：陈嘉文

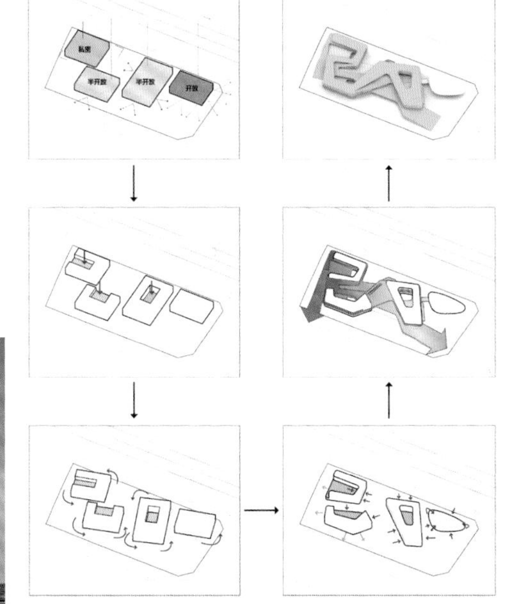

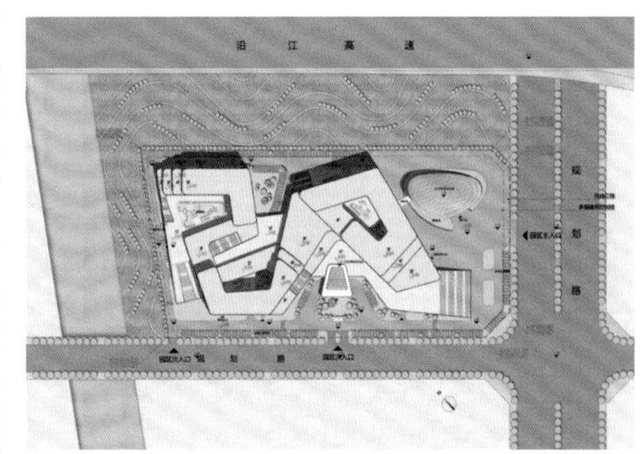

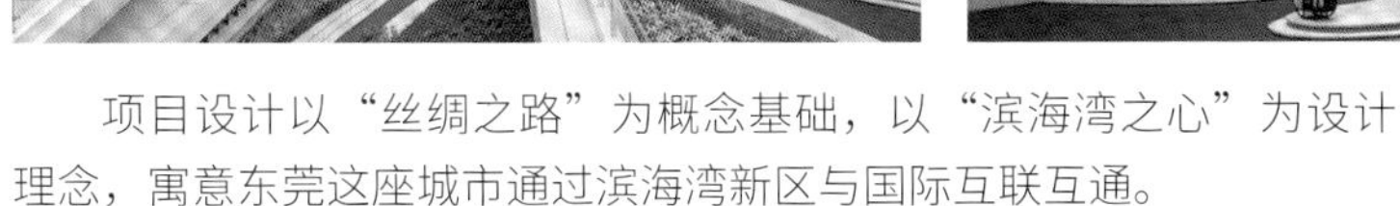

项目设计以“丝绸之路”为概念基础，以“滨海湾之心”为设计理念，寓意东莞这座城市通过滨海湾新区与国际互联互通。

设计打破传统办公空间的方正和明确的边界，通过扭转的形态，使建筑内部与外部环境产生更多的联动。在灵动的外表下，有着明确的功能分区，每个部分以围合和半围合的庭院进行空间组织，庭院作为空间核心，提升空间的环境品质。设计打造生态绿化的办公环境，将建筑与景观融合，采用地景建筑的形式，使绿化与生态纵向延伸。南侧地块以中央景观庭院为绿色核心，向四周的城市界面进行渗透，强化空间的开放性和通透性。

梦网科技大厦

Mengwang Technology Building

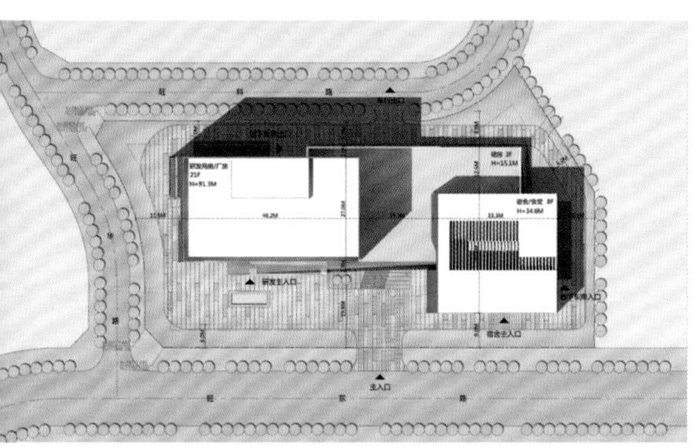

项目业主：深圳市梦网科技发展有限公司
建设地点：广东 深圳
建筑功能：办公、居住、商业建筑
用地面积：7 000平方米
建筑面积：51 000平方米
设计时间：2017年
项目状态：在建
设计单位：深圳市东大国际工程设计有限公司
主创设计：陈嘉文、金煜峰、陈玲、黄振山

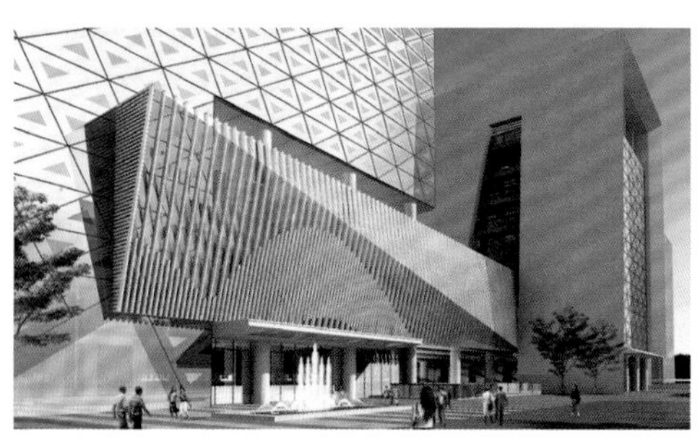

项目以打造优质的办公环境为设计理念，旨在提供一个适合发展的企业办公场所，多元化的公共空间成为建筑的一大亮点。在功能布局上，形成主次楼两大功能主体，主楼为研发主体，次楼为服务主体。两楼前后错开，围合形成1 500平方米的前广场，成为气派的主楼入口广场空间，强化主楼的地位。楼内每层设有一到两个景观阳台，作为科研人员工作之余舒适放松的休憩场所。

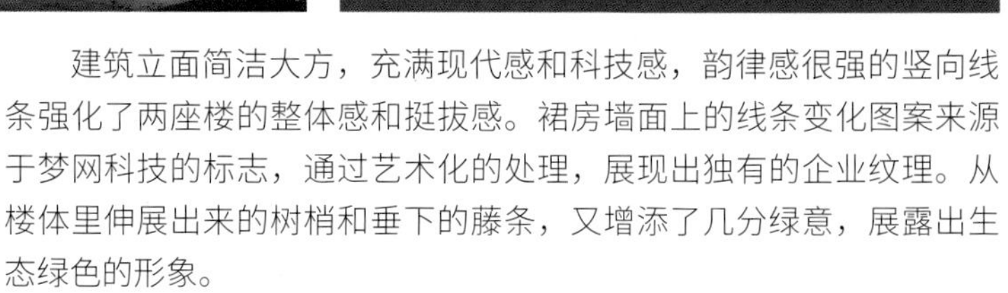

建筑立面简洁大方，充满现代感和科技感，韵律感很强的竖向线条强化了两座楼的整体感和挺拔感。裙房墙面上的线条变化图案来源于梦网科技的标志，通过艺术化的处理，展现出独有的企业纹理。从楼体里伸展出来的树梢和垂下的藤条，又增添了几分绿意，展露出生态绿色的形象。

瑞声南宁东盟研发中心

Ruisheng Nanning ASEAN R & D Center

项目业主：瑞声科技
建设地点：广西 南宁
建筑功能：研发、展厅建筑
用地面积：20 000平方米
建筑面积：71 000平方米
设计时间：2020年
项目状态：在建
设计单位：深圳市东大国际工程设计有限公司
主创设计：陈嘉文、金煜峰、陈玲、陈雅程、郑浩

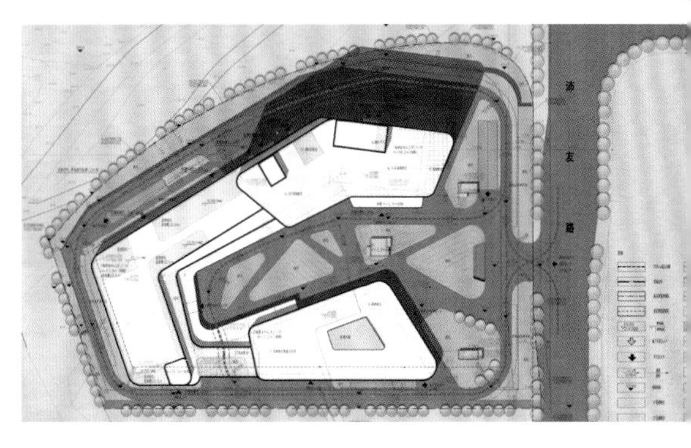

项目以“创新之帆”为设计理念，打造具有标志性和科技感的现代建筑。建筑采用富有动感的流线型形态，通过精心设计退台、架空等手法塑造建筑的通透性和灵动丰富的层次感，以开放性的姿态迎合周围环境，形成与城市的对话和环境的相融。

设计以充分利用景观资源和实现城市空间共享为原则，以空间组织为核心策略进行规划布局。塔楼采用南北向的板式布局，置于基地北侧，可获得良好的采光通风，并将景观尽收眼底。裙房从塔楼底部延伸至用地西侧及南侧，形成半围合的中心庭院，成为向城市开放的自由空间。塔楼的板式形态，现代简洁、柔中带刚，裙房部分舒展曲线优美的体块，如同乘风破浪的巨船，灵动的形态有别于传统方正的建筑形态，具有科技感和未来感。

深圳长湖学校

项目业主：深圳市龙华区前期中心
建设地点：广东 深圳
建筑功能：教育建筑
用地面积：19 995平方米
建筑面积：46 778平方米
设计时间：2009年—2021年
项目状态：在建
设计单位：深圳市东大国际工程设计有限公司
主创设计：刘鹏程

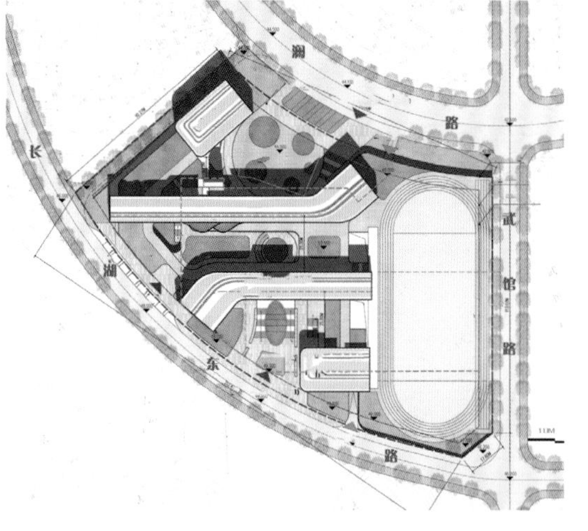

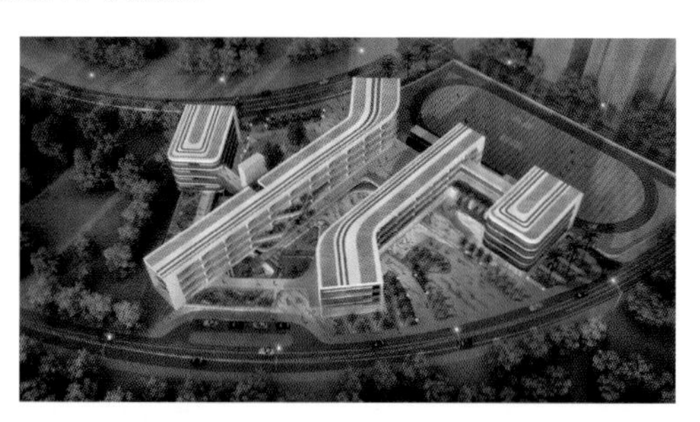

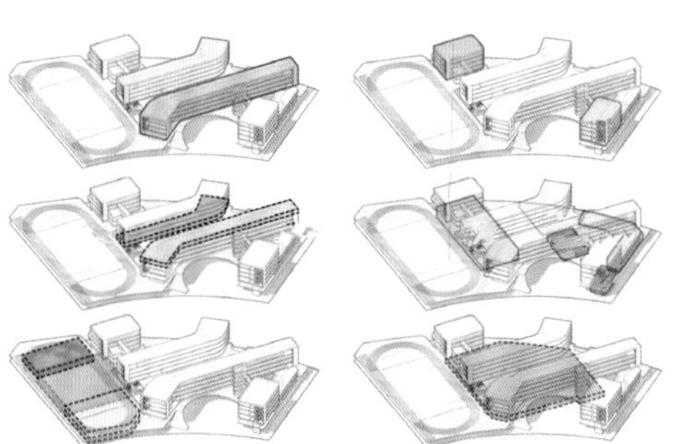

项目位于龙华区福城街道办事处碧澜路南侧、武馆路西侧，是一所九年一贯制学校。场地三面临路，南高北低，学校主要出入口设置于南侧的长湖东路，北侧设置形象入口。设计根据学校功能，将中小学分置，小学用地位于场地北侧，中学用地位于场地南侧，入口即分流，互不干扰。

在南北两侧的主次入口之间，打造一条贯穿南北的纵向功能主轴，通过缓坡、台阶、景观台地的方式，消减主次入口之间的高差，并串联图书馆、多功能厅、风雨操场等公用空间，塑造一个充满活力的学生广场。校园是认知的场所，从场地的认知出发，结合功能和形式，营造鲜明的建筑形象和充满活力的空间，让学子们从感受建筑开始认知世界。

深圳市上洞电厂人才住房

Shenzhen Shangdong Power Plant Talent Housing

项目业主：深圳市大鹏新区住建局
建设地点：广东 深圳
建筑功能：居住建筑
用地面积：8 566平方米
建筑面积：52 365平方米
设计时间：2009年—2020年
项目状态：建成
设计单位：深圳市东大国际工程设计有限公司
主创设计：刘鹏程

项目位于大鹏新区，建筑限高100米，容积率约4.5，用地紧张。场地临海，但南侧在建高层对本项目视野遮挡较大。在建筑总量及限高要求下，设计采用旋转错列布局错开南侧建筑，争取望海视野。标准层为蝶形，布局避开彼此视野。塔楼体量一致，均好性佳，标准层面积适中，出房率高。中部朝山体景观打开，望海视野开阔。

项目采用海绵城市的设计理念，增强景观地面的渗透性和生态的可持续性，达到国家绿色建筑二星级标准，并利用BIM软件进行模拟仿真，多专业协作，实现建筑工业化标准建造。

陈奥彦

职务：广东省建筑设计研究院有限公司
第二建筑设计研究所副所长
职称：高级建筑师
执业资格：国家一级注册建筑师

刘伟斌

职务：广东省建筑设计研究院有限公司
第二建筑设计研究所副所长
职称：高级工程师

姚茵茵

职务：广东省建筑设计研究院有限公司
第二建筑设计研究所项目负责人
职称：工程师
执业资格：国家一级注册建筑师

许力飞

职务：广东省建筑设计研究院有限公司
第二建筑设计研究所项目负责人
职称：工程师

肖晓苗

职务：广东省建筑设计研究院有限公司
第二建筑设计研究所主创建筑师
职称：工程师

龚哲

职务：广东省建筑设计研究院有限公司
第二建筑设计研究所主创建筑师
职称：工程师

孙璐

职务：广东省建筑设计研究院有限公司
第二建筑设计研究所建筑师
职称：工程师

李珊珊

职务：广东省建筑设计研究院有限公司
第二建筑设计研究所建筑师
职称：工程师

广东省建筑设计研究院有限公司
GuangDong Architectural Design & Research Institute Co., Ltd.

广东省建筑设计研究院有限公司（简称GDAD）创建于1952年，是新中国第一批大型综合勘察设计单位之一、改革开放后第一批推行工程总承包业务的现代科技服务型企业、全球低碳城市和建筑发展倡议单位、全国高新技术企业、全国科技先进集体、全国优秀勘察设计企业、当代中国建筑设计百家名院、全国企业文化建设示范单位、综合性城市建设技术服务企业。

第二建筑设计研究所，专注于体育、交通、会展、大跨度建筑及星级酒店设计，赢得了2008年北京奥运会自行车馆、广州亚运会自行车馆、昆明南站、湛江机场等具有国际影响的重大项目，荣获全国优秀设计金奖、部级优秀勘察设计一等奖、中国建设工程鲁班奖、詹天佑土木工程大奖、广东省优秀工程设计一等奖、广东省优秀建筑结构设计一等奖、百年百项杰出土木工程奖、全国十大建设科技成就奖等。

地址：广州市解放北路863号盘福大厦
电话：13392631050
网址：www.gdadri.com
电子邮箱:cay@gdadri.com

瑞府

Ruifu

项目业主：华润置地
建设地点：广东 深圳
建筑功能：商业建筑
用地面积：3 785平方米
建筑面积：105 035平方米
设计时间：2015年
项目状态：建成
设计单位：广东省建筑设计研究院有限公司
合作单位：美国GP建筑设计有限公司

项目位于深圳市登良路与海德三道交会处，是一座集六星级酒店及商务公寓于一体的超高层建筑，地上59层，地下5层。设计灵感来自附近深圳湾的动感特征，并与毗邻的400米高华润总部大楼和谐相融。

建筑立面简洁明晰，采用高性能玻璃及金属材料，通过内外多种遮阳构造形式来防止过度的日照辐射并保持私密性。通高落地玻璃充分利用景观资源及柔和的自然光线，同时设计裙房景观露台以提供良好的视觉效果。在底层行人空间，采用彩釉材料营造宜人的入口环境，并展示裙房配套设施中的宴会厅及屋顶餐厅。建筑提升了城市空间的品质，展现创新型科技企业的时代特征，并成为深圳湾区的形象代表。

珠海横琴丽新文创天地一期（创新方）

Zhuhai Hengqin Lai Sun Creative Cluture World Phase I (Novo Town)

项目业主：华润置地
建筑功能：商业综合体
建筑面积：393 240平方米
设计时间：2015年
项目状态：建成
设计单位：广东省建筑设计研究院有限公司
合作单位：AEDAS建筑设计事务所
建设地点：广东 珠海
用地面积：130 173平方米

项目是一个大型商业综合体，涵盖文创、娱乐、办公、酒店等建筑功能，建筑设计以文化创意为主题，依托珠海横琴新区，为青年提供创业发展空间，激发无穷的的创意火花。项目致力于打造粤港澳台的文创孵化基地，把最新科技元素融入娱乐文化内容，为来访者带来个性化的美好体验。项目的重点内容包括狮门娱乐天地、国家地理探险家中心、横琴凯悦酒店、哈罗礼德学校横琴分校、皇家马德里足球世界、杜卡迪摩托车主题体验中心、多功能场馆、婚庆场馆及概念零售餐饮等。

阿克苏机场二期航站楼

Aksu Airport Phase II Terminal

项目业主：阿克苏机场二期扩建领导小组办公室
建设地点：新疆 阿克苏
建筑功能：交通建筑
用地面积：19 114平方米
建筑面积：20 437平方米
设计时间：2017年
项目状态：建成
设计单位：广东省建筑设计研究院有限公司

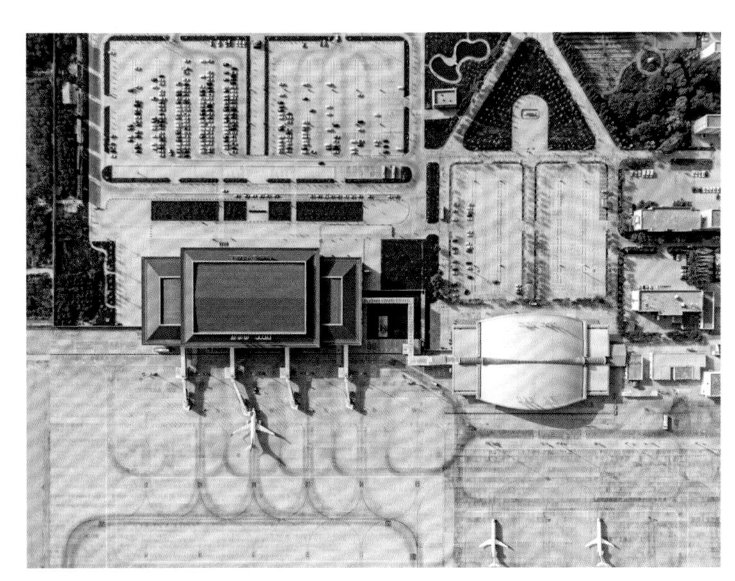

航站楼与老航站楼通过连廊相连接，设计采用前列式平面构型布局，建筑采用现浇钢筋混凝土框架结构。出港大厅设13个值机柜台、4个自助办票柜台、9条安检通道，机坪侧共设置4部登机廊桥。设计在保证各项流程合理简捷、功能分区明确的同时，在建筑形式和空间上融入阿克苏市的文化与历史，结合建筑艺术手法，将项目打造成独特的城市名片。建筑的屋顶形象提取自唐风建筑的“庑殿重檐”，并结合现代设计手法和材料，探索“新唐风”的设计之路，体现阿克苏机场二期航站楼“现代内容、中国形式、地域特色”的设计理念。建筑形体高大舒展，让旅客从进入机场的道路就可以看到大楼全貌。

佛山北滘镇新城区中学

Foshan Beijiao New District Middle School

项目业主：广东顺北汇智企业管理有限公司
建设地点：广东 佛山
建筑功能：教育建筑
用地面积：57 881平方米
建筑面积：54 123平方米
设计时间：2018年
项目状态：建成
设计单位：广东省建筑设计研究院有限公司

项目位于佛山市北滘镇新城区，早期规划为36个班的初中，后期规划改为54个班。整个校区规划3个功能区域：综合教学区、生活区及运动区，规划布局高效合理。项目用地东北侧及西北侧均为规划景观绿地及河涌所包围，提供了良好的景观条件。设计上，除了设置满足整体教学生活需求的建筑功能外，还在建筑之间的庭院空间内，将景观界面充分引入校园，赋予了学生休息活动的丰富空间，既为学生提供了高质量的校园生活，又提升了整个北滘镇新城区中学的校园品质。

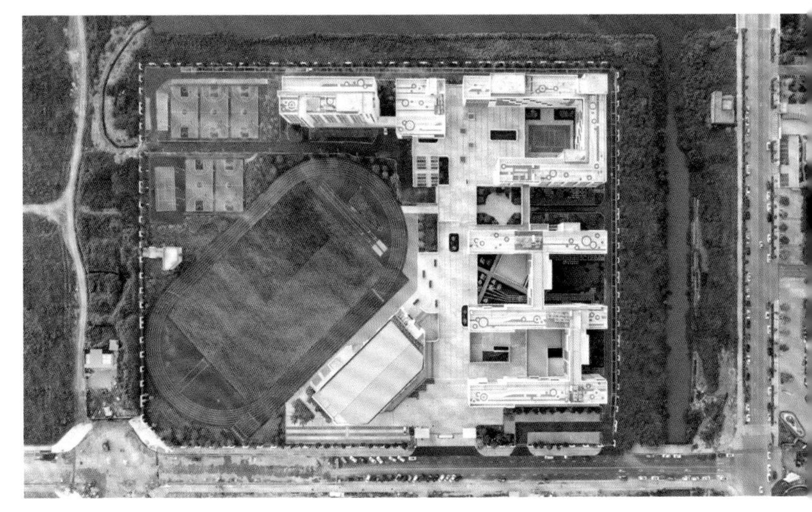

陈岚

职务：四川大学工程设计研究院有限公司乡村规划与设计所所长、乡村振兴研究中心主任、蓝画工作室负责人
四川大学建筑与环境学院建筑系硕士生导师
职称：副教授

教育背景
1993年—1997年　四川大学建筑学学士
1997年—2000年　天津大学建筑学硕士
2003年—2010年　天津大学城市规划博士
2014年—2015年　美国匹兹堡大学绿色可持续发展研究中心访问学者

工作经历
2000年至今　四川大学建筑与环境学院
2017年至今　四川大学工程设计研究院

主要设计作品
袁隆平杂交水稻种业硅谷项目
荣获：2020年成都市乡村振兴“十大案例”
“天府田园”国际杂交水稻农业园区规划
荣获：2018 年艾景奖“年度十佳”设计
成都三道堰青塔村刘家院子林盘示范点
荣获：2018年艾景奖“年度十佳”设计
成都市双流区“陈家水碾”林盘规划设计
成都犀浦街道万福村社区综合体
望丛产业园区——和兴街片区有机更新改造
天府新区会展小镇启动区设计
成都郫都区乡村振兴走廊策划与风貌提升
成都影视文创产业载体高层综合体

陈春华

职务：四川大学工程设计研究院有限公司乡村规划与设计所副所长、乡村振兴研究中心副主任、蓝画工作室合伙人
职称：讲师

教育背景
1993年—1998年　重庆建筑大学建筑学学士
2000年—2003年　重庆大学建筑学硕士

工作经历
2003年至今　四川大学建筑与环境学院
2017年至今　四川大学工程设计研究院

主要设计作品
袁隆平杂交水稻种业硅谷项目
荣获：2020年成都市乡村振兴“十大案例”
“天府田园”国际杂交水稻农业园区规划
荣获：2018年艾景奖“年度十佳”设计
成都三道堰青塔村刘家院子林盘示范点
荣获：2018艾景奖“年度十佳”设计
成都市双流区“陈家水碾”林盘规划设计
成都犀浦街道万福村社区综合体
望丛产业园区——和兴街片区有机更新改造
成都郫都区乡村振兴走廊策划与风貌提升
成都影视文创产业载体高层综合体

金东坡

职务：四川大学工程设计研究院有限公司乡村规划与设计所总工
职称：讲师

教育背景
1996年—1999年　重庆建筑大学建筑学硕士

工作经历
1993年—1995年　鞍山市焦化耐火材料设计研究院
2000年至今　四川大学工程设计研究院

主要设计作品
望丛产业园区——和兴街片区有机更新改造
天府新区会展小镇启动区设计
成都郫都区德源农业设施综合体
成都新津邓双镇金龙村邻里中心改造
成都郫都区乡村振兴走廊策划与风貌提升
成都影视文创产业载体高层综合体

四川大学工程设计研究院成立于1985年，2014年4月改制为四川大学工程设计研究院有限公司，属四川大学主管，是建设部批准的具有建筑工程、市政工程、公路工程、水利工程、水力发电工程、化工工程、城乡规划综合设计资质及水利水电施工总承包资质的综合性设计研究院，并持有国家发展计划委员会颁发的建筑、水电、化工、公路、市政公用工程咨询资格证书。同时，四川大学工程设计研究院有限公司也是国家高新技术企业、四川省健康人居工程技术研究中心。拥有各类核心骨干技术人员500多人，博士（后）、正高级职称及各类注册设计师占比达35%以上。

四川大学建筑与环境学院（原四川大学城建环保学院）于1988年经教育部批准成立，为多学科、综合型学院，现有一级学科博士学位授权点5个，一级学科硕士学位授权点5个，专业硕士学位授权点3个，本科专业4个。

地址：成都市武侯区一环路南1段24号
电话：189 8087 5116
网址：www.scu.edu.cn
电子邮箱：844947819@qq.com

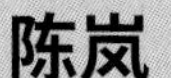

成都影视文创产业载体高层综合体

Chengdu Film and Television Cultural and Creative Industry Carrier High-level Complex

项目业主：成都市润弘投资有限公司
建设地点：四川 成都
建筑功能：商业综合体
用地面积：13 989平方米
建筑面积：50 583平方米
设计时间：2020年—2021年
项目状态：设计中
设计单位：四川大学工程设计研究院有限公司
主创设计：陈岚、陈春华、金东坡、金鑫、Sebastian Syrjanen（英）、朱单靖

方案一

方案一

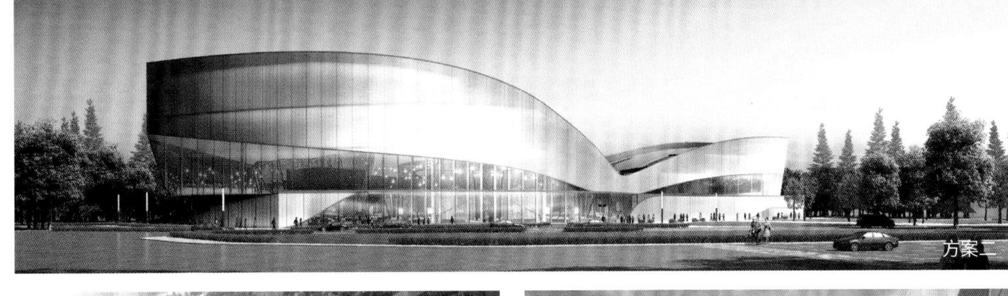
方案二

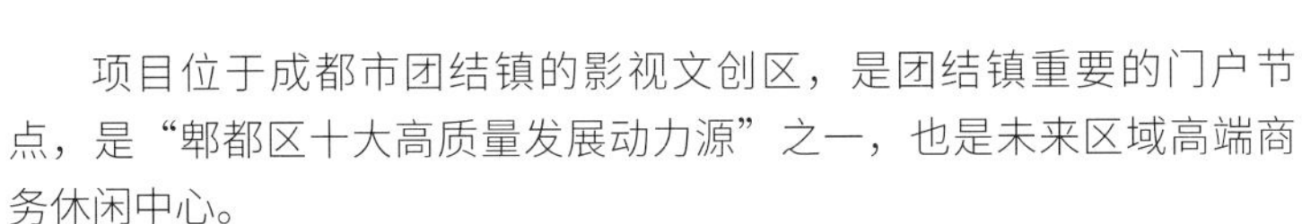
方案二

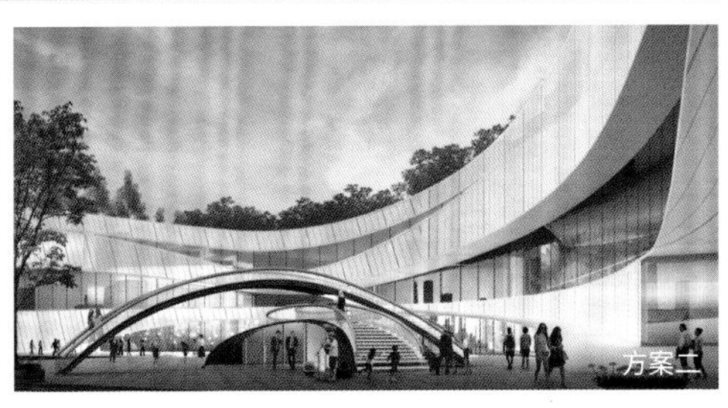
方案二

方案一

项目位于成都市团结镇的影视文创区，是团结镇重要的门户节点，是“郫都区十大高质量发展动力源”之一，也是未来区域高端商务休闲中心。

项目以“时尚+创新+科技感+开放”为设计理念，打造立体沉浸式体验综合体，形成区域高端商务休闲中心以及未来商业地标。设计上合理组织商业、办公、会议、酒店、文创等多种功能。方案一以“星光剧场”为主题，“星河”环绕串联起“群星”塔楼——利用体量的错动围合中心广场，利用高低错落的屋顶平台与连廊围合成流光溢彩的“星际之城”。院内圆形地面或绿地打星光主题的全息投影，下沉式广场打月光主题的全息投影，为城市创造多种活动空间。立面设计现代简洁，与周边环境融为一体。

袁隆平杂交水稻种业硅谷项目

Yuan Longping Hybrid Rice Seed Industry Silicon Valley Project

项目业主：成都市郫都区国有资产投资经营国投公司
四川省郫县建筑工程公司
建设地点：四川 成都
建筑功能：乡村规划、景观设计
用地面积：19 091平方米
建筑面积：6 500平方米
设计时间：2018年
项目状态：建成
设计单位：中国华西工程设计建设有限公司六分公司
四川大学工程设计研究院有限公司
主创设计：陈岚、陈春华、金鑫、朱单靖

项目位于成都市德源镇东林村，为推进乡村振兴，践行袁隆平院士的“禾下乘凉梦”“杂交水稻覆盖全球梦”“少年识农愿”，规划设计了院士工作坊、乡村达沃斯（会议中心）、双创中心、袁隆平杂交水稻展览馆、专家工作坊、研发中心及生活空间。

项目集川西民居、特色林盘、农耕文化、农业体验、青少年科普教育、乡村旅游于一体，形成以人为本、地域与人文、生态与文化和谐共生的“田园综合体”乡村旅游名片；以袁隆平院士国家杂交水稻分中心为依托，创建高科技农业研发高地，实现水旱轮作的自流灌溉稻作系统。并在此基础上塑造大地景观艺术，呈现出欣欣向荣的场景，实现生态美学价值向经济价值转化。

成都犀浦街道万福村社区综合体

Xipu Street Wanfu Village Community Complex, Chengdu

项目业主：成都市郫都区蜀都乡村振兴投资发展有限公司
建设地点：四川 成都
建筑功能：社区综合体
用地面积：13 087平方米
建筑面积：52 030平方米
设计时间：2019年—2020年
项目状态：在建
设计单位：四川大学工程设计研究院有限公司
主创设计：陈岚、陈春华、曾斌、金鑫

项目位于成都市郫都区犀浦街道，地理位置优越，建筑包含社区服务中心、社区卫生服务站、日间照料中心、社区警务室、文化活动中心、农贸市场、综合健身馆、商业等多种功能。

项目以“犀浦漫城·开放式社区综合体”为设计理念，规划设计合理利用场地，建筑布局顺应地块形状呈条形布置，利用体量的错动形成多个开放式院落和街区节点，为城市创造开合有致、容纳多种活动的街区空间。同时，利用开放式庭院将首层商业街进行串联，形成立体的商业形态。根据周边环境特点并结合城市形象，建筑立面采用现代简洁的处理手法，提升了城市区域空间品质，形成现代时尚的社区综合环境。

望丛产业园区——和兴街片区有机更新改造

Wangcong Industrial Park-Organic Regenera-tion of Hexing Street Area

项目业主：成都市润弘投资有限公司
建设地点：四川成都
建筑功能：城市更新
改造立面：9 000平方米
新建建筑：5 260平方米
设计时间：2020年—2021年
项目状态：设计中
设计单位：中国华西工程设计建设有限公司
四川大学工程设计研究院有限公司
主创设计：陈岚、陈春华、金东坡、陈一

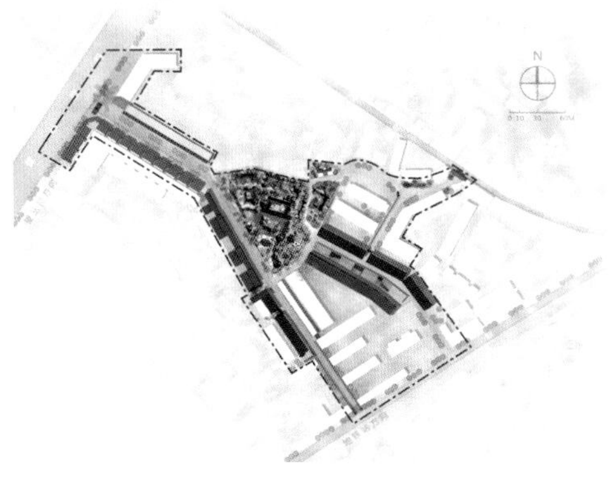

项目位于成都市郫都区郫筒街道老场镇和兴街片区，改造内容包含和兴街、光明巷、紫荆巷三条街巷及邱家老院子的有机更新与设计。

项目是对传统场镇街巷的有机更新，以望丛祠古蜀文化为依托，挖掘当地的生态与人文资源，对街巷空间进行保护与更新，修缮和改造清代遗存历史建筑——邱家老宅，延续传统生活记忆。同时，采取“微改造”方式，在保留老街巷原有空间肌理的基础上，将原街巷的生活场景、景观资源和市井特色作为更新设计的切入点，引入新业态，合理组织社区服务、商业餐饮、民宿酒店、历史文化展示、花鸟集市等多种功能模块，使望丛文化、市井文化和花鸟文化在街巷中得以传承并交相融合，成为连续的景观序列，让市民和游客感受老街巷的历史底蕴和人文气息，打造望丛祠配套的市井文旅街区。

陈晨

职务：福建省建筑设计研究院有限公司
建筑设计二院副院长
总建筑师第二工作室主任、总建筑师
职称：高级工程师
执业资格：国家一级注册建筑师
教育背景：
1999年—2004年　福州大学建筑学学士

主要设计作品
莆田市射击馆
福州第三中学
中国建设银行福建省分行综合业务大楼
福州东百中心
福州市第一医院新院区
国家能源集团福建生产指挥中心

林经康

职务：福建省建筑设计研究院有限公司
建筑设计五院院长、总建筑师
职称：教授级高级工程师
执业资格：国家一级注册建筑师
国家注册城乡规划师
教育背景：
1997年—2002年　上海交通大学建筑学学士

主要设计作品
平潭上岳顶会议招待中心
福州仓山万达广场
福清老年体育活动中心
九峰村文化客厅
泰宁一建·御品苑
漳州融信希尔顿逸林酒店

陈毅强

职务：福建省建筑设计研究院有限公司
厦门分公司总经理
职称：高级工程师
教育背景：
1994年—1999年　厦门大学建筑学学士
2013年—2015年　英国建筑联盟学院建筑与都市设计硕士

主要设计作品
大田毓秀中学
厦门宏泰中心办公楼
竹岐高新技术园
翔安气象预警中心
厦门英才幼儿园
The One 国际儿童交流中心

杨振宏

职务：福建省建筑设计研究院有限公司
医疗建筑设计研究室副主任
职称：高级工程师
执业资格：国家一级注册建筑师
教育背景：
2000年—2005年　重庆大学建筑学学士

主要设计作品
中医药文化博物馆
吴孟超院士馆
融侨国际医院
琅岐医院（福州市第一医院东院）
福建省林则徐禁毒教育基地

郭亮

职务：福建省建筑设计研究有限公司
建筑二所副总建筑师
职称：高级工程师
执业资格：国家一级注册建筑师
教育背景：
2002年—2007年　华侨大学建筑学学士

主要设计作品
中国移动福建公司营运中心及附属楼
福州三江口高级中学
国家知识产权局专利局审查协作北京中心福建分中心
三岐小学
福州一中鸣阳楼

福建省建筑设计研究院有限公司

FUJIAN PROVINCIAL INSTITUTE OF ARCHITECTURAL DESIGN AND RESEARCH CO., LTD.

福建省建筑设计研究院有限公司成立于1953年，是一家技术力量雄厚、专业资质齐全、设计水平领先、人才齐备的综合性勘察设计单位，被评为福建省建筑业龙头企业、全国工程勘察设计先进企业，是福建省高新技术企业、“福建省建筑勘察与设计工程技术研究中心”授牌企业，先后荣获国家优秀勘察设计金奖1项、银奖5项、铜奖4项以及省部级优秀勘察设计奖、科技进步奖近500项，有国家专利68项，主编及参编国家、行业、地方标准140余项。

公司以技术和服务赢信誉，以创新驱动新活力，近几年继续向覆盖工程建设产业链全过程的勘察、设计、咨询、工程总承包、专业施工、监理等综合业务模式升级的道路发展，努力实现“成为国内一流的综合型建设技术服务商”的企业愿景，为推动城市与美丽乡村建设做出更大的贡献。

电话：0591-87503579
传真：0591-87602612
网址：www.fjadi.com.cn
地址：福建省福州市通湖路188号

福州东百中心

Fuzhou Dongbai Center

项目业主：福建东百集团
建设地点：福建 福州
建筑功能：商业建筑
用地面积：1 880平方米
建筑面积：28 763平方米
设计时间：2015年
项目状态：建成
设计单位：福建省建筑设计研究院有限公司
主创设计：黄春风、任希、陈晨、林婷、陈文星、王少华
获奖情况：2019年福建省优秀工程勘察设计一等奖
2019年全国优秀工程勘察设计三等奖

福州东百中心前身为福州东街口百货大楼，所在地背靠“三坊七巷”这一著名的历史文化街区，是集城市地铁站厅、地下商业步行街于一体的重要“纽带”。设计通过过街天桥、地下通道，将东百中心与东方百货、南街商业街联系成为一个泛城市综合商圈。顶层设置的庆典中庭既是对传统院落文化的致敬，又是对消费人流的引导。传统民居瓦屋栉比、院落重重的意象，被转印成向城市徐徐展开的“历史画卷”。律动的窗格和光影，使经典与时尚互为张力，不仅诉说着东街的历史变迁，也描绘出一种新商业形态的活力图景。在这里，文化范式与商业模式达成双重契合。

福州第三中学

Fuzhou No.3 Middle School

项目业主：福州第三中学
建设地点：福建 福州
建筑功能：教育建筑
用地面积：27 940平方米
建筑面积：22 584平方米
项目状态：建成
设计单位：福建省建筑设计研究院有限公司
主创设计：任希、陈晨、郭亮、陈文星
获奖情况：2019年福建省优秀工程勘察设计一等奖
2019年全国优秀工程勘察设计二等奖

福州第三中学是一所历史悠久的省级重点名校，坐落于风景秀丽的榕城西湖之滨，毗邻“三坊七巷”历史文化街区。校园虽用地局促，却有四棵参天古榕首尾相望，支撑起整体生态环境和场所脉络。

新教学综合楼设计策略以“榕脉”为道，空间为器。引入闽派民居的“厅堂”理念，将办公塔楼高高架起，顺应“榕脉”错落组织裙楼教室，围合出核心灰空间。其中置入庭、台、梯、廊等多样化场所元素，拓展出或聚、或望、或坐、或游一系列丰富的校园行为。赋予校园“场所精神”新的内涵。

“厅堂”南北开口于古榕树下，吸纳经过榕荫降温的东南季风，既带给学子们拂面的凉爽，也是对本土地域气候的最佳回应。

福清老年体育活动中心

Fuqing Elderly Sports Center

项目业主：福清市园林管理处
建设地点：福建 福清
建筑功能：文体建筑
用地面积：33 394平方米
建筑面积：7 520平方米
设计时间：2017年
项目状态：建成
设计单位：福建省建筑设计研究院有限公司
主创设计：林经康、林忠、吴昕、陈立、周畅
获奖情况：2019年福建省优秀建筑创作三等奖
2021年福建省优秀工程勘察设计三等奖

项目位于福清市西北方向，毗邻江滨公园，具有得天独厚的滨水景观资源。设计遵循“承延地域，园林再造”的核心理念，以庭院空间为出发点，串联步移景异的布局，传承再造传统院落空间，打造内外渗透、宁静优美、契合老年人需求的“园林化”建筑。建筑外部以现代材料重构、转译传统符号，于竖向韵律中融入暖灰色金属格栅、落地窗等要素，交错相生，与挺拔的白色体块形成虚实对比。

泰宁一建·御品苑

Taining Yijian·Yupin Garden

项目业主：福建一建集团有限公司泰宁房地产分公司
建设地点：福建 三明
建筑功能：住宅建筑
用地面积：38 400平方米
建筑面积：105 000平方米
设计时间：2015年
项目状态：建成
设计单位：福建省建筑设计研究院有限公司
主创设计：林经康、吴昕、林忠、张津子、周畅
获奖情况：2021年福建省优秀工程勘察设计三等奖

项目位于泰宁县城西，周边景观优美，层峦叠嶂。在泰宁这座“丹霞之城”中，提炼和运用泰宁古民居的造型元素、传统符号，体现泰宁“杉阳明韵”的地域风格。

12幢高层结合地形布置，楼与楼之间错落有致，形成流动式空间组合序列；通过“围合”“渗透”等手法，创造出大小绿地节点，使户户有景。造型上从泰宁传统建筑中汲取灵感，融入设计建造，以粉墙、黛瓦、坡顶、翘角、马头墙为建筑符号，虚实相生，使建筑隐于山水之间。

大田毓秀中学

Datian Yuxiu Middle School

项目业主：福建省毓秀教育投资发展有限责任公司
建设地点：福建 三明
建筑功能：教育建筑
用地面积：128 925平方米
建筑面积：120 035平方米
设计时间：2019年
项目状态：在建
设计单位：福建省建筑设计研究院有限公司
主创设计：柴裴义、黄汉民、陈毅强
获奖情况：2020年福建省优秀建筑创作二等奖

校区用地山景盎然，溪水潺潺。起伏的山势和四十多米的高差增加了设计难度。规划保留基地内独特景观，因山就势，创造富于特色的山水校园。校区整体规划与大自然和谐共生，建筑取材自然，融于自然。新建筑以几何折面形态传递传统建筑意象，以经济合理的方式处理高差，并融入起伏的山景地势；起伏叠落的建筑形体、源于环境的材料色彩及文昌精神的传承发扬是大田地域特色的现代诠释。数字化的地势和环境分析为基地合理利用、通风采光优化提供支撑。结合山林水景，营造多层次空间节点，贯通各功能区风雨连廊，创造环境优美、富有活力、人性化的校园空间。

The One 国际儿童交流中心

The One International Children's Exchange Center

项目业主：The One国际交流中心项目部
建设地点：福建 厦门
建筑功能：教育建筑
用地面积：5 780平方米
建筑面积：2 813 平方米
设计时间：2019年
项目状态：在建
设计单位：厦门中福元建筑设计研究院有限公司
主创设计：陈毅强、张斌、张彦歆
获奖情况：2019年福建省优秀建筑创作二等奖

这是一座以阅读、艺术为核心的儿童中心，在沿城市主道路有限的建筑高度和宽度的限定下，利用错层和开放的空间最大化地将交流中心的公共阅读区域、阅读与表演的多功能空间向城市展示。建筑利用场地高差，设计为3层，逐级退台，向大海展开，形成开放的室外景观活动平台，各层均可尽享海景。在不同高度的空间衔接上，利用平面层间的“折叠”形成空间的流畅贯通与交融，并将竖向交通转换成活跃的活动空间。建筑形式以白色横线条为主，结合交通和空间的转换上下起伏，宛如白色波浪涌上沙滩。

中医药文化博物馆

Traditional Chinese Medicine Culture Museum

项目业主：福建中医药大学
建设地点：福建 福州
建筑功能：文化建筑
用地面积：8 500平方米
建筑面积：9 976平方米
设计时间：2010年—2014年
项目状态：建成
设计单位：福建省建筑设计研究院有限公司
主创设计：杨振宏
获奖情况：2019年福建省优秀工程勘察设计一等奖
2019年全国优秀工程勘察设计三等奖

项目位于福州市闽侯县大学城，建筑以其极富中医文化特质的整体形态融入校园环境，建成后成为福建中医药大学的一张名片。设计紧密结合了中医药传统文化特有的语汇，创造出了专属于中医药大学和中医药文化的博物馆建筑。

建筑整体呈两个方向环抱、旋转、上升的形象，交错的椭圆形极富雕塑感和表现力。外墙材质采用砖红色冲孔铝单板和叶子形绿色釉玻璃，二者形成对比，透过表皮可以看见旋转上升坡道和橙黄色的展馆外墙。室内空间用连续的坡道把各层展厅联系起来，并将展品镶嵌在坡道空间侧壁，作为展示空间的一部分，让观众在漫步中浏览展品，感受中医药文化的魅力。

吴孟超院士馆

Academician Wu Mengchao Hall

项目业主：福州市闽清县云龙乡政府
建设地点：福建 福州
建筑功能：展览建筑
用地面积：6 659平方米
建筑面积：2 250平方米
设计时间：2016年—2018年
项目状态：建成
设计单位：福建省建筑设计研究院有限公司
主创设计：黄汉民、杨振宏、曾伟强
获奖情况：2017年福建省优秀建筑创作三等奖

吴孟超院士是“中国肝胆外科之父”，获得过国家最高科学技术奖。他于1922年出生于闽清县云龙乡后珑村。项目是在他的故乡原祖宅附近建设的2层展览类建筑，建筑内部功能是为吴孟超院士生平的伟大成就及其爱国主义精神宣传提供展示空间等，作为他的生平事迹及荣誉展示厅，视频放映小厅等，及其配套研究、服务、办公、设备等用房。同时项目也作为云龙后珑美丽乡村旅游展示的一个窗口。

设计方案着力于闽清地方传统建筑的现代化表达的创新尝试。通过对闽清传统建筑的分析与提炼，将闽清民居独有的空间、色彩、构造、细部等元素以现代手法重新组织，通过：（1）强烈轴线感的递进式空间序列；（2）有丰富层次和人文气息的中式园林空间；（3）独特而强烈的建筑符号与色彩来形成富有闽清特色的立面形式，使现代建筑同样拥有传统文化的特质。

国家知识产权局专利局审查协作北京中心福建分中心

Fujian Branch of Beijing Examination Cooperation Center of The Patent Office of The State Intellectual Property Office

项目业主：福州高新区投资控股有限公司
建设地点：福建 福州
建筑功能：办公建筑
用地面积：41 956平方米
建筑面积：62 989平方米
设计时间：2016年
项目状态：建成
设计单位：福建省建筑设计研究院有限公司
主创设计：袁军、郭亮、许天、蒋昌锹
获奖情况：2019年全国优秀工程勘察设计一等奖
2019年—2020年中国建筑设计二等奖
2020年—2021年国家优质工程奖

整体性：以横向连续的水平挑板作为从叠石中提取的主要结构构成元素，建筑以横向线条沿基地周边展开，从任何角度看过去都是一个进退有序、变化丰富的整体。

生态化：通过露台、边庭空间的绿化植入呼应叠石原有附着的微型生态景观；再结合退台、屋顶花园等形成与内庭院及中央景观花园在不同标高层次上的绿化景观。

地域性：借鉴福州本土民居布局特征，将合适体量的院落空间置入主体建筑，打造有机组合的、适应当地气候的空间环境，使其满足使用功能的同时展现地域性。

三岐小学

Sanqi Primary School

项目业主：闽侯县南屿小学学区
建设地点：福建 福州
建筑功能：教育建筑
用地面积：45 820平方米
建筑面积：45 000平方米
设计时间：2017年
项目状态：建成
设计单位：福建省建筑设计研究院有限公司
主创设计：林蔚然、郭亮、项海、杨靖、阮永锦、陈宗旭
获奖情况：2017年福建省优秀建筑创作三等奖
2021年福建省优秀工程勘察设计二等奖

紧靠场地东侧的自然山体给予设计灵感：这个山脚下的学校，可以把她当作自然景观的延续，将她作为一个花园存在于城市之中。

东西两侧优美的自然景观，以及场地内自然高起的地形，激发了设计师在垂直方向上设置不同标高观景平台的设计策略。

平台从建筑内部生长出来，犹如一个舞者舒展身躯，充满活力。层层叠落的观景平台不仅为孩子们提供了丰富的室外活动空间，而且还能使他们接受大自然的熏陶。

陈冠东

职务：广东省建筑设计研究院有限公司
第三建筑设计研究所副主任建筑师
职称：副高级工程师
执业资格：国家一级注册建筑师

教育背景
2004年—2009年　广州大学建筑学学士

工作经历
2009年至今　广东省建筑设计研究院有限公司

主要设计作品
河源市坚基MALL
荣获：2015年广东省优秀工程勘察设计三等奖
广州地铁4号线南延段南沙客运港站室内装修工程
荣获：2018年—2019年中国十大最美地铁站
2018年—2019年最佳主题设计奖
2018年—2019年最受公众欢迎奖
广州地铁21号线（长平站、金坑站、朱村站、山田站）
荣获：2019年—2020年中国建筑设计三等奖
2021年广东省优秀工程勘察设计二等奖
广州地铁21号线天河公园站室内装修工程
荣获：2021年广东省优秀工程勘察设计一等奖
广州新型有轨电车车站（广州塔站、会展中心站、万胜围站、琶醍站）
广州天河智慧城核心区——软件园高唐新建区软件产业集中孵化中心（三期）
广州电子商务中心
佛山市党员干部党性教育馆
广州空港中央商务区一期会展中心
广州番禺南村市头小学
新疆特克斯周易文化旅游综合体
广州地铁13号线南海神庙站室内装修工程

钟仕斌

职务：广东省建筑设计研究院有限公司
第三建筑设计研究所创作室副主任建筑师
职称：副高级工程师

教育背景
2004年—2009年　广东工业大学建筑学学士

工作经历
2009年至今　广东省建筑设计研究院有限公司

主要设计作品
河源市坚基MALL
荣获：2015年广东省优秀工程勘察设计三等奖
广州地铁4号线南延段南沙客运港站室内装修工程
荣获：2018年—2019年中国十大最美地铁站
2018年—2019年最佳主题设计奖
2018年—2019年最受公众欢迎奖
广州地铁21号线（长平站、金坑站、朱村站、山田站）
荣获：2019年—2020年中国建筑设计三等奖
2021年广东省优秀工程勘察设计二等奖
广州地铁21号线天河公园站室内装修工程
荣获：2021年广东省优秀工程勘察设计一等奖
广州新型有轨电车车站（广州塔站、会展中心站、万胜围站、琶醍站）
广州天河智慧城核心区——软件园高唐新建区软件产业集中孵化中心（三期）
广州电子商务中心
佛山市党员干部党性教育馆
广州空港中央商务区一期会展中心
广州番禺南村市头小学
新疆特克斯周易文化旅游综合体
广州地铁13号线南海神庙站室内装修工程

广东省建筑设计研究院有限公司　第三建筑设计研究所

GuangDong Architectural Design & Research Institute Co., Ltd.

广东省建筑设计研究院有限公司（简称：GDAD）创建于1952年，是新中国第一批大型综合勘察设计单位之一、改革开放后第一批推行工程总承包业务的现代科技服务型企业、全球低碳城市和建筑发展倡议单位、全国高新技术企业、全国科技先进集体、全国优秀勘察设计企业、当代中国建筑设计百家名院、全国企业文化建设示范单位、综合性城市建设技术服务企业。

广东省建筑设计研究院有限公司第三建筑设计研究所成立于1993年，是公司第一批成立的综合性设计所，配备建筑、结构、设备、造价、咨询等专业队伍。第三建筑设计研究所现有设计人员90人，其中教授级高级工程师5人、高级工程师22人、拥有专业注册资格人员15人，具有素质优良、结构合理、专业齐备、效能显著的人才梯队。第三建筑设计研究所立足广东，面向全国开展设计工作，业务涵盖商业、办公、住宅、文化、教育、交通等公共建筑及城市轨道交通建筑，设计领域多元化发展，注重原创精神。同时，参与大型建设项目全过程设计咨询，为业主提供综合性的设计服务。作品多次荣获鲁班奖、詹天佑奖等国家级、省部级、市级奖项。

地址：广州市荔湾区流花路97号
电话：020-86660135
传真：020-86677463
网址：www.gdadri.com
电子邮箱：gdadri@gdadri.com

广州天河智慧城核心区——软件园高唐新建区软件产业集中孵化中心（三期）

Guangzhou Tianhe Smart City Core Area—Software Park Gaotang New Area Software Industry Centralized Incubation Center (Phase III)

项目业主：广州高新技术产业集团有限公司
建筑功能：产业园、办公建筑
用地面积：18 600平方米
建筑面积：73 000平方米
设计时间：2014年—2019年
项目状态：建成
设计单位：广东省建筑设计研究院有限公司
主创设计：罗若铭、陈冠东、苏青云、岑柱康、钟仕斌
参与设计：陈应荣、刘继林、于声浩、钱秀枫、梁文逵、黄凯灿、许穗民、余文伟

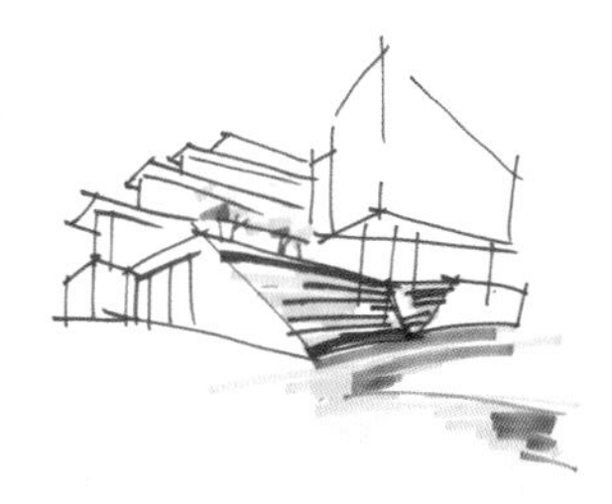

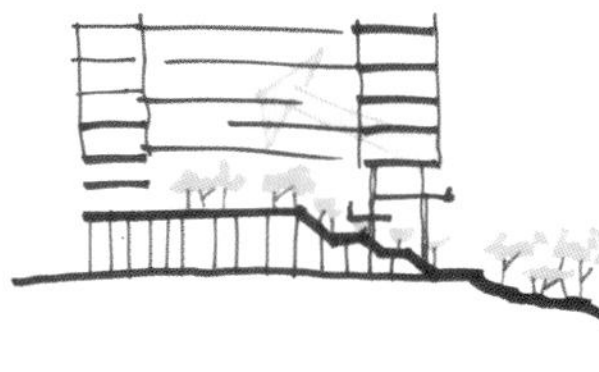

项目以“高新技术、绿色生态”为设计理念，整个园区地势南低北高，建筑与庭园依据地势错落形成有机组合，通过下凹绿地、缓坡、台阶、挑檐、架空层及屋面绿化平台等空间组合，使东南风在园区内畅通无阻。

基于岭南地区的气候和地域特征的环境，设计充分应用一系列适用且效果明显的绿色建筑先进技术，如建筑形体及围护结构的性能优化、可调控外遮阳系统、光伏发电系统、雨水综合规划利用及排风排热回收等。项目按照国家绿色三星标准设计，并成为国家重点研发课题的示范性项目，对岭南地区大型公共建筑的绿色建筑设计及技术应用有较强的示范作用。

广州地铁 21 号线
（长平站、金坑站、朱村站、山田站）

Guangzhou Metro Line 21 (Changping Station, Jinkeng Station, Zhucun Station, Shantian Station)

项目业主：广州地铁集团有限公司
建筑功能：交通建筑
用地面积：13 687平方米
建筑面积：18 455平方米
设计时间：2012年—2019年
项目状态：建成
设计单位：广东省建筑设计研究院有限公司
主创设计：罗若铭、陈冠东、钟仕斌
参与设计：周敏辉、黄清华、侯荣志、陈应荣、
陈建华、陈超华、罗少良

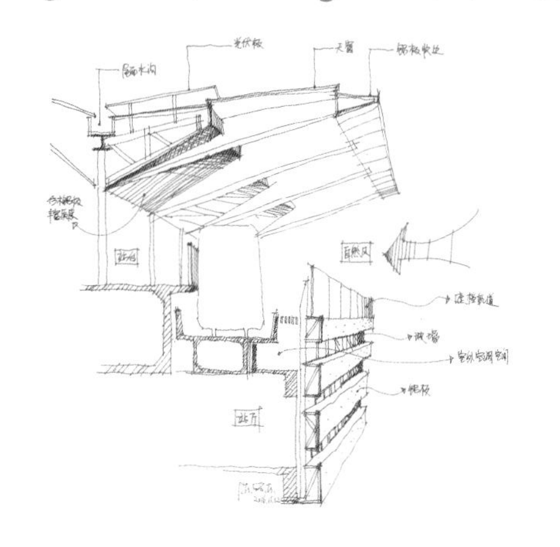

长平站

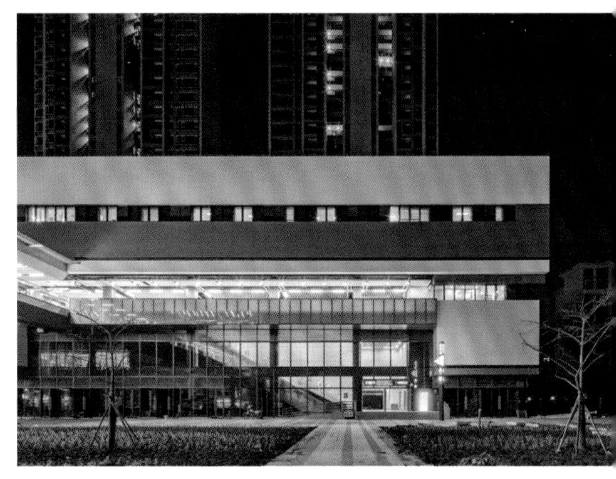

广州地铁21号线的4个高架车站位于广州市黄埔区及增城区。建筑为两层，首层为站厅，二层为站台。在车站用地范围内，考虑到周边城市居民的换乘需求，设置了公交车站、出租车停泊位、自行车停车场等公共交通配套设施，实现了便捷的交通设施换乘功能。

立面设计，考虑交通建筑独特的标识性需求，并考虑21号线的科技特点，以“简”作为设计概念。通过简洁的横线条处理，使车站传达出一定的科技感，并提高了车站室外的特征性，增加了车站在周边环境中的标识性，提升了车站的服务质量。

金坑站

朱村站

山田站

广州电子商务中心

Guangzhou Electronic Commerce Center

项目业主：中国移动通信集团广东有限公司
建筑功能：办公建筑
用地面积：14 911平方米
建筑面积：80 613平方米
设计时间：2013年—2018年
项目状态：建成
设计单位：广东省建筑设计研究院有限公司
主创设计：潘伟江、钟仕斌、陈冠东、苏青云
参与设计：周敏辉、梁贵明、梁文逵、于声浩、许穗民、黄晋奕

项目以“绿色平台”为设计概念，在琶洲总部经济功能区众多楼宇中，以简洁明快、突出生态的外观造型体现中国移动作为现代化高科技企业的形象，成为面向珠江南岸的标志性建筑。

总体布局借助风环境模拟分析软件来优化场地环境，充分利用自然条件，通过减少空调排热、优化景观设计等技术措施改善区域环境。通过优化围护结构保温隔热设计及绿化隔热屋面、采用空调热回收系统和太阳能热水等节能设备系统，使单体建筑达到广东省建筑节能50%的标准。

广州新型有轨电车车站（广州塔站、会展中心站、万胜围站、琶醍站）

Guangzhou New Tram Station (Guangzhou Tower Station, Convention and Exhibition Center Station, Wanshengwei Station and Pati Station)

项目业主：广州有轨电车有限责任公司
建筑功能：交通建筑
用地面积：25 000平方米
建筑面积：12 000平方米
设计时间：2014年—2015年
项目状态：建成
设计单位：广东省建筑设计研究院有限公司
主创设计：罗若铭、钟仕斌、陈冠东
参与设计：周敏辉、陈应荣、周培欢、罗智豪、周华理

项目设计在满足有轨电车车站功能的前提下，通过钢结构单悬挑形式表达简洁现代的有轨电车车站造型。充电模块设置在每个车站的周边，通过对模块设置一个带弧形的外壳，最大限度弱化设备在城市中的影响；同时对外壳造型进行景观化处理，使其犹如景观小品一样很好地融入江边绿化环境中，形成一道新的风景线。

琶醍站是由琶醍区域内的原珠江啤酒厂水泵房改造而成，为市民提供了一种独特的空间体验。强烈的工业气息，与周边的琶醍啤酒创意园区相协调。复合型的空间模式，提高了社会经济效益，也为市民提供了优良的江边休闲空间。

广州地铁21号线天河公园站室内装修工程

Interior Decoration Project of Tianhe Park Station of Guangzhou Metro Line 21

项目业主：广州地铁集团有限公司
建筑功能：交通建筑
用地面积：35 000平方米
建筑面积：22 000平方米
设计时间：2012年—2019年
项目状态：建成
设计单位：广东省建筑设计研究院有限公司
主创设计：罗若铭、钟仕斌、陈冠东、李俊杰、邓丽威

天河公园站是备受瞩目的车站之一。车站在天河公园绿地之下的三线换乘，属于亚洲第一大地铁车站，天河公园站无论在设计规模还是设计定位上都是地铁中与众不同的超级车站。

项目设计以“天河星雨”作为车站装修方案的主题，通过对宇宙和星空的演绎强化车站空间超级大的空间特征，突出设计主题，以星空的宽广无限表达车站之大，在站厅内结合扶梯、客服中心等交通服务核心形成5组星球主题的艺术装置。

艺术装置通过不同的金属、石材、灯光相互组合与碰撞，形成鲜明的艺术色彩。突出主题的同时为宽敞的站厅建立空间识别性与交通引导，让艺术回归功能，实现地铁空间的本质意义。

陈弘

职务： 浙江工业大学工程设计集团有限公司
副总建筑师、第一建筑设计研究院院长
职称： 高级工程师
执业资格： 国家一级注册建筑师

教育背景
1995年—2000年　浙江工业大学建筑学学士

工作经历
2001年　杭州市上城区建筑勘察设计院
2001年至今　浙江工业大学工程设计集团有限公司

个人荣誉
浙江工业大学建筑工程学院特聘导师
浙江省勘察设计行业协会专家库专家
长三角建筑学会联盟专家库专家
主要设计作品
衢州西区金融大厦
开元名都大酒店
荣获：2005年杭州市优秀工程勘察设计一等奖
2006年浙江省优秀工程勘察设计一等奖
青川县木鱼中小学
荣获：2009年四川省优秀工程设计“四优”二等奖
浙江省援川抗震救灾工程设计特别奖
2011年杭州市优秀工程勘察设计一等奖
衢州西区金融大厦
荣获：2018年浙江省优秀工程勘察设计三等奖
2018年杭州市优秀工程勘察设计三等奖
浙江工业大学工程设计集团总部办公楼
荣获：2018年浙江省优秀建筑装饰设计一等奖
杭州市滨江区西兴北单元中小学
荣获：2019年浙江省优秀工程勘察设计三等奖
2019年杭州市优秀工程勘察设计二等奖
衢州市第四实验学校
荣获：2021年浙江省优秀工程勘察设计三等奖
2021年杭州市优秀工程勘察设计二等奖

李俊

职务： 浙江工业大学工程设计集团有限公司
第五建筑设计研究院副院长、二所所长
职称： 高级工程师
执业资格： 国家一级注册建筑师

教育背景
2000年—2005年　浙江工业大学建筑学学士

工作经历
2005年至今　浙江工业大学工程设计集团有限公司

个人荣誉
2020年杭州市优秀青年建筑师

主要设计作品
丽水中学
荣获：2012年杭州市优秀工程勘察设计三等奖
江苏淮安中级人民法院审判业务综合楼
荣获：2011年浙江省优秀工程勘察设计一等奖
2011年杭州市优秀工程勘察设计二等奖
瑞安塘下中心区小学
荣获：2015年杭州市优秀工程勘察设计三等奖
杭州临安湍口众安氡温泉度假酒店
荣获：2016年杭州市优秀工程勘察设计一等奖
2016年浙江省优秀工程勘察设计一等奖
2017年全国优秀工程勘察设计三等奖
桐乡戴德中心
荣获：2018年杭州市优秀工程勘察设计二等奖
浙江工业大学屏峰校区亚运板球场
浙江机电职业技术学院海宁产学研校区
浙江大学紫金港校区西区理工农组团
遵义奥特莱斯商业综合体
永康山水一品
巍山新天地

浙江工业大学工程设计集团有限公司
ZHEJIANG UNIVERSITY OF TECHNOLOGY ENGINEERING DESIGN GROUP CO.,LTD

浙江工业大学工程设计集团有限公司成立于1987年，是一家集设计、建设、科研于一体的大型工程咨询企业；现有专职工程技术人员1 000多名，其中具有中、高级职称的工程师500多名，有国家一级注册建筑师、国家一级注册结构工程师等各类注册人员200多名，并拥有国家级、省级青年优秀建筑师、工程勘察设计大师及杭州市青年优秀建筑师等高层次人才。

近年来，集团在国内率先开展了特色小镇、未来社区、智慧城市、建筑工业化、工程总承包、全过程工程咨询等领域的工程实践和技术创新，先后荣获国家级、省部级、市级优秀勘察设计奖（优质工程奖）400多项，省级科学技术进步奖10多项，主编20多项国家级、省级规范和图集，荣获100多项国家专利；入选浙江省工程总承包第一批试点企业、浙江省第一批建筑工业化示范企业、国家装配式建筑产业基地；荣获全国建筑设计行业首批“诚信单位”、中国建筑设计百家名院、国家高新技术企业等称号。

集团将始终秉持“挑战、创新、引领、卓越”的企业宗旨，充分发挥高校设计院的科研、技术和人才优势，持续探索高质量内涵式发展途径，努力成为全国一流的综合型工程设计咨询公司。

地址：杭州市拱墅区潮王路18号
浙江工业大学校内
电话：0571-88320325
传真：0571-88320731
网址：www.azut.cn
电子邮箱：azut@azut.cn

杭州良渚文化博物馆

Hangzhou Liangzhu Culture Museum

项目业主：浙江万科南都房产集团有限公司
建设地点：浙江 杭州
建筑功能：文化建筑
用地面积：8 532平方米
建筑面积：9 935平方米
设计时间：2006年
项目状态：建成
设计单位：浙江工业大学工程设计集团有限公司
合作单位：英国DCA设计公司
主创设计：管棣伟、侍可、蔡亮
获奖情况：2008年杭州市优秀工程勘察设计一等奖
2009年浙江省优秀工程勘察设计二等奖
2011年全国优秀工程勘察设计二等奖
2011年中国建筑学会建筑创作大奖入围奖

项目位于良渚国家遗址公园南面，在有水景特色的山谷平原里。博物馆坐落在历史遗迹的筑堤上，设计充分尊重周边环境，条状建筑物之间不完全平行的组合，也类似于被发掘的历史器物——玉锥的排列。人们通过车行道或步行道穿越风景如画的山谷而到达博物馆。在接近博物馆的过程中，与人造地形相融合且具有雕塑般品质的建筑展现在参观者面前。沿着山谷纵向的植物和水面所产生的可视轴线增强了通向博物馆的交通组织性。

条状建筑的布局可以设置平缓的斜坡从入口通过展厅到达位于入口上方的临时专题展厅。长展厅之间的过渡地带是自然光与人工光线的流通空间，同时也使得在直线空间里产生许多复杂的个性化路线成为可能。

杭州梦想小镇(一期)

Hangzhou Dream Town (Phase I)

项目业主：杭州未来科技城建设有限公司
建设地点：浙江 杭州
建筑功能：商业建筑
用地面积：37 879平方米
建筑面积：44 590平方米
设计时间：2014年
项目状态：建成
设计单位：浙江工业大学工程设计集团有限公司
主创设计：丁坚红、魏丹枫、王勇
获奖情况：2016年浙江省优秀工程勘察设计（建筑工程）二等奖
2016年浙江省优秀工程勘察设计（建筑给排水）三等奖
2016年杭州市优秀工程勘察设计二等奖

杭州梦想小镇是浙江省重点打造的首个特色小镇，其中，一期工程是梦想小镇互联网村办公区块，设计取意仓前文化之神韵，借鉴传统建筑空间之精髓，是以“街道、院落、景观”为载体，集办公、餐饮、休闲于一体的新中式风格特色街区。

设计整体上延续老街风貌，建筑采用浅灰色调，通过简洁的坡屋面、富有变化的窗线、片墙等中式元素与传统老街相呼应；以建筑形体穿插变化、新材料的运用等现代手法表达建筑群落对现代城市界面的尊重。材料选择了具有传统中式韵味的青砖和木材，结合石材、玻璃、金属等现代材料，通过尺度、颜色、透光性的对比力求丰富而统一。

杭州梦想小镇(二期)

Hangzhou Dream Town (Phase II)

项目业主：杭州未来科技城建设有限公司
建设地点：浙江 杭州
建筑功能：商业建筑
用地面积：49 036平方米
建筑面积：53 630平方米
设计时间：2014年
项目状态：建成
设计单位：浙江工业大学工程设计集团有限公司
主创设计：丁坚红、张万斌、徐近
获奖情况：2017年浙江省优秀工程勘察设计二等奖
2017年杭州市优秀工程勘察设计二等奖

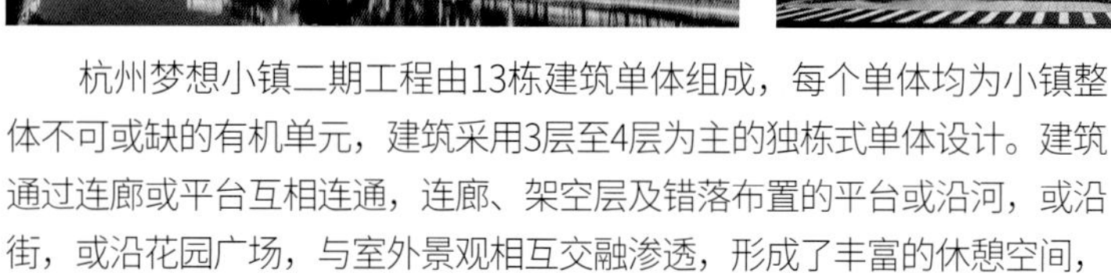

杭州梦想小镇二期工程由13栋建筑单体组成，每个单体均为小镇整体不可或缺的有机单元，建筑采用3层至4层为主的独栋式单体设计。建筑通过连廊或平台互相连通，连廊、架空层及错落布置的平台或沿河，或沿街，或沿花园广场，与室外景观相互交融渗透，形成了丰富的休憩空间，为年轻的创客们提供相互交流或独思冥想的场所，迸发创新灵感。

建筑形态延续传统建筑风格的神韵，建筑造型采用浅灰色调的现代中式风格。通过简洁的坡屋面、线条、片墙、窗楣、漏窗等中式设计元素与传统的仓前老街遥相呼应。挖掘地域文化价值并成为周边城市肌理有机组成部分，为“有核而无边界”的梦想小镇发展模式创造条件。

杭州拱墅瓜山未来社区

Hangzhou Gongshu Guashan Future Community

项目业主：杭州上塘实业投资有限公司
建设地点：浙江 杭州
建筑功能：居住、商业建筑
用地面积：289 434平方米
建筑面积：299 199平方米
设计时间：2018年
项目状态：建成
设计单位：浙江工业大学工程设计集团有限公司
主创设计：丁坚红、魏丹枫、顾斌
获奖情况：2021年浙江省优秀工程勘察设计一等奖
　　　　　2021年杭州市优秀工程勘察设计一等奖

项目运用全新的思路创新改造，现存农居全部保留，采用“插花式+系统化”改造的方式，围绕江南美丽乡村、运河工业文脉与现代都市生活这三个主题，通过提升改造基础工程，美化乡村风貌。保护性开发工业遗存，传承工业人文脉络，优化城市空间布局，集聚优秀青年人才，不仅留存了江南乡村记忆，延续运河文脉，同时也激发创业创新活力，使瓜山兼具了城市魅力和乡村美丽。

该项目不仅是全国首例城中村改造新方向的探索项目，更是一个“项目全过程咨询+工程总承包”的项目，意在创建新时代中国青年人才社区的典范，建设独具魅力的创客社区，打造面向未来的样板区，初步形成了“拆改结合”类未来社区建设的实践样本。

瑞安市客运中心站

Ruian Passenger Transport Center Station

项目业主：瑞安市客运战场指挥部
建设地点：浙江 瑞安
建筑功能：交通建筑
用地面积：51 812平方米
建筑面积：60 260平方米
设计时间：2009年
项目状态：建成
设计单位：浙江工业大学工程设计集团有限公司
主创设计：季怡群、李俊、王丛、陈琛
获奖情况：2017年浙江省优秀工程勘察设计一等奖
2017年杭州市优秀工程勘察设计一等奖

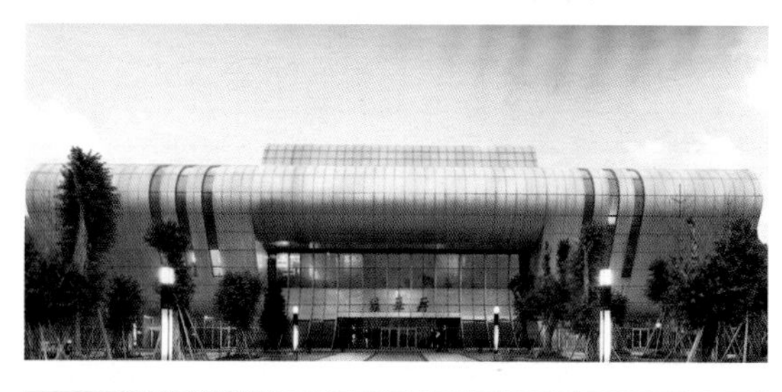

项目位于瑞安市瑞祥区，按一级站标准建设。

空间上，站前广场设置在文定路，从城市形象来看，建筑是对城市主轴线建筑景观的一个延续，丰富了主轴线的沿街立面。

造型上，综合楼跟站房和谐均衡，可以避免头重脚轻，建筑体量上也容易取得均衡感。

交通上，把基地本身作为环岛，可以环绕基地运行，这就使得交通组织更加灵活，更能照顾旅客的行动路线。

选材上，墙面和屋面卷成一个有机的整体，材质采用金属板包裹，极具现代风格的立面处理，体现了瑞安现代经济社会发展的全新面貌。

武义县电力调度中心

Wuyi County Electric Power Dispatch Center

项目业主：武义县供电局
建设地点：浙江 金华
建筑功能：办公建筑
用地面积：33 179平方米
建筑面积：31 859平方米
设计时间：2007年
项目状态：建成
设计单位：浙江工业大学工程设计集团有限公司
主创设计：王燕、姚欣、邵漪珺、郭亚军
获奖情况：2015年全国优秀工程勘察设计二等奖
2015年浙江省优秀工程勘察设计二等奖

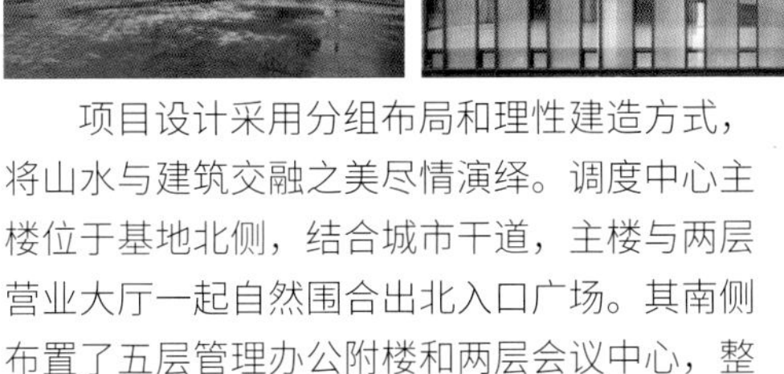

项目设计采用分组布局和理性建造方式，将山水与建筑交融之美尽情演绎。调度中心主楼位于基地北侧，结合城市干道，主楼与两层营业大厅一起自然围合出北入口广场。其南侧布置了五层管理办公附楼和两层会议中心，整体建筑错落有致，形成了不同标高的庭院和屋顶花园，向湖面展开。

主楼与附楼之间，结合西入口设计，布置了通高中庭和尽端庭院，改善内部物理环境并增进室内外交融。两个长廊串联起了三栋建筑沿湖的室内和户外的公共空间，人们得以在清风细雨中体验融于自然的快乐。立面设计，选取了条窗和木色百叶组合，不同的立面材质和开窗方式，对应着不同的形体。在遵循设计逻辑和建造理性基础上，追求建筑立面的丰富性。

蔡志昶

职务：南京工业大学建筑学院副院长
　　　ULAnD城市与建筑工作室主创建筑师
职称：副教授
执业资格：国家一级注册建筑师
　　　　　注册城乡规划师

教育背景
1995年—2000年　东南大学建筑学学士
2001年—2005年　东南大学建筑学硕士
2007年—2009年　瑞典皇家理工大学联合培养博士
2006年—2011年　东南大学城市规划博士

工作经历
2000年—2001年　南京市民用建筑设计研究院
2011年至今　南京工业大学建筑学院

主要设计作品
扬中市雷公岛温泉酒店
荣获：2015年江苏省建筑创作三等奖
南京市六合竹镇乡村医疗康复中心
荣获：2020年江苏省建筑创作三等奖
南京市六合区中医院
蚌埠市民政项目园
蚌埠市第四人民医院
来安县基层医疗卫生服务体系建设项目
临沂市康养护理中心

罗靖

职务：南京工业大学建筑学院建筑设计教研室主任
职称：讲师

教育背景
2000年—2004年　天津城建大学工学学士
2004年—2006年　东京国际日本语教育中心
2006年—2007年　日本国立千叶大学工学部研究生
2007年—2009年　日本国立千叶大学自然科学研究科硕士
2009年—2013年　日本国立千叶大学工学学研究科博士

工作经历
2006年—2012年　佐藤总合计画
2014年至今　南京工业大学建筑学院

主要设计作品
南京市六合竹镇乡村医疗康复中心
荣获：2020年江苏省建筑创作三等奖
临沂市康养护理中心
临沂市居家养老中心
南戴河滨海森林城
来安县基层医疗卫生服务体系建设项目
深圳湾体育中心
广州科学城科技人员公寓
厦门五缘湾温泉酒店
千叶大学医学部百年会馆
川崎艺术中心
柏叶市UDCK产业新城

南京工业大学建筑学院建筑系创立于1985年5月。2001年，南京化工大学与南京建筑工程学院合并组建南京工业大学，建筑系更名为建筑与城市规划学院。2010年8月，学校对建筑与城市规划学院进行调整，成立建筑学院。

建筑学院现有建筑学、城乡规划2个五年制本科专业和风景园林四年制本科专业，拥有建筑学、城乡规划、风景园林3个一级学科硕士学位授予点（学硕）和建筑学、城市规划2个专业学位硕士点（专硕），在土木工程一级学科博士点下自主设置绿色建筑技术与工程二级学科博士点，交叉设置智慧城市与智慧交通二级学科博士点。建筑学院每年招收本科生约270人，硕士生约70人。

建筑学院设有建筑系、城乡规划系、景观环境系（含9个教研室），1个国家级虚拟仿真实验教学中心，1个省级实验教学示范中心（现代建筑技术综合训练中心），国内首个传统建筑营造技艺研究机构——“中国传统建筑工匠技艺研究中心”，5个校级研究所(中心)和1个院属图书资料中心。2019年，建筑学专业获批国家一流本科专业建设点；2020年城乡规划专业获批国家一流本科专业建设点。

在多年科研基础上，建筑学院逐步形成了绿色建筑设计与技术、建筑遗产保护设计、历史街区保护与发展、文化教育建筑规划与设计、住区规划与居住建筑设计、城市设计、生态城市规划与设计、医疗健康建筑、小城镇规划与建设、木结构建筑、景观规划设计等研究方向。

地址：南京市浦口区浦珠南路30号
　　　博学楼
电话：025-58139469
网址：www.arch.njtech.edu.cn
电子邮箱：zhichang@njtech.edu.cn

扬中市雷公岛温泉酒店

Yangzhong Leigong Island Hot Spring Hotel

项目业主：江苏美达都市建设集团有限公司
建设地点：江苏 扬中
建筑功能：酒店建筑
用地面积：15 000平方米
建筑面积：10 800平方米
设计时间：2015年—2016年
项目状态：方案
设计单位：ULAnD城市与建筑工作室
主创设计：蔡志昶、尹述盛

项目包含接待、客房、餐饮、会议、休闲、后勤等建筑功能，不同的功能空间之间具有内在的逻辑关系。方案通过合理有序、层次分明的整体空间规划，以院落为核心组织建筑功能，并建立起外部空间环境与内部建筑之间的有机联系，保证建筑具有整体上的统一性和完整性。

项目设计以低层建筑为主，从当地传统民居中从提取元素，在尊重当地传统建筑的同时，结合现代建筑设计原则精心推敲，以建造高品质的建筑。方案汲取当地传统民居中的细部做法，通过参差错落的屋顶和出檐来营造丰富的第五立面，从而达到如画般的艺术效果。

临沂市康养护理中心

Linyi Rehab and Nursing Center

项目业主：山东省临沂城市建设投资集团有限公司
建设地点：山东 临沂
建筑功能：医养建筑
用地面积：70 000平方米
建筑面积：186 399平方米
设计时间：2017年—2020年
项目状态：建成
设计单位：ULAnD城市与建筑工作室
合作单位：山东中设工程设计咨询有限公司
主创设计：罗靖、蔡志昶、穆园园、刘成杰、高志伟、楼良钊、吴复典

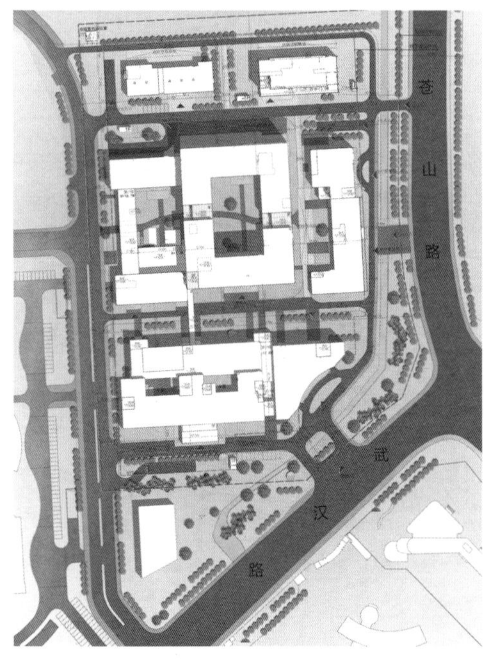

项目位于临沂市祊河东岸、市行政新区北京路与武汉路交叉口西北侧，由老年病医院、康复中心（包含术后康复、卒中康复、失能失智康复、慢性病康复）、产后康复中心、健康管理中心、专家会议及科研培训中心等组成，实现了与临沂市人民医院在资源、功能上的互补。

项目结合康养护理的主要功能，尝试将大体量医疗建筑化整为零，打造宜人尺度的医疗空间。这样在为患者带来更加亲切、温馨的治愈空间的同时，也拉近了医疗与生活之间的距离，对城市肌理的补充起到了应有的作用。

南京市六合区中医院

Nanjing Liuhe District Traditional Chinese Medicine Hospital

项目业主：南京市六合区中医院
建设地点：江苏 南京
建筑功能：医疗建筑
用地面积：37 095平方米
建筑面积：51 768平方米
设计时间：2010年—2013年
项目状态：建成
设计单位：ULAnD城市与建筑工作室
合作单位：南京市凯盛建筑设计研究院有限责任公司
主创设计：蔡志昶、朱中新

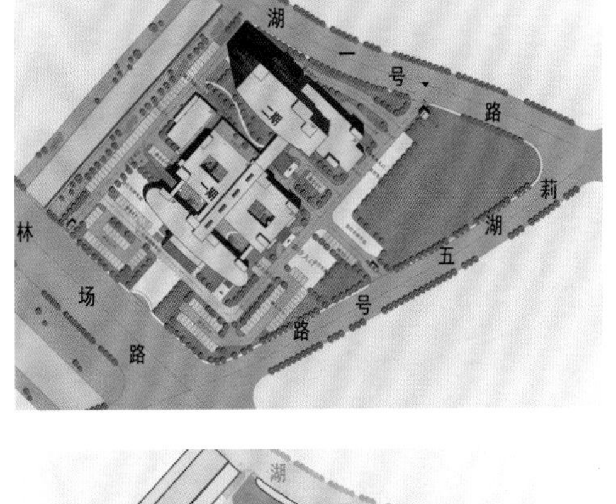

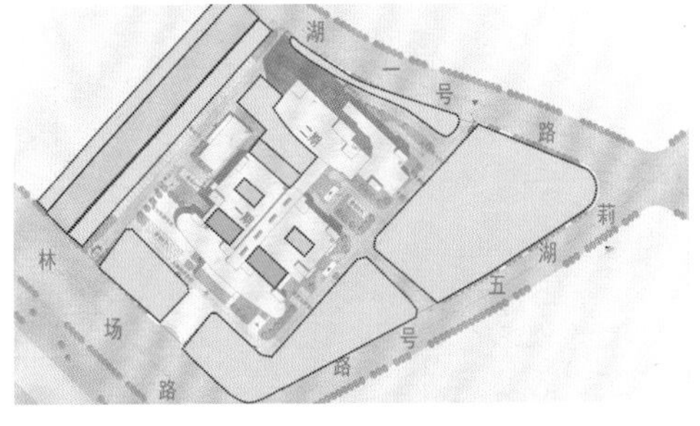

项目位于南京市六合区雄州新城，是一座二级甲等综合医院，功能包括门急诊与医技楼、住院楼，床位数量500张。在总体布局上，预留未来的远期发展空间；近期建设方案以贯穿南北的医疗街串联各个功能区，实现便捷的功能联系。

建筑造型以现代风格为主导，住院部共14层，高大挺拔，立面造型采用竖向金属线条装饰的弧形墙面，设计灵感来源于风帆造型，具有较高的识别性；门急诊与医技楼采用水平向的造型设计，与住院部形成对比。外立面材料以暖色石材幕墙为主，点缀深灰色金属装饰线条，整体典雅庄重。

蚌埠市民政项目园

Bengbu Civil Affairs Projects Park

项目业主：安徽省蚌埠市民政局
建设地点：安徽 蚌埠
建筑功能：福利院、救助站、康养建筑
用地面积：230 000平方米
建筑面积：184 440平方米
设计时间：2015年—2019年
项目状态：建成
设计单位：ULAnD城市与建筑工作室
合作单位：中科院建筑设计研究院有限公司
主创设计：蔡志昶、罗靖、朱中新、朱斌、徐伟深、尹述盛、邢文、刘舒婷、邵璐璐

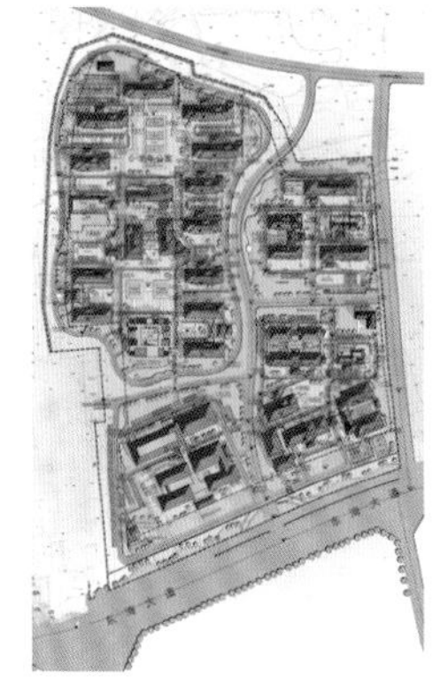

蚌埠市民政项目园是国内第一个以民政项目为主题的园区建设工程，包括社会救助站、社会（儿童）福利院、老年公寓、康复医院、精神病医院等各类民政项目，实现相关民政功能的集中服务和管理，以大幅度提升民政部门的服务质量和服务能力。

民政项目园包含四部分不同的功能区，基地南面邻城市主干道，北面和东面邻自然山体。规划和建筑设计针对不同建筑功能和建筑区位，创造出既相互融合，又各具特色的建筑造型和建筑内部空间格局。项目的建成将极大提升蚌埠市民政服务的能力，也进一步促进“医养结合”的养老事业的发展。

蔡沪军

职称：上海彼印建筑设计咨询有限公司创始人
总经理、总建筑师
执业资格：国家一级注册建筑师

教育背景
1991年—1995年　厦门大学建筑学学士
2001年—2004年　厦门大学建筑学硕士

工作经历
1995年—2001年　厦门大学建筑设计研究院
2005年—2019年　上海秉仁建筑师事务所
2020年至今　上海彼印建筑设计咨询有限公司

主要设计作品
九华山涵月楼度假酒店
荣获：2011年上海市建筑学会建筑创作奖
2013年全国人居经典方案竞赛规划、环境双金奖
2014年金拱奖建筑设计金奖
千岛湖润和度假酒店
荣获：2013年浙江省优秀工程勘察设计二等奖
2013年“美居奖”中国最美酒店
2013年上海建筑学会建筑创作奖
黄山雨润涵月楼酒店
荣获：2013年全国人居经典方案竞赛规划、环境双金奖
2013年中国饭店金马奖亚洲十佳旅游度假酒店
安吉柏翠稻香居精品酒店
荣获：2018年REARD地产星设计大奖文旅星设计银奖

BEING
Studio Architects
彼印建筑工作室

2020年1月，彼印建筑BEING STUDIO 成立。

彼印建筑专注于文化旅居空间的营建，设计建构自然而不造作的空间，回应当下，付诸实践。当下的回应，会成为彼时的印迹，以示存在的意义。

自2005年起，蔡沪军于多处山水酒店的营建中，感悟自然、建构、人三者的关系。蔡沪军的设计空间具有能拨动心弦、令人驻足的元素。此种元素，摒弃无谓的装饰干扰，容纳自然的光，令其在空间中变化，因其无言，而直抵心灵。

蔡沪军近年着意于古琴、笛箫的研习，感悟到音乐是空气中开出的花，建筑则是时间结出的果。这时间之果，即“彼印”的存在，具有沉着的力量，自然而不造作。让居于其中的人们得片刻歇息，看山色明暗，见湖光潋滟，听琴箫意韵，无思无虑，无想无欲。

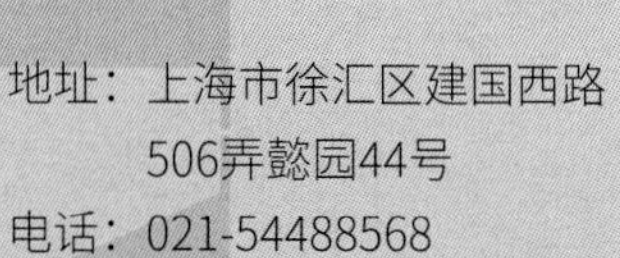
地址：上海市徐汇区建国西路
506弄懿园44号
电话：021-54488568
电子邮箱：961411531@qq.com
1835453610@qq.com

黄山雨润涵月楼酒店

Yurun Han Yue Lou Hotel, Huangshan

项目业主：黄山松柏高尔夫乡村俱乐部有限公司
建设地点：安徽 黄山
建筑功能：酒店建筑
用地面积：167 424平方米
建筑面积：17 790平方米
设计时间：2007年
项目状态：建成
主创设计：蔡沪军

项目秉承黄山地区徽文化文脉，依托丰富的自然资源，建立一个拥有自然山水景观的高端度假场所，包含 99 套庭院客房，属一级旅馆建筑。设计采用园林式布局，庭院室内外空间开合，依山就势，景观层叠递进。

客房区域依山形水势各具特色，区域间以水域相隔，水域的连通与融合，一方面延续徽州民居的水文化，另一方面形成组团的自然分隔。以自然村落的聚合形态为灵感，将村落元素（牌坊、亭台、水巷）与错落的单元布局，营造了具有徽州聚落特征的现代村落式度假酒店。

九华山涵月楼度假酒店

Han Yue Lou Resort Hotel, Jiuhua Mountain

项目业主：雨润集团
项目位置：安徽 池州
项目功能：酒店建筑
用地面积：207 610平方米
建筑面积：83 044平方米
设计时间：2009年
项目状态：建成
主创设计：蔡沪军

项目依托丰富的九华山自然景观和深厚的佛教文化底蕴，在布局上融合了九华山“莲花佛国”的吉祥象征——莲叶形的布局，契合九华山的人文情怀。

设计于基地中创造了一片水域，映照九华山的雄伟与佛像的庄严。

酒店主体以谦逊的姿态，融入山水，体现设计师对自然与人文的独特理解。

安吉柏翠稻香居精品酒店

Anji Bocui Daoxiangju
Boutique Hotel

项目业主：安吉柏翠度假酒店有限公司
项目位置：浙江 湖州
项目功能：酒店建筑
用地面积：6 658平方米
建筑面积：7 679平方米
设计时间：2016年—2017 年
项目状态：建成
主创设计：蔡沪军

项目位于浙江省安吉县梅溪镇的姚良村村口，原址为一所小学，虽然学校早已搬迁，但稻田中的两层小楼却承载着那一代人的记忆。小楼旁的文化礼堂与古枫树围合成村口的精神空间。

设计顺应地形，延续原小学及礼堂的尺度，由西向东展开，自然呈现出贴合大地、水平延绵的视觉感受。南侧一层为公共空间，北侧两层为客房空间，中间院落顺应地形。大堂与餐厅位于西侧高地，大尺度的泳池空间通过自然的高差置于大堂北侧的松园下方，休闲空间向西延伸到三面庭院的书吧，巧妙地过渡了自然高差。由此，接待空间与休闲空间在不同高差上向外部敞开，与原有的田园无缝连接。

崇明长兴岛开心农场酒店

Chongming Changxing
Island Happy Farm Hotel

项目业主：上海住联实业（集团）有限公司
建设地点：上海
项目功能：酒店建筑
用地面积：8 289平方米
建筑面积：14 994平方米
设计时间：2020年
项目状态：在建
主创设计：蔡沪军

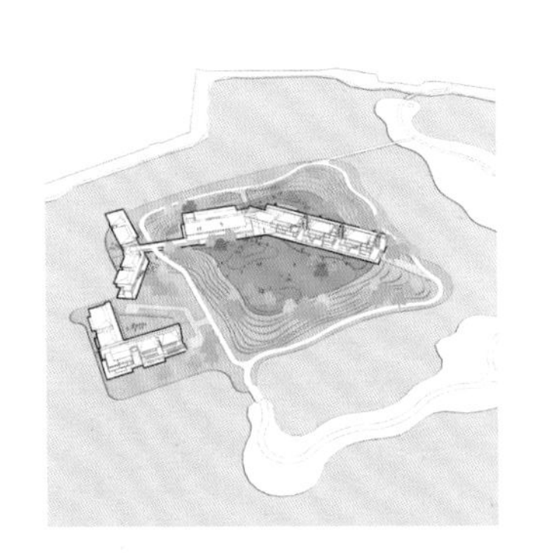

项目结合崇明岛当地文脉特色及建筑特征，构建三个层次上的建造模式和控制体系，运用光线把控建筑的空间特质、尺度造型与细节材质肌理、色彩构造，充分体现崇明独具特色的江南海岛特质。

希尔顿格芮酒店二期

Hilton Curion Hotel Phase II

项目业主：中海地产
建设地点：江西 庐山
建筑功能：酒店建筑
用地面积：12 600平方米
建筑面积：7 888平方米
设计时间：2020年
项目状态：在建
主创设计：蔡沪军

建筑依岛形而建，将客房分为两组，之间留出视觉通廊。公共区域均面向湖面，将西海气象万千的景致纳入所有空间；接待区、会议室、餐厅等主要功能空间以盒子的形式，结合景观资源，穿插于建筑之间；庭院、观景长廊等禅意空间与自然山水相映成趣，营造和谐宁静的空间感受；丰富的室外休闲观景平台，增加室内外连通互动。

前卫 14 队研学拓展培训基地

Research and Development Training Base of Avant Garde Team 14

项目业主：上海前卫旅游发展有限公司
建设地点：上海
建筑功能：教育基地
用地面积：250 000平方米
建筑面积：6 000平方米
设计时间：2020年
项目状态：在建
主创设计：蔡沪军

基地位于上海崇明区长兴岛郊野公园东北侧，以公园为依托，为公园提供多功能的配套及服务。基地东侧自然景观良好，南侧与东侧有杉林景观，西侧草地营建拓展培训活动场地。基地约100间房，可接待200余人。

曹磊

职务：合肥工业大学设计院（集团）有限公司
建筑设计一院院长
职称：高级工程师

教育背景
1999年—2004年　安徽建筑大学建筑学学士
2007年—2010年　合肥工业大学建筑学硕士

工作经历
2007年至今　合肥工业大学设计院（集团）有限公司

主要设计作品
合肥工业大学翡翠科教楼
荣获：2019年全国优秀工程勘察设计三等奖
2019年安徽省优秀工程勘察设计二等奖
合肥工业大学1#楼旧址公园
荣获：2017年安徽省土木建筑学会创新奖（建筑）一等奖
合肥工业大学校史馆改造工程
荣获：2019年安徽省土木建筑学会创新奖（建筑）一等奖

韩明洁

职务：合肥工业大学设计院（集团）有限公司
建筑设计一院主创建筑师
职称：高级工程师
执业资格：国家一级注册建筑师

教育背景
1999年—2004年　安徽建筑大学建筑学学士

工作经历
2012年至今　合肥工业大学设计院（集团）有限公司

主要设计作品
武进规划展览馆二期工程（莲花馆）
来安县文化艺术中心
合肥工业大学校史馆改造工程

朱玥坤

职务：合肥工业大学设计院（集团）有限公司
建筑设计一院主创建筑师
职称：助理工程师

教育背景
2014年—2019年　安徽建筑大学建筑学学士

工作经历
2019年至今　合肥工业大学设计院（集团）有限公司

主要设计作品
合肥工业大学校史馆改造工程
白马山度假酒店（二期）

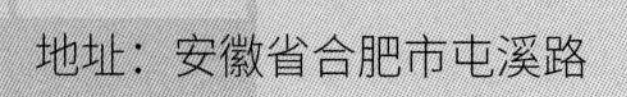

合肥工業大學设计院(集团)有限公司
HFUT Design Institute (Group) Co., Ltd.

合肥工业大学建筑设计研究院成立于1979年，2017年12月整体改制为合肥工业大学设计院（集团）有限公司（以下简称“合肥工业大学设计院”）。合肥工业大学设计院是合肥工业大学全资企业，注册资金6020万元，拥有29项各类勘察设计咨询资质，其中有建筑行业（建筑工程）、城乡规划编制、岩土工程、风景园林工程等4项甲级资质，市政行业（给水工程、排水工程、道路工程、桥梁工程）、水利行业（灌溉排涝、河道整治）、建筑行业（人防工程）、电力行业（送电工程、变电工程、新能源发电）等21项乙级资质及水利行业（水库枢纽、引调水、城市防洪）等5项丙级资质。

合肥工业大学设计院现有员工400余名，其中有安徽省勘察设计大师8名、安徽省建设系统有突出贡献中青年专家8名、安徽省土木建筑学会青年建筑师奖获得者4名、研究生导师18名、国家一级注册建筑师31名、国家一级注册结构师20名、国家注册城市规划师18名、其他注册设计师36名。

合肥工业大学设计院作为高校设计院，依托合肥工业大学优秀的学科资源，建设高技术水平、高专业素养的高人才梯队，是值得信赖的设计团队。40多年来，公司始终坚持“服务至上”的原则，竭诚全方位、全过程为业主提供优质服务，坚持本着“为社会提供一流的建筑产品与服务”精神，为社会提供高质量的建筑产品，努力建设成为国内一流勘察设计企业，为安徽的经济发展和合肥工业大学学科建设服务。

地址：安徽省合肥市屯溪路193号
电话：0551-6290 1599
传真：0551-6290 1599
网址：www.hfutdi.cn
电子信箱：hfutadi@163.com

程明明

职务：合肥工业大学设计院（集团）有限公司
　　　建筑设计三院院长
职称：正高级工程师
执业资格：注册城乡规划师

教育背景
1999年—2004年　安徽建筑工业学院城市规划学士
2005年—2007年　合肥工业大学建筑学硕士

工作经历
2004年至今　合肥工业大学设计院（集团）有限公司

主要设计作品
合肥新站区少荃家园三期、光明之家小区规划建筑设计
荣获：2019年安徽省优秀工程勘察设计一等奖
郎溪职教中心教学、实训楼组群项目
荣获：2017年安徽省优秀工程勘察设计二等奖

周亚东

职务：合肥工业大学设计院（集团）有限公司
　　　建筑设计三院副院长
职称：高级工程师
执业资格：国家一级注册建筑师

教育背景
1996 年—2001年　安徽建筑大学建筑学学士

工作经历
2001年至今　合肥工业大学设计院（集团）有限公司

主要设计作品
合肥工业大学翡翠湖校区图书馆
合肥万科森林城 B4 区初级中学
合肥加拿大国际学校、合肥中加学校教学楼
合肥工业大学智能制造技术研究院研发中心

张烨

职务：合肥工业大学设计院（集团）有限公司
　　　建筑设计三院副院长
职称：高级工程师

教育背景
1999年—2004年　安徽建筑大学建筑学学士

工作经历
2018年至今　合肥工业大学设计院（集团）有限公司

主要设计作品
合肥新站高新区磨店家园二期
合肥新站高新区新店花园三期
安粮・兰桂公寓

郑瀚

职务：合肥工业大学设计院（集团）有限公司
　　　建筑设计四院副院长
执业资格：国家一级注册建筑师
　　　　　国家注册城乡规划师

教育背景
2007年—2012年　安徽建筑大学城市规划学士

工作经历
2012年至今　合肥工业大学设计院（集团）有限公司

主要设计作品
合肥市第六中学新校区
安徽职业技术学院新校区
阜阳职业技术学院新校区

慈舒峰

职务：合肥工业大学设计院（集团）有限公司
　　　建筑设计四院主任工程师
职称：工程师

教育背景
2008年—2013年　安徽建筑大学建筑学学士

工作经历
2013年至今　合肥工业大学设计院（集团）有限公司

主要设计作品
合肥市第六中学新校区
滁州信息工程学校（来安职高）新校区
金寨县大别山玉博园
荣获：2017年安徽省优秀工程勘察设计二等奖

合肥工业大学智能制造技术研究院研发中心

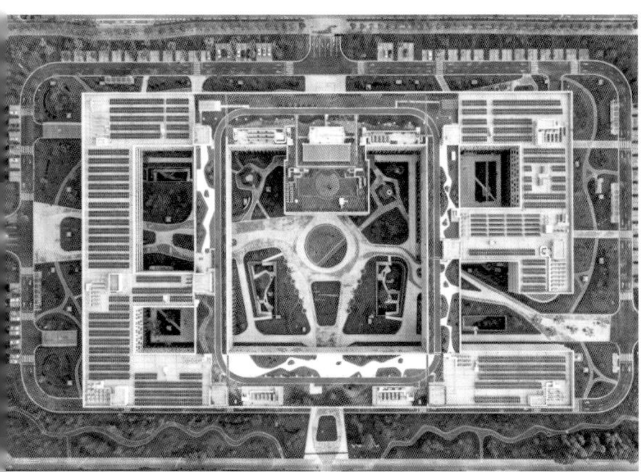

R&D Center of Intelligent Manufacturing Technology Research Institute of Hefei University of Technology

项目业主：合肥工业大学
建设地点：安徽 合肥
建筑功能：研发、办公建筑
用地面积：89 910 平方米
建筑面积：189 000平方米
设计时间：2017 年
项目状态：建成
设计单位：合肥工业大学设计院（集团）有限公司
主创设计：祁小洁、周亚东、胡笑

项目位于合肥市包河区，是一栋5层高的大体量建筑，为合肥工业大学智能制造技术研究院的标志性建筑。设计灵感源于对研发机构的内在功能的整合与城市周边环境对位关系的思考。通过整合建筑与城市、建筑与人的关系使得研发中心在宏观与微观层面上形成高度统一的有机体。建筑形态，考虑到东侧文化园的空间对位关系，形成东侧主入口架空两层的灰空间。建筑的东南西北四个方向均可以通过灰空间的过渡到主庭院。设计的重点在于底层灰空间与庭院空间的环境营造，形成富有东方韵味的空间形态。

东至县舜城新区省示范高级中学

Dongzhi Shuncheng New District Provincial Model High School

项目业主：东至县人民政府
建设地点：安徽 池州
建筑功能：教育建筑
用地面积：200 574平方米
建筑面积：131 161平方米
设计时间：2019 年
项目状态：在建
设计单位：合肥工业大学设计院（集团）有限公司
主创设计：程明明、周亚东、张烨

项目位于池州市东至县，设计规模为120个班。设计上充分利用自然景观资源，采用低调内敛的规划设计手法为场地增色并注入新的活力。

合肥综合性科学中心先进计算交叉研究与公共服务平台

Advanced Computing Cross Research and Public Service Platform Of Hefei Comprehensive Science Center

项目业主：合肥市大数据资产运营有限公司
建设地点：安徽 合肥
建筑功能：研发、办公建筑
用地面积：14 412平方米
建筑面积：36 600平方米
设计时间：2019年
项目状态：在建
设计单位：合肥工业大学设计院（集团）有限公司
主创设计：周亚东、程明明、胡笑

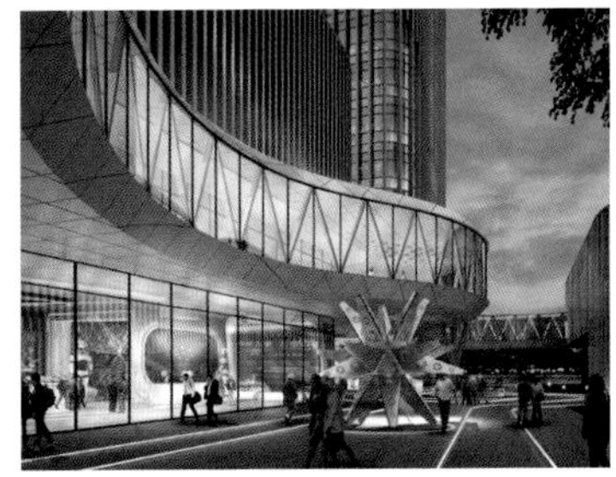

设计从科技属性、场地属性、功能属性三个方面为切入点，逐一对设计需求进行剖析解读，形成集形态科技感、场地契合度、功能实用性于一体的方案。建筑通过共享连廊将超算与运维各相对独立又有相互关联的个体串联起来，以便园区研究人员交流互动，并突出计算机中心作为服务平台的共享协作概念。项目作为科学中心的基础设施和公共服务平台，将主要服务于信息、能源、健康、环境、材料和交叉学科领域的重点超算应用单位及重大研究项目。

合肥工业大学校史馆改造工程

Reconstruction Project of History Museum of Hefei University of Technology

项目业主：合肥工业大学
建筑功能：展览建筑
建筑面积：2 173平方米
项目状态：建成
主创设计：曹磊、韩明洁、朱玥坤
建设地点：安徽 合肥
用地面积：6 583平方米
设计时间：2020年
设计单位：合肥工业大学设计院（集团）有限公司

项目为2020年校庆使用，建筑改造既满足了现实的功能需求也关注了原生场地的文脉，让沉寂的场地重生并散发出活力。设计注重人的场所体验，利用原有水池砌筑了两个圆形室外展厅——“树的庭院”和“水的庭院”，落在平静的水面上互为对景，是对场所的纪念性表达。

连廊系统从西侧校园香樟大道伸向斛兵塘景区，串联各个功能空间，激活校园建筑，为户外活动延展提供更多的场地。项目建成后，人们在场所中打卡、休憩、阅读、玩耍，设计初衷实现了——植入了新的功能，激活了历史信息，与场地原有的肌理发生关系；尊重环境，尊重过去，将历史叠加，使场所新生。

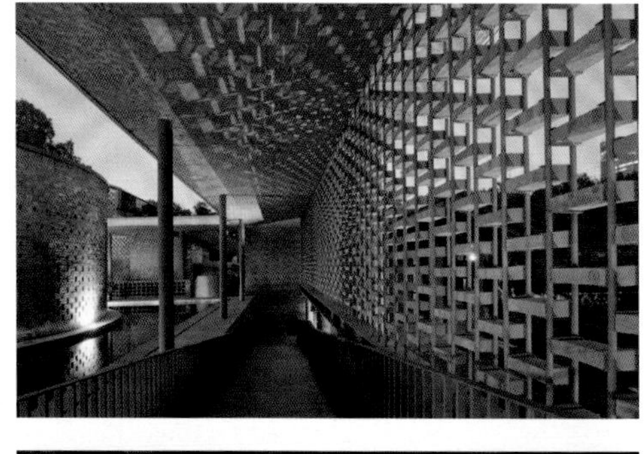

合肥市第一人民医院门急诊综合楼

Outpatient and Emergency Complex Building of Hefei First people's Hospital

项目业主：合肥市第一人民医院
建设地点：安徽 合肥
建筑功能：医疗建筑
用地面积：27 111平方米
建筑面积：94 581平方米
设计时间：2016年—2017年
项目状态：建成
设计单位：合肥工业大学设计院（集团）有限公司
主创设计：曹磊、朱小明

项目位于合肥市第一人民医院老院区内，是集门诊、急诊、病房为一体的综合楼，总床位数1 200张，地上25层（含设备夹层），地下3层。周边临近保留建筑，用地紧张，同时要保证现有医疗功能的正常运行，建设难度较大。项目按照国家二星级绿色建筑标准建设，深基坑支护采用咬合桩+内支撑体系，主体采用减震阻尼器减隔震技术，同时，主楼大厅1~4层采用抽柱转换技术，具有较多技术难点和亮点。

中建材合肥技术中心

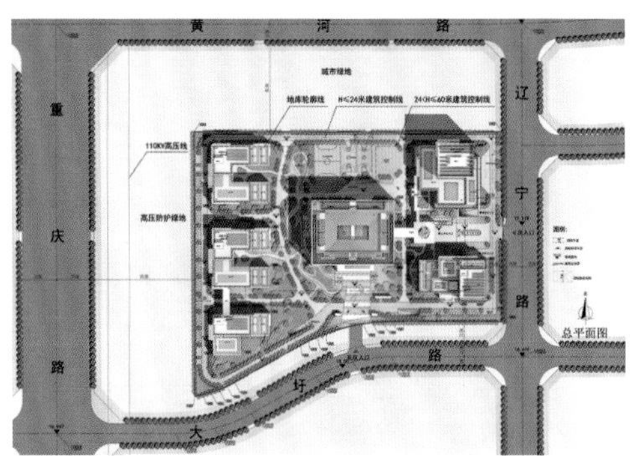

China Building Materials Hefei Technology Center

项目业主：合肥水泥研究设计院
建设地点：安徽 合肥
建筑功能：办公建筑
用地面积：55 733平方米
建筑面积：109 800平方米
设计时间：2019年
项目状态：在建
设计单位：合肥工业大学设计院（集团）有限公司
主创设计：曹磊、韩明洁

项目由5栋建筑单体构成，规划以“众星拱月”作为设计理念布局，以技术中心总部为中心，3栋科研平台和1栋技术中心综合楼攒聚四周，体现企业众心合力、不断进取的蓬勃态势。花园式办公建筑布局，错落有致、层层退台，设计风格简洁、现代，建筑造型舒展大气。

项目建设中采用多种系统，以高标准、高品质打造，并获得了国家三星级绿色建筑设计标识证书。作为世界水泥协会中国研发中心的核心科技平台——院士、博士后科研流动工作站，技术中心总部以“口”字形布局，设34米跨度开敞阳光中庭，顶层以“四水归堂”为理念设计打造空中江淮院落。

合肥市第六中学新校区

New Campus of Hefei No.6 Middle School

项目业主：合肥市第六中学
合肥市重点工程建设管理局
建设地点：安徽 合肥
建筑功能：教育 建筑
用地面积：173 490平方米
建筑面积：214 500平方米
设计时间：2020年
项目状态：在建
设计单位：合肥工业大学设计院（集团）有限公司
主创设计：郑先友、郑瀚、慈舒峰

项目设计以“天圆地方，水木韶光；杏坛历历，宛在中央”为主题，注重共享、体验和交流，是合肥市探索未来教育、打造“未来学校”的一次尝试。

园林式校园格局，激发学子们学习、交流、运动与思考，围绕着中心湖畔景观，可坐可驻的台阶和圆形大平台，在阳光或风雨中伴随学子们的脚步无限延伸。激情的几何构造，赋予合肥市第六中学新校区现代的形象，奏响百年建筑激昂奋进的时代之声。在氛围营造上，引入无边界学习的理念，把艺术感带入校园的每一片土地，为师生提供多元的学习交流空间，体验自然魅力，营造绿色生态环境。

曹健

职务：安徽省城建设计研究总院股份有限公司
院长助理、方案所所长
职称：工程师

教育背景

2005年—2010年 合肥工业大学建筑学学士

工作经历

2010年—2012年 中机第六设计研究院
2013年—2017年 深圳都市实践建筑事务所
2018年至今 安徽省城建设计研究总院股份有限公司

主要设计作品

深圳地铁前海湾上盖物业
深圳龙岗创投大厦
深业上城
大成基金总部大厦
中共肥东县委党校新校区
肥东县工人文化宫
合肥高新区集成电路标准化厂房二期工程
滁州机械工业学校
明光市青少年活动中心
合肥瑶海白龙路小学

叶虢

职务：安徽省城建设计研究总院股份有限公司
方案所设计总监
职称：工程师
执业资格：国家一级注册建筑师

教育背景

2004年—2009年 合肥工业大学建筑学学士
2009年—2012年 东南大学建筑学硕士

工作经历

2012年—2014年 安徽省建筑设计研究总院股份有限公司
2014年—2015年 深圳中海世纪建筑设计有限公司
2015年至今 安徽省城建设计研究总院股份有限公司

主要设计作品

合肥市青少年综合实践基地
安徽省口腔医院高新院区
明光市青少年活动中心
中共肥东县委党校新校区
肥东县工人文化宫
合肥高新区集成电路标准化厂房二期工程
合肥庐阳区南门小学

夏伟龙

职务：安徽省城建设计研究总院股份有限公司
方案所公建二组组长
职称：工程师

教育背景

2009年—2014年 安徽建筑大学建筑学学士
2014年—2017年 西安建筑科技大学建筑学硕士

工作经历

2017年—2019年 上海水石建筑规划设计股份有限公司
2019年至今 安徽省城建设计研究总院股份有限公司

主要设计作品

长春水文化生态园
荣获：2019年ASLA设计大奖综合设计类荣誉奖
2020年AIA设计大奖城市设计类荣誉奖
青岛蓝城桃李春风
合肥高新区集成电路标准化厂房二期工程
明光市青少年活动中心
中共肥东县委党校新校区
肥东县工人文化宫
合肥瑶海板桥中学

安徽省城建设计研究总院股份有限公司
ANHUI URBAN CONSTRUCTION DESIGN INSTITUTE CORP.,LTD.

安徽省城建设计研究总院股份有限公司（简称“安徽城建总院”）始建于1952年，是集勘测、规划、设计、技术咨询及科技研发为一体的国家高新技术企业。

公司拥有市政行业、建筑行业、风景园林、城乡规划编制、环境工程设计等20余项甲级资质及电力行业、水利行业、人防工程等近30项乙级资质。自20世纪80年代以来，所完成的工程共有200余项获省部级优秀勘察设计奖，其中获得国家优质工程奖及全国优秀勘察设计奖30余项。

公司秉承“诚信是本、质量为纲、勤奋务实、科学图强”的核心价值观，遵循“以人为本、科学管理、高效优质、持续改进、顾客满意”的质量方针，以质量求生存、以创新促发展，为工程建设提供高品质的专业服务。

地址：合肥市包河区花园大道9
电话：0551-62871415
传真：0551-62871056
网址：www.aucdi.com
电子邮箱：aucdi@vip.126.com

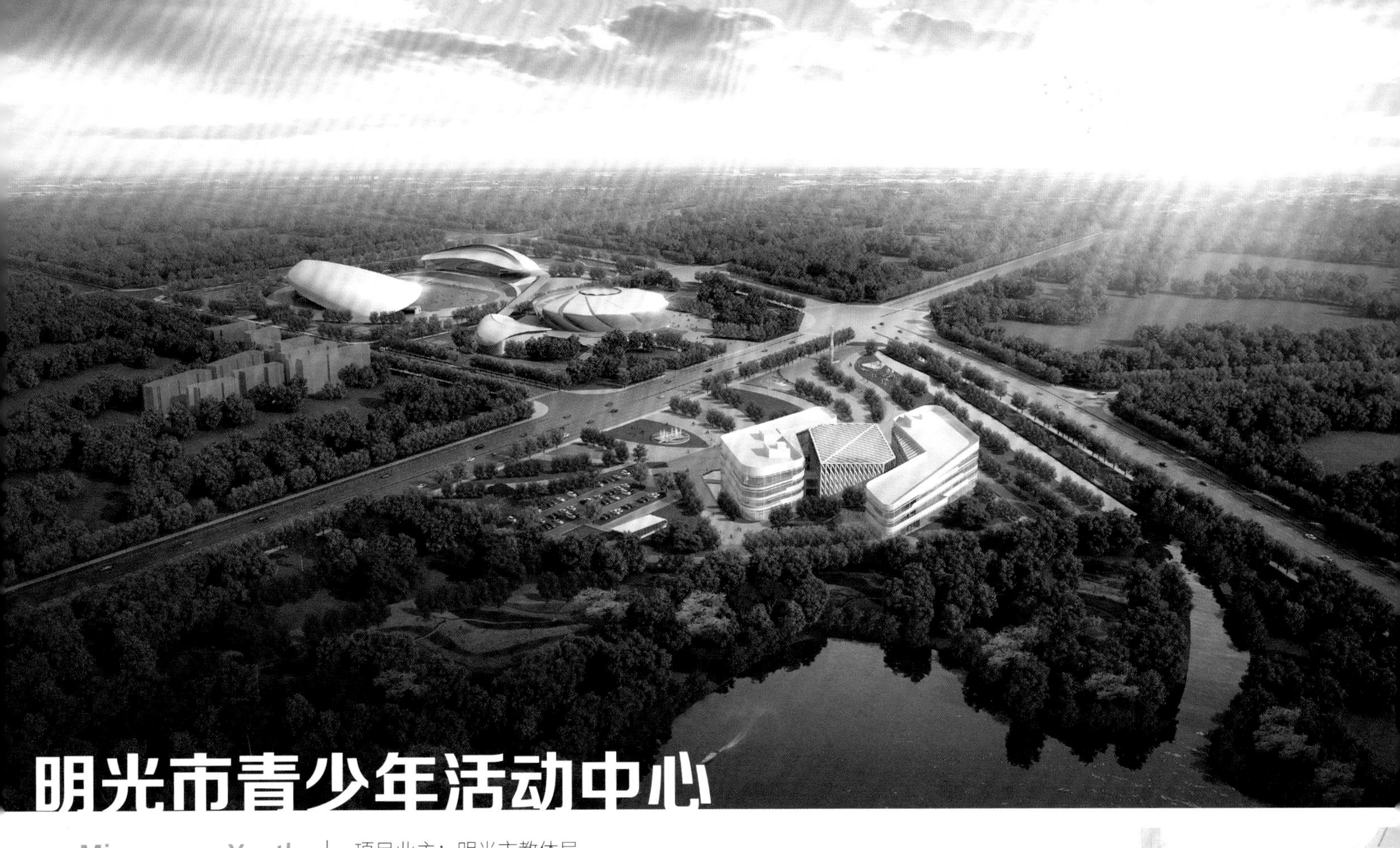

明光市青少年活动中心

Mingguang Youth Activity Center

项目业主：明光市教体局
建设地点：安徽 明光
建筑功能：文化建筑
用地面积：39 266平方米
建筑面积：31 630平方米
设计时间：2019年—2020年
项目状态：在建
设计单位：安徽省城建设计研究总院股份有限公司
主创设计：曹健、叶虢、夏伟龙

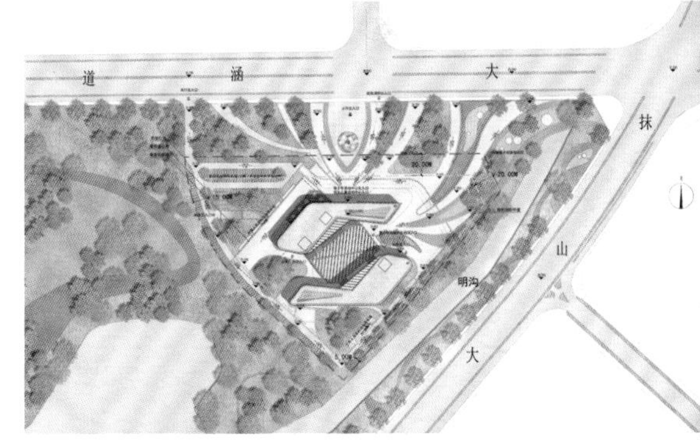

项目以“太极双鱼”为设计理念。在总体规划上，建筑布局以双鱼为原型，头尾相接，充满灵动之感。“太极双鱼”也寓意着周而复始，生生不息，孕育生命之花；更是象征着明光青少年充满活力，朝气蓬勃，创造美好未来。

建筑以玻璃幕墙为主，显得纯净透明，同时辅以横向铝板线条，并用大量水性涂料色彩点缀其中，红色代表激情，绿色代表生机，蓝色代表未来，更加符合青少年活动中心生动活泼的形象。在入口处设置红色“V”形造型，一方面强调了入口形象，另一方面寓意着青少年的红领巾迎风飘扬。内部功能主要包括科技体验功能区、妇女儿童活动中心、青少年活动中心、行政办公四大功能区及共享区，充分满足了青少年活动的多元化需求。

中共肥东县委党校新校区

New Campus of CPC Feidong County Party School

项目业主：中共肥东县委党校
建设地点：安徽 合肥
建筑功能：教育建筑
用地面积：46 667平方米
建筑面积：40 000平方米
设计时间：2020年—2021年
项目状态：在建
设计单位：安徽省城建设计研究总院股份有限公司
主创设计：曹健、叶猇、夏伟龙

1．庄重典雅与轻松活泼兼具。

入口空间布局规整，通过南北和东西两条对称轴线来加强仪式感；生活区布局相对灵活，注重营造舒适宜人的空间环境。

2．精神性与实用性并重。

党校的布局和形象需要营造出学习的氛围，有利于提升学员的精神气质、塑造党校的精神风貌，同时要满足使用方面的便利性。

3．体现地方文化。

建筑的造型和细节要能突出和表现建筑自身的性格，同时要能够与区域文化和环境有机融合，形成典雅精致的校园文化建筑形象。

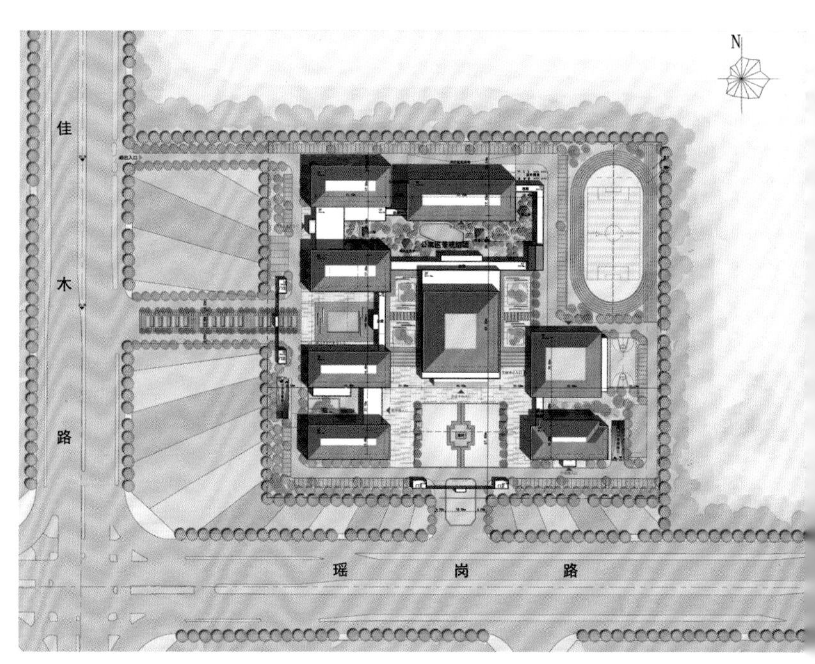

合肥高新区集成电路标准化厂房二期工程

Phase II Project of Integrated Circuit Standardization Plant in Hefei High Tech Zone

项目业主：合肥高新股份有限公司
建设地点：安徽 合肥
建筑功能：工业建筑
用地面积：113 511平方米
建筑面积：333 594平方米
设计时间：2017年—2019年
项目状态：在建
设计单位：安徽省城建设计研究总院股份有限公司
主创设计：叶虢、曹健、夏伟龙

设计师运用先进的设计理念，使产业园具有较高水准，符合现代产业园模式的发展，同时，有效地结合现有资源，合理配置，资源共享；最大限度地体现创新特色，创造一个现代、环境优美、特点明显、具有个性的现代化产业园。

树立群体建筑观。根据规划建设内容及物流组织，合理分区，形成统一的建筑肌理；各建筑相互协调，空间关系明确，疏密有致，富有生机，形成有机建筑群。

注重室外环境的创造，建造绿色园区。规划道路骨架明确，场地绿化景观以此为基础在各分区之间形成分隔过渡。组团内部设置绿化庭院，为使用者创造一个优美的空间环境，同时建筑设计运用低碳绿色理念进行节能设计。

布局灵活，具有通用性和可持续发展性。多层厂房平面设计可以自由布置和分隔，具有较强的通用性和灵活性，使其具有可持续性，为后期招商提供适应性强的硬件空间。

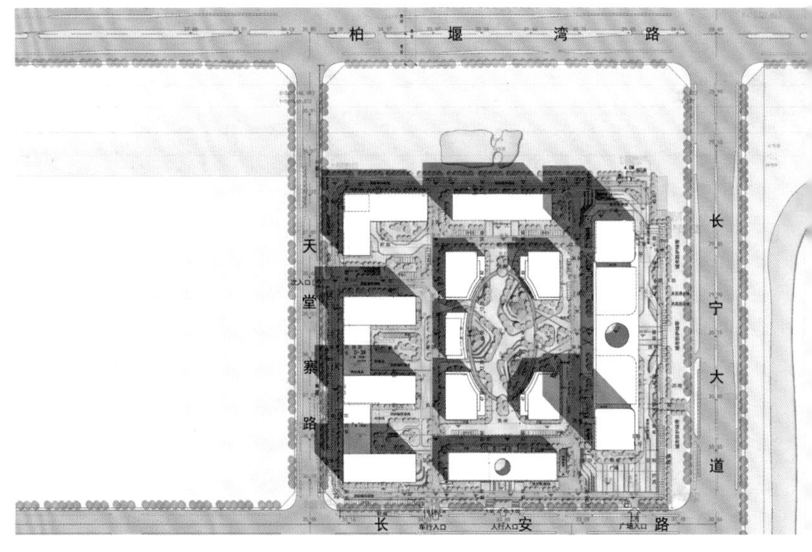

丁世杰

职务：青岛时代建筑设计有限公司项目负责人
职称：高级工程师
执业资格：国家一级注册建筑师

教育背景
1999年—2004年　吉林建筑大学建筑学学士

工作经历
2004年至今　青岛时代建筑设计有限公司

个人荣誉
2013年青岛市勘察设计行业先进工作者
2019年青岛市勘察设计行业先进工作者

主要设计作品
缤纷生活·自由选择
荣获：2009年青岛经济适用房暨中小套型设计竞赛银奖
黄海大厦
荣获：2012年青岛市优秀工程勘察设计三等奖
青岛欢乐海湾
荣获：2019年青岛市优秀工程勘察设计一等奖

地址：青岛市黄岛区黄浦江路57号
电话：0532-86898576
网址：www.qdsct.com
电子邮箱：qdsct@tom.com

青岛时代建筑设计有限公司（原青岛市第二建筑设计研究院）成立于1985年7月，伴随着青岛的飞速发展而成长壮大，2018年资产重组后，企业实力大增，迸发出新的活力。公司现具有建筑设计、城乡规划、市政公用、风景园林、岩土工程勘察等资质，是集设计、规划、勘察、科研为一体的技术密集性科技企业。

公司秉承“精心设计、优质服务、开拓进取、诚信守约”的企业宗旨和“求新、求实、求精”的经营理念，立足青岛，积极拓展外地市场，在部分省市成立了分支机构，为发展奠定了坚实的基础。

公司致力于建筑空间的创造与体验，营造以人为本的城市环境，在艺术理想与实际建设之间寻找平衡点，并根据对不同环境的认知灵活变化，强调“地利与人和、艺术与市场”的契合，以达到和谐圆满的结果。此外，公司还热衷于社会公益事业，积极承担社会责任，树立了良好的社会形象。

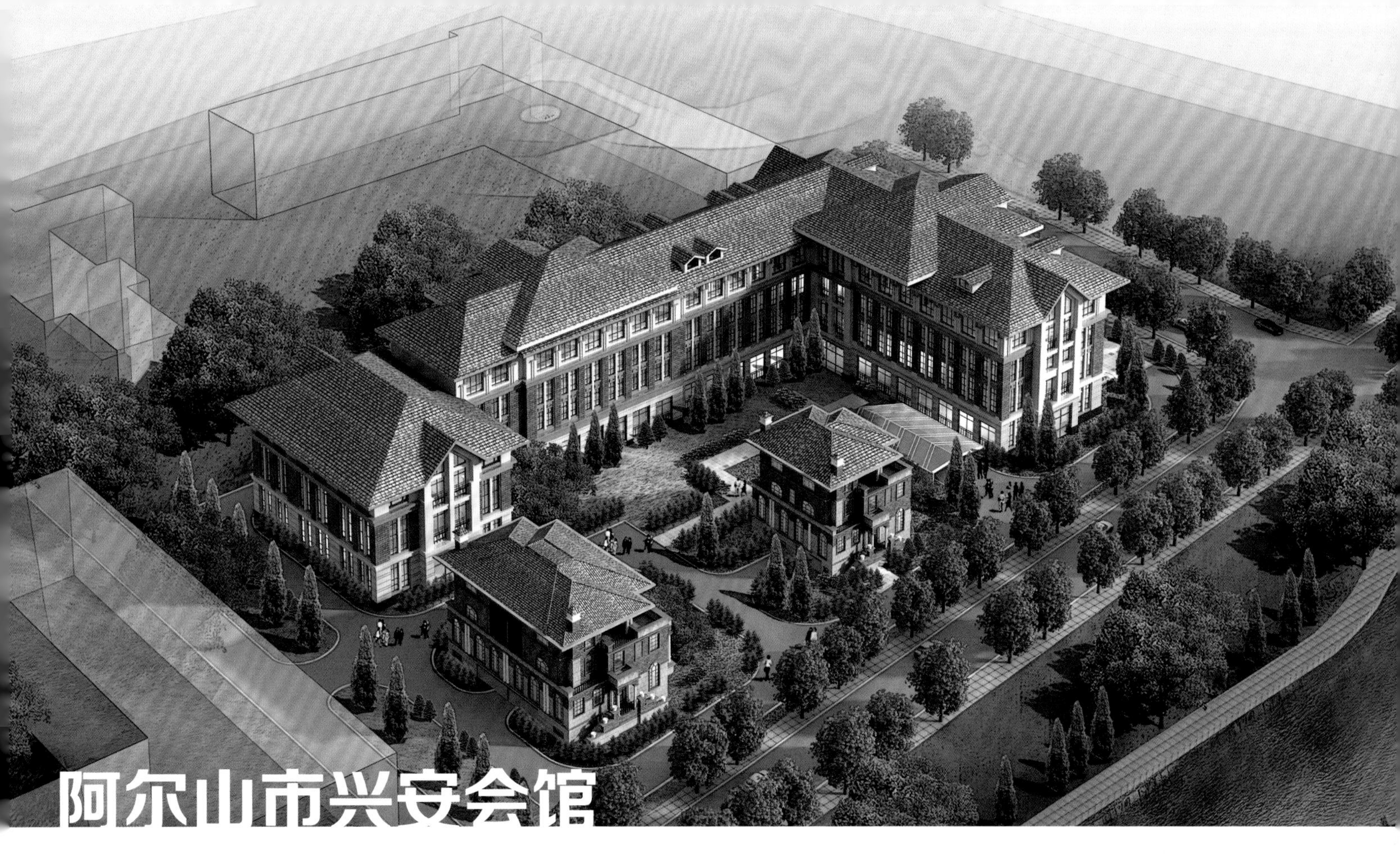

阿尔山市兴安会馆

Xing'an Guild Hall of Arxan City

项目业主：内蒙古兴安盟城市投资公司
建设地点：内蒙古 阿尔山
建筑功能：酒店建筑
用地面积：8 755平方米
建筑面积：13 488平方米
设计时间：2011年
项目状态：建成
设计单位：青岛时代建筑设计有限公司
主创设计：丁世杰、刘志刚

项目位于内蒙古自治区阿尔山市阿尔山宾馆西侧，永兴街北侧，由3个单体建筑组成，分别为一个综合楼和两个小型会馆，是集购物、休闲娱乐、教育、餐饮于一体的综合类建筑。项目立足于区域商务接待，同时结合旅游消费需求，促进北方季节性商业活动，增强严寒地区旅游配套设施，打造生态绿色的一站式商业综合体和充满活力的地标建筑。

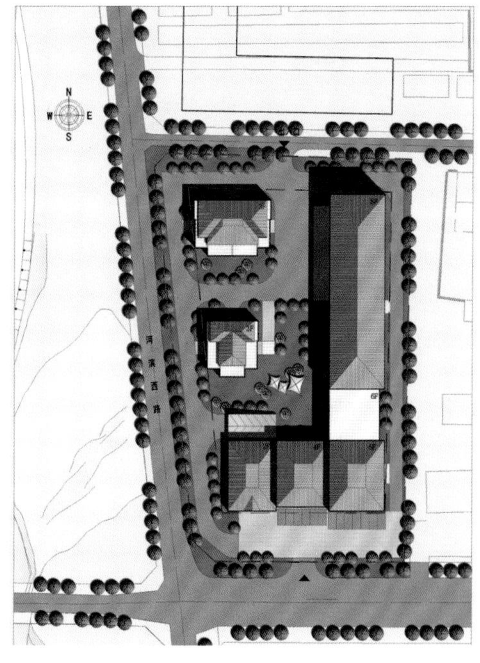

青岛欢乐海湾

Qingdao Happy Bay

项目业主：青岛旭源置业有限公司
建设地点：山东 青岛
建筑功能：商业综合体
用地面积：19 046平方米
建筑面积：39 249平方米
设计时间：2016年
项目状态：建成
设计单位：青岛时代建筑设计有限公司
主创设计：丁世杰、孙敖、刘志刚、胡立群、李振宇

项目位于青岛西海岸新区商务中心的核心区，是滨海文化商业街，由6个单体建筑组成，层数为3~4层，集购物、休闲娱乐、教育、餐饮于一体。它是一个充满活力的区域地标，令人耳目一新，也是一个怡然自得的桃源和欢乐无处不在的天堂。

项目作为青岛海洋文化的一个展示区、西海岸新区城市客厅及面向城市居民及游客开放的吃喝玩乐的一站式开放街区，通过建筑与场景的文化搭建、展示活动等创造独特的青岛海洋文化认同感，打造西海岸海洋文化新名片，通过展览展示及时尚商品销售，搭建区域时尚地标。

青岛黄海慧谷中心

Qingdao Huanghai Huigu Center

项目业主：青岛黄海置业有限公司
建设地点：山东 青岛
建筑功能：办公建筑
建筑面积：35 000平方米
设计时间：2013年
项目状态：建成
设计单位：青岛时代建筑设计有限公司
主创设计：丁世杰、孙敖、胡立群、董媛春、薄文娜

项目位于青岛保税区，嘉陵江路以北、太行山路以西，设计着重表现建筑自身的体量关系。首先通过层数的调整，突出主体建筑高大朴素的形象。其次通过体块穿插来表现辅房，使其与整体统一，突出建筑整体的根基感。作为公共建筑，在立面处理上，追求简洁、大气的同时，力求表现出具有时代特征的建筑形象。严谨而理性的建筑立面，简洁而隽永的设计语言，使青岛黄海慧谷中心以独特的建筑形象刻画出保税区美丽的天际线。

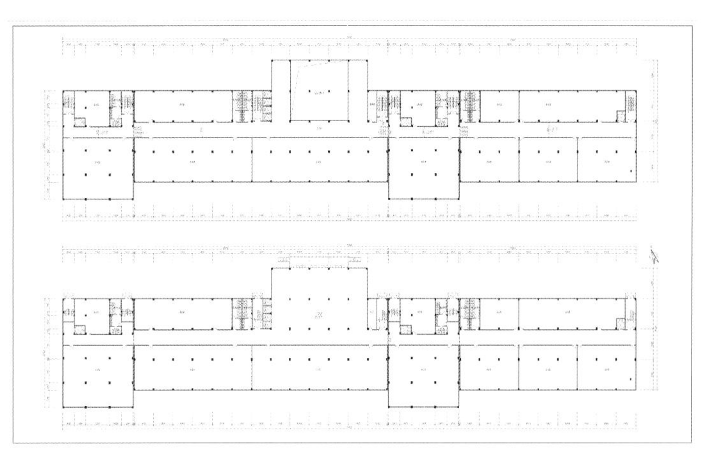

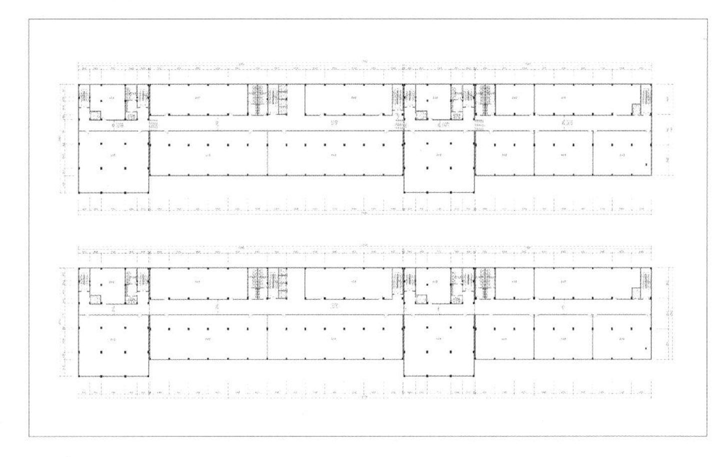

一、二层平面图

三至六层平面图

杜鹏

职务：上海加禾建筑设计有限公司执行董事、设计总监

执业资格：国家一级注册建筑师

教育背景

同济大学建筑学博士

工作经历

上海加禾建筑设计有限公司

个人荣誉

上海市住建委相对集中居住区设计导则编委会成员

2019年上海“美丽乡村”青年创意设计大赛一等奖

主要设计作品

上海金地格林世界三期市民生活服务街区
重庆华润二十四桥区域城市设计
深圳2011年大学生运动会场馆及城市片区城市设计
绿地集团哈尔滨岛屿墅
上海真如城市副中心中央城居城市设计
青啤地产沂河美域大型居住社区
中国科学院苏州生物工程医学研究所及中试车间
北京长沟镇京西南旅游集散中心
青岛崂山区九水河景观综合环境整治
青岛龙湖滟澜海岸
济南智慧谷山东工业技术研究院
武夷山森林生态博物院及市民活动中心
云南西双版纳嘎洒旅游小镇
湖北宜城花园城市规划
云南腾冲清华海五星级生态温泉度假酒店
常德蓉国新赋商业综合体及市民生活中心
合肥滨湖云谷国际学校
绿地集团 MOQI 公寓产品（方案合作，委托）
融创东南区（合肥、杭州、厦门）产品线&标准化研究
济宁东、济宁北高铁站及站前综合枢纽规划与建筑设计
山能智城
招商蛇口青岛邮轮母港1号码头20万吨筒仓城市更新
沧州运河工业园区高端装配产业基地
青岛金色乐府
上海宝钢宝日钢铁智能控制中心
上海市松江区叶榭镇乡村风貌整治
上海市轨道交通18号线国权路地铁上盖物业景观设计
上海市松江区佘山镇平移安置项目
潍坊市大数据产业园
宁津县壁和学校
山东省德州市便民服务中心

JOIN 加禾

上海加禾建筑设计有限公司

SHANGHAI JOIN ARCHITECTURE DESIGN CO.,LTD

上海加禾建筑设计有限公司（简称：“加禾”）是目前建筑行业中活跃的一家新型设计公司。在中国的市场上，加禾创造了众多成功案例，赢得了业主及同行的尊重和赞誉。无论是商业建筑还是住宅开发，加禾的作品都力图在城市的记忆中留下令人振奋的印迹。

公司业务范围涉及城市规划设计、可行性研究、建筑设计、景观设计、专项设计与咨询、室内设计等多个领域，并在城市综合体、集群商业、高档写字楼、居住区规划、高档住宅社区等方面形成了专业优势。加禾强调多种尺度的结合和互补、跨领域的合作，在实践和学术上都试图寻找新的方向与可能。

公司汇聚了一大批富有经验且具有创新精神的设计师。他们热爱生活、充满激情，在快乐的工作中实现自身理想与客户价值需求。加禾员工的专业素养甚高，其核心设计人员大多拥有高学历、海外留学背景以及多年的执业经验。

大量的设计实践使加禾逐渐形成了自己的设计风格和工作方法，并在公司内部形成了一套严谨的工作流程。从项目前期研究到中期深入设计直至最终建成的每个环节，都力争做到专业而有条不紊。这保证了他们的理性思考与激情创作都能得以最大限度的实现。

地址：上海市杨浦区国康路100号上海国际设计中心西楼1402
电话：021-55043306
传真：021-55043306
网址：www.shjoin-design.com
电子邮箱：shanghai_join@126.com

潍坊市大数据产业园

Weifang Big Data Industrial Park

项目业主：潍坊市滨投空间网络数据发展有限公司
建设地点：山东 潍坊
建筑功能：大数据存储、运用、研发孵化园区
用地面积：334 322平方米
建筑面积：527 838平方米
设计时间：2020年
项目状态：在建
设计单位：上海加禾建筑设计有限公司
主创设计：杜鹏

潍坊市大数据产业园主要是为了配合国家高新科技发展战略，承接潍坊市大数据产业资源收集、研发、运用以及相应产业链条的各项功能。园区沿虞河两岸，打造花园式办公、生产、研发、接待、培训、商务、展示中心。其中大数据厂房可承接数据机柜约68 000个，其他配套设施可满足3 000人的生活生产需求。

崇明区三星镇协进村规划设计

Planning and Design of Xiejin Village, Sanxing Town, Chongming District

项目业主：崇明区三星镇
建设地点：上海
建筑功能：居住建筑
用地面积：159 019平方米
建筑面积：153 912平方米
设计时间：2019年
项目状态：竞赛方案
设计单位：上海加禾建筑设计有限公司
主创设计：杜鹏

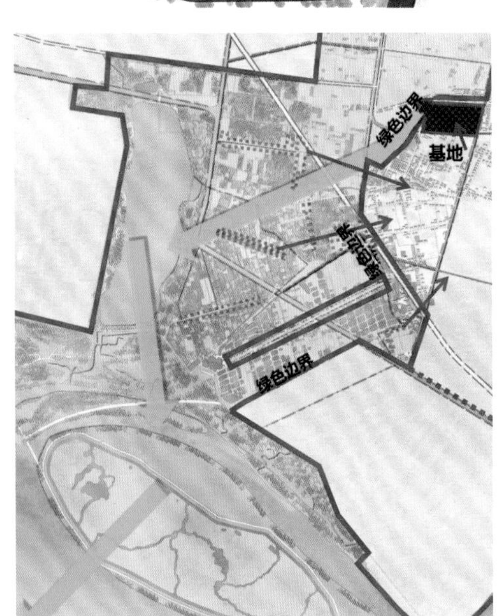

在规划上，建筑师提出了“收缩的村庄”的新理念。

建筑单体设计，从两个维度进行思考。首先，从建筑风貌上做出对传统建筑、传统工艺的尊重和传承的选择。比如白色的墙面、青黛色曲面坡屋顶、精致窗户以及密集的花砖构成的半通透建筑界面。立面上大大小小的洞口形成了夸张的尺度对比和丰富的节奏感，构成一种生动有趣的建筑形象。

其次，从当下村庄的实际情况出发，探讨了村民的生活习惯。提出了“更低耗的运维”的设计目标。一方面，降低普通多层住宅的层数；另一方面，在规划中引入了集合住宅的概念，把有电梯需求的使用者集中起来，既最大限度地提高了电梯的使用率，又减少了不必要的建筑成本。

宁津县璧和学校

Ningjin County Bihe School

项目业主：宁津县房地产综合开发有限责任公司
建设地点：山东 德州
建筑功能：教育建筑
用地面积：62 491平方米
建筑面积：61 137平方米
设计时间：2020年
项目状态：在建
设计单位：上海加禾建筑设计有限公司
主创设计：杜鹏

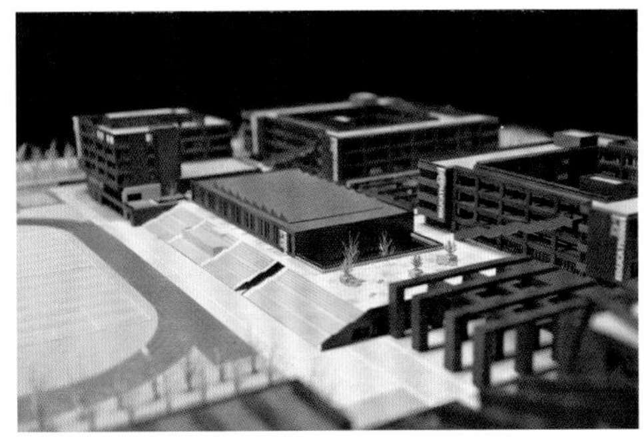

项目包括九年一贯制学校和周边住宅配套幼儿园。学校占地面积小，但需要容纳的班级数量较多，用地指标紧张，这是设计的难点之一。设计采取教育综合体模式，将建筑平面紧凑化布局。建筑造型方正，沿城市步行轴线采取空间扭转造型，意图为城市提供令人印象深刻的空间形态，该形态象征着儿童与青少年的活泼自由、无拘无束。建筑外立面以红、黄、灰为基本色，形成一种浓烈的色彩氛围，凸显建筑的个性。建筑的工程预算有限，因此能够在此限定条件下提供丰富的空间层次感，为设计的第一要务。

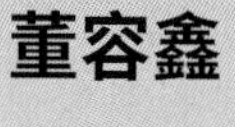

董容鑫

职务：清华大学建筑设计研究院有限公司
　　　第五分院副院长、创作所所长
职称：高级工程师
执业资格：国家一级注册建筑师

教育背景
2003年—2008年　大连理工大学建筑学学士

工作经历
2008年至今　清华大学建筑设计研究院有限公司

主要设计作品
凌钢钢铁技术研发中心
荣获：2012年中国建筑设计奖（建筑创作）银奖
河南省大学科技园（东区）新材料产业基地15#楼工程
荣获：2017年全国优秀工程勘察设计三等奖
浙江省科技信息综合楼易地工程
荣获：2017年全国优秀工程勘察设计三等奖
　　　2017年教育部优秀设计二等奖
滇西应用技术大学总部校园
荣获：2017年北京市优秀城乡规划设计三等奖

屈小羽

职务：清华大学建筑设计研究院有限公司
　　　第五分院总建筑师
职称：高级工程师
执业资格：国家一级注册建筑师

教育背景
1999年—2004年　清华大学建筑学学士
2004年—2007年　清华大学建筑学硕士
2007年—2010年　日本京都大学工学博士

工作经历
2011年至今　清华大学建筑设计研究院有限公司

个人荣誉
北京表彰筹备和服务保障国庆70周年庆祝活动先进个人

主要设计作品
曲阜火炬大厦
荣获：2012年全国人居经典建筑规划设计方案竞赛
　　　金奖
滇西应用技术大学总部校园
荣获：2017年北京市优秀城乡规划设计三等奖
长春中医院大学附属第三临床医院
国家植物博物馆
国庆70周年天安门广场红飘带工程

王钰

职务：清华大学建筑设计研究院有限公司
　　　第五分院创作所副所长
职称：工程师

教育背景
2006年—2010年　清华大学建筑学学士
2010年—2012年　清华大学建筑学院城乡规划学硕士

工作经历
2012年至今　清华大学建筑设计研究院有限公司

主要设计作品
滇西应用技术大学总部校园
荣获：2017年北京市优秀城乡规划设计三等奖
北京建筑工程学院新校区土交、测绘学院
荣获：2019年全国优秀工程勘察设计一等奖
长春中医药大学附属第三临床医院
通辽市孝庄河文化产业带民俗文化馆
国家植物博物馆

地址：北京市海淀区清华大学建筑
　　　设计中心楼
电话：15901022605
网址：www.thad.com.cn
电子邮箱：wangyu_thu@163.com

地址：北京市海淀区清华大学建筑
　　　设计中心楼
经营计划部
电话：010-62788579
电子邮箱：jzsjy@tsinghua.edu.cn
人力资源部
电话：010-62782687
电子邮箱：hr@thad.com.cn

清华大学建筑设计研究院成立于1958年，为国内知名建筑设计机构，2011年1月改制为清华大学建筑设计研究院有限公司（THAD），2011年11月被认定为北京市“高新技术企业”。2011年被中国勘察设计协会审定为“全国建筑设计行业诚信单位”，2012年被中国建筑学会评为“当 代中国建筑设计百家名院”，2013年被中国勘察设计协会评为“全国勘察设计行业创新型优秀企业”。

THAD现有员工1 300余人，包括中国科学院及中国工程院院士6人、勘察设计大师3人、国家一级注册建筑师 202人、一级注册结构工程师72人、注册公用设备工程师37人、注册电气工程师14人。有9个综合设计分院、8个专项设计分院，以及教师创作为特色的创新设计分院及3个教师工作室和4个院级研究中心。

成立至今，THAD始终严把质量关，秉承“精心设计、创作精品、超越自我、创建一流”的奋斗目标，热诚地为国内外社会各界提供优质的设计和服务。THAD的队伍是年轻的、充满活力的，如果说建筑是一座城市的文化标签，THAD的建筑师将用流畅的线条勾勒它、用灵魂的笔触描绘它、用迸发的激情演绎它，目的只有一个——让世界更加美好。

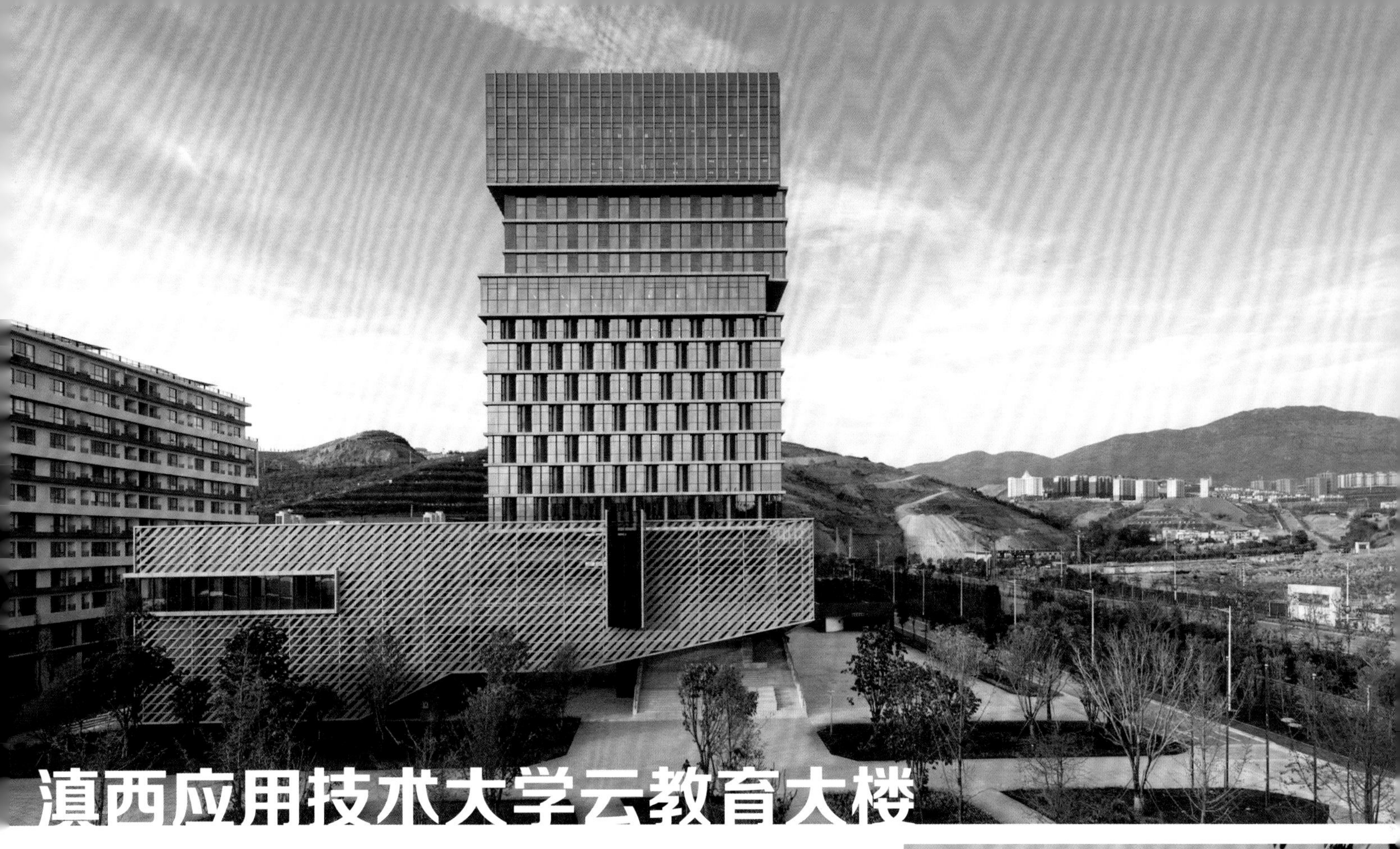

滇西应用技术大学云教育大楼

Cloud Education Building of Western Yunnan University of Applied Technology

项目业主：滇西应用技术大学
建设地点：云南 大理
建筑功能：教育建筑
用地面积：3 187平方米
建筑面积：44 688平方米
设计时间：2014年
项目状态：建成
设计单位：清华大学建筑设计研究院有限公司
设计团队：任飞、宋燕燕、孙光享、董容鑫、屈小羽、王钰

项目是滇西应用科技大学的一座多功能建筑，位于校园东北侧，南临校园礼仪广场，西临综合服务楼，东、北临内环路。大楼分为主楼和裙楼两部分，地下3层，地上18层，建筑总高度为75.8米。云教育大楼不仅是学校的重要场所和标志性建筑，也是教学和科研的基础设施，承载学校图书馆资源、信息数据中心、行政办公、会议等功能。

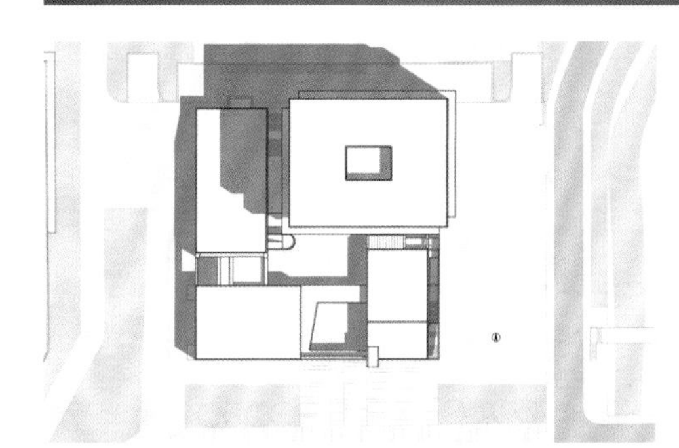

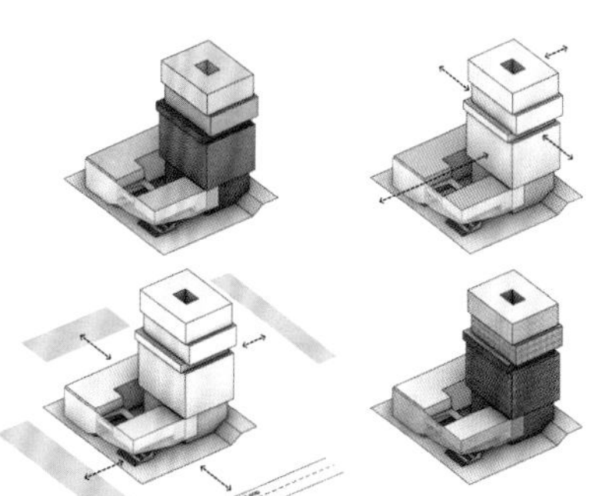

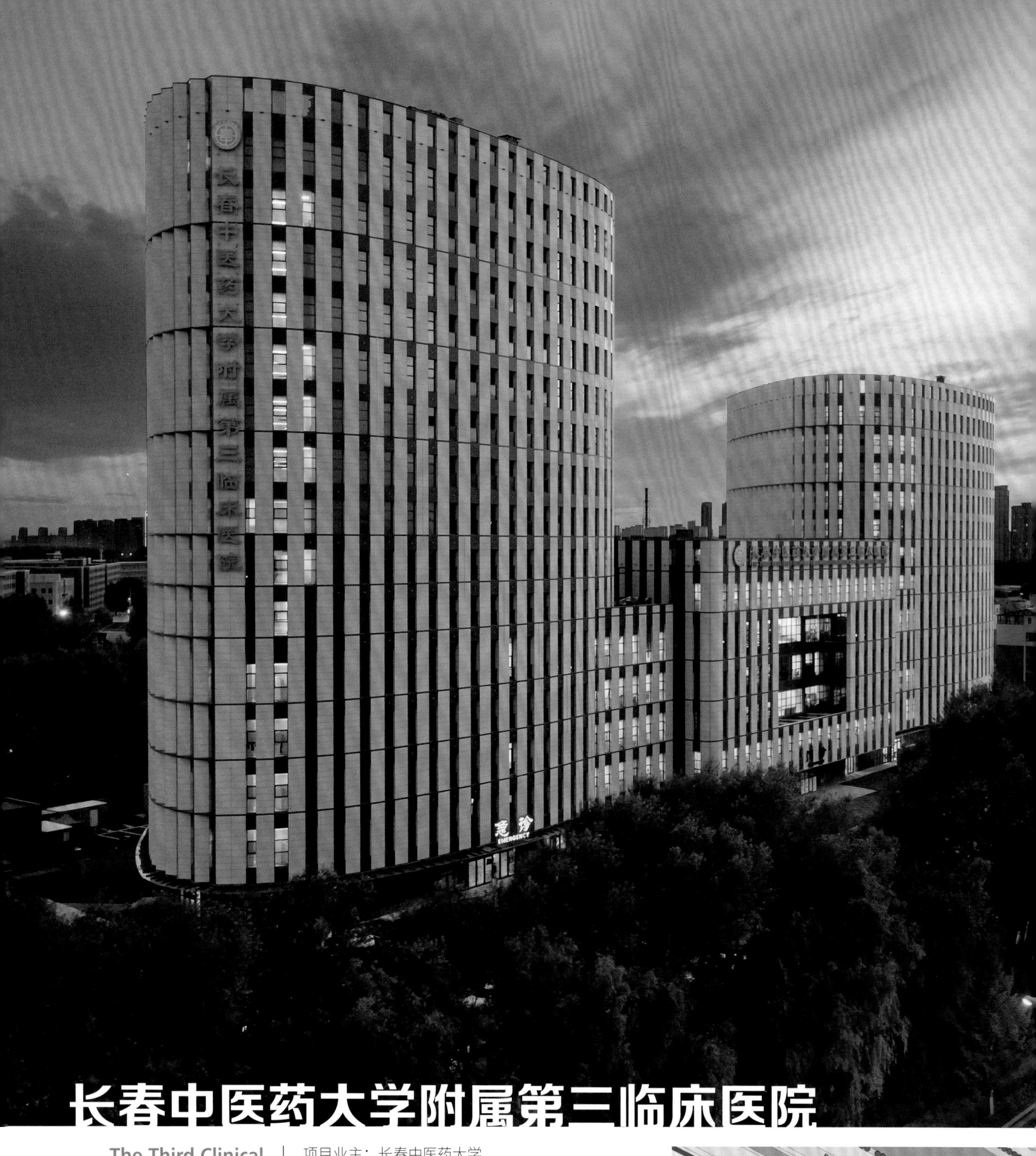

长春中医药大学附属第三临床医院

The Third Clinical Hospital Affiliated to Changchun University of Traditional Chinese Medicine

项目业主：长春中医药大学
建设地点：吉林 长春
建筑功能：医疗建筑
用地面积：19 322平方米
建筑面积：85 600平方米
设计时间：2014年
项目状态：建成
设计单位：清华大学建筑设计研究院有限公司
设计团队：庄惟敏、任飞、杜爽、屈小羽、孙光享、王钰、董容鑫

项目位于长春市净月经济开发区，毗邻净月潭国家森林公园和长春中医药大学主校区，北侧为轻轨三号线，南侧为净月潭的溢洪渠，东西两侧为住宅区。它是一所集医疗、教学、科研于一体的三级现代化中医综合医院，有床位数量550个，预计门诊日流量3 000人。建筑平面布局为一字形6层裙房，上部东西各设一座塔楼，其中东塔楼15层，西塔楼12层，建筑高度为70米。裙房为综合门诊、示范教学区、检验中心等门诊医技用房，塔楼为医疗病房。地下2层是车库、食堂、药库及附属设备用房。

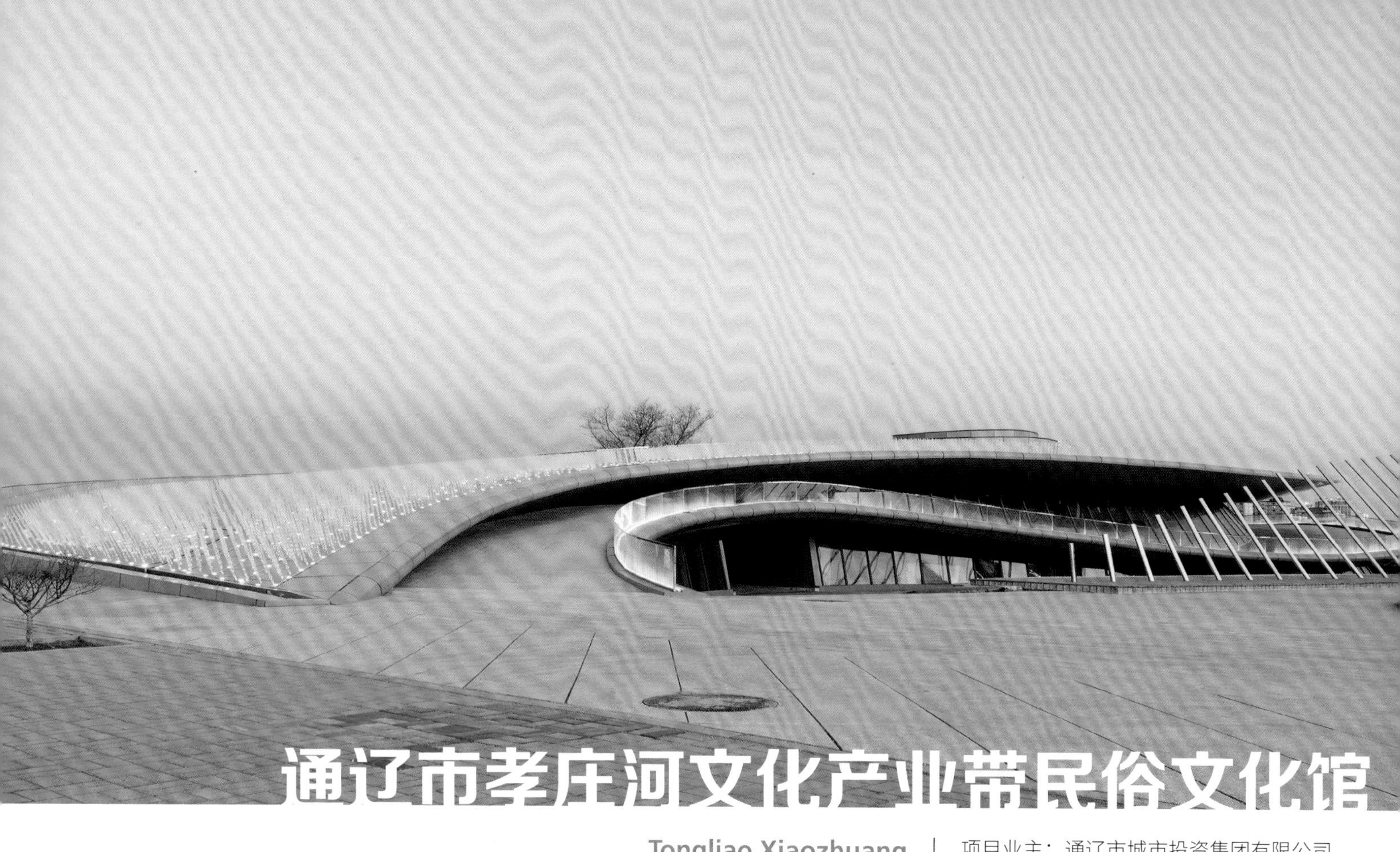

通辽市孝庄河文化产业带民俗文化馆

Tongliao Xiaozhuang River Cultural Industry Zone Folk Culture Museum

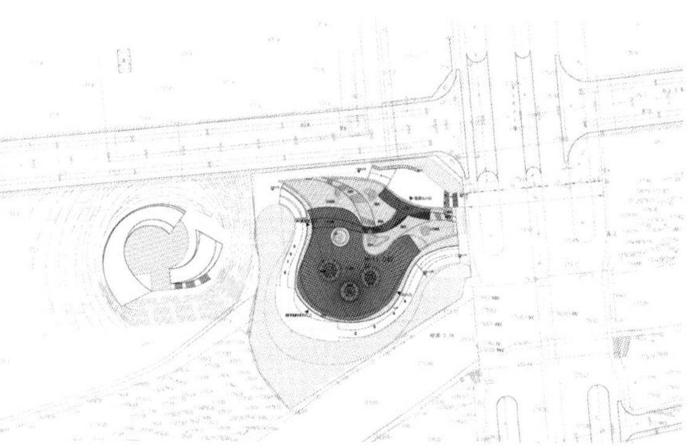

项目业主：通辽市城市投资集团有限公司
建设地点：内蒙古 通辽
建筑功能：文化建筑
用地面积：55 001平方米
建筑面积：9 034平方米
设计时间：2014年
项目状态：建成
设计单位：清华大学建筑设计研究院有限公司
设计团队：庄惟敏、单军、任飞、杜爽、王钰、董容鑫

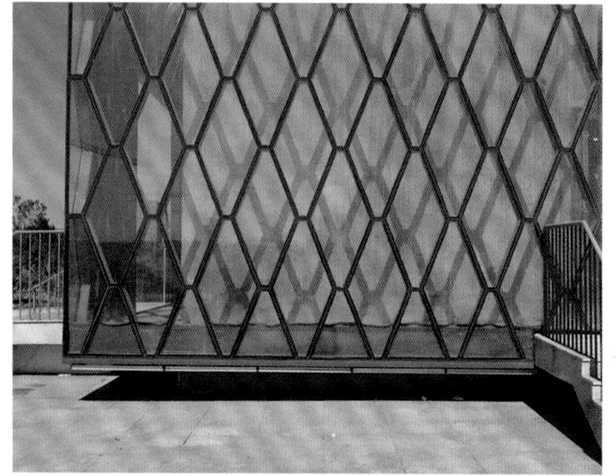

项目是一个极具人气、独具特色、和而不同、有极高文化艺术性的博物馆建筑群，由安代博物馆、蒙医博物馆、马头琴博物馆、生态建设博物馆组成。

安代博物馆，包含安代舞的历史文化以及相关实物器具的展示，还为安代舞的即时再现和未来在民间的发展和普及提供了舞台。

蒙医博物馆，主要展陈空间位于地下，5个高起的体量建筑为博物馆和公园提供了休闲功能，亦可供游人登高远眺，既是“景观”建筑，也是“观景”建筑。

马头琴博物馆，是展览和陈列马头琴重要文化场所，是陈列、展览和交化研究的空间形体。

生态建设博物馆，是展览和陈列生态建设、文化收藏的重要场所，是陈列、展览的空间，也是市民交流、沟通、休闲的场所。

某办公楼

An office Building

建设地点：北京
建筑功能：办公建筑
用地面积：24 800平方米
建筑面积：64 813平方米
设计时间：2012年
项目状态：建成
设计单位：清华大学建筑设计研究院有限公司
设计团队：杜爽、任飞、王钰、唐鸿骏、董容鑫、屈小羽

建筑规划采用中国传统合院式建筑格局——天圆地方，抱元守中。主体建筑沿南北轴线对称展开，东西北三面城台相连，宛如三峦环抱，气魄宏伟、威严壮观，建筑北倚香山，南望永定河，形成负阴抱阳的总体布局。围合式院落的布局有利于整体考虑，集约建设，功能共享，也为工作人员营造温馨、舒适的休憩环境。

“类住宅”办公单元设计，有效解决了在相对狭小的空间里把工作用房在人流、视线、功能上与其他区域隔开这一难题，各办公单元既可自成一体又可联席办公。建筑立面材料取自齐鲁大地的白麻石材，构建出洁净的墙面，丰富的细节，彰显传统中华建筑的神韵。

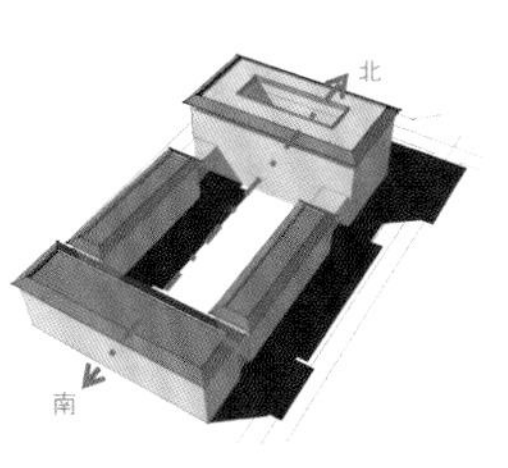

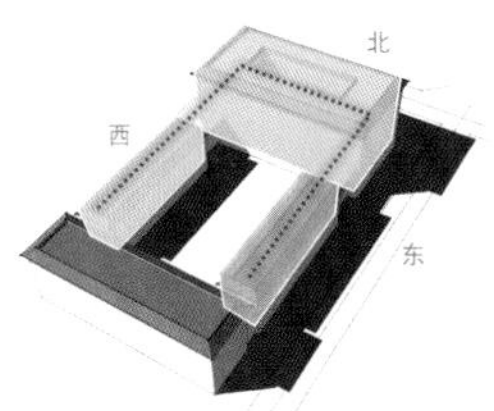

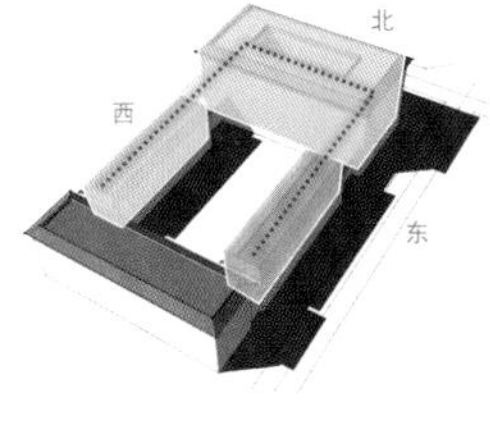

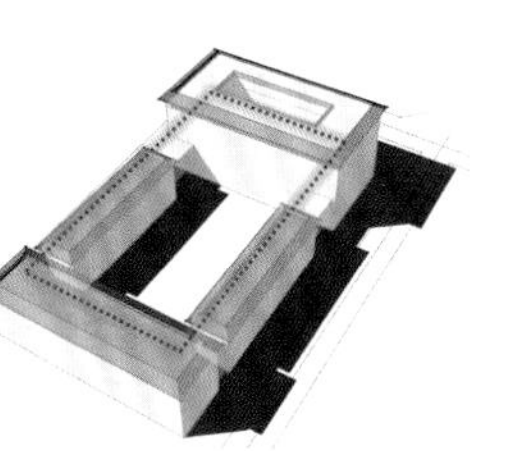

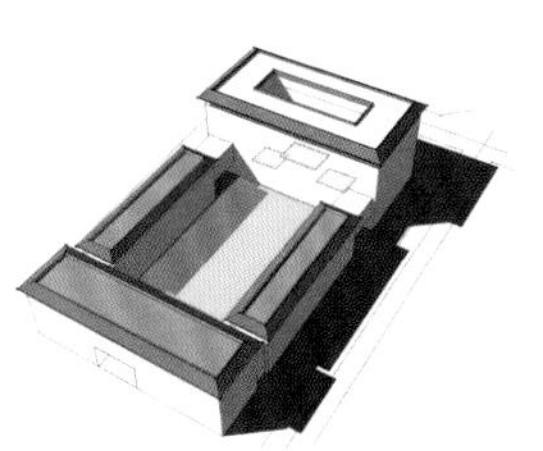

段猛

职务：中国建筑设计研究院有限公司
　　　第五建筑设计研究院院长
职称：教授级高级建筑师
执业资格：国家一级注册建筑师、国家注册规划师

教育背景
1989年—1994年　天津大学建筑学学士
1994年—1997年　同济大学建筑学硕士
2003年—2004年　法国里昂建筑学院访问学者

工作经历
1997年至今　中国建筑设计研究院有限公司

个人荣誉
2010年中国建筑学会青年建筑师

主要设计作品
中北大学校园
烟台大学八角湾新校区
青海卫生职业技术学院
赣南职业技术学院
江西赣州公共实训基地
中国南极维多利亚地科学考察站
河南民安明月旅游休闲项目
北京中建先锋科技园

谷德庆

职务：中国建筑设计研究院有限公司
　　　第五建筑设计研究院副院长
职称：高级建筑师
执业资格：国家一级注册建筑师

教育背景
1997年—2002年　哈尔滨工业大学建筑学学士
　　　　　　　　哈尔滨工业大学艺术设计学士

工作经历
2002年至今　中国建筑设计研究院有限公司

主要设计作品
亦庄金茂悦
北京体育大学国家队训练基地田径训练中心
国家体育总局冬季运动管理中心综合训练馆
北京中关村翠湖科技园国际教育多媒体会议中心
北京太阳宫冠捷大厦
北京海淀西北旺A3地块商业综合体
河北雄安新区容西片区二期工程
北京市通州区古月佳园
北京市通州区东方厂
北京市通州区潞城镇后北营地块

宋波

职务：中国建筑设计研究院有限公司
　　　第五建筑设计研究院副院长
职称：高级建筑师
执业资格：国家一级注册建筑师

教育背景
1997年—2002年　沈阳建筑工程学院建筑学学士

工作经历
2002年至今　中国建筑设计研究院有限公司

个人荣誉
青海玉树灾后恢复重建先进个人

主要设计作品
九江九动文化创意产业园
玉树灾后重建康巴风情商业街及红卫路滨水休闲区
拉萨建筑风貌导则
北川灾后重建白杨坪片区
呼和浩特东岸国际
乌兰察布山水文园

中国建筑设计研究院有限公司第五建筑设计研究院（简称：“第五建筑设计研究院”）是中国建筑设计研究院有限公司（简称“中国院”)直属的综合性设计团队，以中国院的技术和人力资源作为有力后盾和强劲支撑平台。

第五建筑设计研究院下设运营部、建筑设计研究所、结构设计研究所、机电设计研究所及极地建筑设计研究中心等，具备清晰的组织架构和完善的人才梯队，主要服务领域包括城市设计、住区建筑、办公建筑、教育建筑、休闲建筑等，尤其在与城市发展相关的集群开发项目中具有传统优势，并获得多项国家级、省市级及行业设计奖项。

第五建筑设计研究院秉承优良传统，不仅完成大量具有可持续性的高品质开发项目，而且利用自身技术优势和经验承担社会责任，为国家民生工程项目、灾后重建工作以及生存空间发展的战略性计划提供设计技术支持。

团队拥有多年实践项目的设计运作经验，具有多专业和跨尺度的设计能力，能够提供城市、社区及建筑尺度的全专业技术支持，多年来为政府、企业及创新型地产机构等客户服务，并发挥自身规划建筑一体化的技术优势，为客户提供前期咨询、规划策略、建筑与工程设计、技术导则及专业评价等全过程设计服务。

地址：北京市西城区车公庄
　　　大街19号
电话：010-88328221
传真：010-88328740
网址：www.cadri.cn
电子邮件：jy@cadg.cn

亦庄金茂悦

Yizhuang Jinmaoyue

项目业主：北京方兴亦城置业有限公司
建设地点：北京
建筑功能：居住、商业建筑
用地面积：138 000平方米
建筑面积：400 000平方米
设计时间：2012年—2014年
项目状态：建成
设计单位：中国建筑设计研究院有限公司
主创设计：谷德庆、詹柏楠、杨华、赵庭珂

项目设计针对亦庄经济开发区的高端居住产品需求，致力于营造绿色健康的社区环境，统筹规划景观和建筑，形成整体特色。

1．自然：立体式布局形成“台地花园”，充分融合住区、城市与风景。

2．文脉：轴线对称、空间递进的整体规划，再现传统城市的工整大气。

3．科技：“恒湿、恒温、恒氧”绿色科技，构建高舒适度健康宜居空间。

青海卫生职业技术学院

Health Qinghai Vocational and Technical College

项目业主：青海卫生职业技术学院
建设地点：青海 西宁
建筑功能：教育建筑
用地面积：340 000平方米
建筑面积：137 000平方米
设计时间：2018年—2019年
项目状态：在建
设计单位：中国建筑设计研究院有限公司
设计团队：段猛、祝贺、黄文韬、梁洲瑞、赵瑨、李晓韵、郭皇甫、齐钰

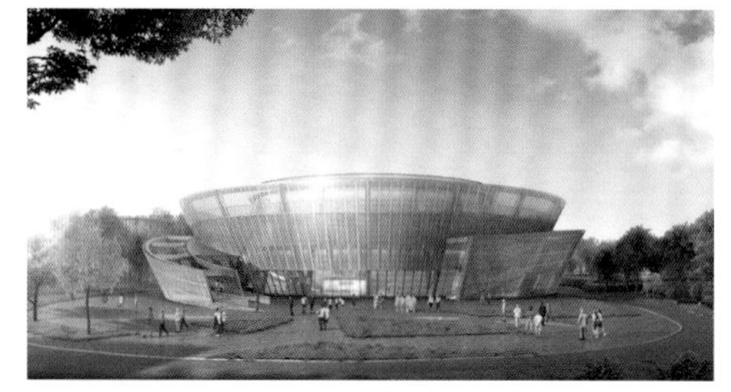

项目总体规划结合河湟文化及区域特征，借鉴生命科学中生生不息、和谐共存的理念，校园由内至外形成“人文圈”“学术圈”“生态圈”三个圈层的向心型格局，并在核心区打造集图书馆、生命科学馆、数据中心、行政服务中心为一体的环形教育综合体。

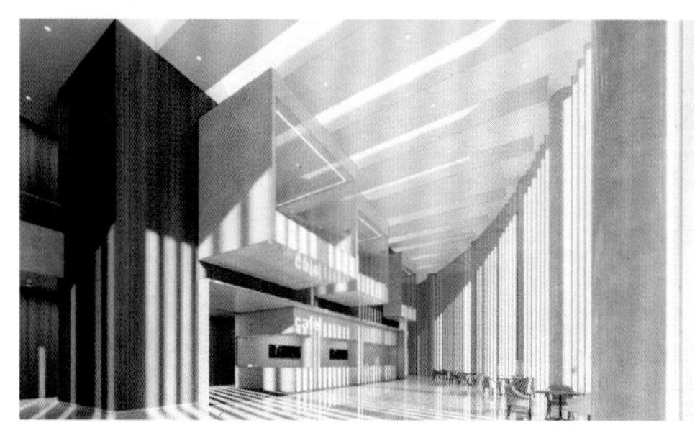

烟台大学八角湾新校区

Bajiaowan New Campus of Yantai University

项目业主：烟台中达信宏科教投资有限公司
（烟台八角湾中央创新区推进服务中心）
建设地点：山东 烟台
建筑功能：教育建筑
用地面积：668 500平方米
建筑面积：427 000平方米
设计时间：2019年—2021年
项目状态：在建
设计单位：中国建筑设计研究院有限公司
设计团队：段猛、祝贺、黄文韬、梁洲瑞、尹晓斌、李晓韵、张浩煜、齐钰、张文东

项目规划设计延续老校区“山海之间”的传统格局，通过东西主轴和超级平台整合被城市道路分割的用地，以体育中心、国际交流中心、科创中心等建筑建立烟台大学与城市共享的媒介，以立体化布局的专业学院和公共设施形成开放、互动的多样化交流与学习场所，营造具有地域文化特色的大学校园空间。

中国南极维多利亚地科学考察站

Antarctic Victoria Scientific Research Station, China

项目业主：中国极地研究中心
建设地点：南极维多利亚地
建筑功能：科研建筑
用地面积：200 000平方米
建筑面积：5 200平方米
设计时间：2018年—2020年
项目状态：在建
设计单位：中国建筑设计研究院有限公司
主创设计：段猛、祝贺、赵瑨

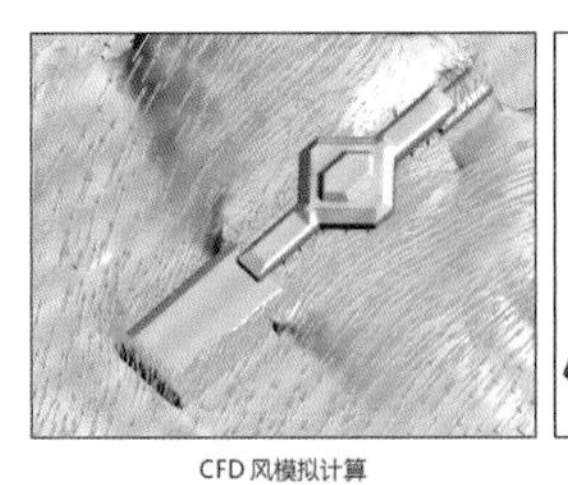

CFD风模拟计算

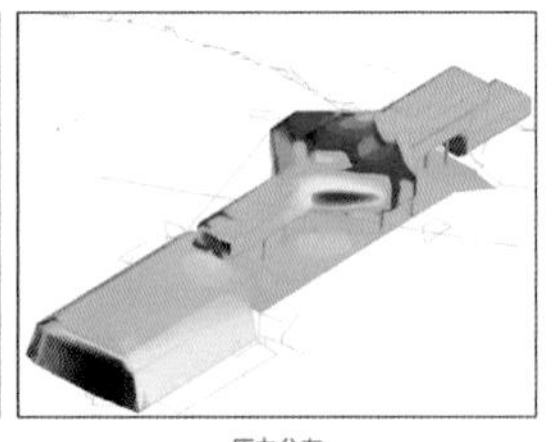

压力分布

绿色运营

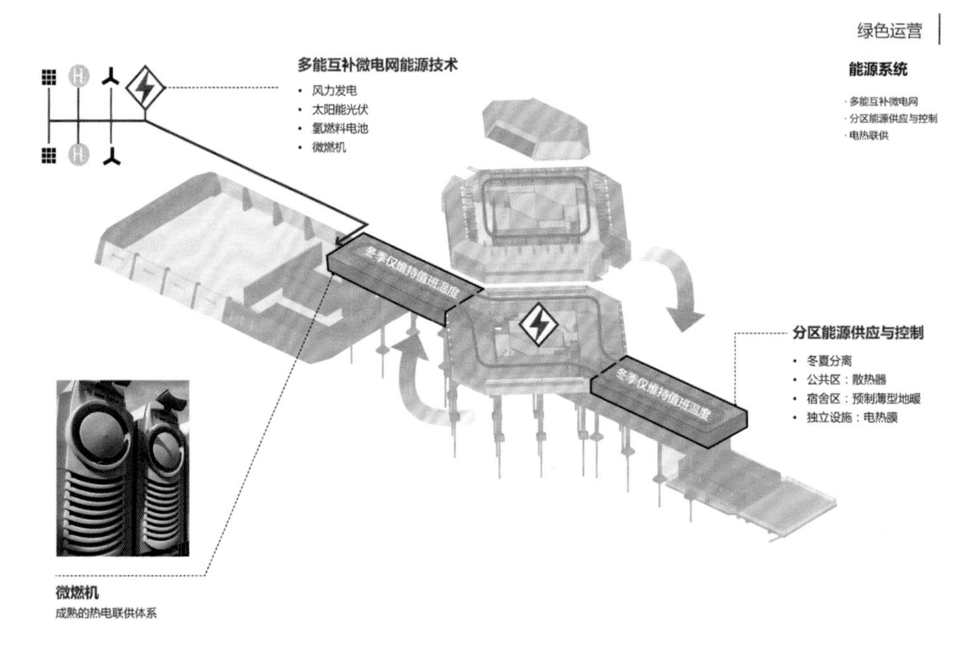

项目选址在罗斯海的恩克斯堡岛，以增强中国对全球最大海洋保护区的科学研究与环境管理。

设计立足于科学考察研究和主体功能的战略性布局，充分考虑南极特定的自然环境和后勤支持特点，采用系统的绿色技术和集成化空间体系，打造智能先进、低碳环保的国际一流科学考察站。“南极星·中国结”既寓意中国极地战略的星星之火，也融入了南极考察行动的中国智慧。

九江九动文化创意产业园

Jiudong Cultural and Creative Industrial Park, Jiujiang

项目业主：九江市九动源旅游开发有限责任公司
建设地点：江西 九江
建筑功能：商业、办公建筑
用地面积：149 000平方米
建筑面积：111 000平方米
设计时间：2020年—2021年
项目状态：在建
设计单位：中国建筑设计研究院有限公司
主创设计：宋波、程开春、郭皇甫

项目是对九江市动力机厂历史文化街区的改造与更新，也是对工业遗产保护与利用的研究型探索。

总体规划充分利用场地特质，提出三大设计构思，以“重保护，两板块”明确厂区更新基础条件；以“理厂房，补格局”重构厂区总体空间骨架；以“亮主轴，传文脉”连接厂区各个空间组团，梳理形成历史文化街区的整体空间脉络。出于对基地环境与场地条件的尊重，建筑设计中采用了一系列改造或新建的“针灸动作”，“嵌”“延”“围”“折”，这些“动作”试图创造一种全新的“对话”与“契合”关系，实现跨越时空的共融共生。

杜婕

职务：浙江南方建筑设计有限公司副总建筑师、分公司总经理

教育背景

1996年—2001年　青岛建筑工程学院建筑学学士

工作经历

2001年至今　浙江南方建筑设计有限公司

主要设计作品

杭州湖滨国际名品街
荣获：2005年全球最优异项目大奖
杭州九树公寓
荣获：2009年英国皇家建筑师学会国际大奖
杭州西溪天堂悦居
荣获：2012年浙江省优质工程奖
玉皇山南国际创意产业园
荣获：2013年中国创意产业年度大奖最佳园区奖
梦想小镇
杭州娃哈哈国际双语学校
宁波环球海港中心
宁波财富管理总部
杭州归谷国际中心
云和梯田国家AAAAA旅游景区
宁波荣安香园
宁波融创涌宁府
牡丹江保利江山悦
舟山融创金成东海印
重庆荣安林语春风
杭州武林外滩
融创东麓
新昌宝龙广宇锦源府
杭州荣安翡翠半岛
融创翡翠海岸
大连万达体育新城

杜婕女士在过去20年的实践中，设计的项目涵盖规划、公建、住宅、改造等多方面。她始终保持着对于空间塑造理性的执着，对于实现自己所塑造的能给使用者带来愉悦体验的空间她始终楔而不舍、孜孜以求，是设计行业优秀的建筑师。

杜婕女士对建筑创作充满热爱，勤于思考，在快速发展的时代背景下努力寻求独特的解决方案。她始终坚持走自己的道路，在跌宕起伏的市场里不随洪流而迷失方向。近年来，简单的红砖被她运用于多个项目当中，从基金小镇的玉皇山南国际创意产业园到杭州娃哈哈国际双语学校，红砖立面严谨的排列和一个令室内走廊可以自然通风采光的结构，显示出她对于富有逻辑性的简单方案的追求。在多个改造项目中她将赋有历史记忆的实体材料暴露于环境中，这些承载着历史记忆的表皮随着时间的推移成为整体美学的一部分，而不用掩饰时间留下的痕迹。

南方設計 SOUTH U-DO

浙江南方建筑设计有限公司（以下简称：南方设计）成立于1999年1月，拥有建筑行业（建筑工程）甲级资质、风景园林工程设计甲级资质，分设建筑、结构、公用设备、室内、工程管理、幕墙、产业规划、古村落规划、景观、BIM、绿建、灯光、效果图、动画、新型智能墙体材料研发中心等子公司及工作室，业务涵盖未来社区、产城融合（特色小镇）、城市更新、乡村再生、创意地产、居住建筑、文化会展等。

近年来，南方设计在未来社区上业绩斐然，以8个思考维度“产业、政策、空间、金融、运营、科技、文化、互联网”和9大生活场景，先后设计了浙江省第一批、第二批审报的项目：宁波鄞州姜山社区、绍兴滨海新区沧海社区、金华兰溪桃花坞社区、杭州萧山瓜沥七彩社区。南方设计的业务范围覆盖了城市发展、区域营造和乡镇再生等各个方面，以专业实力助力甬江两岸突破性的“蝶变”，参与设计了宁波渔轮厂厂房改造、宁波文创港客厅。作为特色小镇解决方案服务商，南方设计以全过程、全界面、全地域、全类型，发挥平台优势，精耕细分市场，突破思维局限，重塑小镇生命，设计梦想小镇、云栖小镇、艺尚小镇等160多个国家、省、市级重点特色小镇项目。

杭州南方优度建筑设计有限公司（以下简称：优度）隶属于浙江南方建筑设计有限公司，拥有一个致力于唯创新、造细节、重品质的年轻建筑团队。

优度是一个力行理想与实现、艺术与科技、形态与功能、美观与实用的建筑团队，以炙热的心服务每一个项目，把控每一个高质量的设计效果。成立几年来，优度已与国内多家知名企业建立长期合作关系，业务遍及全国，期待初心永固，共同实现无限的理想创造。

地址：杭州市上城区白云路36号
电话：0571-85388349
传真：0571-85116497
网址：www.zsad.com.cn
电子邮箱：market@zsad.com.cn

宁波财富管理总部

Ningbo Wealth Management Headquarters

建设地点：浙江 宁波
建筑功能：办公建筑
用地面积：19 000平方米
建筑面积：33 000平方米
设计时间：2017年
项目状态：建成
设计单位：浙江南方建筑设计有限公司
主创设计：杜婕

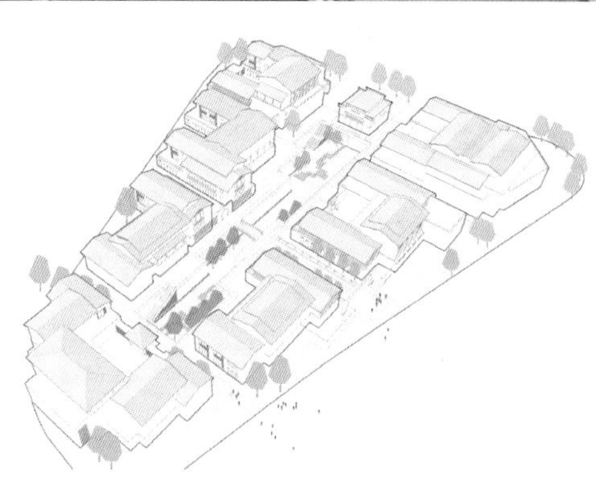

项目是宁波市高端庭院式金融产业园区，聚焦金融、投资、金融科技、金融文化，将被打造国内一流的财富管理聚集区、长三角创新的金融中心。

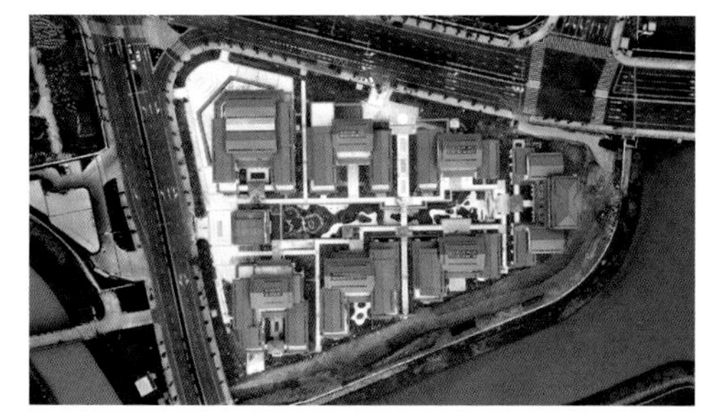

敦和资管

Dunhe Asset Management

项目业主：杭州市玉皇山南综合整治工程指挥部
建设地点：浙江 杭州
建筑功能：办公建筑
用地面积：12 257平方米
建筑面积：4 000平方米
设计时间：2015年
项目状态：建成
设计单位：浙江南方建筑设计有限公司
主创设计：杜婕

项目位于玉皇山南基金小镇二期，包括多功能厅、员工餐厅、健身房等功能。建筑为现代中式风格，整体布局为分散园林式布局，建筑与周边环境相融合，每个组团均有较好的景观面。

玉皇山南基金小镇一期改造

Yuhuangshan South Fund Town Phase I Reconstruction

项目业主：杭州市玉皇山南综合整治工程指挥部
建设地点：浙江 杭州
建筑功能：产业园区
用地面积：15 415平方米
建筑面积：14 248平方米
设计时间：2010年
项目状态：建成
设计单位：浙江南方建筑设计有限公司
主创设计：杜婕

建筑融入自然，在风景中实现理想。

缘起：把破旧不堪的仓库改造成设计产业园区，变废为宝，美化景区环境，恢复人文特色，提升景区文化艺术品位，使其成为产业聚集地。

改造策略：进行有机更新，拆除陶瓷品市场仓库部分体量，增加室外活动场地，保留原有结构体系，改进建筑立面造型，营造创意产业的业态空间，打造理想的办公空间。精致的设计和相对粗糙的材料及工艺之间形成一种复杂而微妙的平衡。

融创东麓

SUNAC Donglu

项目业主：融创福建润鼎置业有限公司
建设地点：福建 厦门
建筑功能：居住建筑
用地面积：139 942平方米
建筑面积：160 933平方米
设计时间：2018年
项目状态：建成
设计单位：浙江南方建筑设计有限公司
主创设计：杜婕

写意建筑：白墙为裳，树影摇曳，山水共鸣，归心之所。
与山的共鸣、与水的共生、于山水之间，寻得归心之所。
溯源生活本真——探寻与山水相处的美好方式。
植根于自然的地脉，设计的核心在于为山水置入自然灵动的建筑。
项目用极致的现代审美，打开写意的山水人居生活方式。

融创翡翠海岸城

SUNAC Emerald Coast City

项目业主：融创平阳恒隆置业有限公司
建设地点：浙江 温州
建筑功能：居住建筑及配套
用地面积：96 805平方米
建筑面积：290 415平方米
设计时间：2019年
项目状态：建成
设计单位：浙江南方建筑设计有限公司
主创设计：杜婕

如何乘风破浪，缔造未来之城，树立大盘信心？在严格的限制下，如何让融创品质落地，打造一个有竞争力的产品？解决策略是在去装饰主义下，做好一次营造模式“土建+门窗+空间”，以降低二次成本，实现高品质建筑，营造结构即是空间，空间即是形态的场所精神。用几何形体的构成、精美的序列、交叠的光影，构建简约的建筑美学，秉承“少即是多”的建筑设计哲学。基于32米×56米柱网规律，设计将纤薄片墙有序阵列，形成简洁又古典的建筑韵律。

傅海生

职务：中铁第一勘察设计院集团有限公司副总建筑师
职称：正高级建筑师
执业资格：国家一级注册建筑师

教育背景
1986年—1990年　西南交通大学建筑学学士

工作经历
1990年至今　中铁第一勘察设计院集团有限公司

主要设计作品
甘肃省政协办公楼
呼和浩特东站
长春西站
西安站改扩建站房工程

李强

职务：中铁第一勘察设计院集团有限公司城建院副总建筑师
职称：正高级建筑师

教育背景
1991年—1995年　四川大学建筑学学士

工作经历
1995年至今　中铁第一勘察设计院集团有限公司

主要设计作品
敦煌站
长春站改扩建工程
呼和浩特东站
西安站改扩建站房工程

韩超

职务：中铁第一勘察设计院集团有限公司城建院副总建筑师
职称：正高级建筑师
执业资格：国家一级注册建筑师、注册城乡规划师

教育背景
1999年—2007年　西安建筑科技大学城乡规划学硕士

工作经历
2007年至今　中铁第一勘察设计院集团有限公司

主要设计作品
长春站改扩建工程
长春西站
大庆西站
西安东站概念规划及城市设计

康志明

职务：中铁第一勘察设计院集团有限公司TOD设计研发所所长
职称：正高级建筑师

教育背景
2000年—2005年　西南交通大学建筑学学士

工作经历
2005年至今　中铁第一勘察设计院集团有限公司

主要设计作品
汉中站
西宁站
玉树州藏医院
西安站改扩建站房工程

中铁第一勘察设计院集团有限公司 China Railway First Survey And Design Institute Group Co.,Ltd.　国铁站房与TOD设计团队

中铁第一勘察设计院集团有限公司（简称："中铁一院"）汇聚了大量充满热情、锐意创新、经验丰富的新老建筑师，目前国铁站房与TOD设计团队有建筑师29人、规划师7人，其中国家一级注册建筑师8人、注册城乡规划师5人、高级职称15人。秉承中铁一院悠久的尖兵精神，团队在大型站房和交通枢纽中多有建树，先后获得了十余次省部级优秀工程设计一等奖。作品涵盖大中型铁路客运站、城市轨道交通设计、站前枢纽广场、TOD城市一体化开发、民用建筑等各个领域。

站在历史新时期的新起点上，中铁一院设计师必将进一步弘扬青藏铁路尖兵精神，打造出富有时代特色、蕴涵时代意义的建筑，为实现中华民族伟大复兴中国梦贡献自己的力量。

地址：中国・西安西影路2号
电话：029-82365023
网址：www.fsdi.com.cn

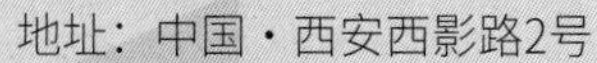

杨涛

职务：中铁第一勘察设计院集团有限公司TOD设计研发所总建筑师
职称：正高级建筑师
执业资格：国家一级注册建筑师

教育背景
1993年—1998年　重庆大学建筑学学士

工作经历
1998年至今　中铁第一勘察设计院集团有限公司

主要设计作品
沈阳站
宝鸡南站
中卫南站
格库铁路格尔木站

桑朝辉

职务：中铁第一勘察设计院集团有限公司TOD设计研发所总建筑师
职称：正高级建筑师

教育背景
2000年—2005年　西安建筑科技大学建筑学学士

工作经历
2005年至今　中铁第一勘察设计院集团有限公司

主要设计作品
沈阳站
哈大线铁岭站
兰新线
张掖站

宋子若

职务：中铁第一勘察设计院集团有限公司TOD设计研发所副所长
职称：高级建筑师
执业资格：注册城乡规划师

教育背景
2006年—2011年　西安建筑科技大学城乡规划学学士
2011年—2014年　西安建筑科技大学城乡规划学硕士

工作经历
2014年至今　中铁第一勘察设计院集团有限公司

主要设计作品
格尔木站及综合交通枢纽
曹家堡综合交通枢纽
西安东站概念规划及城市设计

亢轩

职务：中铁第一勘察设计院集团有限公司TOD设计研发所总建筑师
职称：高级建筑师
执业资格：国家一级注册建筑师

教育背景
2007年—2012年　贵州大学工学学士

工作经历
2012年至今　中铁第一勘察设计院集团有限公司

主要设计作品
张家界西站
庆阳站及综合交通枢纽
玉林北站及综合交通枢纽

呼和浩特东站

Hohhot East Railway Station

建设地点：内蒙古 呼和浩特
建筑功能：交通建筑
建筑面积：98 300平方米
站房面积：42 700平方米
站台雨棚面积：39 900平方米
设计时间：2006年
项目状态：建成
设计单位：中铁第一勘察设计院集团有限公司
获奖情况：2013年全国优秀工程勘察设计三等奖
2014年中国铁道建筑总公司优秀工程设计一等奖
2015年陕西省优秀工程勘察设计一等奖

呼和浩特东站总体造型构思巧妙，是多种立意完美协调的成果。独具特色、新颖流畅的形体，加以轻盈而富有张力的钢结构，使整体形象既充分彰显时代气息，又具有鲜明的地域特色和文化传承。

构成造型主体的穹顶源自草原上最具有代表性的建筑造型——蒙古包，恢宏而简洁的圆顶不仅彰显了极具地域特色的建筑形象，也形成效果强烈、激动人心的室内空间，形式与功能达到了完美的统一。

一气呵成的弧形屋檐，起伏有致，宛如片片白云，点染出茫茫草原、朵朵白云的动人意境。立面采用树形柱体，激发人们对林木茂盛、水草丰美、蓝天白云、牧歌悠扬的草原景色的诗意联想，突出了呼和浩特“青色之城”的含义。

长春西站

Changchun West Railway Station

建设地点：吉林 长春

建筑功能：交通建筑

建筑面积：112 200平方米

站房面积：61 500平方米

站台雨棚面积：24800平方米

设计时间：2009年

项目状态：建成

设计单位：中铁第一勘察设计院集团有限公司

获奖情况：2012年中铁第一勘察设计院优秀工程设计一等奖
2014年国家铁路局优秀设计一等奖
2014年中国施工企业管理协会优秀工程设计三等奖
2015年中国铁道建筑总公司优秀工程设计一等奖

沈阳站

Shenyang Railway Station

建设地点：辽宁 沈阳　　建筑功能：交通建筑
建筑面积：137 200平方米
站房面积：48 700平方米
站台雨棚面积：84 300平方米
设计时间：2010年
项目状态：建成
设计单位：中铁第一勘察设计院集团有限公司
获奖情况：2012年陕西省优秀工程设计一等奖
2014年中国铁道建筑总公司优秀工程设计一等奖
2016年国家铁路局优秀工程设计一等奖

新建的沈阳站在对原有站房采用“修旧如旧”的处理手法的基础上，统筹考虑了车站周边环境，强化了城市门户景观的可识别性。该站换乘功能好，便于旅客快速集结和疏散，体现了“以人为本”的设计理念。车站导向清晰、乘车环境安全舒适、资源配置合理，实现节能、经济、环保的建设标准。通过精心设计，在满足沈阳站建筑功能布置的基础上，做到了铁路、地铁、公交、出租车等多种交通方式的有序衔接。

长春站

Changchun Railway Station

建设地点：吉林 长春　　建筑功能：交通建筑
建筑面积：155 500平方米
站房面积：49 600平方米
站台雨棚面积：89 800平方米
设计时间：2009年
项目状态：建成
设计单位：中铁第一勘察设计院集团有限公司
获奖情况：2013年中铁第一勘察设计院优秀工程设计二等奖
2015年中国铁道建筑总公司优秀工程设计一等奖
2016年国家铁路局优秀工程设计三等奖

长春站以枢纽改造和城市更新为契机，以交通功能与城市功能相融合、交通环境与城市风貌相协调为目地，构筑一个现代化的功能全面、布局合理、换乘便捷、运作高效的一体化综合客运交通枢纽，提升了城市的整体形象。

大庆西站

Daqing West Railway Station

建设地点：黑龙江 大庆
建筑功能：交通建筑
建筑面积：92 300平方米
站房面积：49 700平方米
站台雨棚面积：37 140平方米
设计时间：2010 年
项目状态：建成
设计单位：中铁第一勘察设计院集团有限公司
获奖情况：中国铁建股份有限公司优秀工程勘察设计一等奖
2020年陕西省优秀工程设计二等奖

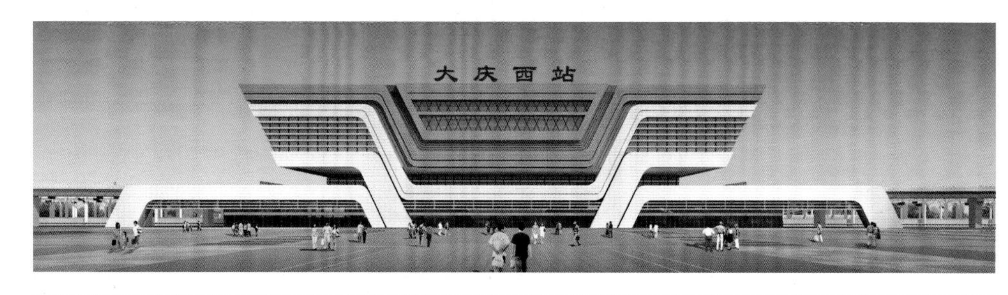

西宁站

Xining Railway Station

建设地点：青海 西宁
建筑功能：交通建筑
建筑面积：144 200平方米
站房面积：60 000平方米
站台雨棚面积：77 300平方米
设计时间：2009年
项目状态：建成
设计单位：中铁第一勘察设计院集团有限公司
获奖情况：2015年中铁第一勘察设计院优秀工程设计一等奖
2016年中国铁道建筑总公司优秀工程设计一等奖
2017年陕西省优秀工程设计一等奖

西宁站是举世瞩目的高原铁路——青藏铁路的重要站点。造型设计保留了传统民族文化特点，彰显了时代风貌，既挖掘了民族及地域文化的历史内涵，又洋溢着现代交通建筑的气息。造型主题立意为“三江之源、高原雄鹰”，建筑形态以流动的水平线条体现三江源的意向，同时还传达出雄鹰展翅腾飞的形体寓意，整体造型厚重雄浑，与青海的壮美相呼应。

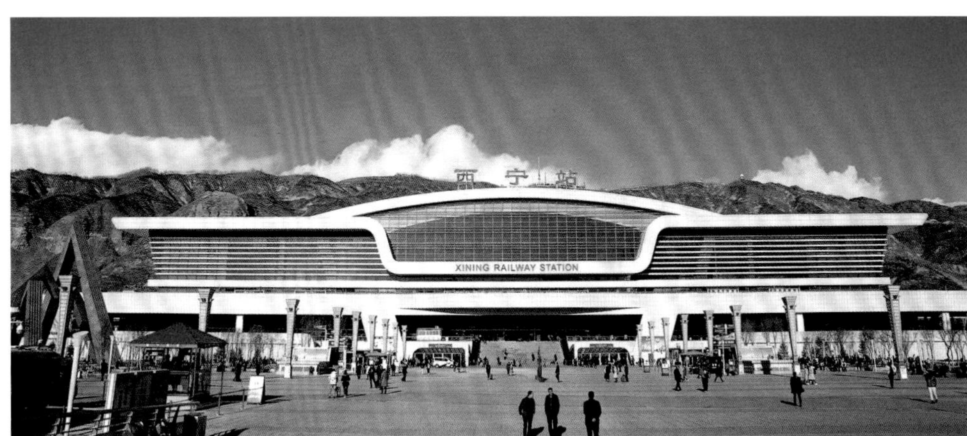

宝鸡南站

Baoji South Railway Station

建设地点：陕西 宝鸡
建筑功能：交通建筑
建筑面积：54 900平方米
站房面积：20 000平方米
站台雨棚面积：28 900平方米
设计时间：2010 年
项目状态：建成
设计单位：中铁第一勘察设计院集团有限公司
获奖情况：2013年陕西省优秀工程设计一等奖
2016年中国铁道建筑总公司优秀工程设计二等奖

宝鸡南站的设计因地制宜，从城市文脉角度出发进行建筑创作。通过对大量文献资料的整理研究和实地调研，提取富有代表性的文化及艺术形态进行加工与提炼，将现代设计手法与传统文脉元素有机融合，塑造出具有时代特征且饱含文化积淀的建筑风格，并创造性地引入“全程模数化设计”理念进行建筑细部推敲，以安全、舒适、经济、可行性高为原则进行消防性能化研究及结构、水、暖、电等各相关专业的设计。

西安站改扩建站房工程

Xi'an Railway Station Reconstruction and Extension of Station House

建设地点：陕西 西安
建筑功能：交通建筑
建筑面积：269 800平方米
站房面积：52 000平方米
站台雨棚面积：74 000平方米
设计时间：2014 年
项目状态：建成
设计单位：中铁第一勘察设计院集团有限公司

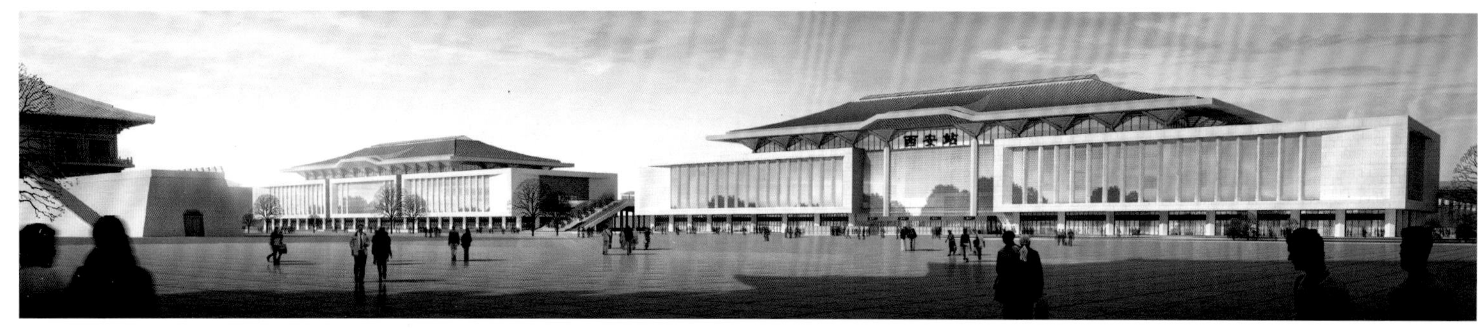

西安站综合枢纽是全国乃至欧亚大陆重要的区域性铁路交通节点，是以交通换乘为主导，集铁路、城际铁路、地铁、公交等为一体的现代化综合客运交通枢纽。整体规划以枢纽改造为契机，以交通功能与城市功能相融合、交通环境与城市风貌相协调为目的，旨在构筑一个立体、综合、换乘方便的现代化客运交通枢纽，提升城市的整体形象。

改扩建之后车站规模扩大为9台18线，站房最多可容纳1 2000名旅客，预计年发送旅客量约3 630万人次，成为拥有南北双广场、双站房、多通道的大型综合交通枢纽，同时与地铁 4号线、7号线无缝接驳，实现站内换乘。

改扩建后的新建北站房、配建东配楼将与大明宫丹凤门形成“品”字形关系，使北广场与丹凤门浑然一体，彰显大气稳定的整体格局。

格尔木站及综合交通枢纽

Golmud Railway Station & Integrated Transportation Hub

建设地点：青海 格尔木
建筑功能：交通建筑
站房面积：15 000平方米
站台雨棚面积：17 000平方米
广场枢纽用地面积：106 000平方米
广场枢纽建筑面积：109 000平方米
设计时间：2016年—2018年
项目状态：建成
设计单位：中铁第一勘察设计院集团有限公司

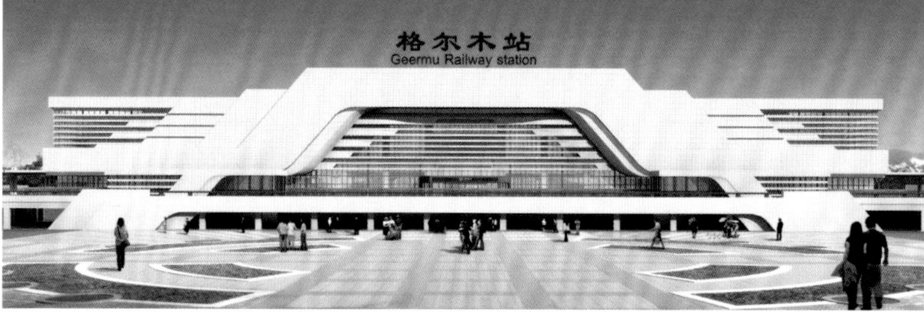

格尔木站站房背靠昆仑山，正对昆仑山脉垭口，山势如同站房的两翼由站房向外部舒展开来。站房水平向延续山脊走势，从城市角度上看，使站房与昆仑山脉相互映衬，远近交相辉映，与地域环境相融。站房建筑细部将格尔木特有的自然景观（昆仑山、河流、盐湖等）进行提炼，采用现代简洁的设计手法加以表现。项目将打造成集合多种交通类型的综合交通枢纽，提升市政基础设施配套服务水平，改造旧建筑风貌，使格尔木站区域成为格尔木的交通节点、门户区域和经济引擎。

庆阳站及综合交通枢纽

Qingyang Railway Station & Integrated Transportation Hub

建设地点：甘肃 庆阳
建筑功能：交通建筑
站房面积：15 000平方米
站台雨棚面积：16 500平方米
广场枢纽用地面积：126 000平方米
广场枢纽建筑面积：307 000平方米
设计时间：2019年—2020 年
项目状态：建成
设计单位：中铁第一勘察设计院集团有限公司

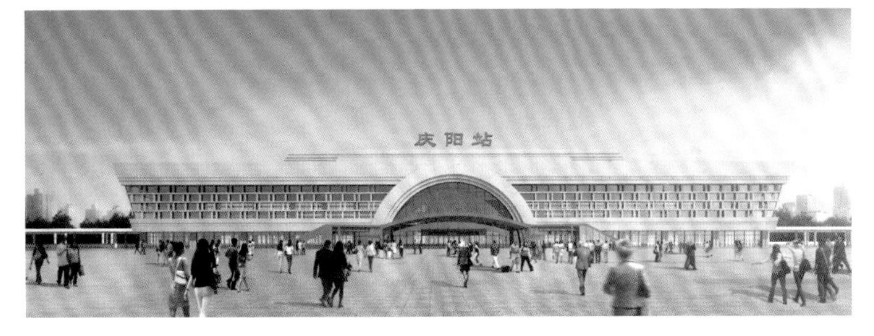

庆阳站利用现代建筑语汇，主体设计从黄土高原的自然环境和特色建筑出发，通过大气稳重的形体，将“苍茫厚土、旭日东升”的主题表达出来，体现黄土高原的独有气质。主入口以黄土高原特有的建筑形态——窑洞为主题，突出建筑的地方特色；立面的两翼，则利用开窗的虚实变换，写意出夯土的表面肌理。

项目是一座集铁路、公交、中短途汽车、出租车、旅游大巴、机场大巴于一体的综合交通枢纽。设计体现车站和城市融合的理念，结合交通枢纽进行配套功能开发，包含商业服务、旅游接待、餐饮服务等多种功能，成为陇东枢纽重要的门户地区和文化展示节点。

西安东站概念规划及城市设计

Xi'an East Railway Station Concept Planning and Urban Design

建设地点：陕西 西安
用地面积：12 500 000平方米
设计时间：2020 年
项目状态：方案
设计单位：中铁第一勘察设计院集团有限公司
获奖情况：2019年国际建筑设计方案竞赛第一名

西安东站位于西安城东浐河与白鹿原之间，是西安市“四主一辅”客运站之一，是西安市未来城乡一体化示范区域。方案由西安市轨道集团公司牵头进行招标，由铁一院、AREP、西安市城市规划设计研究院等单位联合设计。方案依托东站枢纽，发挥交通优势，打造高铁、地铁和公共交通无缝衔接，高效便捷的国际枢纽门户，通过产业升级、空间重塑、配套完善和环境提升，打造东部核心区，引领西安市东部城区发展。

冯昶

职务：建筑分院院长、总建筑师
职称：高级工程师

教育背景

1995年—2000年　中南大学建筑学建筑学学士

工作经历

2000年—2021年　湖南省建筑设计院有限公司
2021年至今　中国建筑设计研究院有限公司

个人荣誉

2011年湖南省人民政府“湖南省对口支援四川理县灾后重建工作先进个人（二等功）”
2011年湖南省建筑设计院首届“十佳模范”
2011年—2020年湖南省建筑设计院有限公司先进工作者

主要设计作品

桃坪羌寨新村
荣获：2013年全国优秀工程勘察设计建筑工程一等奖
　　2014年中国建筑学会建筑创作银奖
　　2015年第八届中国威海国际建筑设计大奖赛优秀奖
　　2011年湖南省优秀工程设计一等奖
株洲新马小学
荣获：2019年湖南省优秀工程设计二等奖
　　2020年第二届“湖南绿色建筑设计竞赛”金奖
　　2020年第五届HD绿色设计竞赛一等奖
天易科技城自主创业园
荣获：2020年湖南省优秀工程设计三等奖
湖南党史陈列馆
荣获：2017年湖南省优秀工程设计二等奖
理县文体中心
荣获：2011年湖南省优秀工程设计二等奖
老百姓医药健康产业园
荣获：2020年第二届“湖南绿色建筑设计竞赛”银奖
益阳市规划馆、博物馆
荣获：2009年全国优秀工程勘察设计建筑工程三等奖
　　2009年湖南省优秀工程设计二等奖
湖南科技大厦
荣获：2008年湖南省优秀工程建筑一等奖
湘麓山庄国宾楼
荣获：2004年建设部城乡建设优秀勘察设计二等奖
　　2004年国家第十一届优秀工程设计铜奖
湖南革命陵园提质改造工程
韶山风景名胜区游客服务中心
永定影视城国际大酒店
株洲市民中心
东方红科技创新中心
中广天择大王山总部基地
常州西太湖国际健康城
长沙梅溪湖健康医疗大数据产业园
怀化步步高中环广场
香江集团高岭国际商贸城
湖南香江红星美凯龙家居建材博览中心
张家界华谊兄弟天门山影视文化旅游小镇
古丈芙蓉学校EPC工程

江飘

职务：创作所所长、主任建筑师
职称：工程师
执业资格：国家一级注册建筑师

教育背景

2009年—2014年　中南大学建筑学学士

工作经历

2014年—2021年　湖南省建筑设计院有限公司
2021年至今　中国建筑设计研究院有限公司

个人荣誉

2017年—2020年湖南省建筑设计院有限公司先进工作者

主要设计作品

株洲新马小学
荣获：2019年湖南省优秀工程设计二等奖
　　2020年第二届“湖南绿色建筑设计竞赛”金奖
　　2020年第五届HD绿色设计竞赛一等奖
天易科技城自主创业园
荣获：2020年湖南省优秀工程设计三等奖
湖南党史陈列馆
荣获：2017年湖南省优秀工程设计二等奖
湖南革命陵园提质改造工程
永定影视城国际大酒店
韶山风景名胜区游客服务中心
张家界市桑植全民健身中心
东方红科技创新中心
道道全总部基地
湖南香江红星美凯龙家居建材博览中心
香江集团高岭国际商贸城
怀化步步高中环广场
古丈县芙蓉学校EPC工程
娄底市中心医院
娄底市第一人民医院
娄底市中医医院
桃江县中医医院
湘西州妇幼保健院

湖南革命陵园提质改造工程

unan Revolutionary Cemetery uality Improvement & Transformation Project

目业主：湖南革命陵园管理处
设地点：湖南 长沙
筑功能：纪念建筑
地面积：111 548平方米
筑面积：7 542平方米

设计时间：2017年
项目状态：建成
设计单位：湖南省建筑设计院有限公司
主创设计：冯昶、江飘
参与设计：张衡、何姝、熊翔

湖南革命陵园的设计以“锦绣潇湘、敬仰长存”为主题，根据原有场地形态与建筑位置，结合主题“锦绣潇湘”，衍生出“锦灯之池”“绣虎之石”“潇忆之碑”“湘红之情”4个区域；而“敬仰长存”这一主题则通过4种表达空间——沉思、追思、悼思与齐思，来对应以上4个区域。

湖南革命陵园不仅承载着先烈英魂，更是展现民族精神的场所、弘扬爱国主义的基地。高耸的纪念碑褒扬着革命先烈、讲述着红色故事，时刻激励年轻一代在新的时代始终不忘初心、牢记使命。

韶山风景名胜区游客服务中心

Shaoshan Scenic Spot Visitor Service Center

项目业主：韶山旅游发展集团有限公司
建设地点：湖南 韶山
建筑功能：旅游建筑
用地面积：300 000平方米
建筑面积：26 665平方米
设计时间：2013年
项目状态：建成
设计单位：湖南省建筑设计院有限公司
主创设计：冯昶
参与设计：江飘、熊翔
建筑摄影：冯昶、熊翔

游客服务中心是韶山风景名胜区主入口建设项目的主体建筑，是红色景区的窗口工程。

方案用强烈的雕塑感充分表达出造型艺术的独特性，又将建筑巧妙地融入周边环境，表达技术与艺术、文化与自然的对话和统一。游客服务中心独具个性魅力和形象特征，建成后成为韶山的地标，激励着人们继承和发扬党的光荣传统和优良作风，传承革命精神。

项目进行统一规划设计，形成步步抬升、恢宏大气、视野开阔、秩序感强的基地中轴线。景观设计大气宏伟，营造出庄重典雅的整体环境氛围。建筑物与室外的广场及景观小品交相辉映，融为一体。

湖南党史陈列馆

Hunan CPC History Exhibition Hall

项目业主：湖南省委党史研究室
建设地点：湖南 长沙
建筑功能：展览建筑
用地面积：9 460平方米
建筑面积：14 486平方米
设计时间：2011年
项目状态：建成
设计单位：湖南省建筑设计院有限公司
主创设计：冯昶
参与设计：江飘、熊翔
建筑摄影：冯昶、熊翔

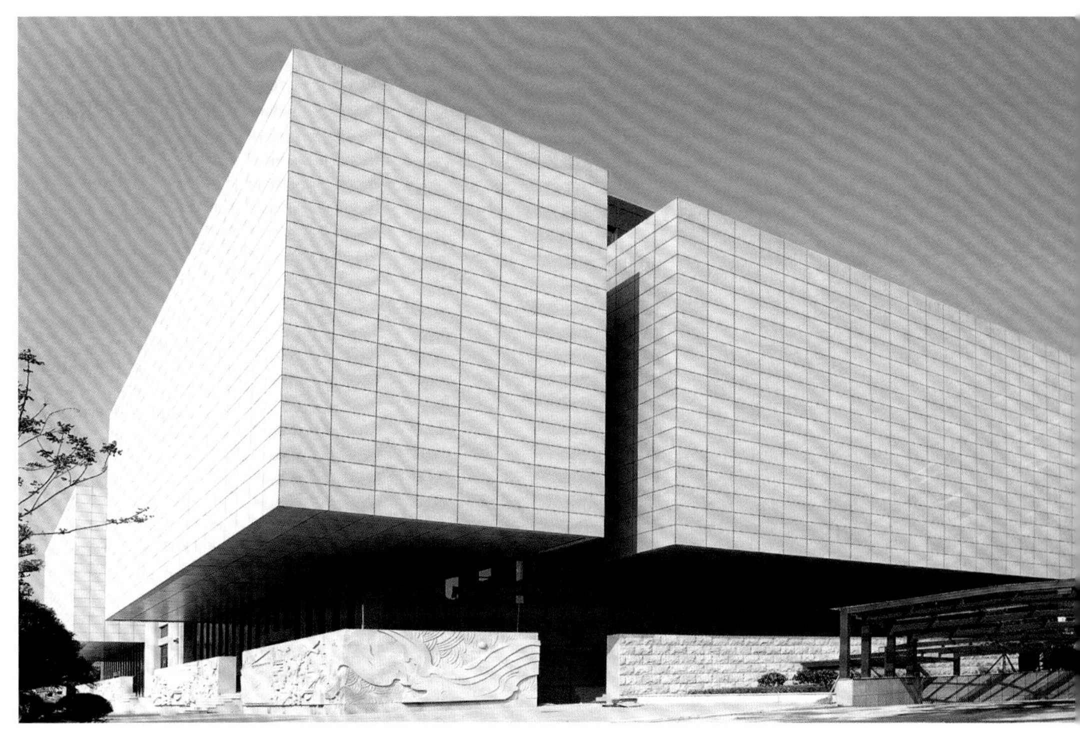

湖南党史陈列馆位于长沙市望城县雷锋镇雷锋纪念馆东南侧，是一座集陈列展览、宣传教育、资料文物存储、研究培训等功能于一体的大型省级综合性展览馆。陈列馆整体造型简约庄重、刚劲有力。建筑本身对地域文化的承载，使其极具标志性，并与周边环境紧密结合。

陈列馆以“横空出世”为设计理念。建筑立面造型采用传统三段式手法。坚实的基座，寓意中国共产党坚实、广泛、牢固的群众基础；经典的入口，标志着在中国共产党的领导下中国历史进入了一个新纪元；红色的列柱，代表着广大人民群众紧紧团结在党中央周围，充满了火热的激情与斗志。三者汇聚在一起，形成了独具魅力的长沙新地标。

株洲市民中心

Zhuzhou Civic Plaza

项目业主：株洲市国投国盛实业发展有限公司
建设地点：湖南 株洲
建筑功能：办公建筑
用地面积：18 388平方米
建筑面积：70 250平方米
设计时间：2016年
项目状态：建成
设计单位：湖南省建筑设计院有限公司
北京联合维思平建筑设计事务所有限公司
主创设计：黄劲、冯昶、龙毅湘
参与设计：李建良、张景淇
建筑摄影：张景淇

株洲市民中心，是目前世界上最大的单体被动房公共建筑。项目设计以节能、绿色为主要出发点，以降低能源消耗为目标，注重降低建筑本体能源需求以及优化能源的供应方案，减少对主动式机械采暖和制冷设备的依赖。

在设计前期充分调研株洲当地的气候条件、自然资源，根据本地特点进行建筑的节能设计。

设计中，通过极力提高建筑物的保温和密闭性能，运用性能优化设计的方法优化围护结构的保温、隔热及遮阳措施，最大限度降低建筑的供暖和制冷要求，从而显著降低建筑物的能耗，并创造舒适宜居的室内环境。建成后，其能耗仅为普通节能建筑的三分之一。

株洲新马小学

Zhuzhou Xinma Primary School

项目业主：株洲高科集团有限公司
建筑功能：教育建筑
建筑面积：36 777平方米
设计时间：2016年
项目状态：建成
设计单位：湖南省建筑设计院有限公司
主创设计：冯昶、江飘
参与设计：何姝、汪洋、熊翔
建筑摄影：冯昶、熊翔

建设地点：湖南 株洲
用地面积：47 079平方米

株洲新马小学采用新中式风格，表达出强烈的现代中国风特色。古典元素与现代技艺的结合，塑造出现代规整而富有活力的校园建筑，同时为校园提供一幅幅可深入解读的中国风画面。灰白色调凸显中国传统文化氛围，白色部分采用白色氟碳漆，灰色部分采用灰色陶土砖，屋顶部分采用深灰色铝镁锰合金瓦。

室外院落是学生课余活动的空间载体，新中式的建构元素将院落打造成具有“诗情画意”的休憩空间。移步换景、鸟语花香，具有东方文化底蕴的场景布满校园，形成校园独特的文化氛围。 源于自然，而高于自然，情景交融的艺术与哲思，让空间多了一份含蓄之美。

东方红科技创新中心

Dongfanghong Science and Technology Innovation Center

项目业主：湖南东方红建设集团
建设地点：湖南 长沙
建筑功能：办公建筑
用地面积：33 309平方米
建筑面积：65 155平方米
设计时间：2020年
项目状态：建设中
设计单位：湖南省建筑设计院有限公司
设计指导：黄劲、冯昶
参与设计：张善林、江飘、向云翔、易烨林、王茜雯

东方红科技创新中心在充分尊重场地要素、企业文化及科创研发建筑特色的基础上，追求一种现代纯粹的建筑风格。以“悬浮绿方”为设计主题，采用简洁明快的建筑设计手法，着重体现现代化绿色园区与场地的紧密关系。

材质上，将厚重的清水混凝土与明快的玻璃、金属等轻盈材料相结合，使建筑在宜人的尺度中整体稳重、理性而大气。色彩上，以稳重的混凝土原色与生态环保的绿色调为主，使造型更具亲和力。空间上，设置架空层、下沉内庭院，使建筑最大限度地融入周围环境，塑造出夺目的标志性地景建筑。

永定影视城国际大酒店

Yongding Film and Television City International Hotel

项目业主：福建永定影视城国际大酒店集团
建设地点：福建 永定
建筑功能：酒店建筑
用地面积：114 070平方米
建筑面积：82 808平方米
设计时间：2016年
项目状态：建设中
设计单位：湖南省建筑设计院有限公司
主创设计：冯昶、江飘
参与设计：汪洋、熊翔

永定影视城国际大酒店将传统的永定客家土楼建筑聚落肌理和空间引入，并将之与酒店的功能和形态相结合，形成具有强烈地域特色的建筑形态，使地域文脉得以延续和升华。

酒店组团通过方、圆各种建筑形体的组合，隐喻了土楼、五凤楼等建筑形态，地域文化深深地植入酒店设计中，诠释酒店地域情怀。

围合的庭院、半开敞的庭院、开敞的庭院的层层过渡，营造一种可观、可游、可感的幽雅宜人的空间，使客人来到酒店有一种重返自然、享受豁达和温馨的感觉，顿卸疲惫，如同归家。

酒店建筑群以院落为单元，各院落高低错落，前后穿插，形成丰富的居住空间和活动空间，同时又创造出极具地域特色的建筑肌理。

符传桦

职务：广州城建开发设计院有限公司副院长
职称：工程师
执业资格：国家注册城市规划师

教育背景

1992年—1997年　同济大学城市规划学学士

工作经历

1997年至今　广州城建开发设计院有限公司

主要设计作品

贵阳保利温泉新城酒店
荣获：2012年广州市优秀工程勘察设计一等奖
2013年广东省优秀工程勘察设计二等奖

广州岭南山畔
荣获：2014年广州市优秀工程勘察设计一等奖
2015年香港建筑师学会两岸四地建筑设计论坛大奖——卓越奖
2015年全国人居经典建筑规划设计竞赛金奖
2015年广东省优秀工程勘察设计一等奖
2016年中国土木工程詹天佑奖优秀住宅奖

广州星汇御府
荣获：2012年广州市绿色建筑优秀设计二等奖
2014年广州市优秀工程勘察设计一等奖
2015年广东省优秀工程勘察设计二等奖
2015年香港建筑师学会两岸四地建筑设计论坛大奖——卓越奖
2015年全国人居经典建筑规划设计竞赛金奖

广州岭南雅筑
荣获：2016年广州市优秀工程勘察设计二等奖
2017年广东省优秀工程勘察设计一等奖
2017年全国优秀工程勘察设计三等奖

广州天荟江湾项目C.D.E.F地块

成都总府路高层项目

潘勇

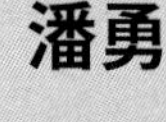

职务：广州城建开发设计院有限公司方案设计中心副主任
职称：高级工程师

教育背景

2003年—2008年 四川大学建筑学学士

工作经历

2008年—2018年　广州城建开发设计院有限公司
2018年—2020年　广州市城市建设开发有限公司
2020年至今　广州城建开发设计院有限公司

主要设计作品

贵阳保利温泉新城酒店
荣获：2012年广州市优秀工程勘察设计一等奖
2013年广东省优秀工程勘察设计二等奖

广州星汇御府
荣获：2012年广州市绿色建筑优秀设计二等奖
2014年广州市优秀工程勘察设计一等奖
2015年广东省优秀工程勘察设计二等奖
2015年香港建筑师学会两岸四地建筑设计论坛大奖——卓越奖
2015年全国人居经典建筑规划设计竞赛金奖

广州岭南雅筑
荣获：2016年广州市优秀工程勘察设计二等奖
2017年广东省优秀工程勘察设计一等奖
2017年全国优秀工程勘察设计三等奖

广州天荟江湾项目C.D.E.F地块

成都总府路高层项目

广州城建开发设计院有限公司

GUANGZHOU CITY CONSTRUCTION & DEVELOPMENT DESIGN INSTITUTE CO.LTD.

广州城建开发设计院有限公司成立于1983年，具有建筑工程设计甲级、城市规划甲级、风景园林设计乙级、建筑工程咨询乙级等资质，业务范围包括城乡规划、建筑、结构、机电、装饰、景观、岩土和咨询。设计院总部位于广州，现设有大湾区一分院、大湾区二分院、华中、西南、华东和商业设计六大分院。

设计院业务遍布全国40多个城市，在超高层公共建筑、居住建筑、办公及商业建筑、康养建筑、TOD、城市更新、休闲建筑、绿色建筑等领域成果尤为突出，并设有TOD、绿色建筑、康养建筑等十大研究中心。近年来，设计院顺应市场变化和行业发展趋势，积极开拓装配式建筑、设计总承包等新业务领域，为客户提供一站式服务。

自2009年起，设计院连续获得“高新技术企业”称号，2013年被评为全国勘察设计行业“创优型企业”，2017年被评为“广东省土木建筑科技创新先进企业”，2019年被评为改革开放40周年“广东省勘察设计行业突出贡献单位”，2010年被广州市政府指定为亚运会全市主干道和重点场馆整治咨询总顾问单位。

自成立至今，设计院共获得国家级、省市级及科研奖项355个。其中，2017年住宅类奖项数量位列全国第四位；2019年建筑类奖项位居广东省前十位，其中住宅类奖项数量位列第二位；绿色建筑获奖数量从2012年至2020年连续五届获广州市优秀工程勘察设计行业奖第一位。设计院关注员工成长，为大家提供优秀的设计平台，因材施教，开发员工潜能，提供培训增值、内部晋升的机会，并协助员工完成职业生涯规划，培养其成为“创新引领、专业精深、多维复合、人文情怀”的优秀设计师，力争成为“精于专、优于创、立于人”的行业榜样。

地址：广州市天河区天河北路天河北街9号首层
电话：020-38866208
传真：020-38812248
网址：www.gzcjdesign.yuexiuproperty.com
电子邮箱：shejiyuan@yuexiuproperty.com

广州天荟江湾项目C.D.E.F地块

Guangzhou Tianhui Jiangwan Project C.D.E. F Plot

项目业主：越秀地产
建设地点：广东 广州
建筑功能：商业、办公建筑
用地面积：40 427平方米
建筑面积：281 299平方米
设计时间：2020年
项目状态：方案
设计单位：广州城建开发设计院有限公司
设计团队：符传桦、潘勇、刘裕锴、奚林文、郭思宇、高俊德、刘笑、符玉东

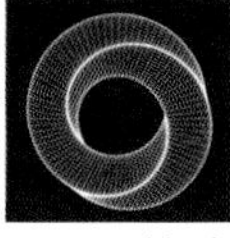

设计概念

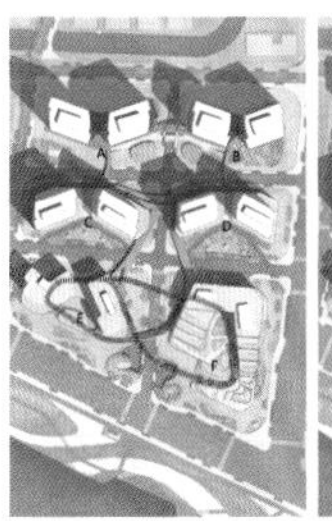

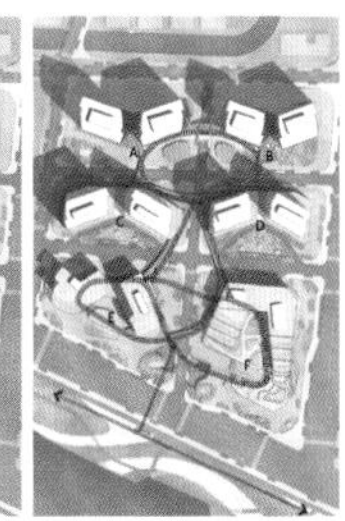

概念生产

总平面图

项目位于广州市海珠创新湾大干围板块，城市新轴线及珠江后航道交口西侧，坐拥珠江南航道中心位置，是未来新区域规划商业圈的核心，设计融汇江景资源，将打造一个特色商业综合体。

项目被划分为4个地块，在遵循控规导则的基础上高效整合地块资源，创造一个可循环、无边界、多可能性的城市建筑，为整个片区注入源源不断的城市活力与创新能量。设计将游艇设计美学应用于建筑，流线型的游艇抽象为建筑立面元素，舱体抽象为建筑体量，并提取珠江水元素作为建筑商业立面的装饰，呈现富有创意活力、凸显岭南水文化和广州城市形象的城市名片。

模型图

成都总府路高层项目

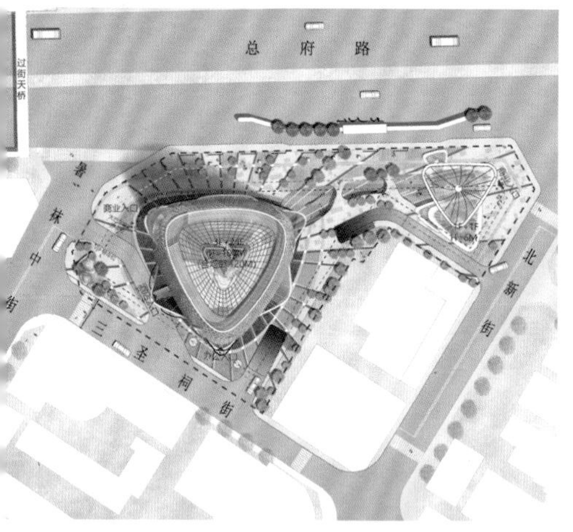

Chengdu Zongfu Road High Rise Building

项目业主：成都兴城人居
建设地点：四川 成都
建筑功能：商业、办公、酒店建筑
用地面积：7 721平方米
建筑面积：45 956平方米
设计时间：2020年
项目状态：方案
设计单位：广州城建开发设计院有限公司
设计团队：符传桦、潘勇、刘裕锴、符玉东、奚林文、刘笑、李扬淑

项目位于成都市锦江区天府广场中央商务区，设计致力于将商业、办公、酒店的复合业态打造为一个文化与艺术相结合的高端综合体。同时结合下沉广场及商业景观，体现市中心绿色、生态的整体特点。

设计以“一楼看古今，一楼纳山水”为理念，构筑一个体验式商业综合体，打造一个叠水艺术的星级酒店，创建一个空山绿谷的生态办公环境，下沉广场、室内花园、空中绿谷共同构成多元生态绿色空间。设计积极回应城市环境，以成都市绿色发展理念、公园城市理念为指导思想，打造蜀都大道地标建筑，布局遵循山、水、谷自然山水格局，形成城市新门户塔楼——天府之眼。

贵阳保利温泉新城酒店

Guiyang Poly Hot Spring New Town Hotel

项目业主：贵州保利置业
建设地点：贵州 贵阳
建筑功能：酒店建筑
用地面积：22 785平方米
建筑面积：39 125平方米
设计时间：2008年
项目状态：建成
设计单位：广州城建开发设计院有限公司
设计团队：陈希阳、符传桦、何树楷、潘勇、邱敏、韩琼霞

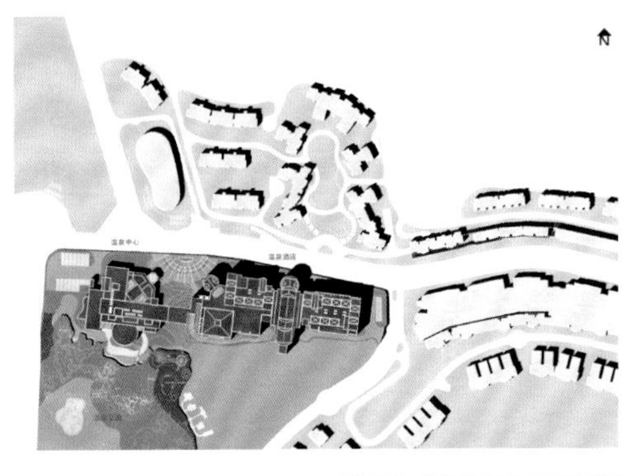

项目是以五星级会议度假型酒店为设计标准，充分发挥周边环境资源的优势，合理布局，在功能上与温泉会所相互依托，在视觉感受上将其丰富的形体与温泉新城的景致融为一体，构成了一幅多彩画卷，诠释山水自然之美，宛若天成。

酒店空间设计让客人感受到愉悦、亲切，无论是公共空间的大堂、餐厅、康乐区，还是私密的客房空间，都融入了湖景画面，推演出一幅“宠辱不惊，闲看庭前花开花落；去留无意，漫随天边云卷云舒”的人文意境。徜徉于这种让人流连忘返的氛围，在夜间伴随着清词雅唱，又变成了“风箫声动，玉壶光转”所描写的绝美光景。

广州岭南山畔

Guangzhou
Lingnan Mountain
Bank

项目业主：广州市城市建设开发有限公司
建设地点：广东 广州
建筑功能：居住建筑
建筑面积：323 400平方米
设计时间：2011年
项目状态：建成
设计单位：广州城建开发设计院有限公司
设计团队：陈希阳、符传桦、杜均育、潘勇、刘裕锴、许思维

项目根据用地现状，结合道路系统结构，基本上采用南北向点式布局，并考虑南方的气候特点和使用要求，使主要功能房间全部朝向花园或山体。建筑单体立面凸显岭南建筑文化神蕴，住宅首层全部架空，在小区主入口处考虑人流及景观需要，形成步行主轴线——“水景一大台阶一中心广场”，强化了小区内部步行系统的有机性与完善度。商业为独立用地，结合规划中的地铁出入口，采用“街铺 + 大型生活超市 + 餐饮服务”的商业模式。设计通过对岭南建筑文化的提炼，营造全新的院落空间，打造“闲适散淡，不滞于物，栖止从容”的理想居所，营造富有岭南风貌的商业及住宅小区。

越秀·TOD 星图

Yuexiu · TOD Star Map

项目业主：广州市品秀房地产开发有限公司
建设地点：广东 广州
建筑功能：商业、居住建筑
用地面积：313 356平方米
建筑面积：1 387 882平方米
设计时间：2018年
项目状态：在建
设计单位：广州城建开发设计院有限公司
设计团队：符传桦、祁清、孙杰、梁瑞琴、张华、崔红杰、李杨淑、林超

项目位于广州市增城区官湖车辆段上盖，紧邻广州地铁13号线官湖站。车辆段上盖与白地高差较大，这对项目交通组织是一个极大的考验，且项目体量巨大，设计和施工组织难度都比较大。项目通过设计从平面和立体空间两个维度充分挖掘地块的潜在价值，提高用地强度，以多种形式的商业和丰富的公共空间创造交流的平台。项目作为广州首个TOD车辆段上盖住宅项目，对于广州的住宅发展以及TOD开发模式具有划时代意义。

高德宏

职务：大连理工大学建筑系副主任
大连理工大学土木建筑设计研究院有限公司副总建筑师
职称：教授

教育背景

1990年—1994年　大连理工大学建筑学学士
1998年—2001年　同济大学建筑学硕士
2001年—2005年　同济大学工学博士

工作经历

1994年—1998年　辽宁省城乡建设规划设计研究院
2005至今　大连理工大学建筑系

社会任职

大连理工大学出版社《建筑细部》杂志副主编
辽宁省土木建筑学会建筑师分会常务理事
全国高校建筑学学科专业指导委员会建筑历史与理论教学委员会委员

主要设计作品

灯塔葛西河公共绿地及周边地块修建性详细规划
荣获：2009年教育部优秀规划设计二等奖
辽阳汤泉谷生态园湿地公园修建性详细规划
荣获：2009年教育部优秀规划设计三等奖
阜新玉龙新城概念性总体规划
荣获：2009年辽宁省优秀工程勘察设计二等奖
灯塔市大河南镇概念性规划
荣获：2010年辽宁省优秀工程勘察设计二等奖
灯塔新城概念性规划
荣获：2010年辽宁省优秀工程勘察设计二等奖
大连花园口经济区总体规划修编及城市设计
荣获：2010年辽宁省优秀工程勘察设计三等奖
弓长岭文化艺术活动中心
荣获：2010年辽宁省优秀建筑创作奖
花园口规划展示馆
荣获：2011年辽宁省优秀工程勘察设计二等奖
2011年大连市优秀工程勘察设计一等奖
弓长岭区图书馆、档案馆
荣获：2011年辽宁省优秀工程勘察设计二等奖
2011年大连市优秀工程勘察设计二等奖
獐子岛镇区控制性详细规划
荣获：2013年辽宁省优秀工程勘察设计三等奖
大连市长海县大小长山一体化发展规划与城市设计
荣获：2015年教育部优秀规划设计二等奖
克什克腾未来城总体规划及重点区域详细规划
荣获：2015年教育部优秀规划设计三等奖
大连长海市民健身中心
荣获：辽宁省优秀工程勘察设计三等奖
大连市优秀工程勘察设计二等奖
长海县大盐场综合办公楼
荣获：大连市优秀工程设计三等奖
辽阳市环境监测指挥中心
荣获：大连市优秀工程设计三等奖
葫芦岛市连山实验幼儿园
荣获：辽宁省土木建筑科技创新奖三等奖
三宅社
荣获：2018年海峡两岸“创意点亮乡村”民宿设计金奖
辽宁师范大学西山校区图书馆
荣获：2020年辽宁省优秀工程勘察设计一等奖
2020年大连市优秀工程勘察设计一等奖
辽阳市万嘉国际生活广场
荣获：2020年大连市优秀工程勘察设计二等奖

崔岩
大连理工大学高德宏建筑方案创意工作室主创建筑师
国家一级注册建筑师

徐桂林
大连理工大学高德宏建筑方案创意工作室主创建筑师
工程师

段梦莹
大连理工大学高德宏建筑方案创意工作室主创建筑师
工程师

地址：大连市甘井子区软件园路1A-4软景中心A座702
电话：13898669630
电子邮箱：876476999@qq.com

大连理工大学高德宏建筑方案创意工作室，是依托大连理工大学建筑与艺术学院、大连理工大学土木建筑设计研究院有限公司的建筑创作设计团队，自2007年成立以来，经过10余年的实践积累，形成了以城市设计、公共建筑设计、文旅建筑、体育建筑以及传统中式建筑为特长的设计方向。

主创建筑师高德宏教授在教学、设计、策划领域有着丰富的经验，对于设计方法及理论有着深刻的思考。其工作促进了院校与设计机构之间的良性互动，形成了实践、教学与研究相辅相成的工作模式。他主持和参与的设计项目有百余项，涵盖文旅建筑、体育建筑、教育建筑、展览建筑、办公建筑、商业建筑、观演建筑、居住建筑等领域，并荣获20余项省部级、市级奖项。

橄榄坝傣族水乡特色小镇

Ganlanba the Characteristic Town of the Water of Dai Nationality

项目业主：景洪市城市投资开发有限公司
建设地点：云南 西双版纳
建筑功能：文旅、居住建筑
用地面积：593 500平方米
建筑面积：482 830平方米
设计时间：2018年
项目状态：方案
设计单位：大连理工大学土木建筑设计研究院有限公司
主创设计：高德宏
参与设计：段梦莹、徐桂林、崔岩、白雪、田宇、张宏宇、朱琳、桑瑜、李唯琳、张威峰、聂大为、孙小凡

项目设计共分为6个区，此处展示团队设计的两个区域：傣寨区及国际社区。

傣寨区：用地面积392 700平方米，建筑面积432 800平方米。建筑布局和道路交通组织均源于传统傣族村寨，建筑在总平面图上呈现具有生长感的肌理，设计采用丰富的民族符号和当地建筑语汇营造文旅建筑的地域特色。

国际社区：用地面积200 800平方米，建筑面积50 030平方米。依据自然环境，园区被划分为3个片区：滨湖岛屿区、运河区以及山地区。滨湖岛屿区，环境最优，规划采用独岛、离岛、半岛结合的方式，形成一个个具有独立环境的组团；运河区，依据规划道路和地形，采用自由行列式布局，为每栋建筑营造滨水条件；山地区，利用山势地形，布置叠拼建筑，建筑位居高地，可将周围景色纳入视野。建筑在外观上保留傣族韵味，结合当代建筑语汇，形成“新傣式”建筑。

辽阳市双河生态示范区

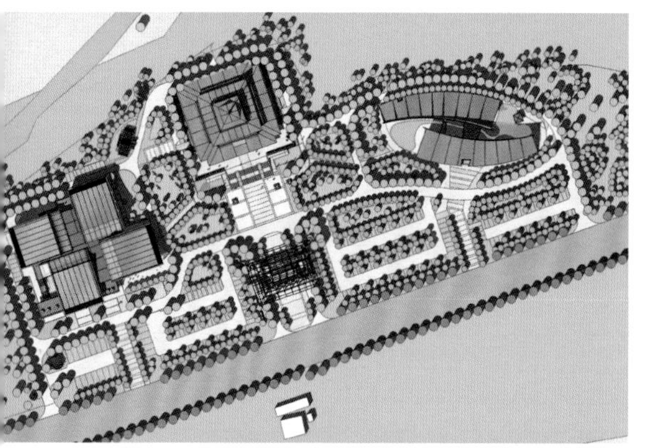

Shuanghe Ecological Demonstration Zone, Liaoyang City

项目业主：双河生态示范区管委会
建设地点：辽宁 辽阳
建筑功能：服务设施
用地面积：58 600平方米
建筑面积：9 960平方米
设计时间：2018年
项目状态：在建
设计单位：大连理工大学土木建筑设计研究院有限公司
主创设计：高德宏
参与设计：徐桂林、白雪、田宇、张宏宇、朱琳

建筑由矿山生态修复展示中心、商贸中心、矿区接待中心、燕州城片区游客中心组成；设计基于辽阳市悠久的历史文化和项目所在地依山傍水的优越自然环境，将传统建筑和现代休闲旅游相结合。

矿山生态修复展示中心，采用四坡攒尖的三重屋顶形制，是示范区最高建筑。商贸中心，四个“人”字形屋顶呈风车状排列，建筑形体自由，将建筑分解成四个小体量，呈现出与周边环境一致的村落景象，减少对自然景观的破坏，体现生态修复与自然融合的理念。矿区接待中心，设计理念源于太极的图形，体现出中国传统文化天人合一的理念。燕州城片区游客中心，规划源自中国传统山水画的意境，单体建筑形象采用中式唐风建筑大气、庄重、沉稳的风格，整体形象与古城文脉相契合。

大连海中山温泉假日酒店

Dalian Haizhongshan Hot Spring Holiday Hotel

项目业主：大连白银山房地产开发有限公司
建设地点：辽宁 大连
建筑功能：酒店建筑
用地面积：109 900平方米
建筑面积：141 400平方米
设计时间：2020年
项目状态：在建
设计单位：大连先锋建筑设计咨询有限公司
主创设计：高德宏
参与设计：徐桂林、段梦莹、崔岩

项目位于大连市旅顺口区，依山傍海，景色优美。园区内设有酒店、温泉洗浴区、琴岛滨水别墅式客房以及服务楼。设计采用现代中式风格，在山海之间营造出端庄典雅、层楼叠榭、亲近自然的建筑群体。

酒店主体在坡屋顶的营造下显得气势恢宏，形态大方且细节丰富。温泉洗浴区与酒店毗邻，设有室内温泉戏水游乐设施及露天沙滩温泉，是北方滨海游乐在冬季的良好补充。琴岛得名于水系的形态，其外围利用地形高差设有中式游廊，别墅式客房滨水而建，是世外桃源般的隐蔽之所。服务楼位于西侧山崖，设有停车场及商业服务功能，空中楼阁的建筑形态丰富了园区内垂直界面的形象，也将成为西侧后续园区的联系纽带。

辽阳市高铁新站及交通枢纽

Liaoyang New High-speed Railway Station and Transportation Hub

项目业主：辽阳市交通运输局
建设地点：辽宁 辽阳
建筑功能：交通、商业建筑
站西用地面积：28 660平方米（含广场），建筑面积：9 234平方米
站东用地面积：29 429平方米（含广场），建筑面积：55 143平方米
设计时间：2019年
项目状态：在建
设计单位：大连理工大学土木建筑设计研究院有限公司
主创设计：高德宏
参与设计：徐桂林、段梦莹、崔岩

项目包括地下部分、地上广场部分及地上建筑部分。地下部分主要包括过街通道、换乘大厅及社会停车场，并承担人防功能；地上广场部分主要为人员、出租车集散服务；地上建筑包含商业街区及公寓。

方案在空间组织上延续历史文脉，东侧建筑造型由“门阙”抽象而来。建筑群体采用两进院落的方式，烘托中心的五层攒尖“塔”。从站前广场视角看，“门阙”与“塔”共同形成“五凤楼”的天际线；从内院视角看，“塔”在下沉广场的衬托下更为挺拔。商业街区主入口位于地块西侧，面向站前广场。公寓的主入口位于基地东侧，与商业街区互不干扰。业态上，商业街区主要采用按柱网划分的小型商铺，以满足站前地区经过性消费的需求。在公寓的裙房部分预留大空间，以便经营影院、展厅等需要厅堂空间的业态。

区市民健身中心

大连金普新区市民健身中心

长海市民健身中心

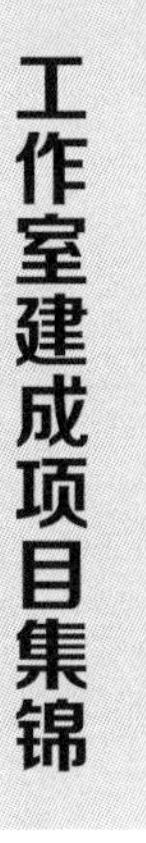

工作室建成项目集锦

辽阳市环境监测指挥中心

师范大学西山校区图书馆

山湖湾花园居住区

市弓长岭会议中心

葫芦岛市连山实验幼儿园

辽阳市万嘉国际生活广场

技师学院

弓长岭文化艺术活动中心雷锋纪念馆

长兴岛临港工业区质量监督中心

关瑞明

职务：福州大学建筑与文化研究所所长
福州市规划设计研究院集团有限公司建筑与规划研究中心主任
本统设计工作室主持建筑师
职称：教授
执业资格：国家一级注册建筑师

教育背景

1978年—1982年　浙江大学建筑学学士
1985年—1987年　意大利佛罗伦萨大学建筑遗产保护方向访问学者
1997年—2002年　天津大学博士研究生

个人荣誉

中国建筑教育奖获得者
福建省闽江科技传播学者

社会任职

中国民族建筑研究会民居建筑专委会副主任
福建省土木建筑学会建筑师分会副理事长

工作经历

1982年—2008年　华侨大学建筑学院
2008年至今　福州大学建筑学院
1995年　创立华侨大学地域建筑研究所
2009年　创立福州大学地域建筑研究所
2015年　创立福州大学建筑与文化研究所
2017年　创立福州市规划设计研究院集团有限公司建筑与规划研究中心
2021年　创立本统设计工作室

主要设计作品

主持建筑设计项目60余项，其中荣获福建省优秀建筑创作奖一等奖1项、二等奖6项、三等奖10项。
代表作有：泉州市南安广播电视大楼、泉州市南安职业学校实训大楼、莆田市体育运动学校、宁德市福安珍华堂银器研发基地等。

关牧野

职务：福州大学建筑与文化研究所研究生实践导师
本统设计工作室主创建筑师
职称：工程师

教育背景

2007年—2012年　合肥工业大学建筑学学士
2012年—2015年　华侨大学建筑学硕士

工作经历

2015年—2016年　深圳市建筑设计研究总院有限公司
2016年—2017年　华南理工大学历史环境保护与更新研究所
2017年至今　福州市规划设计研究院集团有限公司建筑与规划研究中心
2021年至今　本统设计工作室

方维

职务：福州大学建筑与文化研究所研究生实践导师
本统设计工作室主创建筑师
职称：工程师
执业资格：国家一级注册建筑师

教育背景

2008年—2013年　福州大学建筑学学士
2013年—2016年　福州大学建筑学硕士

工作经历

2016年至今　福州市规划设计研究院集团有限公司建筑与规划研究中心
2021年至今　本统设计工作室

福州大学建筑与文化研究所
地址：福州市闽侯县上街镇学园路2号
通联方式：13609575769
电子邮箱：golfski@163.com

福州市规划设计研究院集团有限公司建筑与规划研究中心(本统设计工作室)
地址：福州市闽侯县高新区高新大道1号
电话：0591-87812914
传真：0591-87826264
网址：www.fzghy.com

福州市规划设计研究院集团有限公司

福州市规划设计研究院集团有限公司是首批综合性甲级勘测规划设计研究单位，现有职员1 183人，其中，福建省勘察设计大师4人、国家执业资格注册师217个、教授级高级工程师37人、高级工程师238人、工程师429人。

福州市规划设计研究院集团有限公司建筑与规划研究中心（本统设计工作室）

福州市规划设计研究院集团有限公司建筑与规划研究中心隶属于福州市规划设计研究院集团有限公司，创立于2017年，主任是关瑞明，副主任是陈亮。

本统设计工作室致力于打造“本统”设计理念，服务范围包括建筑设计、历史街区保护规划与设计、传统村落保护规划与设计等。

“本”是本土，反映地域性；“统”是正统，是从历史积淀的“传统”到当代延续传统而创新的“新统”。因此，本统是本土新统，是指反映地域性与传承性的建筑设计创新、保护规划创新。

福州大学建筑与文化研究所

福州大学建筑与文化研究所创立于2015年，现有研究人员15人、专职人员6人，其中教授2人、副教授4人、博士生导师1人、硕士生导师5人、兼职教授3人、兼职建筑师4人，此外，还有在读博士生2人、在读硕士生24人。所长是关瑞明，副所长是陈力、杨建华、王亚军。

银山花田旅游区游客服务中心

Yinshan Huatian Tourist District Tourist Service Center

项目业主：福建省宁德市寿宁县人民政府
建设地点：福建 宁德
建筑功能：游客服务中心
用地面积：46 657平方米
建筑面积：3 815平方米
设计时间：2017年
项目状态：方案
设计单位：福州市规划设计研究院集团有限公司
福州大学建筑与文化研究所
获奖情况：2018年福建省优秀建筑创作奖一等奖

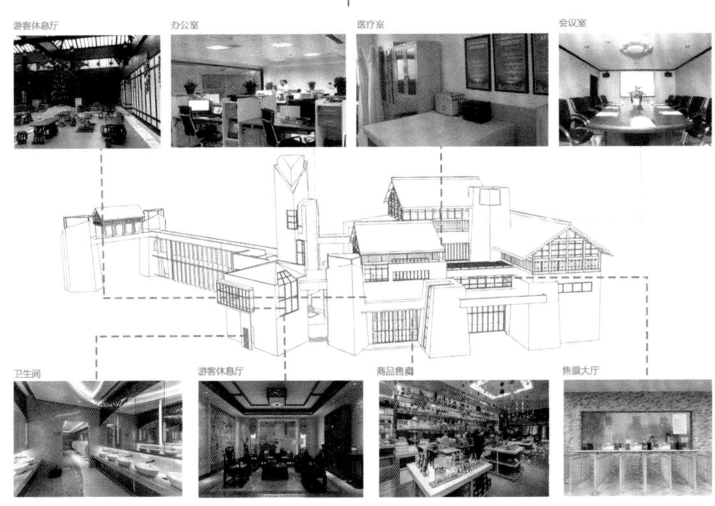

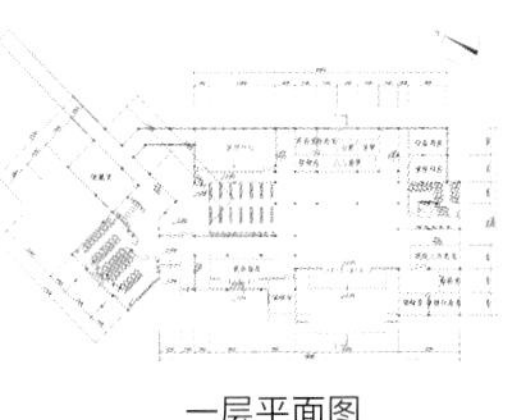

一层平面图

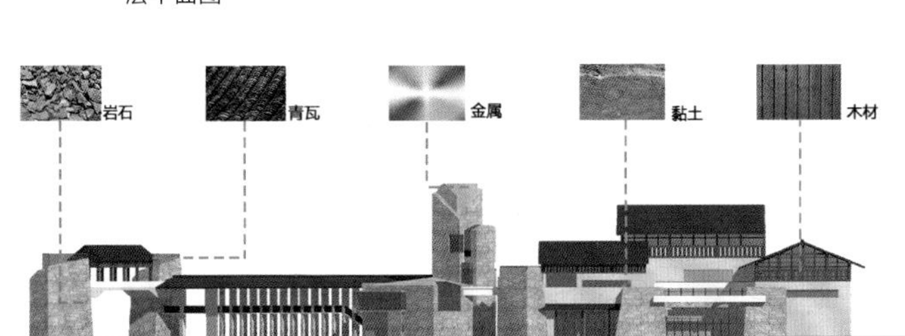

从大安乡往溪墘村行进，穿过官田场村之后，是一个通往溪墘村和官事街的分岔口。从景区的游览路线考虑，此处用地相对开阔，可以建设“游客服务中心”，基地上恰好有两股小溪流在分岔口处合流，为游客中心的设计平增了几分情趣。

设计依据：

1．从“银山花田”旅游项目的功能布局出发，论证在该处建造“游客服务中心”是合理的；

2．在总体布局的功能上，该建筑可以同时管理通往溪墘村和官事街的两个出入口；

3．基地上的两股小溪流，应作为设计的有利条件加以运用；

4．建筑的设计采用“类设计”的方法，从寿宁传统民居中提取与凝练一些“要素”，重构游客服务中心的建筑造型，外观保留了寿宁传统建筑的地域特色，配合寿宁传统的黛瓦、粉墙与木构，“混搭”一点现代风格——水平舒展的雨棚，内部空间与功能满足了“游客服务中心”建筑功能的要求。

银山花田旅游区官事街

Yinshan Huatian Tourist District Official Street

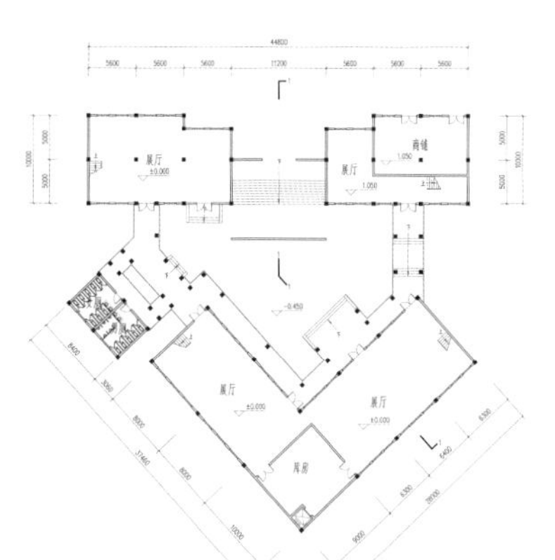

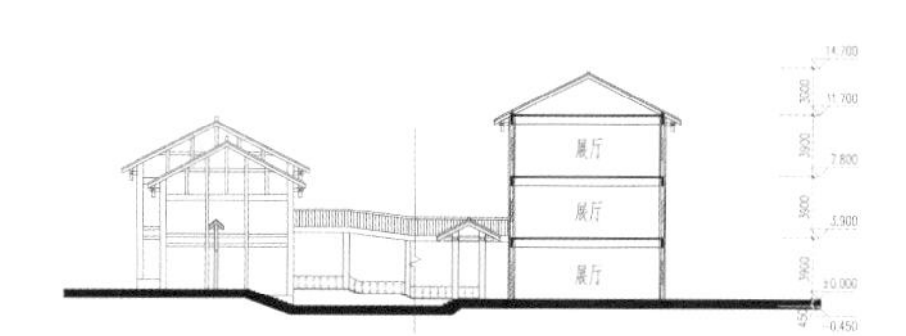

项目业主：福建省宁德市寿宁县人民政府
建设地点：福建 宁德
建筑功能：展览、商业建筑
用地面积：121 864平方米
建筑面积：7 458平方米
设计时间：2017年
项目状态：方案
设计单位：福州市规划设计研究院集团有限公司
福州大学建筑与文化研究所
获奖情况：2018年福建省优秀建筑创作奖二等奖

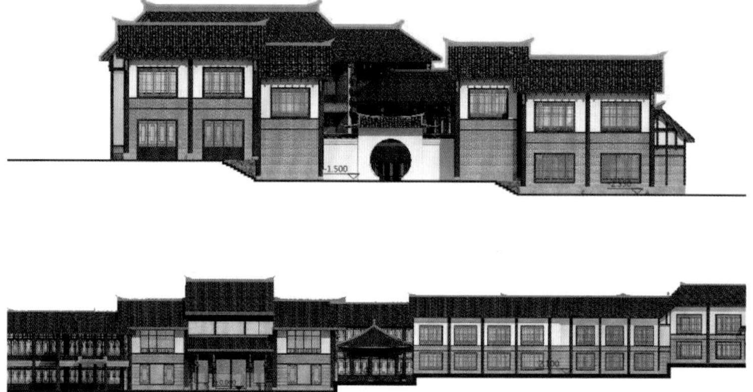

项目位于宁德市寿宁县大安乡，根据史料记载：大安乡的官事街在宋代是一条从事银产品交易的古街，虽然街名保留至今，但沿街建筑已经荡然无存。在古街旧址上，是一些具有大安乡当地特色的传统民居建筑以及近代的砖混结构建筑。

设计依据：

1．从尊重当地的历史风貌、恢复当地的商业氛围角度出发，改造官事街是合理且极其必要的；

2．项目地理位置具有优越性和重要性，是连通太监府和银硐景区的交通要道，对该处的整治起到了优化空间结构的效果；

3．对于古街旧址上的传统民居建筑，建筑师选择性地保留其中质量较好的几栋建筑；

4．新修复的街道形态按照现有的道路进行拓宽，保持街道8米的宽度，拐弯或空间节点处适当放宽，形成可以驻足的小广场。街道的设计依山就势，利用石阶与石板路连成步行的路径。

青口镇文体中心

Qingkou Town Sports Center

项目业主：福建省福州市闽侯县青口镇人民政府
建设地点：福建 福州
建筑功能：文体建筑
用地面积：36 768平方米
建筑面积：15 747平方米
设计时间：2010年
项目状态：方案
设计单位：福州市规划设计研究院集团有限公司
福州大学建筑与文化研究所
获奖情况：2011年福建省优秀建筑创作奖二等奖

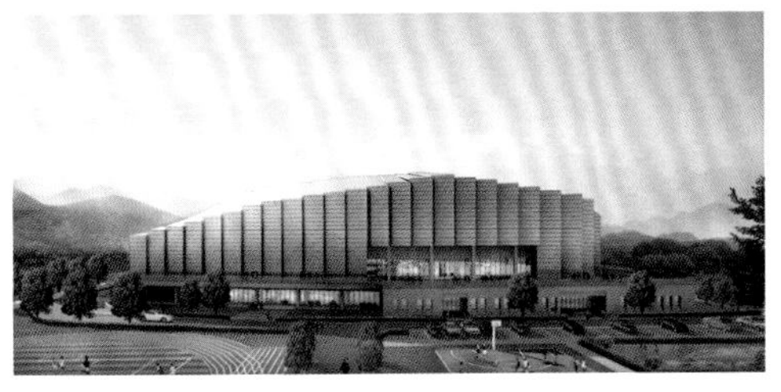

项目从基地整体空间环境出发，综合体育馆和游泳馆由两组高低起伏的屋面形成建筑轮廓，设计灵感来源于连绵起伏的山体形象。建筑与青口镇东、南、西三面群山遥相呼应，独具一格，简洁优美，富有动感。

通过形体的切割与错位的拼接手法塑造出极富雕塑感的建筑形态，通过层叠的墙面处理和细长凹窗的虚实处理，形成大气且生动的建筑外立面。

建筑构思与结构选型完美统一，采用巨型门式钢架结构，硬朗刚劲的折线檐口和屋脊形成了丰富的建筑天际线。

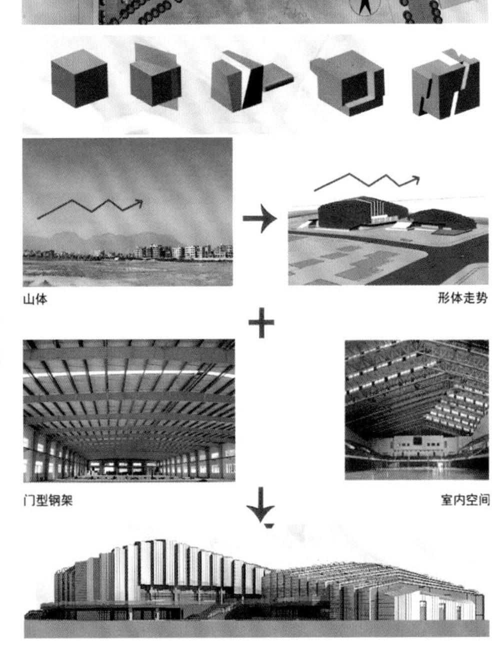

福州市高新区中心花园咖啡厅

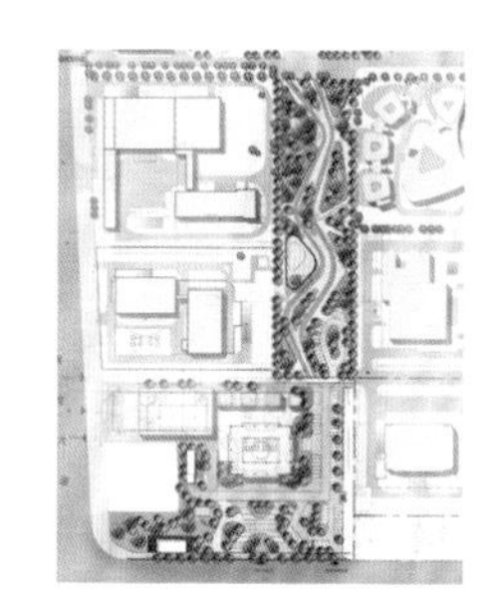

项目业主：福州高新区投资控股有限公司
建设地点：福建 福州
建筑功能：咖啡厅
用地面积：418平方米
建筑面积：418平方米
设计时间：2019年
项目状态：建成
设计单位：福州市规划设计研究院集团有限公司
福州大学建筑与文化研究所
获奖情况：2020年福建省优秀建筑创作奖二等奖

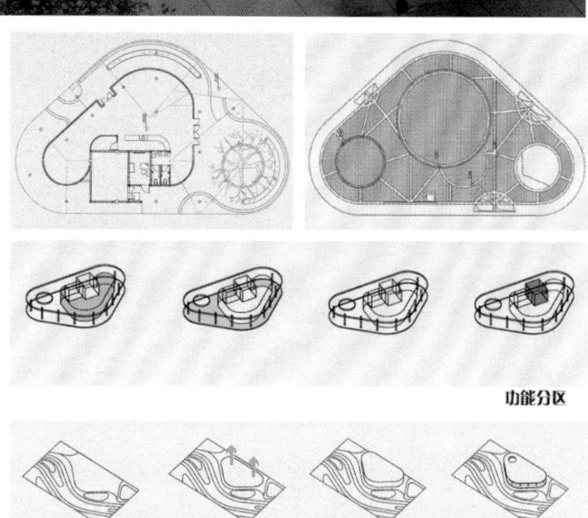

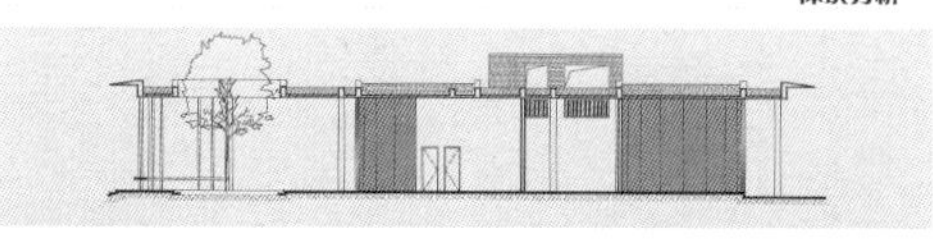

福州市高新区位于乌龙江畔，北侧与闽侯县上街镇接壤，西侧与大学城毗邻，形成了福州地区“高、大、上”区域。在高新区的中心花园中，在蜿蜒曲折的慢行道上划出了一块“咖啡厅”的建设用地，这是一块不规则却比较完整的三角形。

本方案在总体布局上因地制宜，顺应了三角形边界，通过“拐弯抹角”把三角形的三个锐角“抹成”圆角。在人视高度上，考虑一虚一实，虚处是一棵树“冲出”屋面，实处是用玻璃围合的咖啡屋。四周的柱廊把一虚一实围成一个整体。在鸟瞰高度上，从四周的高楼往下看，屋面是一个不折不扣的第五立面，设计把屋面结构做成反梁，在柱与柱之间顺其自然地设梁，并把梁裸露出来，形成若干不规则的三角形。在低洼的三角形地块培土种上绿植，交错的梁变成自然而然的“田埂”。

本方案的形体设计是圆形与三角形的组合；本方案的色彩设计是绿色植物与白色反梁的交织。

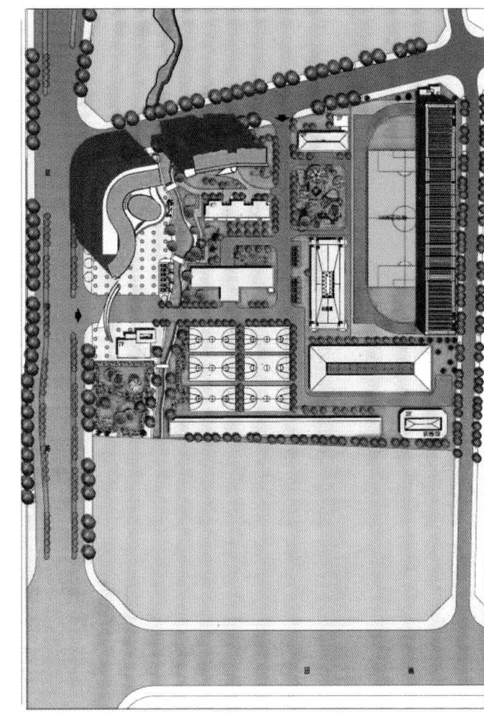

莆田市重点业余体育学校

Putian Key Amateur Sports School

项目业主：莆田市重点业余体育学校
建设地点：福建 莆田
建筑功能：体育建筑
用地面积：468 000平方米
建筑面积：25 465平方米

设计时间：2010年
项目状态：建成
设计单位：福州市规划设计研究院集团有限公司
福州大学建筑与文化研究所
获奖情况：2012年福州建筑土木建筑学会建筑设计创作二等奖

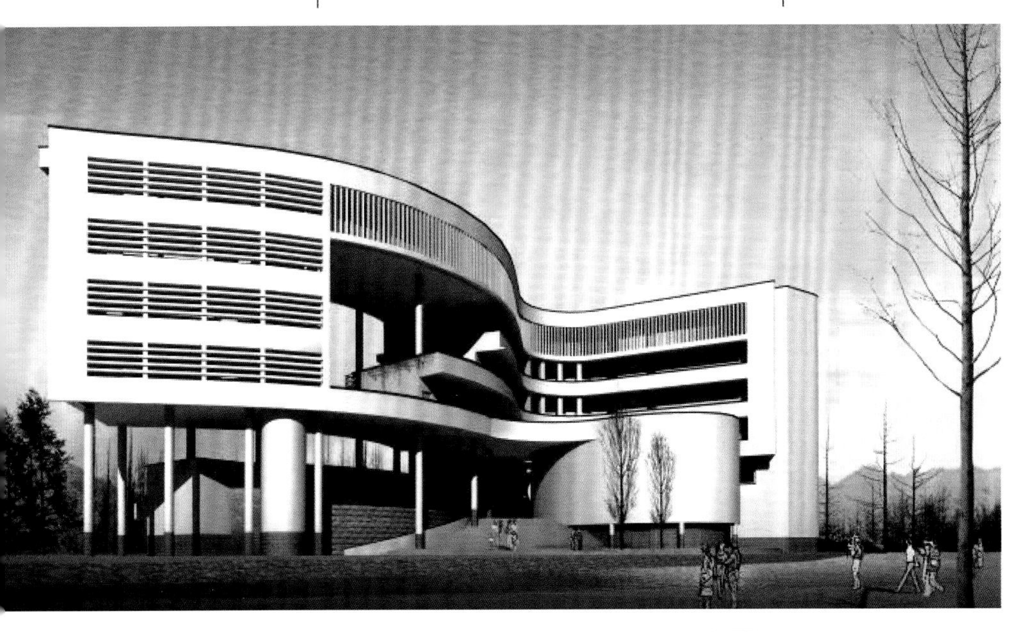

项目综合办公楼位于基地的西北角，校园的主入口朝西。总体布局上，北面顺应道路走势呈平行状；西北角跟着转弯半径，建立圆心、中轴线和一组同心圆；建筑西面的沿街部分，顺应道路走势呈平行状，但楼层部分如果做成东西朝向，房间的热舒适环境一定很差。鉴于此，有意把建筑的楼层部分设计成圆弧形，与西北角的圆角构成一个S形的“飘带状”建筑。

沿着西北角转角的中轴线和圆心，布置一个椭圆形的多功能厅。“飘带状”建筑与椭圆形多功能厅，颇似一个弯曲的手掌托起一个乒乓球，或一根曲棍与一个球的组合……

东西朝向的房间被弱化了，开锯齿形窗可以缓解东西向房间西晒的问题，最不利位置的房间干脆被“镂空”处理。利用楼梯间设计一个竖向的造型，打破“飘带状”建筑的均质通高。

郝钢

职务： 南京大学建筑规划设计研究院有限公司副总建筑师
职称： 研究员级高级建筑师
执业资格： 国家一级注册建筑师

教育背景
1991年—1996年　同济大学建筑学学士
2002年—2005年　东南大学建筑学硕士

工作经历
1996年—2002年　江苏省建筑设计研究院
2002年—2005年　江苏省建工设计研究院
2006年至今　南京大学建筑规划设计研究院有限公司

个人荣誉
2018年江苏省优秀工程勘察设计师
2014年江苏省推动绿色建筑健康发展工作重大贡献者

主要设计作品
南京大学仙林国际化校区大学生活动中心
荣获：2011年教育部优秀建筑工程设计二等奖
　　　2011年全国优秀工程勘察设计三等奖
南京大学仙林国际化校区行政办公楼
荣获：2014年江苏省优秀工程勘察设计二等奖
武进影艺宫
荣获：2013年江苏省优秀工程勘察设计一等奖
　　　2014年江苏省优秀工程设计一等奖
　　　2015年全国优秀工程勘察设计三等奖
　　　2015年全国绿色建筑创新奖三等奖
　　　2015年江苏省绿色建筑设计二等奖
南大科学园智慧园1-6#楼
荣获：2014年江苏省优秀工程勘察设计一等奖
　　　2015年全国优秀工程勘察设计二等奖
江苏钟山宾馆集团商务大楼
荣获：2016年江苏省优秀工程勘察设计二等奖
武进区洛阳初级中学
荣获：2016年江苏省优秀工程勘察设计二等奖
　　　2017年全国优秀工程勘察设计二等奖
紫金（溧水）科创中心
荣获：2017年教育部优秀工程勘察设计三等奖

陆鸣宇

职务： 南京大学建筑规划设计研究院有限公司二所所长
职称： 高级建筑师

教育背景
1993年—1998年　大连理工大学建筑学学士

工作经历
1998年—2013年　江苏省建筑设计研究院股份有限公司
2013年—2016年　中新南京生态科技岛投资发展有限公司
2016年至今　南京大学建筑规划设计研究院有限公司

主要设计作品
无锡苏宁广场
荣获：2017年全国优秀工程勘察设计二等奖
江岛科创中心
荣获：2017年全国优秀工程勘察设计二等奖
宿迁三台山衲田花海剧场
荣获：2018年江苏省建筑创作奖一等奖
青岛港即墨港区综合服务中心
荣获：2020年江苏省优秀工程勘察设计二等奖
　　　2020年江苏省优秀工程设计二等奖

南京大学建筑规划设计研究院有限公司

南京大学建筑规划设计研究院有限公司（简称“南大建规院”）始建于1999年9月，是一家以创作建筑精品为目标的甲级高校设计院，依托于南京大学深厚广博的学术、科研和教学资源，并作为南京大学建筑与城市规划学院教学、科研与实践相结合的重要基地。同时，南大建规院注重学术研究与科技成果的有效转化。

目前，南大建规院有员工300多人，技术人员占95%，其中江苏省设计大师2人、江苏省优秀工程勘察设计师12人、中国建筑设计奖・青年建筑师奖4人、江苏省“333”高层次人才培养工程中青年技术带头人1人、建筑结构行业杰出青年1人。南大建规院设有土建所（4个）、机电设备所、景观所、室内所、幕墙与钢

地址：江苏省南京市鼓楼区汉口路
　　　22号费彝民楼16楼
电话：025-83621500
传真：025-83597372
网址：www.adinju.com
电子邮箱：huangyifan@adinju.com

李德寒

职务：南京大学建筑规划设计研究院有限公司主任建筑师
职称：高级建筑师
执业资格：国家一级注册建筑师

教育背景
1995年—1999年　南京工业大学建筑工程学士
2008年—2013年　东南大学建筑与土木工程硕士

工作经历
2000年—2004年　澳大利亚JBP建筑设计有限公司
2005年—2016年　南京金海设计工程有限公司
2016年至今　南京大学建筑规划设计研究院有限公司

个人荣誉
2017年、2018连续两年被评为单位先进个人

主要设计作品
滨河新城初级中学
荣获；2018年江苏省优秀工程勘察设计三等奖
金陵中学河西分校（小学）
荣获：2019年江苏省优秀工程勘察设计二等奖
2020年江苏省优秀工程设计二等奖
连云港久和国际新城三期1-4#公寓
浦口区盘城中学、永丰中学合并建设项目
蓝海路小学与侨康路幼儿园
连云港猴嘴拆迁安置小区
莱芜市全民健身中心
南京万科金色城品
镇江万科沁园（一期）
旭日上城小区
涟水水岸城邦
爱上城
南京新城科技园E-32-2d地块
嘉盛丹桂园
清华大溪地住宅五期
紫金华府1#地库（人防地下室）
溧水福田雅苑
江南国际花园
溧水河滨花园小区
高邮丰泽臻源小区
清华忆江南十五区
江苏师范大学青年教师周转公寓
盐城师范学院
南京市长城中学
南京市鼓楼区教师发展中心

汪颖

职务：南京大学建筑设计研究院有限公司和作建筑工作室主持建筑师
职称：高级建筑师
执业资格：国家一级注册建筑师

教育背景
1995年—2000年　浙江大学建筑学学士
2000年—2003年　南京大学建筑学硕士

工作经历
2003年—2013年　都林国际设计（南京）
2014年—2019年　江苏绿色都建建筑设计研究院
2020年至今　南京大学建筑规划设计研究院有限公司

主要设计作品
江苏农林职业技术学院风景园林学院
荣获：2013年江苏省优秀工程勘察设计二等奖
太湖科技中心9#地块科创中心
荣获：2014年南京市优秀工程勘察设计一等奖
无锡市渔港、大箕山片区城市设计及住区、产业园
佳源科技产业园
梧桐树新经济电商直播产业园
南京雨花台区雨花客厅综合体、五季凯悦酒店
南京江宁秣陵街道秣陵古街片区改造

结构所、数字建筑设计所、城市与建筑创作中心、医疗建筑设计研究中心、绿色建筑与工程咨询中心、岩土院等多个专项设计部门及教授工作室。设计项目涵盖区域规划、居住区规划设计、建筑工程设计和城市设计、室内外装修设计、园林景观设计、工程咨询、工程勘察等众多领域，并从事包括规划研究、开发策划和建筑技术咨询等在内的多项课题研究。

近年来，南大建规院众多原创作品先后在国内外多家知名专业杂志、报刊上发表，其中多项设计作品荣获国家住建部、教育部、行业及地方组织的各类优秀设计评选奖项。

自创立至今，南大建规院始终以“创造精品、原创设计”为宗旨，坚持将教学、科研、实践三者相结合，“南大建筑”风格在设计领域中已具一定影响力。在南大建规院设计师看来，建筑不止是具象的工业形态，也不仅满足人们日常的功能及审美需求，而是人类认知成果及其哲学内涵的一种凝结方式，是人们认识世界与自身的一条途径。

武进影艺宫

Wujin Shadow Art Palace

项目业主：江苏武进经济发展集团有限公司
建设地点：江苏 常州
建筑功能：文化建筑
用地面积：18 854平方米
建筑面积：47 982平方米
设计时间：2009年— 2010年
项目状态：建成
设计单位：南京大学建筑规划设计研究院有限公司
合作单位：澳大利亚Studio 505建筑事务所
设计团队：郝钢、陆春、陈佳、潘华、张芽、蔡华明、陈火明、方先节

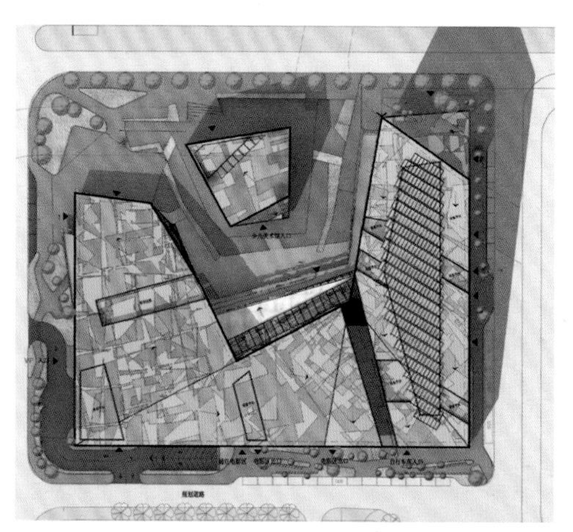

项目分为两个建筑体量：南面的U形体量主要采用南低北高的斜屋面，仅在剧场部分顺应观众厅和舞台的内部空间，屋面北侧较低；北面的单独体量则相反，为北低南高，以减少对延政中路的压迫感。建筑设计借鉴了常州当地“乱针绣”这种传统艺术形式的理念，屋面和墙面均形成了较为凌乱的视觉效果，但正如“乱针绣”，实际上具有较为复杂的内部逻辑。青少年宫培训区巨大的中庭倾斜屋顶采用了阵列布局的透光型光伏电板，既满足了中庭的采光通风要求，也通过光伏一体化的绿色技术为项目增添了生态节能的亮点。单独的少儿展览馆也应用了类似的设计逻辑，来实现丰富凌乱的外观效果，成为了延政中路上极具标识性的城市雕塑。

武进规划展览馆二期工程（莲花馆）

Wujin Planning Exhibition Hall Phase II Project (Lotus Hall)

项目业主：江苏武进经济发展集团有限公司
建设地点：江苏 常州
建筑功能：展览、办公建筑
用地面积：17 328平方米
建筑面积：3 333平方米
设计时间：2010年—2011年
项目状态：建成
设计单位：南京大学建筑规划设计研究院有限公司
合作单位：澳大利亚studio 505建筑事务所
设计团队：郝钢、潘华、张芽、蔡华明、方先节、施华、韩明洁

项目采用仿生学原理，造型创意为三朵莲花，分别为出莲花花蕾初现、含苞待放和花开绽放三个阶段的形态。莲花造型同时结合建筑会展建筑的功能，从一般的雕塑转化成兼具观赏和实用功能的实体建筑。莲花建筑主体为钢结构，中间含苞待放的花蕾造型高度为25.5米，两侧分别为高12.6米的两层和高18米的三层钢结构框架。主体建筑外围布置钢结构镂空的花瓣，既加强了莲花造型，又形成室内的光影变幻。建筑平面形状由几个不规则的圆形相互咬合组成，各层大小不一，在建筑立剖面上呈现凹凸变化的效果，丰富的莲花造型是项目的一大特色。

江岛科创中心

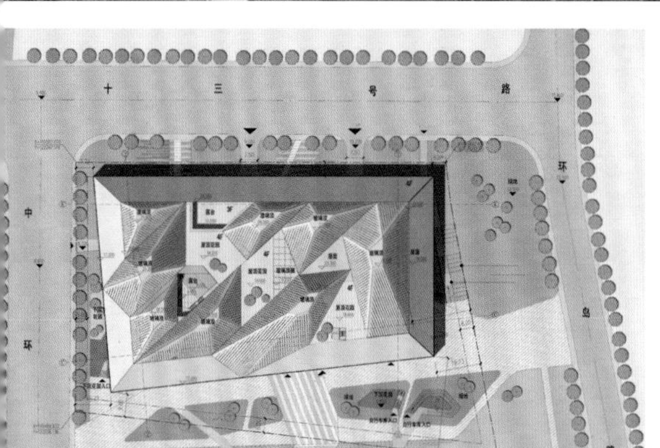

Jiangdao Science and Technology Innovation Center

项目业主：中新南京生态科技岛投资发展有限公司
建设地点：江苏 南京
建筑功能：展示、办公建筑
用地面积：20 000平方米
建筑面积：52 000平方米
设计时间：2012年
项目状态：建成
设计单位：江苏省建筑设计研究院股份有限公司
合作单位：美国NBBJ设计事务所
主创设计：陆鸣宇

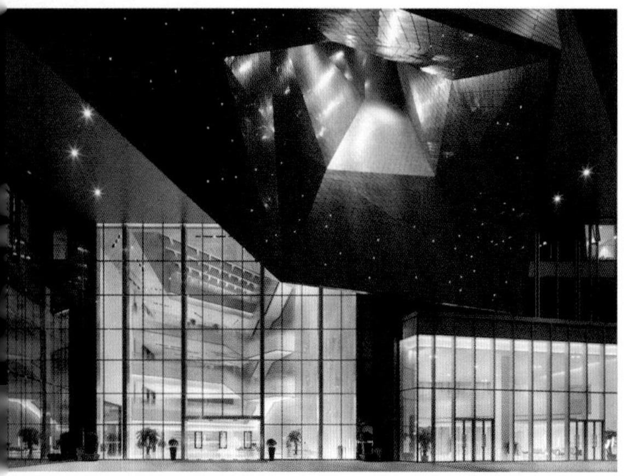

项目是中新南京生态科技岛的第一个展示办公建筑，建筑高24米，地上4层，地下2层，是科技岛整体对外的展示窗口，同时也是科技岛管委会行政服务中心和中新公司办公中心，是南京目前最具特色的现代建筑之一。

设计融入“生态地平线，山水城林浑然天成”的理念，江岛科创中心作为整个新纬壹国际产业园的根基，将其他各个功能区串联在一起，为整个园区增添生气和活力。江岛科创中心一楼设有规划展示馆、公共会议区及一站式服务中心，入岛企业可以在这里获得一站式服务。设计同时贯彻“全岛生态、科技的开发”的理念，采用生态环保技术，达到国家绿色建筑二星标准。

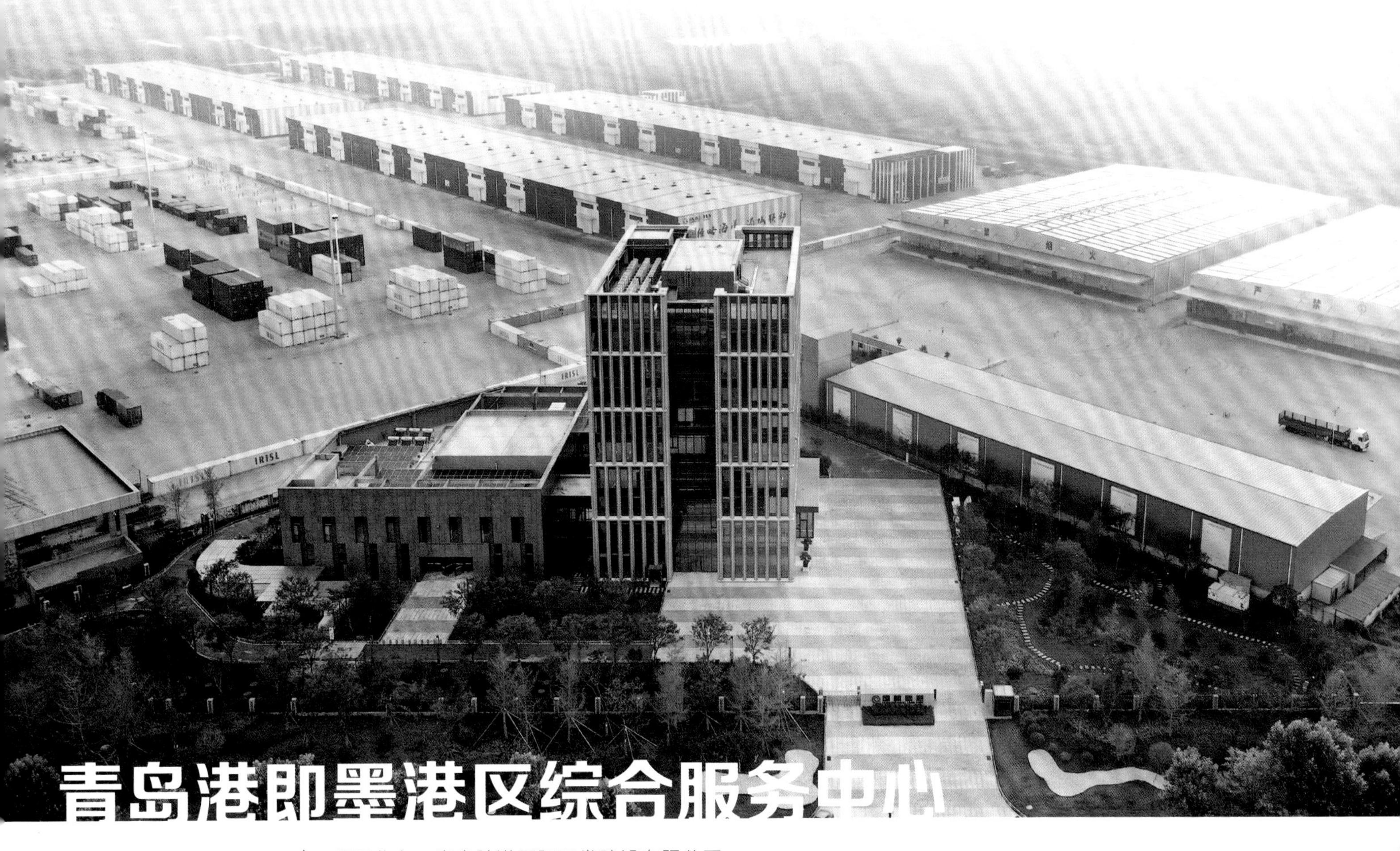

青岛港即墨港区综合服务中心

Qingdao Port Jimo Port Comprehensive Service Center

项目业主：青岛陆港国际开发建设有限公司
建设地点：山东 青岛
建筑功能：办公、商业建筑
用地面积：10 000平方米
建筑面积：19 900平方米
设计时间：2018年
项目状态：建成
设计单位：南京大学建筑规划设计研究院有限公司
合作单位：南京南华建筑设计事务所有限责任公司
设计团队：陆鸣宇、程向阳、廖杰、刁伟、钱忱、戴卫、郝钢、董贺勋、陆春、肖玉全、赵越、施向阳

项目位于即墨市蓝村镇南泉三路以东，建筑功能包括公共办事大厅、商务办公及其配套设施。设计风格简约现代，体现区域功能特点，彰显技术美学特征，也为未来该区域的建设提供一个可借鉴的模式。

塔楼作为主楼，体现办公功能的高效集约化，布置场地于南侧；裙楼则为青岛港即墨港区提供服务大厅、职工餐厅及多功能报告厅等大空间功能，布置于场地北侧，并以一处精致的景观内庭院将主楼与裙楼串联。

塔楼设计简洁干净，外立面材料选用预制标准化的金属格构架，并以重复的形式形成韵律感，在金属格构架之中解决建筑开窗问题，且与超高透的整体单元玻璃幕墙形成呼应，体现建筑的现代性与技术美学。

浦口区盘城中学、永丰中学合并建设项目

Combined Construction Project of Pancheng Middle School and Yongfeng Middle School in Pukou District

项目业主：南京市浦口区人民政府盘城街道办事处
建设地点：江苏 南京
建筑功能：教育建筑
用地面积：49 190平方米
建筑面积：32 754平方米
设计时间：2016年—2017年
项目状态：建成
设计单位：南京大学建筑规划设计研究院有限公司
设计团队：李德寒、钟华颖、李少航、马静生、陆春、林晨

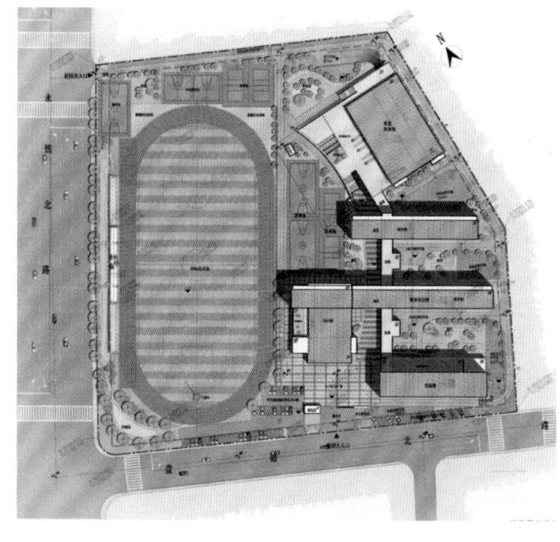

项目位于南京市浦口区，办学规模按中学Ⅰ类标准16轨48班，预留选修等备用教室5个。建筑整体布局顺应基地形状和走势，教学区布置在基地东侧和南侧，生活运动区布置在基地西侧和北侧，形成动静结合的总图布局。主入口设置在南侧的城市支路上，正对综合楼，进入校园为入口礼仪广场，右侧为实验楼，往里依次为两排教学楼、食堂和体育馆。入口礼仪广场的右侧，教学楼和实验楼之间为一贯通校园南北的弧形文化墙，文化墙起到了很好的过渡、丰富校园层次以及活跃校园氛围的作用。

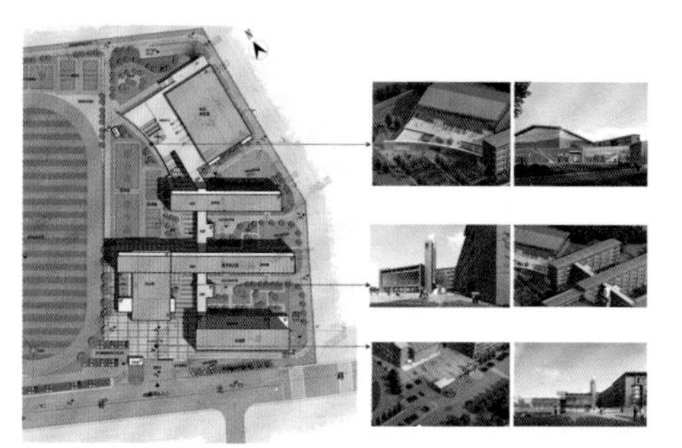

金陵中学河西分校（小学）

Jinling Middle School Hexi Branch (Primary School)

项目业主：南京市金陵中学河西分校
建设地点：江苏 南京
建筑功能：教育建筑
用地面积：130 826平方米
建筑面积：24 617平方米
设计时间：2016年—2017年
项目状态：建成
设计单位：南京大学建筑规划设计研究院有限公司
设计团队：李德寒、李少航、马静生、陆春、姜磊、王英战

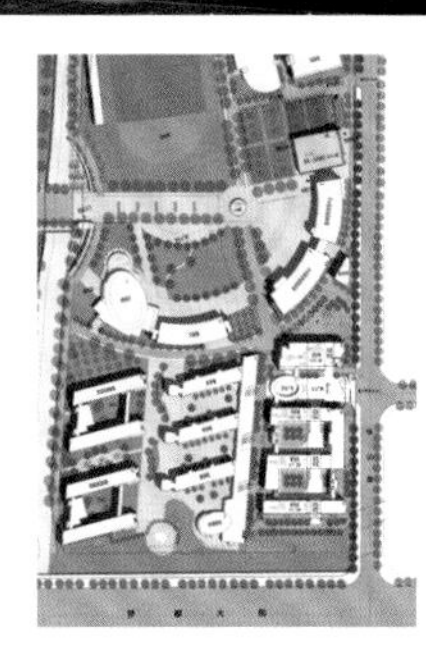

项目位于南京市建邺区梦都大街60号，办学规模按10轨60班，由教学楼、综合楼、食堂、风雨操场、门卫室等建筑组成。综合楼与教学楼组团之间通过文化长廊相连，使得小学教学组团与校园核心区域形成空间通道，密切了小学与中学的联系。基地南侧预留活动场地，同时阻隔来自主干道梦都大街的噪音。整体设计简洁大方、庄重典雅，展现出活泼亲切、独具个性且文化浓郁的建筑风格与校园氛围。

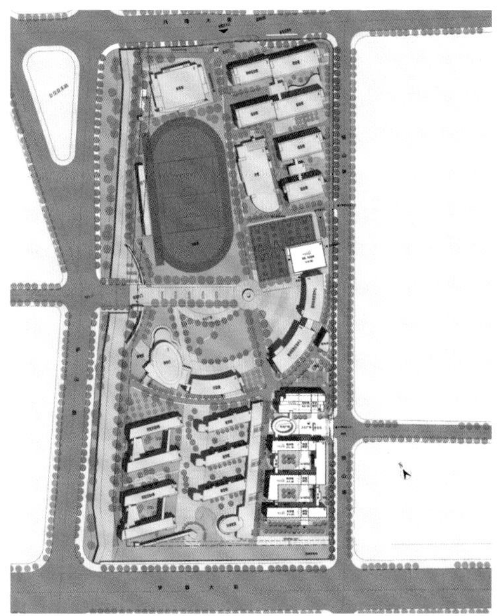

佳源科技产业园

Jiayuan Science and Technology Industrial Park

项目业主：佳源科技股份有限公司
建设地点：江苏 南京
建筑功能：科研、办公建筑
用地面积：30 500平方米
建筑面积：93 600平方米
设计时间：2021年
项目状态：在建
设计单位：南京大学建筑规划设计研究院有限公司
主创设计：汪颖、周毅雷、张丁

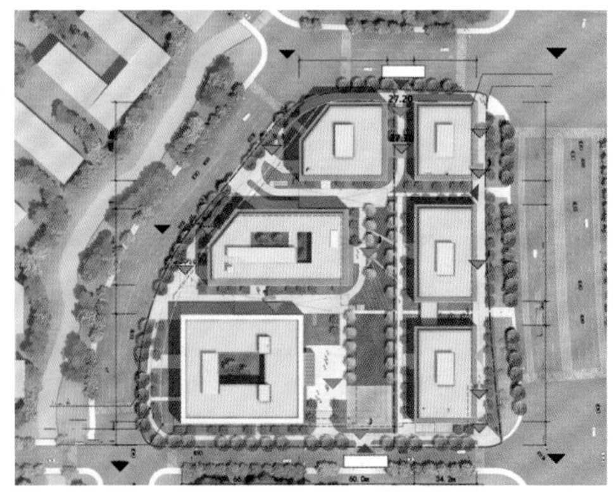

项目总体上采用类街区式布局，即建筑沿用地周边连续布置，形成完整的对外城市界面。在园区内部则最大限度地拉大建筑空间，从而创造出最佳园区内部中心景观。设计通过网格化的方式来进行规划控制，形成模块化的空间处理。项目南侧可以远眺南京著名景点牛首山，在规划当中，将园区南侧空间作为园区的主入口从而实现引山入园。6栋独立建筑分设在南北轴线两侧，共同围合出一个南北向“科技绿谷”。在统一有序的建筑空间中，融入丰富自然的基地环境，打造出一处与企业文化相契合、现代、高效、集约、有序、自然的现代化产业园区。

梧桐树新经济电商直播产业园

Wutong Tree New Economy E-commerce Live Broadcast Industry Park

项目业主：南阳梧桐树实业有限公司
建设地点：河南 南阳
建筑功能：办公、物流建筑
用地面积：98 000平方米
建筑面积：140 000平方米
设计时间：2020年
项目状态：在建
设计单位：南京大学建筑规划设计研究院有限公司
主创设计：汪颖、罗震东、周毅雷、张丁

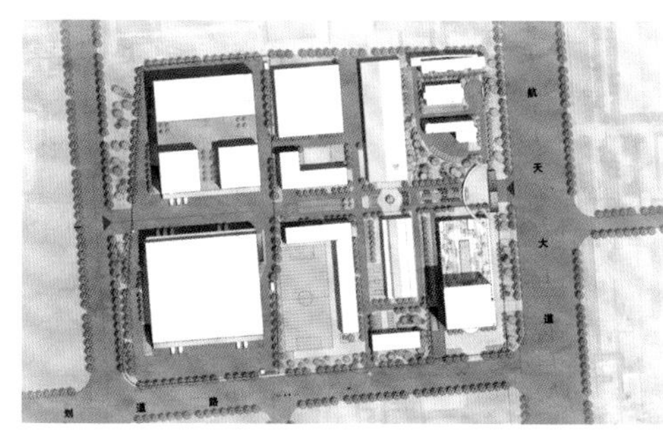

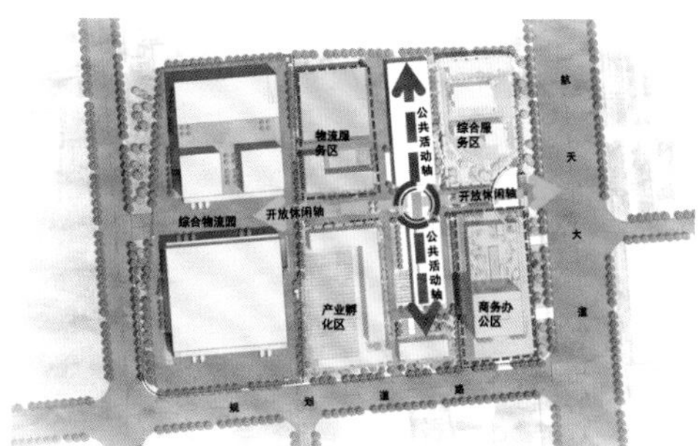

项目依托镇平县自身强大的珠宝类网络直播经济优势，通过提供更好的直播软件和硬件条件以及强大的产品供应链，使得产业园具备了迅速成长并形成规模效益的有利条件。

园区在建筑功能规划及交通组织设计上都有别于传统产业园，项目精准定位，以服务整个网络直播产业链为原则，聚合了电子商务、办公研发、直播中心、商品展示中心、技术服务中心、网红产业链、物流、仓储、商业服务配套等多种功能板块。多样化、系统化的功能组织，为网络直播经济提供了完整的产业链服务，形成一个完整的复合型新经济客厅。

洪华卫

职务：深圳壹创国际设计股份有限公司副总经理
职称：工程师

教育背景
1995年—2000年　华南理工大学建筑学学士

工作经历
2000年—2010年　深圳市方佳建筑设计有限公司
2010年—2016年　深圳华智造物建筑设计有限公司
2017年至今　深圳壹创国际设计股份有限公司

主要设计作品
南海玫瑰园（一期）
荣获：2004年深圳市优秀工程勘察设计二等奖
南海玫瑰园（三期）
荣获：2005年广东省优秀工程勘察设计三等奖
诺德中心
荣获：2008年全国民营工程设计华彩奖金奖
　　　2009年全国优秀工程勘察设计三等奖
深圳诺德居住区
郑州美景天城
广弘南浔酒店
万宁太阳乐园高尔夫温泉度假区
蓝城区养老养生生态旅游项目
华业深圳南海玫瑰园花园
吉安天华岭庐陵风情村落改造工程

兰力

职务：深圳壹创国际设计股份有限公司设计总监
职称：工程师

教育背景
2003年—2008年　湖北工业大学建筑学学士

工作经历
2009年—2014年　广东省机电建筑设计研究院深圳分院
2014年至今　深圳壹创国际设计股份有限公司

主要设计作品
深圳市坪山新区敬老院
荣获：2016年第二届深圳建筑创作奖银奖
惠州凯中大亚湾科技园
荣获：2017年第三届深圳建筑创作奖铜奖
骏恒家园
荣获：2017年第三届深圳建筑创作奖铜奖
高新园29-15地块（人才公寓）
荣获：2018年第四届深圳建筑设计奖银奖
深圳北站商务区06地块
荣获：2018年第四届深圳建筑设计奖铜奖
泰宏花园
荣获：2019年第五届深圳建筑设计奖三等奖
天马大厦
荣获：2019年第五届深圳建筑设计奖三等奖
中炬高新科技产业孵化集聚区
荣获：2019年第五届深圳建筑设计奖三等奖
深圳龙华区尚龙苑高级人才住房
荣获：2018年第四届深圳建筑设计奖铜奖
　　　2020年国家绿色建筑三星级评价标识
深圳福田区上林苑城市更新
韶关前海人寿幸福之家
包头新阳光铜锣湾广场

YICHUANG 壹创

深圳壹创国际设计股份有限公司成立于2008年，是国家高新技术企业，具有建筑行业（建筑工程）甲级资质、市政行业（道路工程）甲级资质、风景园林工程设计甲级资质，通过了ISO 9001质量管理体系认证，并于2016年8月在新三板挂牌上市（股票代码为839120），2020年4月成为创新层公示企业。

公司位于南山区华侨城创意文化园区，办公面积5 000多平方米，员工人数约600人，其中90%为工程技术人员。公司现阶段为广东省装配式建筑产业基地、深圳市全过程工程咨询试点企业，主要业务类型包含医院、学校、办公、产业用房、城市综合体、住宅、文旅等建筑设计、规划设计、装配式建筑设计、BIM技术研究、设计总包和全过程工程咨询业务，主要客户为政府机构、市属国有企业及众多大型房地产企业。公司设计项目遍布40多个城市和地区，为了更好地做好设计服务，在广州、上海、海口、包头、东莞、武汉、杭州和西安等地设有分支机构。

地址：深圳市南山区华侨城创意文化园北区B1栋2楼
电话：0755-82795800
传真：0755-82795811
网址：www.szycgj.cn
电子邮箱：ycgj@szycgj.cn

联润大厦

Lianrun Building

项目业主：深圳市龙华投资控股（集团）有限公司
建设地点：广东 深圳
建筑功能：办公建筑
用地面积：8 500平方米
建筑面积：91 809平方米
设计时间：2020年至今
项目状态：在建
设计单位：深圳壹创国际设计股份有限公司
设计团队：杨俊锋、强虹、王艳萍、张泳桦、范途喻

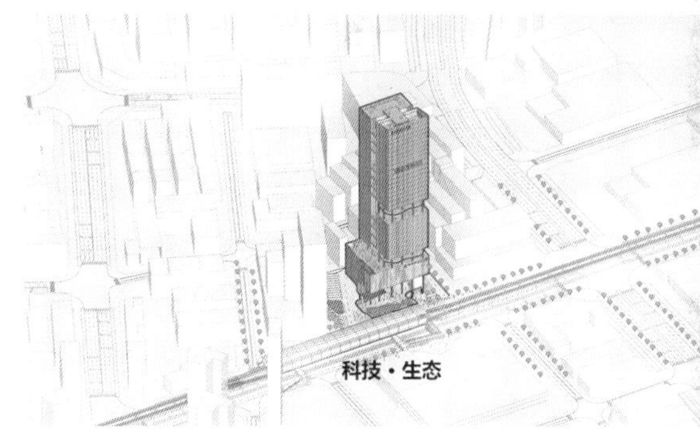

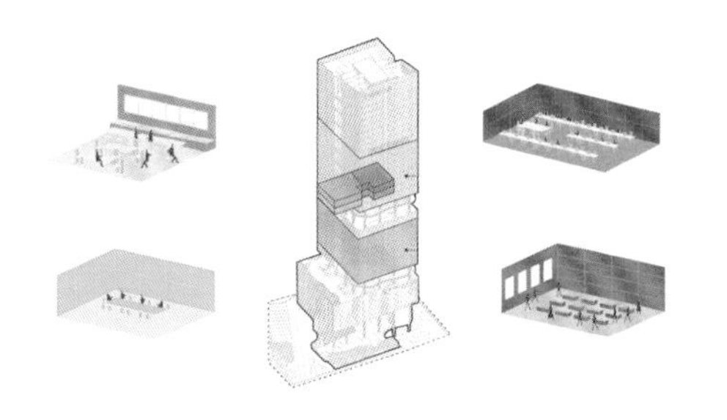

项目位于龙华区和平路清湖地铁站西侧，属于龙华区政府重大项目。设计围绕“万物互联”这一科技前沿主题，结合“生态办公”“智慧办公”等设计理念，运用“体块穿插”“虚实共生”等建筑语言，打造具有科技感和未来感的建筑外观。设计结合空中广场、连桥、架空门廊等空间，采用“清湖客厅”的设计概念，打造城市的社区中心。

项目利用周边交通优势，形成一个多种交通方式有机结合的立体交通系统，成为城市重要的TOD交通枢纽节点，同时为入驻企业提供高效、便捷、多元化的交通配套，未来将成为龙华科技创新型研发办公的标志性建筑。

深汕人民医院

Shenshan People's Hospital

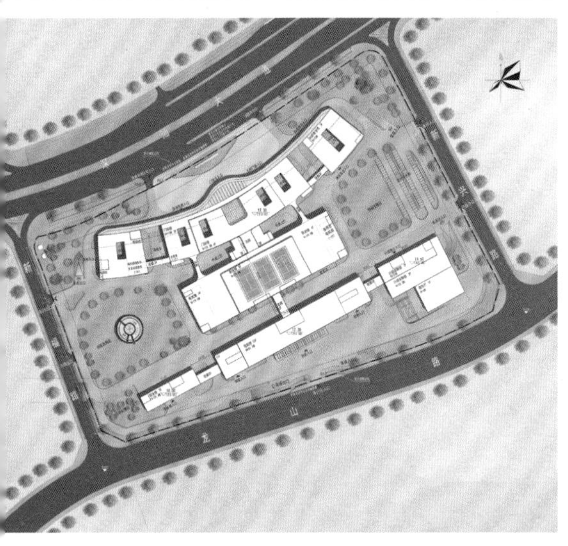

项目业主：深圳市新建市属医院筹备办公室
建设地点：广东 深汕
建筑功能：医疗建筑
用地面积：92 544平方米
建筑面积：193 686平方米
设计时间：2020年
项目状态：在建
设计单位：深圳壹创国际设计股份有限公司
设计团队：蓝雪金、禹宙言、刘允、吕超、郑星月、杨婷

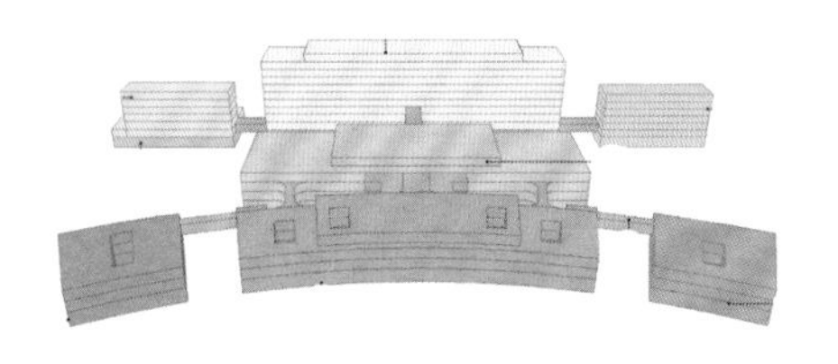

项目位于深汕特别合作区鹅埠片区，规划设计床位800个，是集医、教、研、防、康为一体的区域性医疗中心，辐射深圳东部及粤东地区。设计中结合地形将山体绿化引入院区，利用疗愈花园、屋顶花园、绿化退台打造“山水田园”式医院，给患者营造宜人的康养环境。

室外空间组织与环境、景观、绿地规划采用“整合”的设计思想，充分利用地形特点，将住院、行政、教学等功能集中布置，整合后，为场地留出大量的广场庭院空间。在材料运用及整体风格上，项目继承了北京大学医学部的建筑风格，并对其加以创新，砖红色陶板的运用，也为新的深汕医院添了一抹亮丽的色彩。

未来学校（银湖二小）

Future School (Silver Lake II)

项目业主：深圳市罗湖区教育局
建设地点：广东 深圳
建筑功能：教育建筑
用地面积：14 151平方米
建筑面积：42 631平方米
设计时间：2018年
项目状态：在建
设计单位：深圳壹创国际设计股份有限公司
设计团队：裴俊德、苏清波、桂海刚、刘辉科、姜慧、邱海斌、刘启瑞

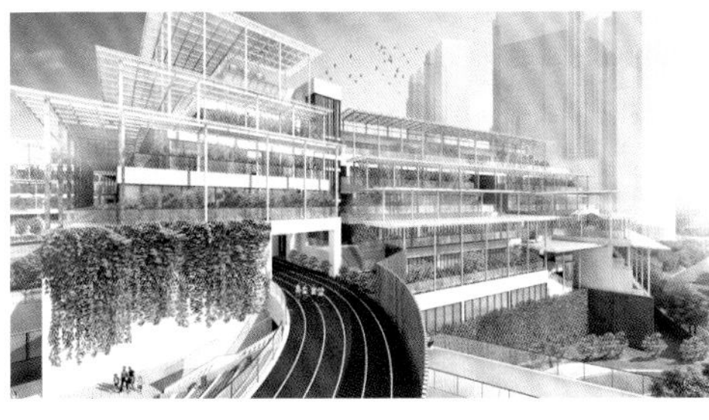

项目位于深圳市南山区，周边景色优美、环境安静，有利于开展教学活动。设计通过退台的形式，将建筑消隐于环境中，为城市道路预留出空间，同时减少建筑对原有环境的破坏，使其最大限度地融入环境。

根据用地的特征，在北侧及南侧布置了小学和初中主要教学用房，中部南北纵向布置食堂和图书馆等服务空间。在操场67米标高以下，布置其余教学配套功能用房，以高效合理的组织方式进行布局。

整体建筑风格以白色为主色调，穿插木色的格栅等。通过层层退台的方式，利用植被在立面上形成自然的肌理，视觉上将建筑立面融入山体环境。营造出一座别具特色、因地制宜的校园建筑。

深圳龙华区尚龙苑高级人才住房

Shenzhen Longhua District Shanglongyuan Senior Talent Housing

项目业主：龙华人才安居公司
建设地点：广东 深圳
建筑功能：居住建筑
用地面积：13 210平方米
建筑面积：71 127平方米
设计时间：2018年
项目状态：在建
设计单位：深圳壹创国际设计股份有限公司
设计团队：兰力、赵雪、申连生、兰维、孙欣桐、陈健、汤君

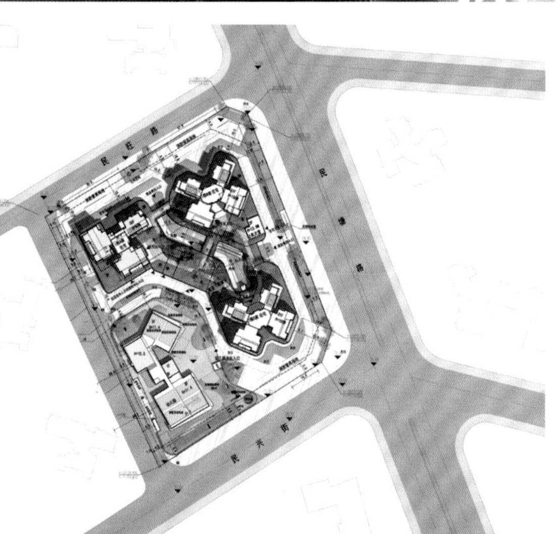

项目作为服务于高端人才的综合型安居工程，将引领活力开放的生活方式，融入更加丰富的共享空间，营造低碳生态的居住环境。项目以绿色、健康、生态作为设计理念，规划采用裙塔结合的半围合布局，最大化营造内部庭院空间，打造尺度宜人、开放共享的立体院落式人居空间，全方位营造理想的居住环境。

项目布局合理，利用周边景观资源，使住户均能获得良好日照及开阔视野，创造环境优美、安静雅致的生活空间。根据人才家庭结构，打造全龄化社区，充分照顾到每个居住者的需求，在屋顶花园营造丰富的室外及半室外活动场地，慢跑道及休闲跑道贯穿其中，提倡健康的生活方式。公共配套结合开放式商业街区打造社区活力。

机场东车辆段上盖项目

Airport East Depot Superstructure Project

项目业主：深圳市地铁集团有限公司
建设地点：广东 深圳
建筑功能：住宅、商业、办公建筑
用地面积：150 678平方米
建筑面积：653 354平方米
设计时间：2019年
项目状态：在建
设计单位：深圳壹创国际设计股份有限公司
合作单位：何显毅（中国）建筑工程师楼有限公司
广东省机电建筑设计研究院
设计团队：邓延鹏、杨新春、张子星、李玲玲、钟宏宇、代小山

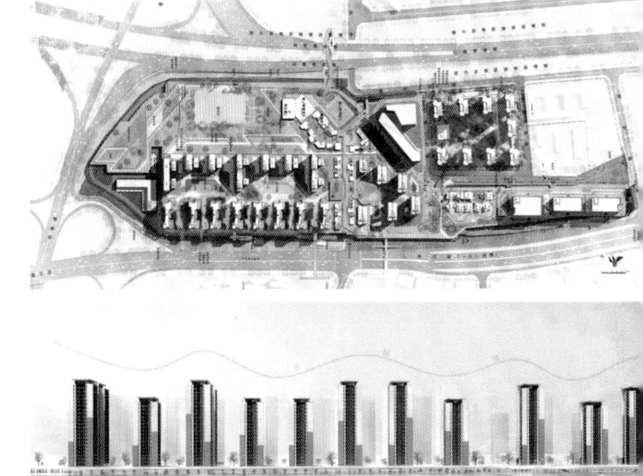

项目位于深圳宝安机场东片区，处于大湾区深圳沿线重要交通动脉——地铁12号线的关键节点上。建筑师以轨道交通作为驱动器，有机地结合各种功能区块，大量生成“多用途”和“多维度”的城市社区，提升地块的整体价值，力求打造一个“站城一体”“景城融合”的新型轨道枢纽社区，探索轨道交通地产发展（TOD）新模式。

项目设置多种产品形式，营造丰富体验场景。办公区域，创造多样化办公交流空间，提升办公区域的整体形象；住宅区域，人性化设计，满足多种需求；城市公园，私属公园打造独特体验，形成区域内的共享绿色空间；交通枢纽，完美融合公共广场、室内外空间，打造“共享大厅”。各个建筑内部根据人群需求，打造动态活动节点，呈现不同形态，提升片区生活环境及品质。

韩勇炜

职务：中国中建设计集团有限公司
副总建筑师、总部设计四院副院长
职称：高级建筑师
执业资格：国家一级注册建筑师

教育背景

2001年—2006年　烟台大学建筑学学士
2013年—2015年　天津大学建筑学硕士

工作经历

2006年—2010年　中科院建筑设计研究院有限公司
2010年至今　中国中建设计集团有限公司

个人荣誉

北京市工程勘察设计行业评标专家
河北雄安新区勘察设计协会公共建筑分会理事
河北雄安新区工程勘察设计综合评标专家
中国建筑股份有限公司青年岗位能手
中建设计集团连续五届被评为十佳原创建筑师

主要设计作品

2020年迪拜世博会中国馆
荣获：2020年中国建筑勘察设计二等奖
广华新城616地块国家公务员住宅
荣获：2021年北京市优秀工程勘察设计二等奖
2011年中建设计集团施工图大赛一等奖
新疆国际传播中心
荣获：2014年中建设计集团优秀设计一等奖
北京市海淀区苏家坨镇北安河西区定向安置房
荣获：2015年中建设计集团施工图大赛一等奖
包头市城市展示馆、博物馆
荣获：2018年中国建筑勘察设计二等奖
2018年中建设计集团优秀设计一等奖
中建国际港0808地块
中刚非洲银行总部大楼
贵阳恒大童世界
宜昌综合保税区
成都空港新城企业总部
雄安创新研究院科技园区
雄安新区启动区北部科研片区城市设计
雄安新区启动区第五组团核心区城市设计
雄安新区启动区科学园片区城市建筑设计
雄安新区安州特色小城镇城市建筑设计
雄安新区启动区第五组团国际商务综合片区城市建筑设计

苏悦

职务：中国中建设计集团有限公司
总部设计四院A2工作室主任
职称：建筑师
执业资格：国家一级注册建筑师

教育背景

2006年—2011年　武汉科技大学建筑学学士

工作经历

2011年—2013年　中铁十四局集团有限公司
2013年至今　中国中建设计集团有限公司

主要设计作品

包头市城市展示馆、博物馆
荣获：2018年中国建筑勘察设计二等奖
2018年中建设计集团优秀设计一等奖
新疆国际传播中心
荣获：2014年中建设计集团优秀设计一等奖
赤峰职教园区
贵阳恒大童世界
成都空港新城企业总部
北京亦庄经印中心
雄安创新研究院科技园区

地址：北京市海淀区三里河路15号
中建大厦A座6层
电话：010-88083900
传真：010-88083588
网址：www.ccdg.cscec.com
电子邮箱：3336169387@qq.com

中国中建设计集团有限公司（简称：中建设计），隶属于中国建筑集团有限公司（简称：中国建筑，2021年《财富》世界500强排名第13位），是国内专业最全、规模最大的国有甲级建筑企业之一。公司主要资质有建筑行业（建筑工程）甲级、城乡规划编制甲级、文物保护工程勘察设计甲级、风景园林工程设计专项甲级、房屋工程及市政工程监理甲级等，在同行业内率先通过ISO 9001、ISO 14001、OHSAS 18001三标认证体系。公司依托于中国建筑强大的资源优势，提供“策划、规划、设计、投资、建造”全产业链服务。

公司主要业务范围包括工程策划咨询、城市规划设计、建筑设计、风景园林设计、装配式建筑设计、

刘龙庆

职务：中国中建设计集团有限公司
　　　总部设计四院主创建筑师
职称：建筑师

教育背景
2007年—2012年　贵州大学建筑学学士
2012年—2014年　美国克莱姆森大学建筑学硕士

工作经历
2014年—2017年　中国电子工程设计院有限公司
2017年至今　　　中国中建设计集团有限公司

个人荣誉
中建设计集团2018届十佳原创建筑师

主要设计作品
北京友谊宾馆友谊宫改扩建
荣获：2020年中国建筑勘察设计一等奖
　　　2021年北京市优秀工程勘察设计二等奖
雄安新区公益性公墓及殡仪馆
荣获：2020年中国建筑勘察设计二等奖
唐山档案馆
荣获：2021年河北省优秀工程勘察设计二等奖
文冠果生态产业研发中心
荣获：2021年北京市优秀工程勘察设计二等奖
北京丰台区西局公共租赁住房
迪拜云溪塔项目
乌鲁木齐城北新城第110中学
乌鲁木齐天山区“靓化工程”城市更新
南昌万达茂
合肥瑶海万达广场

宋宏浩

职务：中国中建设计集团有限公司
　　　总部设计四院主创建筑师
职称：建筑师
执业资格：国家一级注册建筑师

教育背景
2007年—2012年　石家庄铁道大学建筑学学士

工作经历
2012年—2016年　北京世纪寰亚建筑设计有限公司
2016年—2018年　北京绿维创景科技发展有限公司
2018年至今　　　中国中建设计集团有限公司

个人荣誉
中国建筑百支建功“十四五”青年突击队员
中建设计集团优秀抗疫人物称号
中建设计集团2018届十佳原创建筑师

主要设计作品
内蒙古电力生产调度中心
荣获：2019年北京市优秀工程勘察设计三等奖
徐州鼓楼区福利中心
荣获：2020年中建设计集团优秀设计二等奖
潍坊滨海海鲜大排档
荣获：2018年中建设计集团优秀设计三等奖
火神庙商业综合体
江苏徐州传染病医院应急病房
陕西榆林白舍牛滩村美丽乡村项目
北京中建鄂旅投星光里共有产权房
甘肃中医药大学体育馆、博物馆
安徽黄山天都浦溪苑社区
雄县绿色产业总部科创基地

文物保护工程设计、室内装饰设计、基础设施勘察设计、PPP业务、工程总承包业务及工程监理、招投标代理等。公司坚持“做强北京，做大周边，辐射全国，走向国际”的发展战略，通过全体员工的不断努力，综合实力日益增强。

公司自成立以来，先后荣获国家级、省部级以上优秀设计奖90余项，在2020年迪拜世博会中国馆等一批国家级重点公共建筑项目中中标实施，赢得了业主和社会各界的广泛赞誉。 近年来，公司注重国际化交流，与美国、德国、法国、加拿大、韩国、日本等国的设计公司保持着紧密和良好的合作关系。此外，公司积极承担国家和部委科研项目，并与多所知名大学联合探索“产学研”一体化发展之路。

2020 年迪拜世博会中国馆

China Pavilion at Expo 2020 Dubai

项目业主：中国国际贸易促进委员会
建设地点：阿拉伯联合酋长国 迪拜
建筑功能：展陈建筑
用地面积：4 636平方米
建筑面积：6 000平方米
设计时间：2019年
项目状态：建成
设计单位：中国中建设计集团有限公司

2020年迪拜世博会以“沟通思想，创造未来”为主题，中国馆位于“机遇”展区，并以“构建人类命运共同体——创新和机遇”为中国馆主题。建筑形体意向源自中国传统手工艺品——大红灯笼，取名为“华夏之光”，象征着欢庆、祥和、团聚、光明，寓意“一带一路”倡议的一盏明灯。外立面设计手法提取中国古代四大发明之一的“活字印刷”元素，形成秩序井然的红色矩阵表皮，既体现了中华文化的渊源，又展现出万众一心、开拓创新的中华精神；结合开敞的立面金属格栅，彰显中华民族的开放与包容，居中对称的整体布局更表达了中华民族的自信与庄重。夜间，运用数字编程灯光控制技术，结合LED屏幕及先进的“冰屏”显示技术，中国馆上演一场无与伦比的灯光大秀，闪耀着中国科技进步的璀璨光辉。

北京友谊宾馆友谊宫改扩建

Reconstruction and expansion of Friendship Palace of Beijing Friendship Hotel

项目业主：北京友谊宾馆
建设地点：北京
建筑功能：酒店建筑
用地面积：7 648平方米
建筑面积：31 319平方米
设计时间：2017年
项目状态：建成
设计单位：中国中建设计集团有限公司

北京友谊宾馆始建于1954年，于2017年进行规划梳理，并对主体建筑友谊宫进行升级改造。新建友谊宫西侧楼延续原友谊宫的平面布局形式，补充与会议相关的功能场所及庭院空间。

设计主导思想是在尊重与传承友谊宾馆原有建筑外貌的基础上，运用现代、简洁、抽象的设计手法进行改造，修旧如旧，兼具协调与创新。在友谊宾馆空间布局的梳理中，借鉴故宫建筑群的轴线秩序，遵循院区的建筑肌理，形成层层递进的围合庭院空间。改建方案尊重和传承友谊宾馆青砖绿瓦、飞檐流脊的建筑风格，使新建筑如同在原有建筑上自然生长出一般，恰到好处地融入整个园区之中，协调统一，传承创新。

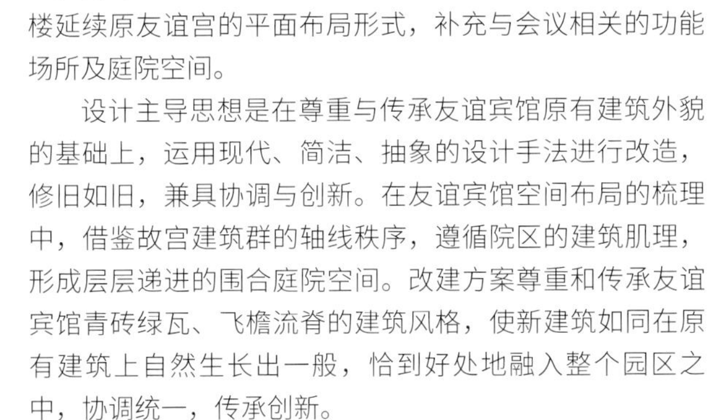

成都空港新城企业总部

Chengdu Airport New City Enterprise Headquarters

项目业主：成都高新区投资有限公司
建设地点：四川 成都
建筑功能：办公建筑
用地面积：140 667平方米
建筑面积：130 000平方米
设计时间：2019年
项目状态：建成
设计单位：中国中建设计集团有限公司

项目是成都市高新区空港新城2019年重点建设项目，是以“五新共荣”为特点的开放式、多元化产业聚集生态圈。项目依托天府国际机场，发展国际贸易、枢纽物流、航空制造等高附加值临空型枢纽产业。

园区大力发展智慧科技产业，全面促进智慧生态贯彻落实，有效打通城市互联，提升区域产业能级，成为成都经济增长新动能。设计以智慧科技为核心，建成面向全球的国际性综合交通枢纽。以“三城三都”为指导纲领，响应成都市关于“生态宜居的花园城市建设”的战略。园区的建成，将加快形成成都市域经济社会发展的第二主战场，通过产城融合、多业融合、跨域融合，打造未来城市建设全新产业体系。

广华新城 616 地块国家公务员住宅

Guanghua New City Plot 616 National Civil Service Residence

项目业主：中央国家机关公务员住宅建设服务中心
建设地点：北京
建筑功能：住宅建筑
用地面积：136 900平方米
建筑面积：646 500平方米
设计时间：2015年
项目状态：建成
设计单位：中国中建设计集团有限公司

项目位于北京市朝阳区大郊亭地段，规划设计注重居住空间与城市空间的关系，采用组团式布局，将居住组团合理规划为城市整体的有机板块之一。建筑高度由南至北依次递增，形成错落有致的城市天际线。

建筑立面采用新古典主义风格，诠释庄重典雅的内在特质。在节能选材方面十分注重绿色环保，建筑色彩温和，给人以良好的视觉感受。通过不同层级的绿化设计，营造出一个宜居的生态社区典范。在住区内部通过对不同情景主题的组团绿化设计，营造出丰富多彩的住区景观节点，一亭一径、一步一景、景随步易、步步奇趣，为业主提供一个现代健康的居住空间。

内蒙古电力生产调度中心

Inner Mongolia Electric Power Production Dispatching Center

项目业主：内蒙古电力（集团）有限责任公司
建设地点：内蒙古 呼和浩特
建筑功能：办公建筑
用地面积：63 965平方米
建筑面积：45 197平米
设计时间：2015年—2016年
项目状态：建成
设计单位：中国中建设计集团有限公司

项目位于敕勒川大街与东二环交叉口，建筑设计以完整、规矩、宏大的建筑体量，重塑城市界面，彰显企业形象，形成城市空间中凝固的“雕塑”。

平面布局以“回”字形围合空间营造向心型合院，创造宁静、生态的庭院空间。布局在中央置入电力规划展示空间，形成双回廊流线，同时在回廊中穿插空中花园等，将生态空间植入建筑内部，营造步移景异的空间体验，为办公环境增添活跃、惬意的气氛。

立面为三段式布局，通过体量变化、细节微差、近人尺度与中距离尺度建筑形象推敲，削减建筑体量带来的压迫感。阳光洒下，浅白色花岗岩立柱有韵律地刻画出整体简洁的立面形象。时光穿梭，建筑宛如流动的音乐。

火神庙商业综合体

Fire Temple Commercial Complex

项目业主：大悦城控股集团
建设地点：北京
建筑功能：商业综合体
用地面积：85 320平米米
建筑面积：104 086平方米
设计时间：2018年—2019年
项目状态：建成
设计单位：中国中建设计集团有限公司
合作单位：JERDE建筑师设计事务所

项目是大悦城控股集团系列产品之一，设计通过开放、生态的商业理念，贯穿“春风拂动我心”的商业主旨，构建现代、生态、时尚的商业空间。

项目位于区域地块中央，紧邻文物古建——“火神庙”，两者通过广场相连，在沿街面形成完美的空间构图关系。设计借鉴国画构图手法，赋予场景以诗意：将火神庙作为“主体”，把项目比作“山体”，“山体”以简洁体块的堆砌与生态绿化的植入，映衬于火神庙的背景之下，构成现代山水画卷。建筑将透明的玻璃体块作为点缀，抽象隐喻其为“灯笼”，通过“山体”的灯光点缀与火神庙的灯火呼应，形成“火”与“光”的古今对话。室外的下沉广场、空中花园、屋顶花园串联，将室内与室外空间有机联系、相互渗透，形成多层次的空间体验。

胡展鸿

职务：广州市城市规划勘测设计研究院总建筑师
建筑设计一所所长
医疗建筑设计研究中心主任
岭南人居建筑设计研究中心主任
BIM设计研究中心负责人
职称：教授级高级工程师
城市规划高级工程师
执业资格：国家一级注册建筑师

教育背景
1993年—1996年　华南理工大学建筑学硕士

工作经历
1996年至今　广州市城市规划勘测设计研究院

社会职务
广东省土木建筑学会副理事长
广东省医院协会常务理事
重庆大学城规学院专业硕士研究生企业导师
广州大学校外硕士研究生导师
华南理工大学校外研究生导师

个人荣誉
广东省土木建筑十佳中青年建筑师
中国医疗建筑设计年度杰出人物
中国十佳医院建筑设计师

主要设计作品
中山大学附属第三医院（岭南医院）
荣获：2012年广州市优秀工程勘察设计一等奖
2013年广东省优秀工程勘察设计三等奖
云浮市人民医院
荣获：2014年广州市优秀工程勘察设计一等奖
2015年广东省优秀工程勘察设计二等奖
佛山中德工业服务区高技术服务平台
荣获：2014年广东省优秀建筑创作奖佳作奖
增城万达广场商业综合体
荣获：2014年广州市优秀工程勘察设计二等奖
2014年广州市绿色建筑优秀设计二等奖
2015年广东省优秀工程勘察设计三等奖
广州市番禺万达广场
荣获：2015年中国建筑学会优秀建筑防火设计奖一等奖
2016年广州市优秀工程勘察设计二等奖
2017年广东省优秀工程勘察设计三等奖
珠江太阳城广场商业中心
荣获：2014年中国建筑学会优秀建筑防火设计奖三等奖
2014年广州市优秀工程勘察设计二等奖
2015年广东省优秀工程勘察设计三等奖
佛山新城中欧服务中心
荣获：2016年广东省优秀建筑创作奖佳作奖
奥园城市天地
荣获：2016年广州市优秀工程勘察设计三等奖
2018年广州市优秀工程勘察设计一等奖
广州市妇女儿童医疗中心增城院区
荣获：2017年中国医疗建筑设计年度优秀项目
广州市铁路职业学院迁建工程
荣获：2019年广东省优秀工程勘察设计BIM专项一等奖
中央海航酒店广场项目一期写字楼工程
荣获：2019年广东省优秀工程勘察设计三等奖
广州市第八人民医院应急收治工程
荣获：2020年全国新冠肺炎应急救治设施设计奖二等奖
2020年广州市优秀工程勘察设计二等奖
新冠疫情期间传染病院建设关键技术集成
荣获：2020年广东省科学技术奖二等奖

广州市城市规划勘测设计研究院
GUANGZHOU URBAN PLANNING & DESIGN SURVEY RESEARCH INSTITUTE

广州市城市规划勘测设计研究院成立于1953年，是华南地区历史悠久、规模宏大、专业齐全的规划勘测设计高新技术单位，拥有住建部、发改委等颁发的34项甲级资质，业务范围涵盖城乡规划、测绘地理信息、建筑设计、市政与景观、岩土工程、工程咨询六大领域，现有员工2 000余人，2018年获评广东省工程勘察设计行业协会“改革开放40年勘察设计行业最具影响力企业”。

建院以来，研究院始终坚持创新发展理念，主动顺应改革潮流，积极履行社会责任，为广州城市规划建设的各个重要阶段发挥重要支撑作用。从地铁、机场、绿道、旧城更新等基础设施建设，到数字广州、数字详规、低碳城市、三规合一、2035年广州总规、广州市总体城市设计等前沿研究与实践；从服务六运会、九运会和2010年亚运会，到打造国家中心城市和世界文化名城，处处可见该院的活跃身影。此外，该院与悉尼大学签署战略合作协议，与北大、清华、哈佛、新加坡国立大学和法国APPUC建筑事务所开展联合教学与社会实践，依托联合国人居署、国际城地组织、“广州—奥克兰—洛杉矶”三城联盟工作坊等合作平台积极践行国家“一带一路”倡议。

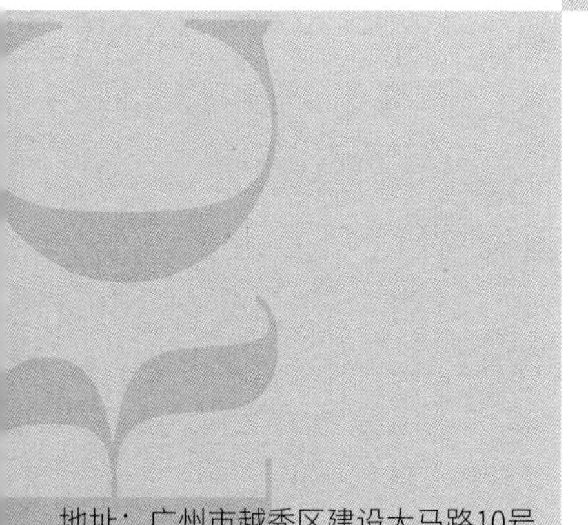

地址：广州市越秀区建设大马路10号
电话：020-83887315
020-83864392
传真：83762723
网址：www.gzpi.com.cn
电子邮箱：gzpi@gzpi.com.cn

国家呼吸医学中心

National Respiratory Medical Center

项目业主：广州医科大学附属第一医院
广州呼吸健康研究院
代建单位：广州市重点公共建设项目管理中心
建设地点：广东 广州
建筑功能：医疗、科研建筑
用地面积：84 920平方米
建筑面积：223 155平方米
设计时间：2014年
项目状态：建成
设计单位：广州市城市规划勘测设计研究院
设计团队：范跃虹、胡展鸿、黎明、黄凯昕、郑海砾、周巧、李妮、陈理政、涂键、曾琦、白路恒、阿卜迪·热合曼约麦尔、王钰渊、容绍章、钟庆、徐志贺、张仁饴、苏艳桃、吴哲豪、张湘辉、廖悦、吕云鹏、梁志豪、伍毅辉、马裕彤、刘杰峰、何剑辉、刘碧娟、蔡昌明、刘东燕、张君彦、陈新狄、叶丹、郑瑞莹、张咏诚、罗丽敏

项目为省、市重点工程，由钟南山院士领衔的广州医科大学附属第一医院和广州呼吸健康研究院组成，功能包含综合医疗、教学培训、科研实验等，设有1 200张病床。项目的建设将助力国家呼吸医学中心成为全国领先、世界一流的呼吸医学高地，同时填补广州西部城区的综合医疗资源缺口。

方案以“畅·润”为主题，寓意呼吸舒畅、心肺润泽，是对病人康复的美好祝福。建筑布局以圆润的曲线勾勒轮廓，立面以流畅的横向线条谱写韵律。设计强调医疗功能的合理与高效、室内外环境的洁净与舒适、能源的可持续平衡发展，致力于打造一座“健康呼吸的呼吸医学中心”。

建筑学与医学的跨界和融合，为病人和工作人员创造出健康宜人的空间环境，为医疗与科研功能提供有力支撑。项目圆润、流畅的建筑形象，充分融入大坦沙健康岛环境，将助力广州筑起更坚实的健康城墙。

广州市妇女儿童医疗中心增城院区

Zengcheng Hospital of Guangzhou Women and Children Medical Center

项目业主：广州市妇女儿童医疗中心
建设地点：广东 广州
用地面积：71 256平方米
建筑面积：219 970 平方米
设计时间：2017 年
项目状态：建成
设计单位：广州市城市规划勘测设计研究院
设计团队：范跃虹、胡展鸿、张庆宁、黎明、黄凯昕、郑海砾、李妮、周巧、汤衍华、段晓宇、陈理政、王钰渊、郭丹、毛丽雯、胡显军、刘洋、陈颖、徐志贺、刘东燕、陈新狄、伍毅辉、马裕彤、赖建丞、吴哲豪、廖悦、吕云鹏、叶丹、郑瑞莹、张咏诚、罗丽敏、曾琦

建设单位：广州市增城区公共建设项目管理办公室
建筑功能：医疗建筑

中山大学附属第一（南沙）医院

The First Affiliated (Nansha) Hospital of Sun Yat-sen University

项目业主：中山大学附属第一医院
建设单位：广州南沙重点建设项目推进办公室
建设地点：广东 广州
建筑功能：医疗建筑
建筑面积：506 304平方米
用地面积：155 934平方米
设计时间：2019年
项目状态：在建
设计单位：广州市城市规划勘测设计研究院
合作单位：中国建筑设计研究院
施工图团队：中国建筑西南设计研究院有限公司
设计团队：范跃虹、胡展鸿、黎明、张庆宁、郑海砾、谭丽华、李妮、周巧、段晓宇、汤衍华、许炯燊、曾琦

项目位于广州市南沙区横沥镇明珠湾区，建筑设计以“绿色生态、低碳节能、智慧城市、岭南特色”为理念，符合“国际化、高端化、精细化、品质化”的总体要求。医院按照“国际先进、国内一流”的标准建设，建筑包括国际医学中心、医学研究与成果转化中心（含独立的科研大楼、专业的动物实验中心）、学术交流中心和符合中山大学教学医院功能要求的配套教学场所。医院立足于提供优质医疗服务，加快前沿科研转化，培育高端医疗人才，解决南沙地区的医疗科研短板，将被打造成南沙新区、粤港澳大湾区医疗科研新高地和国际医疗中心。

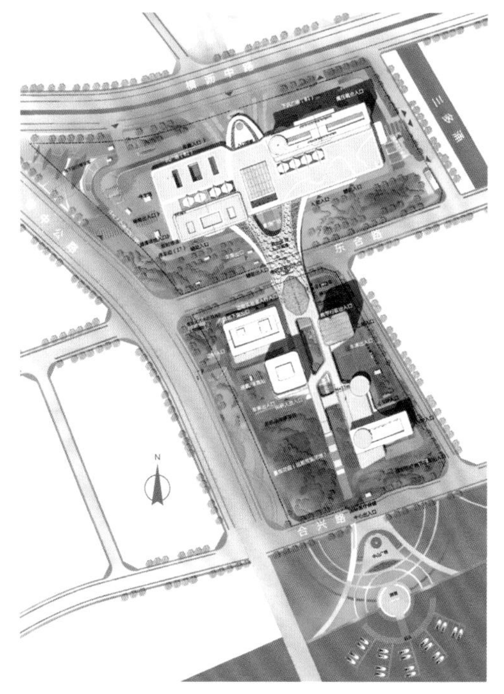

珠海市慢性病防治中心

Zhuhai Chronic Disease Prevention and Control Center

项目业主：珠海市慢性病防治中心
建设单位：珠海格力建设投资有限责任公司
建设地点：广东 珠海
建筑功能：医疗建筑
建筑面积：88 300平方米
用地面积：43 000 平方米
设计时间：2016年
项目状态：建成
设计单位：广州市城市规划勘测设计研究院
设计团队：范跃虹、胡展鸿、黎明、李妮、冯业奔、李黎、郑海砾、梁子君、谭丽华、汤衍华、容绍章、钟庆、陈颖、杨志强、刘东燕、张君彦、伍毅辉、马裕彤、赖建丞、吴哲豪、张湘辉、廖悦、叶丹、郑瑞莹、周志强、罗丽敏、曾琦

项目设计以精神科和慢性病患者的精神需求为出发点，为患者创造一个备受呵护的场所空间，打造一个休息疗养的“心灵家园”。设计团队提出“疗愈花园”理念，并将之融入设计方案，为患者创造一个舒适放松的治疗环境。

折线形的建筑体型与“C”形布局，形成内向围合的庭院，犹如“呵护的双手”，将东侧的山体景观纳入场地之中。院中院格局使各功能区既相对独立又有机结合，每一部分均具有独立的区域及出入口，在满足统一管理、医疗流程的同时，使不同病种具有一定的独立性，充分满足患者保护私密性的心理需求。

广州执信中心天河校区

Tianhe Campus of Guangzhou Zhixin Center

项目业主：广州市天河区教育局

建设单位：广州市天河区建设工程项目代建局

建筑功能：教育建筑

用地面积：215 184平方米

建筑面积：199 153平方米

设计时间：2016年

项目状态：建成

设计单位：广州市城市规划勘测设计研究院

合作单位：华南理工大学建筑设计研究院有限公司

设计团队：郭卫宏、麦子睿、杨一峰、王新宇、曾健全、徐文娜、梁胜、姚逊、李闻文、雷超、胡芳、劳晓杰、李雄华、杨翔云、耿望阳、黄璞洁

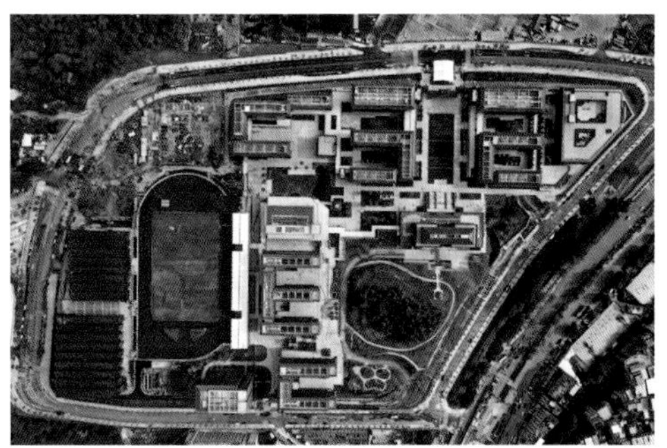

项目位于广州市天河区珠吉路东侧，学校建设规模为90个班，学生总人数为4 500人，其中初中30个班，高中60个班。门启轴，水映山，廊连院。建筑单体设计充分考虑亚热带气候特点，在校园中营造组团式书院氛围。架空风雨廊将各个功能部分有机串联，形成尺度宜人的教学、生活及文娱场所。建筑整体营造出红砖绿瓦、荷塘雅苑、小桥流水、书院飘香的校园氛围。

胡楠

职务：长沙市规划设计院有限责任公司建筑设计三部部长
职称：高级工程师
执业资格：国家一级注册建筑师

教育背景
1997年—2002年　河北工程大学建筑学学士

工作经历
2002年—2005年　北京市工业设计研究院
2005年—2007年　中国城市规划设计研究院
2007年至今　长沙市规划设计院有限责任公司

主要设计作品
"衍生、易构、可持续"
荣获：2008年湖南省保障性住房方案设计一等奖
2008年湖南省保障性住房方案设计最具人气奖
乌鲁木齐市文化中心
荣获：2014年湖南省优秀工程咨询成果二等奖
华晨世纪广场
荣获：2015年湖南省优秀工程勘察设计三等奖
长沙市望城区15014公园
荣获：2020年湖南省海绵城市建设优秀设计一等奖
湖南师大附中星城实验中学一小
荣获：2020年湖南省海绵城市建设优秀设计二等奖

龙马琳

职务：长沙市规划设计院有限责任公司建筑设计三部副部长
职称：高级工程师
执业资格：国家一级注册建筑师

教育背景
1997年—2002年　合肥工业大学建筑学学士

工作经历
2002年至今　长沙市规划设计院有限责任公司

主要设计作品
恒隆大厦
荣获：2005年湖南省优秀工程勘察设计二等奖
中南林国际交流中心
荣获：2007年湖南省优秀工程勘察设计二等奖
岳麓山风景名胜区橘子洲景区详细规划
荣获：2009年湖南省优秀工程勘察设计二等奖
南岳共和酒店
荣获：2012年湖南省优秀工程勘察设计二等奖
乌鲁木齐市文化中心
荣获：2014年湖南省优秀工程咨询成果二等奖
圭塘河生态景观区二期
荣获：2017年湖南省优秀工程勘察设计三等奖
长沙学院教学实验楼
荣获：2019年湖南省绿色建筑设计竞赛铜奖
长沙市望城区15014公园
荣获：2020年湖南省海绵城市建设优秀设计一等奖
湖南师大附中星城实验中学一小
荣获：2020年湖南省海绵城市建设优秀设计二等奖

长沙市规划设计院有限责任公司始建于1973年，是国资委下属中央企业中国中铁的三级子公司。公司具有城乡规划编制、建筑行业（建筑工程）设计、市政行业（燃气工程、轨道交通工程除外）设计、工程咨询、风景园林工程专项设计、工程造价咨询、工程监理等甲级资质，以及房屋建筑工程、市政工程（道路、桥梁、隧道）施工图设计审查等一类资质，同时还具有旅游规划设计、工程勘察（岩土工程）等甲级资质。公司已形成了以建筑、市政、规划三大设计业务板块为主导，以工程勘察、工程咨询、施工图审查、工程监理、工程总承包等业务为重要补充的产业格局，立足于湖南并面向全国开展各类设计、咨询及总承包服务。

公司现有员工近700名，包括多名研究员级高级工程师和省级、市级行业专家等专业技术带头人以及350多名具有中高级技术职称的技术人员、国家各类注册工程师150多名。公司已构建起了一支素质优良、专业齐备、结构合理、效能显著的人才梯队。建院以来，公司累计完成了各类规划编制、建筑工程、市政工程、风景园林、给排水工程及亮化照明等项目5 000多项，荣获国家级、省部级、市级科技进步奖、优秀设计奖200多项。

公司恪守"管理科学、技术先进、质量优良、服务周到、社会满意、顾客满意"的质量方针，信守合同，竭诚为用户服务，努力为国家的城市建设做出积极贡献。

地址：长沙市芙蓉区人民东路469号
电话：0731－84135500
0731－84134010
网址：www.csghy.com
电子邮箱：287070174@qq.com

汪秋杉

职务：长沙市规划设计院有限责任公司建筑设计三部主任工程师

职称：高级工程师

执业资格：国家一级注册建筑师

教育背景

2001年—2006年　湖南大学建筑学学士

工作经历

2006年至今　长沙市规划设计院有限责任公司

主要设计作品

岳麓山风景名胜区橘子洲景区详细规划

荣获：2009年湖南省优秀城乡规划设计二等奖

乌鲁木齐市文化中心

荣获：2014年湖南省优秀工程咨询成果二等奖

龙山县捞车村历史文化名村保护规划

荣获：2015年湖南省优秀城乡规划设计三等奖

圭塘河生态景观区二期

荣获：2017年湖南省优秀工程勘察设计三等奖

大河西综合交通枢纽工程

荣获：2017年湖南省优秀工程勘察设计二等奖

左菲菲

职务：长沙市规划设计院有限责任公司建筑设计三部副主任工程师、方案主创

职称：高级工程师

教育背景

2004年—2009年　天津大学建筑学学士

2009年—2012年　天津大学建筑学硕士

工作经历

2012年至今　长沙市规划设计院有限责任公司

主要设计作品

长沙学院教学实验楼

荣获：2019年湖南省绿色建筑设计竞赛铜奖

陈光辉

职务：长沙市规划设计院有限责任公司建筑设计三部副主任工程师、部长助理

职称：高级工程师

教育背景

2005年—2010年　石家庄铁道大学建筑学学士

工作经历

2010年—2013年　深圳市中航建筑设计有限公司

2013年至今　长沙市规划设计院有限责任公司

主要设计作品

滨江新城B区供冷（供热）能源站及配套管网工程

荣获：2020年湖南省优秀工程勘察设计三等奖

长沙市望城区15014公园

荣获：2020年湖南省海绵城市建设优秀设计一等奖

建筑设计三部团队主要作品

一、全过程咨询类

桑植县芙蓉学校

二、EPC总承包类

长郡浏阳实验学校附属小学

道县敦颐学校

永州市文昌阁安置小区

永州回龙圩乡村振兴

怀化辰溪安置房

三、文化及教育类

乌鲁木齐市文化中心

湖南师大附中星城实验中学一小

永州20中

永州市冷水滩区马路街学校

涟源市芙蓉学校

株洲云龙盘龙学校

长沙大学附属中学

望城六中

湖南安全技术职业学院

望城银杉九年一贯制学校

望城莲湖九年一贯制学校

长沙市橘子洲景区设计

华凯创意国家文化产业示范基地

中国哲学院

芙蓉区滨河小学

西垅中学

湘潭风车坪建元学校

四、体育类

湖南工业大学综合体育场馆

中南林业科技大学体育馆

望城区职业中专体艺馆

五、交通类

长沙大河西交通枢纽

长沙地铁1号线XTSJ-2标段

长沙地铁1号线湘绣城站

长沙地铁4号线星城车辆段

长沙地铁5号线木桥站

长沙地铁6号线TJSJ-9标段

张家界智慧城市综治中心

乌鲁木齐虹桥BRT停保场

六、医疗类

桑植县人民医院综合楼

祁阳县妇幼保健院综合大楼

望城区光荣院和福利中心

长沙裕湘医院

七、城市综合体类

华晨世纪广场

大学城商业广场

湘腾广场

长沙恒大金融广场

长沙恒大国际广场

南岳共和酒店

圭塘河生态景观区二期

恒隆大厦

衡东县大市场改造

中南林国际交流中心

八、工业建筑

长沙经济开发区汨罗产业园

湘西北生物科技公共服务平台及电商产业园

保健食品研发中心及GMP生产基地

九、住宅类

钰龙天下佳园

克拉美丽山庄

岳阳延寿嘉园

丽景湾高尚住宅区

长沙高铁南站吾悦广场

长沙恒大誉府C1地块

长沙恒大御景半岛翰林苑

汉寿紫晶城

金科世界城

金科山水洲二期

祁东县金鼎江山小区

长沙平吉上苑小区

长沙平吉上府小区

乌鲁木齐市文化中心

Urumqi Cultural Center

项目业主：乌鲁木齐文化传媒投资有限公司
　　　　　乌鲁木齐市政府投资建设工程管理中心
建设地点：新疆 乌鲁木齐
建筑功能：文化建筑
用地面积：195 625平方米
建筑面积：240 800平方米
设计时间：2012年至今
项目状态：在建
设计单位：长沙市规划设计院有限责任公司
设计团队：胡楠、龙马琳、汪秋杉、左菲菲、陈光辉

项目位于会展中心与文化广场形成的中轴线上，文化中心六大场馆仿佛雪莲的六朵花瓣，围绕着中心的花蕊——文化塔。

整个用地被六大场馆分为东、南、西、北、中心五个广场，文化塔位于中心广场的中央。东面由南往北分别为图书城、大剧院、音乐厅，西面由南往北依次为博物馆、美术馆、规划馆。建筑看起来犹如一朵盛开的雪莲，象征着团结、和谐、繁荣。六朵花瓣既象征多民族的文化特点，又体现了多民族的融合，成为一座展现乌鲁木齐城市魅力的标志性建筑。

湖南工业大学综合体育场馆

Hunan University of Technology Comprehensive Stadium

项目业主：湖南工业大学
建设地点：湖南 株洲
建筑功能：体育建筑
用地面积：81 049平方米
建筑面积：36 005平方米
设计时间：2017年
项目状态：建成
设计单位：长沙市规划设计院有限责任公司
设计团队：胡楠、龙马琳、汪秋杉、左菲菲、陈光辉

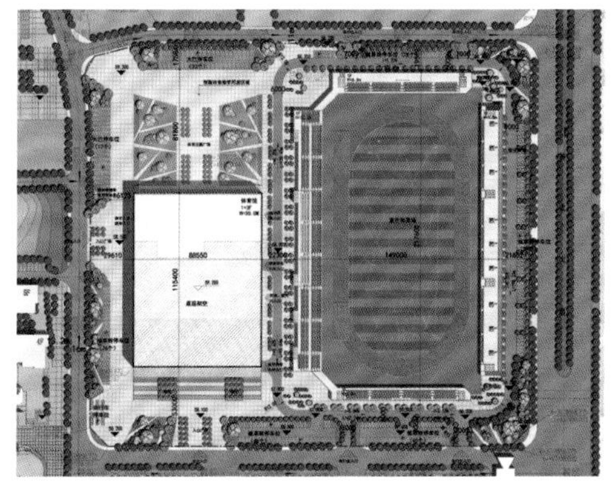

项目位于株洲市天元区湖南工业大学新校区的东部，由一个体育馆和一个体育场组成。设计秉承向传统文化致敬及延续传统文化的理念，以几道刚劲有力的线条把体育馆打造成正从地面探出头来的“龙首”，巨龙似已蓄势待发，意欲腾飞。腾飞之势更是设计对于主题的凝练表达：这里充斥着生命的激情与活力；无数年轻人以饱满的创意与昂扬的斗志在这里洒下汗水；跨越与伸展的姿态勾画出优美的弧线，描绘出青春画卷里最壮丽的瞬间。他们让设计的空间与时间对话，为静止的建筑赋予生动的灵魂，为抽象的符号语言注入具体的气质内涵，从而助力学校师生文化素养、体育教育、精神文明全面发展。

大河西综合交通枢纽工程

Dahexi Comprehensive Transportation Hub Project

项目业主：长沙综合交通枢纽建设投资有限公司
建设地点：湖南 长沙
建筑功能：交通建筑
用地面积：89 388平方米
建筑面积：315 360平方米
设计时间：2012年
项目状态：建成
设计单位：长沙市规划设计院有限责任公司
设计团队：胡楠、龙马琳、汪秋杉、左菲菲、陈光辉

项目位于长沙大河西先导区的现代服务核心区域，由换乘大楼、车辆备班楼、T1酒店和T2写字楼、购物中心和T3写字楼四大部分组成，集交通换乘中心、创新创业中心、商业购物中心、文化娱乐中心、信息处理中心、智能交通示范中心于一体。

在功能定位上，它是长株潭两型试验先导区体现资源节约和环境良好的综合交通运输体系和复合型枢纽的重要节点，是长株潭综合交通运输体系构建的重要支撑，是长沙市内多种交通方式聚集的综合枢纽，是先导区现代服务核心区域的重要组成部分和最便捷的商务活动中心，是集合国际先进设计思想和交通规划建设科技的试验性、示范的国内一流的综合交通枢纽工程。

桑植县芙蓉学校

Sangzhi County Furong School

项目业主：桑植县教育局
建设地点：湖南 张家界
建筑功能：教育建筑
用地面积：78 006平方米
建筑面积：39 444平方米
设计时间：2018年—2020年
项目状态：建成
设计单位：长沙市规划设计院有限责任公司
设计团队：胡楠、龙马琳、汪秋杉、左菲菲、陈光辉

项目位于张家界市桑植县瑞塔铺镇王家坡村，规模为36个班的中学。设计师结合校园风格与项目用地资源条件，规划了一条以芙蓉文化为主题的人文景观轴和一条以远山为背景的山水景观轴，两条轴线在中部芙蓉文化广场交会，串起校园的主要交通流线及建筑单体，形成“两轴、四广场、六院落”的空间布局。设计营造出“山”的形态，一方面是对于项目所属丘陵地带的呼应，另一方面极具韵律感的连绵起伏的坡屋顶也是对湘西传统建筑风格的创新再现。

设计巧妙地加入了楼梯、中庭等元素，既加强了垂直空间的交流，又丰富了空间的趣味性，从而激发孩子们“攀登”的积极性，有益于他们释放紧张的学习压力，同时，也为教师们提供了创新教育模式的可能性。

桑植县人民医院综合楼

Comprehensive Building of Sangzhi County People's Hospital

项目业主：桑植县人民医院
建设地点：湖南 张家界
建筑功能：医疗建筑
用地面积：38 240平方米
建筑面积：41 824平方米
设计时间：2018年
项目状态：已竣工
设计单位：长沙市规划设计院有限责任公司
设计团队：胡楠、龙马琳、汪秋杉、左菲菲、陈光辉

项目位于张家界市桑植县澧源镇朱家台，是一家综合性二级甲等医院，床位数量为600个。在大楼功能设置规划中，整个院区利用此次新建综合性医疗中心项目，重新整合医院的功能，优化院区医疗流程，改善原有门诊、医技、住院分散的状况。

建筑立面造型设计主要突出地方民族风格，并与院区已有建筑相协调，主要以白色为主基调，裙楼辅以青灰色石材。造型手法主要突出竖向挺拔感，屋顶采用土家族风格坡屋顶造型，在凸显医院现代、轻快的建筑个性的同时，又体现了本土建筑风格和地域特色。

黄佳

职务：广东省建筑设计研究院有限公司副总建筑师
第五建筑设计研究所总建筑师
职称：教授级高级工程师
执业资格：国家一级注册建筑师

教育背景

1987年—1991年　西南交通大学建筑学学士

工作经历

1991年至今　广东省建筑设计研究院有限公司

主要设计作品

株洲市中心医院
荣获：2013年中国建筑设计奖银奖
2014年中国优秀建筑结构设计二等奖
2015年广东省优秀工程勘察设计三等奖
哈密市民服务中心
荣获：2021年广东省优秀工程勘察设计一等奖
白云新城城市资源处理中心
荣获：2021年广东省优秀工程勘察设计二等奖
汕头潮南区人民医院
南雄市第二人民医院
广州市妇女儿童医疗中心南沙院区

许滢

职务：广东省建筑设计研究院有限公司
第五建筑设计研究所总建筑师
职称：教授级高级建筑师
执业资格：国家一级注册建筑师

教育背景

1993年—1998年　湖南大学建筑学学士
2002年—2005年　华南理工大学建筑与土木工程硕士

工作经历

1998年至今　广东省建筑设计研究院有限公司

个人荣誉　2016年中国建筑设计奖青年建筑师奖

主要设计作品

广东省博物馆新馆
荣获：2011年全国优秀工程勘察设计一等奖
2012年中国建筑学会建筑创作优秀奖
粤剧艺术博物馆
荣获：2017年中国建设工程鲁班奖
2017年全国优秀工程勘察设计二等奖
暨南大学校区体育馆
荣获：2019年—2020年中国建筑学会建筑设计三等奖
2019年广东省优秀工程勘察设计二等奖

刘伟新

职务：广东省建筑设计研究院有限公司
第五建筑设计研究所副总建筑师、副所长
职称：高级工程师
执业资格：国家一级注册建筑师

教育背景

1995年—1999年　广东工业大学城市规划学士

工作经历

2001年至今　广东省建筑设计研究院有限公司

主要设计作品

株洲市中心医院
荣获：2013年中国建筑设计奖银奖
2014年中国优秀建筑结构设计二等奖
2015年广东省优秀工程勘察设计三等奖
金融街番禺市桥
荣获：2017年中国土木工程詹天佑奖优秀住宅小区金奖
广州白云新城城市资源处理中心
荣获：2021年广东省优秀工程勘察设计二等奖
成都中医院大学图文信息中心

广东省建筑设计研究院有限公司
GuangDong Architectural Design & Research Institute Co., Ltd.

广东省建筑设计研究院有限公司（简称：GDAD）创建于1952年，是中华人民共和国成立初期的第一批大型综合勘察设计单位之一、改革开放后第一批推行工程总承包业务的现代科技服务型企业、全球低碳城市和建筑发展倡议单位、全国高新技术企业、全国科技先进集体、全国优秀勘察设计企业、当代中国建筑设计百家名院、全国企业文化建设示范单位、广东省文明单位、广东省抗震救灾先进集体、广东省重点项目建设先进集体。

第五建筑设计研究所隶属于广东省建筑设计研究院有限公司，拥有专业设计人员88人，其中教授级高级工程师7人、高级工程师14人、工程师17人，国家一级注册建筑师、一级注册结构工程师、注册土木工程师17人，中国建筑学会“青年建筑师”2人，设计阵容齐整，专业架构完善。第五建筑设计研究所设计团队专注于医疗建筑、文教建筑、办公建筑等公共建筑设计和大型居住区规划及建筑设计，设计完成的项目多次荣获国家级、省部级、市级奖项以及建筑工程鲁班奖、詹天佑奖等。

地址：广州市荔湾区流花路97号
电话：020-86660135
传真：020-86677463
网址：www.gdadri.com
电子邮箱：gdadri@gdadri.com

叶苑青

职务：广东省建筑设计研究院有限公司
　　　第五建筑设计研究所副总建筑师
职称：教授级高级工程师
执业资格：国家一级注册建筑师

教育背景
1998年—2003年　湖南大学建筑学学士
2004年—2007年　华南理工大学建筑与土木工程硕士

工作经历
2003年至今　广东省建筑设计研究院有限公司

个人荣誉　2018年中国建筑设计奖青年建筑师奖

主要设计作品
中国南方航空大厦
荣获：2019年广东省科学技术奖一等奖
　　　2021年广东省优秀工程勘察设计二等奖
哈密市民服务中心
荣获：2021年广东省优秀工程勘察设计一等奖
株洲市中心医院
中山大学附属（南沙）口腔医院
中山大学附属仁济医院（二标段）

黄志校

职务：广东省建筑设计研究院有限公司
　　　第五建筑设计研究所主任建筑师
职称：高级工程师

教育背景
2004年—2009年　西南交通大学建筑学学士

工作经历
2010年至今　广东省建筑设计研究院有限公司

主要设计作品
惠州华贸中心B组团住宅
荣获：2013年广东优秀工程勘察设计二等奖
珠江新城D3-2项目
荣获：2017年广东省优秀工程勘察设计二等奖
成都中医药大学图文信息中心
荣获：2017年广东省优秀工程勘察设计三等奖
广州白云新城城市资源处理中心
荣获：2021年广东省优秀工程勘察设计二等奖
宗德服务中心
韶关红色教育基地项目

陈伟忠

职务：广东省建筑设计研究院有限公司
　　　第五建筑设计研究所副主任建筑师
职称：工程师
执业资格：国家一级注册建筑师

教育背景
2007年—2012年　厦门大学建筑学学士

工作经历
2012年至今　广东省建筑设计研究院有限公司

主要设计作品
中国南方航空大厦
荣获：2019年广东省科学技术奖一等奖
　　　2021年广东省优秀工程勘察设计二等奖
中山大学附属（南沙）口腔医院
泰康路商住楼
广州市铁一中学白云校区
白云湖滨未来科技产业园
金融街广钢新城
金融街番禺市桥

张文图

职务：广东省建筑设计研究院有限公司
　　　第五建筑设计研究所副主任建筑师
职称：工程师

教育背景
2007年—2012年　厦门大学建筑学学士

工作经历
2012年至今　广东省建筑设计研究院有限公司

主要设计作品
曹溪博物院
荣获：2019年广东省优秀建筑设计一等奖
暨南大学南校区体育馆
荣获：2019年中国建筑设计奖三等奖
　　　2019年广东省优秀工程勘察设计二等奖
　　　2019年广东省土木工程詹天佑故乡杯奖
广州市妇女儿童医疗中心南沙院区
广州市党员干部法纪教育基地

广州市妇女儿童医疗中心南沙院区

Nansha District of Guangzhou Women and Children Medical Center

项目业主：广州市南沙区建设中心
建设地点：广东 广州
建筑功能：医疗建筑
用地面积：54 536平方米
建筑面积：155 923平方米
设计时间：2015年—2019年
项目状态：在建
设计单位：广东省建筑设计研究院有限公司
主创设计：黄佳、许滢、黄俊华、张文图
参与设计：李乾锐、过凯、陈志华、田立春、许杰、刘少由、谢晨、施晓敏

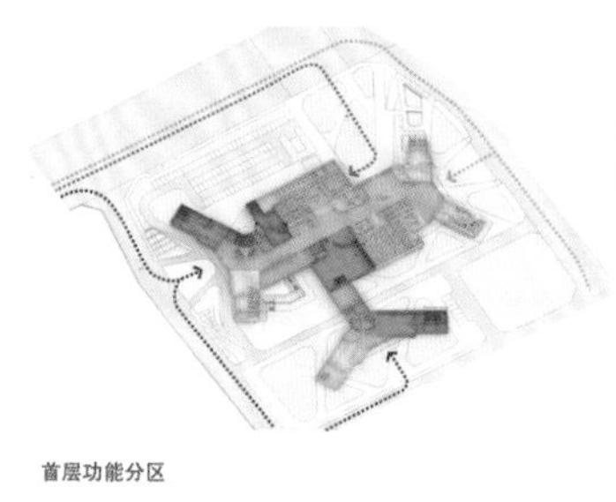

首层功能分区

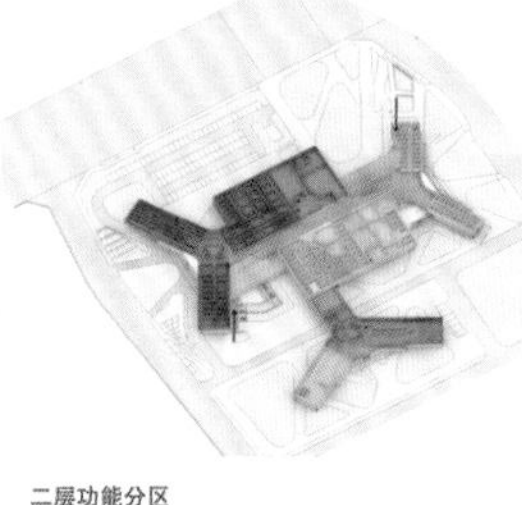

二层功能分区

竖向功能分区

项目设计突破传统医疗建筑纯理性化思维的框架，以对医疗建筑全生命周期的充分理解，采用动态设计的方式，诠释现代妇女儿童医院的新形象。

1．设计理念

根据项目的性质和南沙特定的自然地理环境，设计引入“风车、港湾、海洋”三大主题概念。

风车——平面和形体构成采用风车形单元，以积木原理进行组合，凸显温馨活泼和童稚童趣，呼应主题。

港湾——引入港湾式集散广场和绿化港，兼顾功能使用和景观舒适度，寓意对妇女儿童这一特定人群的关怀与呵护。

海洋——海洋作为生命之源，寓意生命、希望。设计以滨海建筑的清新、飘逸，构建轻盈、灵动的建筑形体。

2．技术创新

项目在技术创新领域做了全方位、多层次的研究和探索：模块化医疗功能组合、平急转换医疗功能布局、风车形建筑平面的抗扭转性能、中庭大跨度空间桁架结构体系、翼端大悬挑钢结构体系、装配式标识系统、“智能化”绿色健康建筑、针对防疫防控要求的一体化施工措施、设备干法安装等装配式技术等。

3．可持续发展

设计遵循医疗建筑全生命周期的原理，适应未来医院功能的灵活更新和转换。建筑采用岭南建筑空间设计手法，形成外庭、中庭、内庭、架空、空中平台等多层次开放空间，呈现室内外交融的一体化效果。自然通风、建筑微环境改造、可循环材料等实践，为使用者提供了更为优质宜人的医疗建筑环境。

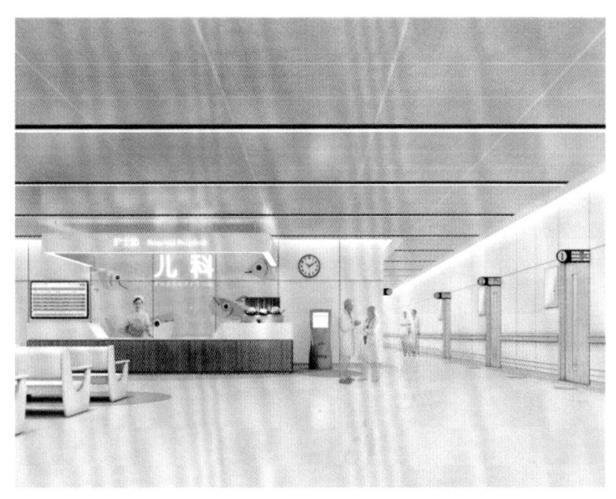

中山大学附属（南沙）口腔医院

Affiliated (Nansha) Stomatological Hospital of Sun Yat-sen University

项目业主：广州市南沙区卫生健康局
建设地点：广东 广州
建筑功能：医疗建筑
用地面积：24 140平方米
建筑面积：100 626平方米
设计时间：2020年
项目状态：方案
设计单位：广东省建筑设计研究院有限公司
合作单位：伍兹贝格建筑设计咨询（北京）有限公司
设计团队：黄佳、叶苑青、陈伟忠、张广辉、邱广泉、苏紫韵、王豆、卢文俊、吴泉霖、何军、梁超群、应勍翔、王佳雯

形体生成

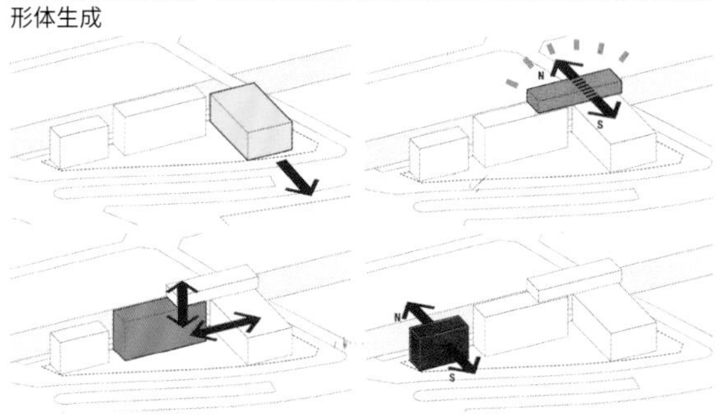

空间构成

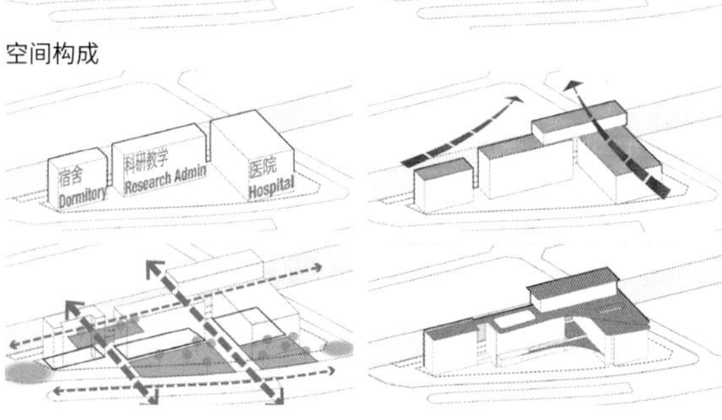

方案以智慧医疗作为时代契机，在充分尊重人的使用需求的基础上，建造面向患者、医务人员和医院管理人员全方位的新一代智慧医院，打造粤港澳大湾区现代高效的三甲专科医院典范。

自然天成：为口腔医院量身定做精准医疗。

高效医疗：“医教研”一体化协同发展。

智慧医疗：打造以患者为中心、依托“医教研”一体化的国际化高端智慧医院。

湾区标志：定位为粤港澳大湾区的现代医院标杆。

心灵方舟：国际高效人性化护理空间。

江门市公共卫生临床中心

Jiangmen Public Health Clinical Center

项目业主：江门市卫生健康局
建设地点：广东 江门
建筑功能：医疗建筑
用地面积：100 375平方米
建筑面积：220 000平方米
设计时间：2021年
项目状态：在建
设计单位：广东省建筑设计研究院有限公司
设计团队：黄佳、刘伟新、许滢、黄志校、杨睿丰、刘灿、李嘉仪、谢雪珍、全星、刘文聪、张旭

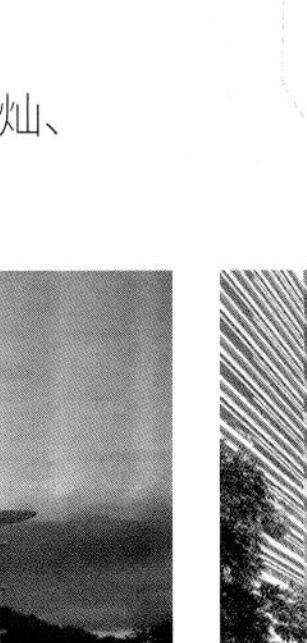

项目位于江门市蓬江区棠下镇南部，临近龙舟山森林公园，医院三面环山，自然条件优越，设置床位数量1 500张（其中感染病救治基地中心500张）。规划设计整合江门市公共卫生与医疗资源，是一所具备应对各类大型突发公共卫生事件和地区传染病救治能力，集医疗、急救、预防、康复、教学、科研于一体，以重点专科为主导的“大专科、强综合”的现代化公立三级甲等综合医院。

设计按照“平疫结合”的使用要求，充分考虑城市主导风向和地形高差，综合医疗中心、科研实验中心、传染病救治中心等三大中心自北向南，从洁到污依次排列，同时相互连接的连廊，可实现高效的“平疫结合”的医疗模式。

汕头市潮南区人民医院

Shantou Chaonan District People's Hospital

项目业主：汕头市潮南区人民医院
建设地点：广东 汕头
建筑功能：医疗建筑
用地面积：66 618平方米
建筑面积：180 929平方米
设计时间：2017年—2019年
项目状态：在建
设计单位：广东省建筑设计研究院有限公司
主创设计：黄佳、刘伟新、黄志校、杨睿丰、谢雪珍、施晓敏

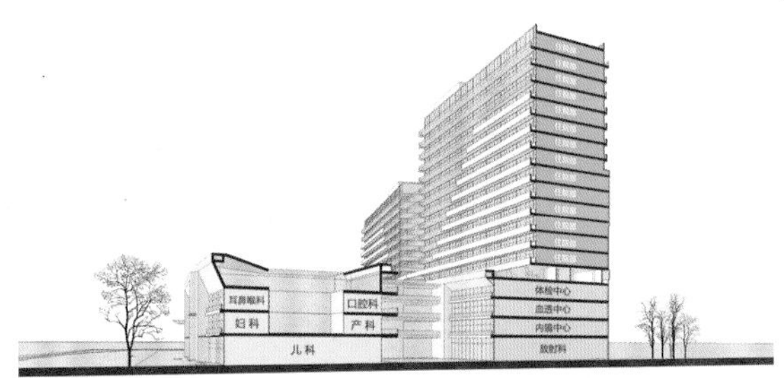

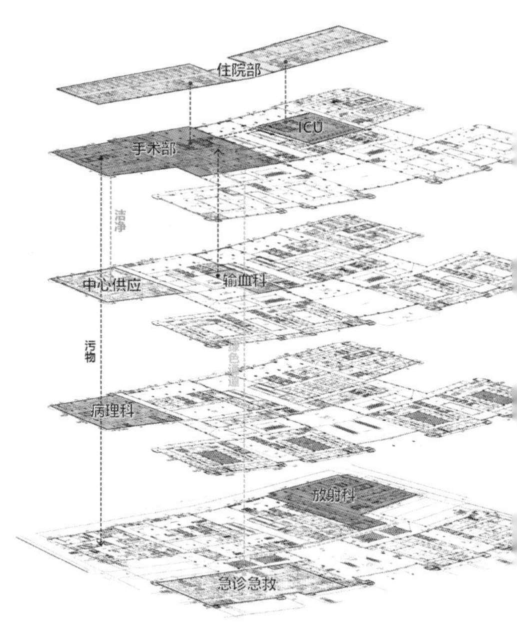

项目位于汕头市潮南区陈沙大道以南，属于异地新建项目，设置床位数量1 000张。建筑包括门诊、急救、医技、住院、体检、妇幼及特色医疗等功能，是一所具有潮南地域特色的现代化医疗建筑。

项目通过科室模块化设计，并利用“一横三纵”的医疗街连接各门诊科室和医技用房，最大限度地满足患者及家属的医疗服务要求，实现医疗效率最大化，同时医疗街区的布局模式也为未来医院的扩建提供了可能。

主体建筑以白色为主，局部配以浅灰，强调现代医疗建筑的洁净、素雅的形象。建筑立面与空间塑造传承了当地传统民居的建筑语言，为当地居民营造富有亲和力和熟悉感的氛围。

东源县医共体（灯塔）健康产业园

Dongyuan Medical Community (Lighthouse) Health Industrial Park

项目业主：河源市东源县卫生健康局
建设地点：广东 河源
建筑功能：医疗建筑
用地面积：144 000平方米
建筑面积：94 000平方米
设计时间：2020年—2021年
项目状态：在建
设计单位：广东省建筑设计研究院有限公司
主创设计：许滢、张文图

项目设计采用客家元素——围龙屋的概念布局，围合的开放空间契合当地客家文化。首期项目包括东源县第三人民医院、东源县精神专科医院、东源县卫生职业技术学校（南、北校区）。产业园建成后将承担东源县灯塔盆地及周边医疗卫生服务，可促进地区医疗卫生事业发展，提升综合服务能力和水平，助力灯塔盆地经济、社会的全面、快速、可持续发展。

惠无央

职务：上海加禾建筑设计有限公司执行总监、创始合伙人
执业资格：国家一级注册建筑师

教育背景
同济大学建筑学硕士

工作经历
上海加禾建筑设计有限公司

个人荣誉
第九届上海建筑学会创新奖
中国民族建筑学会建筑创作一等奖
上海市住建委相对集中居住区设计导则编委会成员
上海市住建委建筑方案评审专家库专家
国家专利三项、著作权一项

主要设计作品
上海嘉定上影广场
上海卧龙智能制造研发基地
上海国际电影节总部室内改造
上海五角场万达广场改造
上海西郊宾馆虹旭社区中心改造
上海立新村、高楼村农村集中安置区平移
上海光辉村风貌改造

JOIN 加禾
上 海 加 禾 建 筑 设 计 有 限 公 司
SHANGHAI JOIN ARCHITECTURE DESIGN CO., LTD

上海加禾建筑设计有限公司（简称："加禾"）是目前建筑行业中活跃的一家新型设计公司。在中国的市场上，加禾创造了众多成功案例，赢得了业主及同行的尊重和赞誉。无论是商业建筑还是住宅开发，加禾的作品都力图在城市的记忆中留下令人振奋的印迹。

公司业务范围涉及城市规划设计、可行性研究、建筑设计、景观设计、专项设计与咨询、室内设计等多个领域，并在城市综合体、集群商业、高档写字楼、居住区规划、高档住宅社区等方面形成了专业优势。加禾强调多种尺度的结合和互补、跨领域的合作，在实践和学术上都试图寻找新的方向与可能。

公司汇聚了一大批富有经验且具有创新精神的设计师。他们热爱生活、充满激情，在快乐的工作中实现自身理想与客户价值需求。加禾员工的专业素养甚高，其核心设计人员大多拥有高学历、海外留学背景以及多年的执业经验。

大量的设计实践使加禾逐渐形成了自己的设计风格和工作方法，并在公司内部形成了一套严谨的工作流程。从项目前期研究到中期深入设计直至最终建成的每个环节，都力争做到专业而有条不紊。这保证了他们的理性思考与激情创作都能得以最大限度的实现。

地址：上海市杨浦区国康路100号上海国际设计中心西楼1402
电话：021-55043306
传真：021-55043306
网址：www.shjoin-design.com
电子邮箱：shanghai_join@126.com

上海嘉定上影广场

Shanghai Jiading Shangying Plaza

建设地点：上海
建筑功能：商业、办公建筑
用地面积：12 284平方米
建筑面积：40 805平方米
设计时间：2013年—2016年
项目状态：建成
设计单位：上海加禾建筑设计有限公司
主创设计：惠无央

项目位于上海嘉定城南2.5千米处，北临洪德路，西与依玛路相邻，东邻永盛路。本项目是具备商业、办公和文化娱乐功能的综合性建筑。

建筑设计理念源于一部有辩证逻辑的喜剧，呈现出黑暗与光明、虚幻与现实、开放与闭塞的强烈对比。该建筑还配有特殊的灯光设备，原始切割技术将大楼外表面分为许多面，白天在自然光线的照射下眩目夺人，晚上在镁光灯下熠熠生辉。设计就是将剪辑的动作表现在了建筑上。

商业与文化娱乐之间的入口中庭形成了延洪德路展开的一个视觉面，而办公、商业、文化娱乐共同围合的中心景观广场以及绿化景观带则形成了另一个视觉面，由外而内再由内而外展现出独有的文化娱乐建筑的魅力。

上海卧龙智能制造研发基地

Shanghai Wolong Intelligent Manufacturing R & D Base

项目业主：南防集团上海尼福电气有限公司
建设地点：上海
建筑功能：研发、办公建筑
用地面积：19 997平方米
建筑面积：68 000平方米
设计时间：2020年
项目状态：在建
设计单位：上海加禾建筑设计有限公司
主创设计：惠无央

项目位于上海松江九亭仓泾路南侧，规划设计沿北侧沧泾路设置两栋50米高层建筑，作为本地区的标志性建筑；沿地块南侧设置一栋30米高层建筑；地块中间部分沿东西两侧各设置一栋三层的建筑。规划的围合式排列方式，形成层层递进的空间层次，利用建筑落地大玻璃、室外过渡灰空间等表现手法，着力表现建筑室内空间与户外公共空间的联系与沟通，组合出丰富多彩的建筑形态和建筑空间，具有别样的视觉感受和空间体验。

立面设计延续规划的设计理念，采用表皮肌理化的手法组织立面，形成微妙变化，产生一种不确定的视觉动感，努力塑造平、挺、直的建筑形象。同时，在大体量的建筑形体上设置局部花池空间，并植入绿色景观，不但丰富了立面，也使建筑更加人性化。

建筑外墙材料采用大面玻璃和金属外包装饰相结合，创造一个大气、现代的建筑外观形象；同时利用材料本身来体现建筑美感，不刻意做多余的修饰。

上海五角场万达广场改造

Reconstruction of Wanda Plaza in Shanghai Wujiaochang

建设地点：上海
建筑功能：商业、办公建筑
建筑面积：224 300平方米
设计时间：2017年
项目状态：建成
设计单位：上海加禾建筑设计有限公司
主创设计：惠无央

上海五角场万达广场位于上海市杨浦区，于2009年开业。地上建筑为五栋独立的主力店：巴黎春天（百货）、沃尔玛大楼、特力时尚汇大楼、影城大楼以及第一食品大楼。其业态陈旧，分布较乱。为顺应时代的发展和消费人群需求的提升，必须做出相应的升级策略。本次改造设计通过对业态的调整，空间的重新规划，过街天桥交通的设置，立面局部幕墙的更新来升级五角场万达广场的形象和使用功能，力图创造一个有温度的社交生活场所。

何金生
职务：航天建筑设计研究院有限公司副总裁
职称：研究员
执业资格：国家一级注册建筑师
　　　　　国家一级注册结构工程师

李妍
职务：航天建筑设计研究院有限公司一综院
　　　党支部书记、副院长、技术负责人
职称：研究员
执业资格：国家一级注册结构工程师

王庆霞
职务：航天建筑设计研究院有限公司
　　　一综院副院长
职称：研究员
执业资格：国家一级注册建筑师

徐茂臻
职务：航天建筑设计研究院有限公司
　　　一综院副总工程师
职称：高级工程师
执业资格：国家一级注册建筑师

贾晓元
职务：航天建筑设计研究院有限公司
　　　一综院建筑所所长
职称：研究员
执业资格：国家一级注册建筑师

刘冬冬
职务：航天建筑设计研究院有限公司
　　　一综院规划所所长
职称：研究员
执业资格：注册城市规划师

杜晓宇
职务：航天建筑设计研究院有限公司
　　　一综院计财处副处长、结构设计师
职称：工程师

历莹莹
职务：航天建筑设计研究院有限公司
　　　一综院建筑所总工程师
职称：研究员
执业资格：国家一级注册建筑师
　　　　　注册城市规划师

慕昆朋
职务：航天建筑设计研究院有限公司
　　　一综院建筑所所长助理
职称：高级工程师
执业资格：国家一级注册建筑师

赵迩阳
职务：航天建筑设计研究院有限公司
　　　一综院建筑所设计师
职称：高级工程师

王慧
职务：航天建筑设计研究院有限公司
　　　一综院建筑所设计师
职称：工程师

航天建筑设计研究院有限公司，自1965年以来承担160余项重点工程项目的工程咨询、选址规划、设计、施工等工作。公司以提高发展质量和效益为中心，以打造特色的国内一流综合型工程服务产业集团为目标，立足长远发展，着力推进业务转型升级，调整产业结构优化。业务范围包括各类工业与民用建筑的咨询设计、前期规划、工程总承包、工程信息化、装备设计及集成和综合科技服务等。

公司一综院设计团队有一级注册建筑师16人、一级注册结构工程师9人、注册城市规划师4人、注册公用设备工程师9人，注册电气工程师（供配电）4人，拥有全专业、高水平的设计师队伍。

公司的设计团队具有解决大型复杂建筑空间消防设计的能力，能通过结构设计实现复杂的空间形式，并在全预制装配式建筑方面处于全国领先地位，开创了首个预制装配式停车楼，掌握着该领域最先进的技术。公司具备钢结构工程设计、洁净厂房设计、光学暗室设计、安防系统设计、建筑智能化设计、电磁屏蔽、空调净化非标准设备技术研发及研制生产的综合能力，并在这些领域拥有核心竞争力。

地址：北京市大兴区春和路39号院3号楼A座
电话：010-89060505
传真：010-68749185
网址：www.jzsj.casic.cn
电子邮箱：htyzy@vip.163.com

呼和浩特新机场空管工程（新机场部分）塔台管制小区塔台

Hohhot New Airport Air Traffic Control Project (New Airport Part) Tower Control Community Tower

项目业主：民航内蒙古空管分局
建设地点：内蒙古 呼和浩特
建筑功能：塔台
用地面积：8 000平方米
建筑面积：4 265平方米
设计时间：2021年
项目状态：在建
设计单位：航天建筑设计研究院有限公司
主创设计：航天建筑设计研究院有限公司一综院

项目位于呼和浩特新机场塔台管制小区，新建塔台的建筑性质为一类电信专用房屋建筑，建筑物地上17层，地下1层，建筑檐口高度为91.15米，分类为一类高层公共建筑，耐火等级为一级，屋面防水等级为一级。

塔台为设于机场的航空运输管制设施，使用功能主要为监看和控制飞机起降。一层设置配电间、出入口及交通核，二至九层为交通层，十层为设备平台，十一层为管制员休息层，十二、十三层为管制业务层，十四层为设备机房层，十五层为检修环层，十六层为备用管制层，十七层为管制明室层，屋顶层设置排烟机房，地下一层为设备机房。

成都新机场川航基地机务维修区

Chengdu New Airport Sichuan Airlines Base Maintenance Area

项目业主：四川航空股份有限公司
建设地点：四川 成都
建筑功能：飞机库、维修车间、仓库、培训等
用地面积：152 472平方米
建筑面积：117 660平方米
设计时间：2018年—2019年
项目状态：建成
设计单位：航天建筑设计研究院有限公司
主创设计：航天建筑设计研究院有限公司一综院

项目规划设计以机务维修为中心，最大限度利用空侧资源，规划沿用地东侧的空侧朝向连续布置航线机库、双机位宽体定检机库、单机位宽体定检机库（二期）及喷漆机库，布局紧凑，实用高效。依据相关生产工艺流线及业内使用习惯，为实现最快的响应速度、最高效的维修，方案将航材库、特种车库、附件维修生产车间、航线办公楼等与维修紧密相关的功能划入空侧区域；在陆侧就近布置动力中心、实作培训中心等与生产活动紧密相关的辅助性用房。方案在厂区主干道两侧设置生态效率轴，利用绿化设施美化办公及培训环境。

方案的最终确定是基于多方案对比的演化，立足于机务维修机库对空侧资源的利用最大化，同时围绕这一中心任务展开相关配套设施的布置，满足功能分区、陆空侧划分、交通流线、环境景观等各方面的需求。

海南航空深圳基地

Hainan Airlines Shenzhen Base

项目业主：海南航空控股股份有限公司
建设地点：广东 深圳
建筑功能：办公、公寓、航材库等
用地面积：49 999平方米
建筑面积：126 885平方米
设计时间：2020年—2021年
项目状态：方案、施工图
设计单位：航天建筑设计研究院有限公司
主创设计：航天建筑设计研究院有限公司一综院

项目位于深圳宝安国际机场南工作区的西区，将成为宝安国际机场的代表性航空园区，集办公、公寓、附件维修、航材库于一体，可为海南航空的工作人员提供良好的办公、住宿环境。

设计取“凝心聚力、海纳百川”之意，与海南航空的企业精神相呼应。方案采用内聚式的规划布局，将主要建筑物沿地块边界布置，构建完整的园区形象。中央首层布置公共空间及景观绿化连接外围各功能，形成内聚的态势。

建筑立面设计，引入“振翅高飞、鹏程万里”的理念，提取海南航空LOGO中上部大鹏金翅鸟图案的抽象化纹样，将其运用于综合楼主立面作为园区主要形象；同时将海南航空LOGO中的横线条构图与海浪符号相结合，作为建筑的立面表皮，充分展现海航的企业形象与内在文化。

黄燕鹏

职务：广东省建筑设计研究院有限公司
岭南建筑设计研究所所长
职称：教授级高级建筑师
执业资格：国家一级注册建筑师

教育背景

华南理工大学建筑学学士
美国赫斯莱茵大学EMBA硕士

工作经历

1990年至今　广东省建筑设计研究院有限公司
2006年至今　广东省建筑设计研究院有限公司岭南建筑设计研究所

个人荣誉

2017年广东省建筑设计研究院有限公司建院65周年管理创新先进工作者

社会任职

广东省工程勘察设计行业协会岭南建筑分会秘书长
世界华人建筑师协会岭南建筑学术委员会主任委员

主要设计作品

佛山宾馆扩建工程
荣获：2005年广东省优秀工程勘察设计二等奖
哈密回王府
荣获：2007年广东省优秀工程勘察设计三等奖
2007年中国民族建筑研究会设计创新金奖
江门海逸酒店及海逸华庭
荣获：2009年中国人居典范建筑规划设计方案竞赛金奖
珠江新城高德置地广场
荣获：2016年广东省土木建筑学会科学技术奖一等奖
2017年全国优秀工程勘察设计三等奖
2017年广东省优秀工程勘察设计一等奖
正佳海洋世界生物馆
荣获：2016年广东省土木建筑学会科学技术奖一等奖
2017年广东省优秀工程勘察设计二等奖
南宁青秀万达广场东地块
荣获：2017年广东省优秀工程勘察设计三等奖

郑雪菲

职务：广东省建筑设计研究院有限公司
岭南建筑设计研究所室主任
执业资格：国家一级注册建筑师

教育背景

2003年—2008年　华南理工大学建筑学学士
2011年—2013年　美国克莱姆森大学建筑学硕士

工作经历

2008年—2011年　广东省建筑设计研究院有限公司
2013年—2014年　美国Stantec Architecture建筑公司
2015年—2017年　象城建筑Urban Elephant
2018年至今　广东省建筑设计研究院有限公司岭南建筑设计研究所

个人荣誉

LEED AP认证专家

主要设计作品

人类细胞谱系大科学研究设施
大湖镇红色旅游综合开发项目
和平县阳明古镇旅游综合开发项目
广州市文化馆

广东省建筑设计研究院有限公司

GuangDong Architectural Design & Research Institute Co., Ltd.

广东省建筑设计研究院有限公司（GDAD）创建于1952年，是中国第一批大型综合勘察设计单位之一、改革开放后第一批推行工程总承包业务的现代科技服务型企业、全球低碳城市和建筑发展倡议单位、全国高新技术企业、全国科技先进集体、全国先进勘察设计企业、当代中国建筑设计百家名院、全国企业文化建设示范单位、广东省守合同重信用企业、广东省抗震救灾先进集体、广东省重点项目建设先进集体、广东省勘察设计行业领军企业、广州市总部企业、综合性城市建设技术服务企业。

公司现有全国工程勘察设计大师2名、广东省工程勘察设计大师5名、享受国务院政府特殊津贴专家13名、教授级高级工程师77名，具有素质优良、结构合理、专业齐备、效能显著的人才梯队。

公司立足于广东，面向国内外开展设计、规划、勘察、咨询、总承包、审图、监理、科技研发等技术服务，并有“广东省现代建筑设计工程技术研究中心”和“广东省水环境与生态工程技术研究中心”两个省级科研中心，先后完成了一批国家及省市重点科研课题和技术攻关项目，在基础研究、政策研究、国家地方行业标准规范编制、科研成果转化以及行业技术创新等方面做出了积极贡献，获得多项发明专利、实用新型专利及软件著作权。

公司先后设计完成中国工艺美术馆、北京钓鱼台国宾馆、广东大厦、广州人民路623路高架桥、广东国际大厦、深圳国际金融大厦、深圳华润万象城、广州白云国际机场、北京奥运自行车馆、广东省博物馆、广州亚运馆、中国散裂中子源、广州地铁5号线站厅、广州中新知识城、昆明南火车站等国家及省市重点工程，屡获国家级、省部级、市级奖项。

公司将继续秉承“守正鼎新，营造臻品”的核心价值观，发扬“绘雅方寸，筑梦千里”的企业精神，充分利用人才、技术、科研、创新和品牌的综合优势，为广大客户提供高效优质的服务，共同设计未来，成就梦想。

李穗燕

职务：广东省建筑设计研究院有限公司
　　　岭南建筑设计研究所总建筑师
职称：高级建筑师
执业资格：国家一级注册建筑师

教育背景
2004—2007年　华南理工大学建筑学硕士

工作经历
2007年至今　广东省建筑设计研究院有限公司岭南建筑设计研究所

个人荣誉
2017年广东省建筑设计研究院有限公司先进青年工作者

主要设计作品
江门海逸国际酒店
荣获：2009年中国人居典范建筑规划设计方案竞赛金奖
　　　2010年单位优秀设计方案二等奖
　　　2011年"维尔杯"BIM设计软件应用大赛二等奖
开平海逸华庭
荣获：2010年单位优秀设计方案一等奖
佛山欧浦花城
荣获：2010年单位优秀设计方案三等奖
湛江市档案馆新馆
荣获：2010年单位优秀设计方案二等奖
香江翡翠绿洲十期
荣获：2010年单位优秀设计方案二等奖
珠江新城F2-4地块项目
荣获：2011年"创新杯"(BIM)设计大赛二等奖
大旺海印又一城
荣获：2012年单位优秀设计方案三等奖
海南恒大海花岛2#岛二期
荣获：2018年单位优秀建筑结构设计三等奖
　　　2019年单位优秀住宅设计三等奖
　　　2019年单位优秀水系统工程设计二等奖
广东科贸职业学院清远校区
荣获：2019年单位优秀设计方案三等奖
香江翡翠绿洲七期
南方医科大学第五附属医院门诊综合医疗区
东莞市第四高级中学

陈亮成

职务：广东省建筑设计研究院有限公司
　　　岭南建筑设计研究所副主任建筑师
职称：工程师
执业资格：国家一级注册建筑师

教育背景
2007年—2011年　华南农业大学城市规划学士

工作经历
2011年—2015年　广州市科城建筑设计有限公司
2015年至今　广东省建筑设计研究院有限公司岭南建筑设计研究所

主要设计作品
江门市技师学院荷塘校区（一期）
吴川市第四人民医院
廉江市妇幼保健院
廉江市家电产业公共服务中心

嶺南建築設計研究所
Lingnan Architectural Design & Research Institute

岭南建筑设计研究所（简称"岭南所"）隶属于广东省建筑设计研究院有限公司，立足于岭南特色建筑实践与研究，为客户提供公共与民用建筑工程、城市规划、居住区规划、景观、室内等全方位、具有岭南特色的设计、咨询及其配套服务。

岭南所是拥有90人全工种的专业技术队伍。其中教授级高级建筑师1人、高级建筑师和高级工程师15人、建筑师和工程师30人、国家一级注册建筑师7人、二级注册建筑师3人、一级注册结构工程师3人、二级注册结构工程师1人、注册土木工程师（岩土）1人、注册公用设备工程师3人，技术力量雄厚。

岭南所在大型居住社区、超高层建筑、酒店建筑、办公建筑、商业建筑、文旅建筑等方面的设计成绩斐然，曾与美国、德国、法国、澳大利亚等国家的外资设计机构合作，项目管理经验丰富、市场拓展能力强。近年来，岭南所先后完成人类细胞谱系大科学研究设施、江门市技师学院荷塘校区（一期）、广东科贸职业学院清远校区、南方医科大学附属第五医院门诊综合医疗区、海南恒大海花岛2#岛、佛山欧浦花城、广州珠江新城高德置地广场、南宁青秀万达广场、海口滨江海岸、大旺海印又一城、恒大海口文化旅游城、广州恒大绿洲、敏捷御景国际商业中心、东莞恒大绿洲、潮州恒大城、江门海逸酒店、湛江档案馆新馆、韶关文化三馆、广东现代广告创意中心、正佳海洋馆、长沙恒大童世界主题乐园、六安恒大童世界主题乐园、坤鸿美域、佳焕创意产业园、东莞市第四高级中学、英德又见山居、松山湖华为员工公寓、东莞绿岛花园一期等重大工程项目。

岭南所成立了ACA岭南建筑创作中心，以岭南特色、绿色环保、人性化设计为理念，把握现代建筑的发展潮流，专注于项目概念创意、方案设计的前沿阵地，积极参与国内外大型项目的方案竞赛，并屡获佳绩，创作并建成了多个大型重点项目。

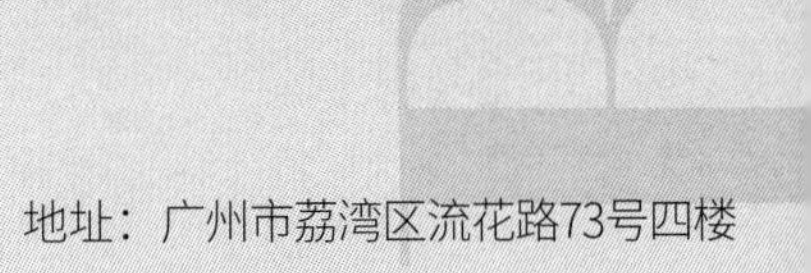

地址：广州市荔湾区流花路73号四楼
电话：020-86675618
传真：020-86675618
网址：www.gdadri.com
电子邮箱：13380079663@163.com

人类细胞谱系大科学研究设施

Human Cell Lineage Atlas Facilities, CLAF

项目业主：中科院广州生物医药与健康研究院
建设地点：广东 广州
建筑功能：科研建筑
用地面积：40 765平方米
建筑面积：101 912 平方米
设计时间：2020年—2021年
项目状态：在建
设计单位：广东省建筑设计研究院有限公司
合作单位：德国海茵建筑事务所
主创设计：黄燕鹏、余永军、郑雪菲、蓝书聪、李宗倍

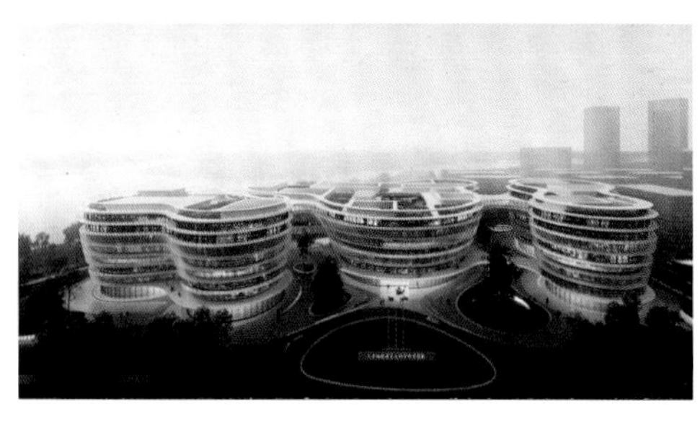

人类细胞谱系大科学研究设施的建设是为了全面提升全球人类细胞谱系研究的系统化和标准化水平，破解隐藏在细胞中的生命奥秘，加速新一代医学技术的变革。

科学研究有两方面是至关重要的，即知识和创新的灵感。知识是随着时间的发展、经验的积累而系统化起来的，而灵感使思想感情升华。这组建筑群规划作为一组科研建筑，把对立的特征融合起来，形成了由简单的圆形和方形构成的建筑形体。一组圆形建筑，犹如分裂中的细胞，其重心和尺度伴随着高度出挑，产生了由内到外，由建筑到城市，缓缓扩散的效果。这是古代建筑“天圆地方”的传承，也创造出具有岭南建筑文化特征、光影交错的建筑风景。

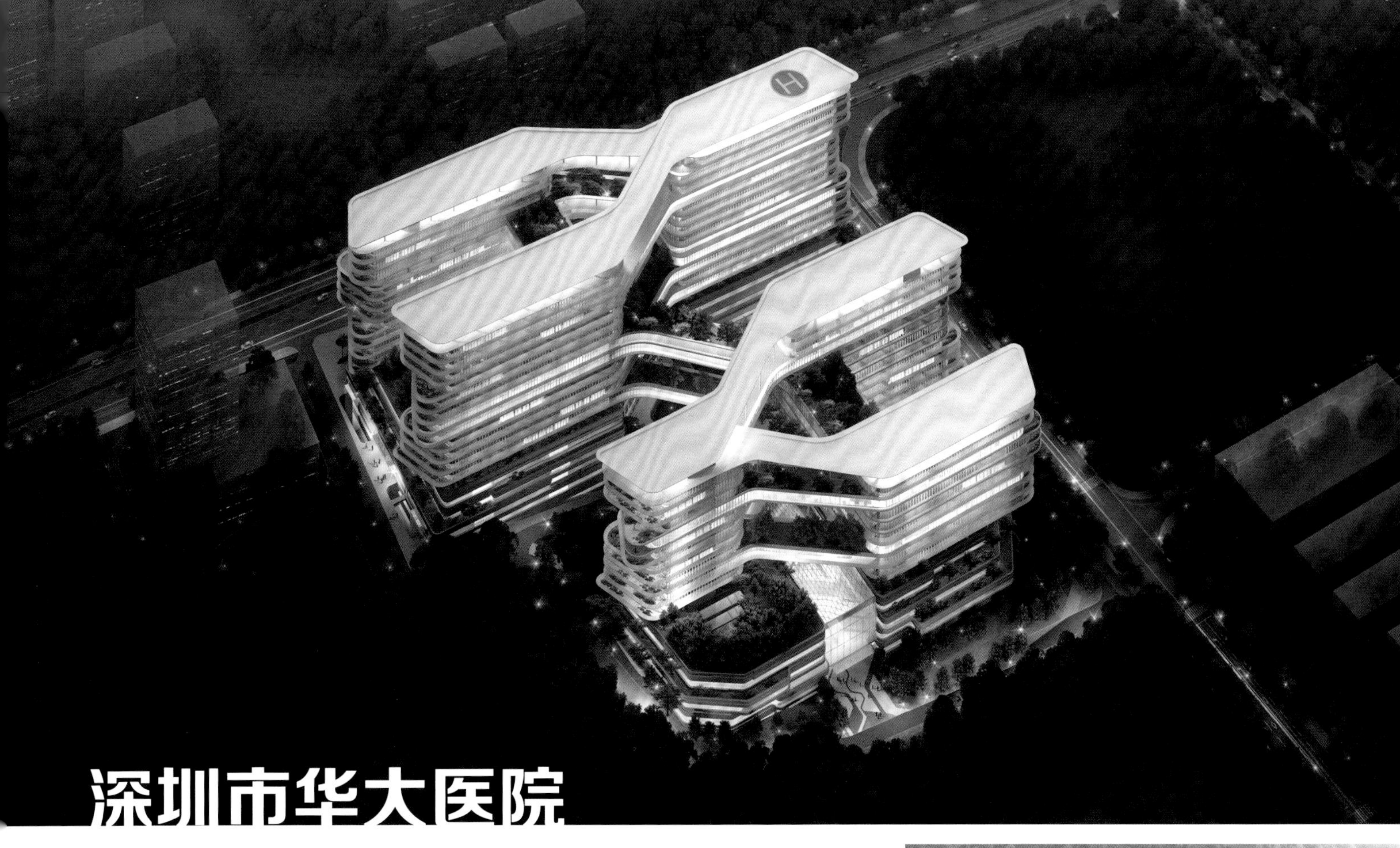

深圳市华大医院

Shenzhen BGI Hospital

项目业主：深圳市建筑工务署
建设地点：广东 深圳
建筑功能：医疗建筑
用地面积：27 000平方米（一期）
建筑面积：204 000平方米
设计时间：2020年—2021年
项目状态：方案
设计单位：广东省建筑设计研究院有限公司
合作单位：Nordic Office of Architecture
主创设计：麦华、黄燕鹏、郑雪菲、曾文杰、
潘炬文、梁兆铭、黄梓姗、沈倩瑜、林鸿杰

项目设计受DNA分子的几何形状以及华大医院基因治疗科技的启发，团队为项目打造了独一无二的设计概念，形成了清晰的功能划分和空间序列。建筑空间依托倾斜的地势徐徐展开，场地将被打造成一个郁郁葱葱、花园围绕的绿色医院群。一期和二期建筑体量很好地结合在一起，形成完整的DNA设计造型。塑造成“多首层、多入口”的空间效果。在空间体量中心，创建的一条连接所有功能区域的中轴空间，成为了社交场所和华大医院的展示窗。

秉承华大医院对未来医院建设的宗旨及“未来三院一园综合体”的愿景，“精准医学+智能化”将使对生命跨尺度的精准认知成为可能。

南方医科大学第五附属医院门诊综合医疗区

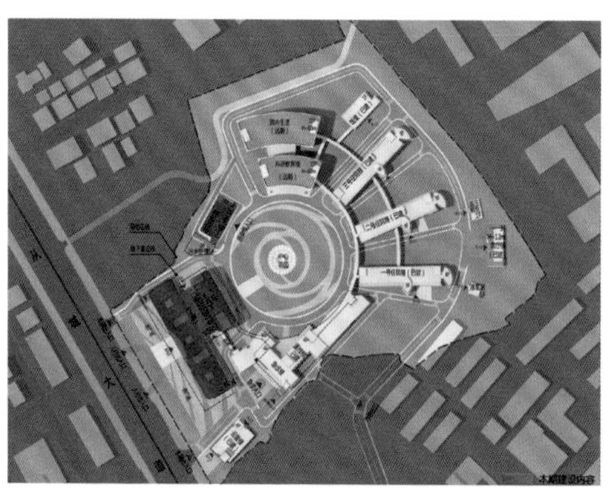

Outpatient Comprehensive Medical Area of the Fifth Affiliated Hospital of Southern Medical University

项目业主：广东省代建项目管理局
建设地点：广东 广州
建筑功能：医疗建筑
用地面积：116 223平方米
建筑面积：50 069平方米
设计时间：2020年—2021年
项目状态：在建
设计单位：广东省建筑设计研究院有限公司
主创设计：李穗燕、麦华、曾文杰、连丽凌、潘炬文、梁兆铭、沈倩瑜

项目是为了满足南方医科大学第五附属医院发展而建设的，将新建门诊楼、感染科楼、污水处理厂及相关配套建筑。

设计将门诊楼与感染科楼沿地块原庭院布置，与原有建筑医技楼、住院楼围合成中心花园。新规划的道路，使外来车辆在进入地块后即可进入地下车库，此外救护车能通过最短的路线到达急诊科及相关建筑，最大限度保证场地内部人车分流。

建筑外立面通过白色的外墙与青蓝色的玻璃塑造整洁端庄的形象，裙房的侧翼逐层外扩及塔楼笔直的造型，犹如巨舰，为人民保驾护航；又如雄鹰，寓意展翅高飞的拼搏精神。

海南恒大海花岛 2# 岛二期

Evergrande Haihua Island Phase II, Hainan

项目业主：儋州信恒房地产开发有限公司
建设地点：海南 儋州
建筑功能：居住建筑
用地面积：408 923平方米
建筑面积：966 529平方米
设计时间：2015年—2016年
项目状态：建成
设计单位：广东省建筑设计研究院有限公司
主创设计：黄燕鹏、李穗燕、连丽凌、余永军

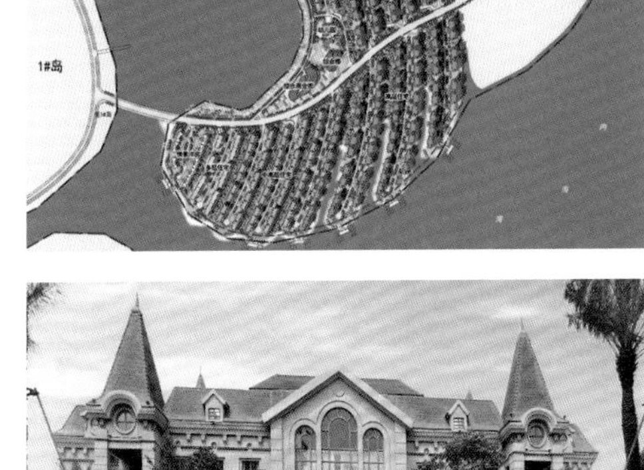

项目位于儋州市滨海新城区白马井至排浦镇海域，是将旅游与体育、观光与度假、娱乐与民俗相结合的高端旅游综合示范区。

项目坚持生态优先原则，强调以人为本的设计理念，结合场地坡度关系，充分考虑居住社区的需要，创造一个适宜生活、交往、娱乐的度假环境。设计将人工与自然融合，布局合理，并将海水引入建筑组团之间，为居住建筑创造最优景观资源。

建筑采用现代风格，整体造型优雅匀称，具有流动的韵律。色彩活泼淡雅；建筑材料上采用灰蓝主色调，外部采用白色宽线条装饰，以平屋顶为主，体现时尚感、韵律感。

广东科贸职业学院清远校区

Guangdong Vocational College of Science and Trade Qingyuan Campus

项目业主：广东科贸职业学院
建设地点：广东 清远
建筑功能：教育建筑
用地面积：164 398平方米
建筑面积：114 674平方米
设计时间：2018年—2019年
项目状态：建成
设计单位：广东省建筑设计研究院有限公司
主创设计：黄燕鹏、李穗燕、连丽凌、潘炬文、梁兆铭

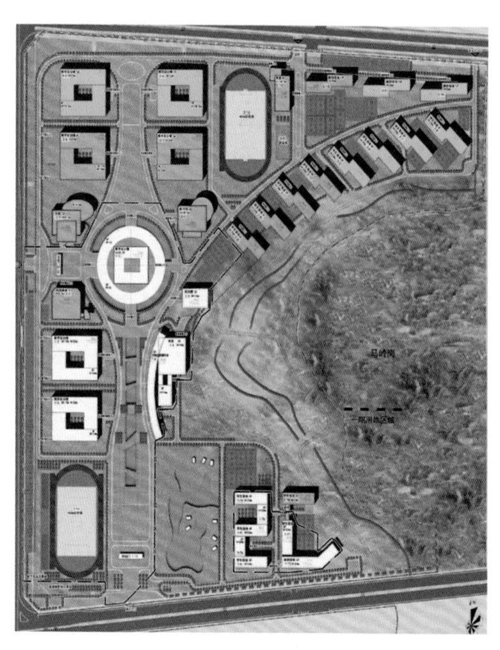

项目规划结合校园文化，在丰富的自然形态和多层次的社交空间之间，秉承三维育人的教学文化理念，构筑愉悦、高效的教学环境；重视特色专业教学，为全校师生提供绿色生态的工作学习环境。建筑形态结合地域特色，根据广东地区气候特点，糅合架空、虚墙、内院、冷巷等岭南传统建筑技术精髓以提升舒适性。

校区分三期规划设计，各期建设过程不影响前期的生产教学，建设完成后各期相互渗透共用，形成有机结合体。根据自然条件优势，并结合山势与场地高差设计出起伏的地形与景观绿化，遵循整体、生态、趣味、建筑与风景融合的原则，优化校园环境。

江门市技师学院荷塘校区（一期）

Hetang Campus of Jiangmen Technician College (Phase I)

项目业主：江门市技师学院
建设地点：广东 江门
建筑功能：教育建筑
用地面积：158 065平方米
建筑面积：78 750平方米（一期）
设计时间：2021年
项目状态：方案
设计单位：广东省建筑设计研究院有限公司
主创设计：岭南建筑设计研究所

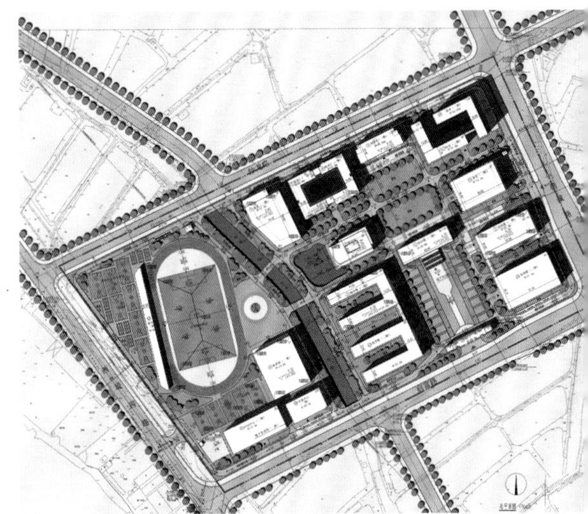

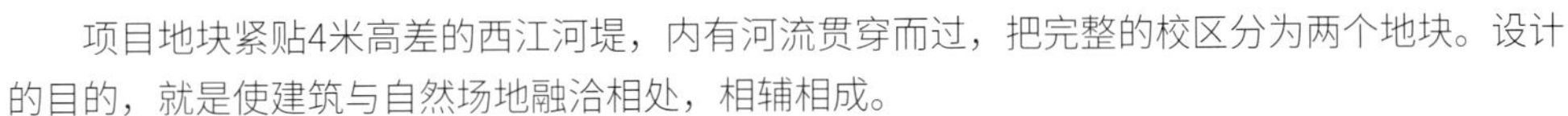

项目地块紧贴4米高差的西江河堤，内有河流贯穿而过，把完整的校区分为两个地块。设计的目的，就是使建筑与自然场地融洽相处，相辅相成。

校区整体坐北朝南，南侧主入口广场采用中轴对称的规划设计手法，将行政教学的主建筑布置在广场周边，形成一个端庄严谨的校园主要展示面。教学区与后勤生活区前后相邻，让三点一线的校园生活更为便捷。以河流为界，西侧是体育运动区及对外交流活动区。对外交流活动区，则利用河堤的4米高差，在二层入口处同时设一层入口，形成双首层。

建筑立面采用新中式的建筑风格，同时融入江门地区特色的侨乡文化，辅以红墙灰瓦的建筑色调，营造出桃李芬芳、书香满溢的校园氛围。

季凯风

职务：北京寻引建筑设计有限公司
总经理
职称：高级建筑师
执业资格：国家一级注册建筑师
毕业于清华大学
中国建筑学会会员
《住区》杂志编委
从事建筑行业20余年

张永轩

职务：北京寻引建筑设计有限公司
总建筑师
毕业于东南大学
从事建筑行业20余年

团队主要设计作品

华润长春净月台
荣获：2017年金盘奖东北地区年度最佳预售楼盘
华润沈阳八号院
荣获：2018年金盘奖全国年度最佳住宅
2018年华润东北大区最佳创新类项目一等奖
华润长春万象府
荣获：2018年华润东北大区最佳复制类项目一等奖
长沙融创城
荣获：2019年金盘奖两湖地区年度最佳预售楼盘
长春地铁万科西宸之光
荣获：2019年金盘奖东北地区年度最佳预售楼盘
天正邯郸凤麟东院
荣获：2021金居奖北部赛区年度最佳预售楼盘奖
华润沈阳昭华里
华润呼市紫云府
华润吉林江山宸院
长春公元九里一期
华润泰州国际花园B1地块
华润哈尔滨昆仑御
保利兰州一区C
融创鄂州澜岸大观
融创岳阳环球中心
长春万科向日葵小镇
长春万科金域蓝湾
九龙仓北京西城天铸
天正邯郸君悦府

许凌

职务：北京寻引建筑设计有限公司
设计董事
职称：高级工程师
执业资格：国家一级注册建筑师
国家注册城市规划师
毕业于华中科技大学
从事建筑行业20余年

余广

职务：北京寻引建筑设计有限公司
设计董事
执业资格：国家一级注册建筑师
毕业于天津大学
从事建筑行业20余年

姚逸飞

职务：北京寻引建筑设计有限公司
设计董事
毕业于华中科技大学
从事建筑行业20余年

寻引建筑设计
X.Y.Archi.

地址：北京市东城区东直门外大街48号
东方银座写字楼21H
电话：010-84473007
网址：www.xyarchi.com
电子邮箱：ji.kaifeng@xyarchi.com

北京寻引建筑设计有限公司创立于2014年，致力于在城市建设和开发领域从事综合专业服务。公司汇聚了大量的优秀建筑师、工程师和规划师，运用现代化的企业管理理念，致力于创新研发、品质设计和落地实践，始终坚持创造美这一使命，不断创作出优秀的设计作品。

公司业务类型涵盖城市设计、住区规划与住宅设计、商业办公等多个领域。

公司的服务理念是以创造美为价值、建筑设计为核心、成本测算为基础、竞争产品为参照，辅助开发商实现土地、产品、形象、景观和商业五大价值，为开发营销服务。

合作客户有华润置地、融创地产、万科地产、九龙仓地产、保利地产、华远地产、万通地产、伟峰实业、天正地产等。

长春地铁万科西宸之光

Changchun Metro Vanke Xichen Zhiguang

项目业主：万科
建筑功能：居住建筑
建筑面积：550 000平方米
项目状态：建成
主创设计：季凯风、张永轩、余广、袁国皇
建设地点：吉林 长春
用地面积：236 000平方米
设计时间：2018年
设计单位：北京寻引建筑设计有限公司

项目位于长春汽车产业开发区内，是长春万科第一个对TOD模式进行研究的项目，促进了城市的良性发展，赋予城市生活新的意义。

工业城市是长春的城市名片，地铁万科西宸之光的室内设计风格凸显工业风格的质感与大气磅礴，这代表着向工业和工业老城长春致敬。室内的廊柱、一系列的拱形屋顶、镀铜金属构件等的设计建造展现出建筑恢宏大气的气场，置身于此如同迷离于古老宫殿一般，仿佛穿越历史，对城市工业辉煌历史的记忆被重新唤起，引起强烈的共鸣。

华润沈阳昭华里

China Resources Shenyang Gorgeous Portal

项目业主：沈阳华润置地
建设地点：辽宁 沈阳
建筑功能：居住建筑
用地面积：160 220平方米
建筑面积：294 798平方米
设计时间：2020年
项目状态：建成
设计单位：北京寻引建筑设计有限公司
主创设计：季凯风、张永轩、余广、程彦鹏、袁国皇

项目设计采用现代极简风格，以晶钻阳台、极致精工彰显精致的现代生活。水晶大堂、石材削切，打造归家礼序。以传统东方生活哲学为基础，加以现代演绎，营造内外有别、从繁华都市到静谧社区的心理体验。入口金镶玉把手，高耸灰空间，熠熠生辉的水晶大堂，结合前场水面，营造出一种都市府邸的大气氛围。拾阶穿堂之后，一列游廊、一池山水，将东方人居嵌入现代社会之中。精装设计中，线条凝练，以点、线、面的有序组合，构建出一幅现代生活的人居画面。

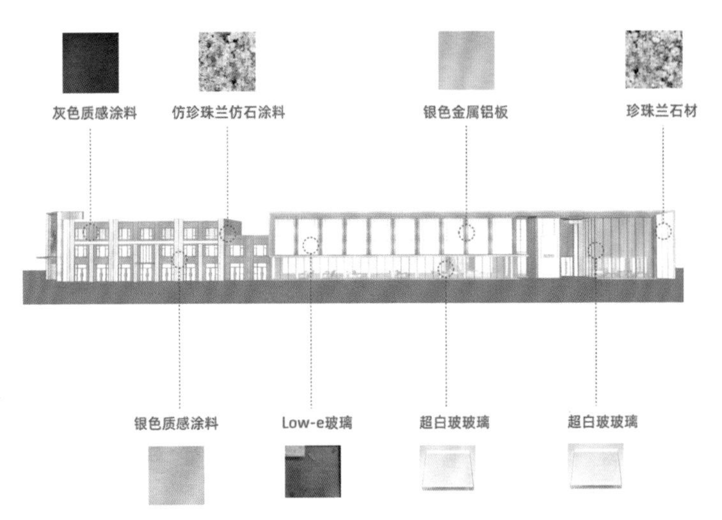

长沙融创城

Changsha Sunac City

项目业主：融创地产
建筑功能：居住建筑
建筑面积：1 263 210平方米
项目状态：建成
主创设计：季凯风、张永轩、余广、安祺、袁国皇
建设地点：湖南 长沙
用地面积：497 721平方米
设计时间：2018年
设计单位：北京寻引建筑设计有限公司

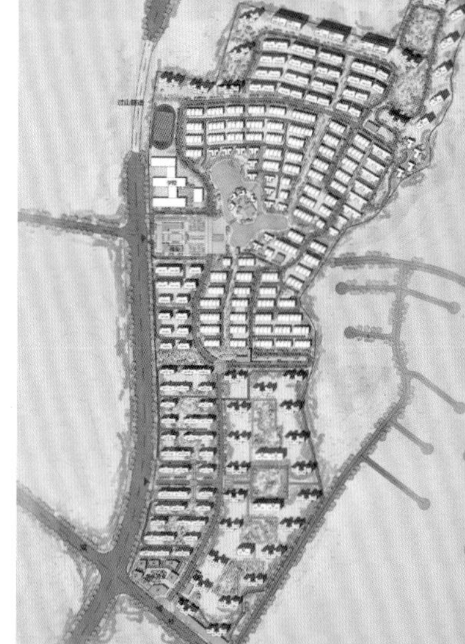

项目位于长沙市望城区，这里青山秀水，江湖湿地相映成趣，四周群山巍峨峙立，构成一幅绝佳的山水长卷。

设计采用极简的现代风格来表现建筑的意境，对原有托斯卡纳风格建筑进行简单的刷白，既保留了原有的建筑形体与符号，又赋予其现代气质，同时运用金属及超白玻璃掩映的高精现代工艺手法。在建筑材料上，以高精金属板作为表皮材料，金属穿孔纹理远观细腻如湘绣织锦，以山水为图案进行穿孔，将山水绣于“锦”上，通过这种手法来表现望城的锦、绣、山、川。总体布局采取WORKSHOP工作模式，最终呈现完美的效果。

改造前

改造后

改造前

改造后

改造前

改造后

天正邯郸凤麟东院

Tianzheng Handan Fenglin East Courtyard

项目业主：天正地产
建筑功能：居住建筑
建筑面积：82 999平方米
项目状态：在建
主创设计：季凯风、张永轩、姚逸飞、孙君、时畤杰、肖汉
建设地点：河北 邯郸
用地面积：31 527平方米
设计时间：2021年
设计单位：北京寻引建筑设计有限公司

凤麟东院，择址高开、东部新区双区之上，占据东部新区核心地段，依托邯郸东站、客运中心及“四横六纵”城市主干道。

“峨峨高门内，蔼蔼皆王侯”。凤麟东院承袭中国传统思想，匠造巍峨府第，从设计、选材、工艺处处精雕细琢，彰显豪门府邸大家风范。

凤麟东院秉承新中式造园技巧，以多重元素搭配多点景致，打造出深邃静谧的园林景观，同时巧妙勾勒出绝妙的风景画卷，打造尊贵典雅、自然精致的生活境界。

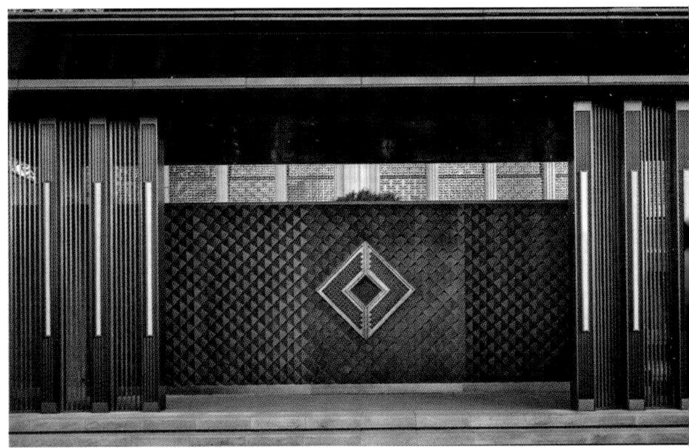

靳东儒

职务：甘肃省建筑设计研究院有限公司建筑创作中心主创建筑师
职称：建筑师

教育背景

2005年—2010年　西安建筑科技大学建筑学学士

工作经历

2010年至今　甘肃省建筑设计研究院有限公司

个人荣誉

2018年公司“双文明”建设先进个人
2020年公司优秀青年建筑师

主要设计作品

甘肃科技馆
甘肃省体育馆
甘肃奥林匹克中心
兰州奥体中心
天水伏羲城历史街区保护与开发项目
成都市工人疗养院
兰州众邦国贸中心
兰州市榆中生态创新城科创中心
甘肃医科大学和平校区

李康宁

职务：甘肃省建筑设计研究院有限公司景观与环境艺术分院副院长
职称：高级工程师

教育背景

2003年—2007年　西安美术学院建筑环境艺术设计专业学士

工作经历

2007年至今　甘肃省建筑设计研究院有限公司

个人荣誉

2019年公司“双文明”建设先进个人
2020年公司优秀青年建筑师

主要设计作品

陇上历史名人园景观工程
荣获：2011年全国环境艺术设计双年展优秀奖
武威重离子治疗肿瘤中心景观工程
荣获：2013年全国环境艺术设计双年展优秀奖
陇南市东江新区行政中心景观设计方案
荣获：2013年全国环境艺术设计双年展银奖
兰州现代职业学院景观工程
荣获：2017年全国环境艺术设计双年展铜奖
兰州新区文曲湖景观工程
荣获：2017年全国环境艺术设计双年展优秀奖
2018年甘肃省优秀工程咨询成果奖三等奖
甘肃省体育馆室外景观工程
定西万达广场外景观工程

甘肃省建筑设计研究院有限公司是甘肃省第一家国有建筑设计机构，是国内首批获准对外经营的省属甲级建筑勘察设计单位、商务部认可的“全国四十家援外设计定点企业”、全国建筑设计行业诚信单位、甘肃省省级精神文明先进单位，现为甘肃工程咨询集团股份有限公司旗下子公司。甘肃工程咨询集团股份有限公司是甘肃省上市公司之一，股票简称“甘咨询”、股票代码000779。

公司设有组成部门9个、综合设计所8个、专业设计所1个、研发中心5个、生产事业部门1个、分院(分公司)5个、市政设计院1个、全资子公司5个。公司现有职工1 199人，拥有国家级建筑设计大师1人，享受国务院政府特殊津贴专家6人，全国百名建筑师1名，中国监理大师1人，甘肃省领军人才7人，甘肃省建筑勘察设计大师2人，教授级高级工程师及高级工程师282人，建筑师及工程师417人；各类注册人员464人次，其中国家一级注册建筑师、结构工程师42人，二级注册建筑师、结构工程师12人，注册公用设备工程师、注册电气工程师29人，国家注册城市规划师6人，国家注册岩土工程师10人，国家注册造价师26人，国家注册咨询工程师17人，国家注册监理工程师89人，国家一、二级建造师218人。

公司坚持“技术创新、管理创新、企业文化创新”，坚持“质量、效益”并重；全面深化改革，推进依法治企，以人才为强企之本、创新为兴企之要，坚定不移走复合式发展道路，努力提升品牌价值；适应行业变革发展趋势，由“技术”升级向“系统”升级转变，由“行业”思维向“品牌”思维转变，向“百年名企”迈进，走向高质量发展的道路。

地址：甘肃省兰州市城关区静宁路81号
电话：0931-4664279
传真：0931-4663593
网址：www.gsadri.com.cn
电子邮箱：gsadri@163.com

刘兴成

职务：甘肃省建筑设计研究院有限公司设计二所设计二部部长
职称：高级规划师

教育背景
1998年—2002年　宁夏大学城市规划学士

工作经历
2002年至今　甘肃省建筑设计研究院有限公司

个人荣誉
2015年—2019年连续5年获公司“双文明”建设先进个人
2020年公司优秀青年建筑师

主要设计作品
碌曲县人民会堂
荣获：2015年甘肃省优秀工程勘察设计三等奖
白银市体育中心
荣获：2015年甘肃省优秀工程勘察设计一等奖
　　　2017年全国优秀工程勘察设计三等奖
白银市国家矿山公园博物馆
甘肃省体育馆
七里河体育场
兰州市城关区人民医院
定西市疾控中心业务综合楼
定西市妇幼保健院业务综合楼

周震

职务：甘肃省建筑设计研究院有限公司设计六所方案部主任、主持建筑师
职称：建筑师

教育背景
2004年—2009年　内蒙古科技大学城市规划学士
2009年—2013年　西安建筑科技大学建筑学硕士

工作经历
2013年—2014年　西安建筑科技大学建筑设计研究院刘克成工作室
2014年至今　甘肃省建筑设计研究院有限公司

个人荣誉
2020年公司优秀青年建筑师

主要设计作品
兰州现代职业学院校园
兰州现代职业学院学生活动中心
兰州现代职业学院图书馆

徐含成

职务：甘肃省建筑设计研究院有限公司设计三所主创建筑师
职称：建筑师

教育背景
2008年—2013年　兰州理工大学城市规划学士
2013年—2015年　昆明理工大学建筑学硕士

工作经历
2016年至今　甘肃省建筑设计研究院有限公司

个人荣誉
2019年公司“双文明”建设先进个人
2020年公司“双文明”建设先进个人
2020年公司优秀青年建筑师

主要设计作品
甘肃省庆阳第一中学
荣获：2017年公司优秀方案佳作奖
兰州文理学院综合实训中心
荣获：2018年甘肃省第一届BIM技术应用大赛二等奖
明珠新天地
荣获：2018年公司优秀方案佳作奖
中核兰州铀浓缩有限公司工人俱乐部加固改造
荣获: 2019年公司优秀方案创作奖
兰州正林瓜子厂区改造——体育综合体
荣获：2020年公司优秀方案创作奖
兰州战役纪念馆
荣获：2020年公司优秀方案创作奖
兰州一中图书教学综合楼
甘肃省社会科学院图书馆

甘肃科技馆

Gansu Science and Technology Museum

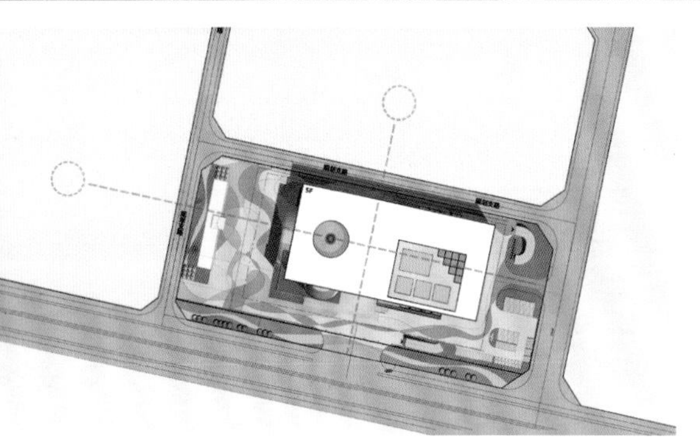

项目业主：甘肃省科协
建设地点：甘肃 兰州
建筑功能：科研、办公、文化建筑
用地面积：48 190平方米
建筑面积：49 852平方米
设计时间：2011年—2012年
项目状态：建成
设计单位：甘肃省建筑设计研究院有限公司
主创设计：冯志涛、靳东儒

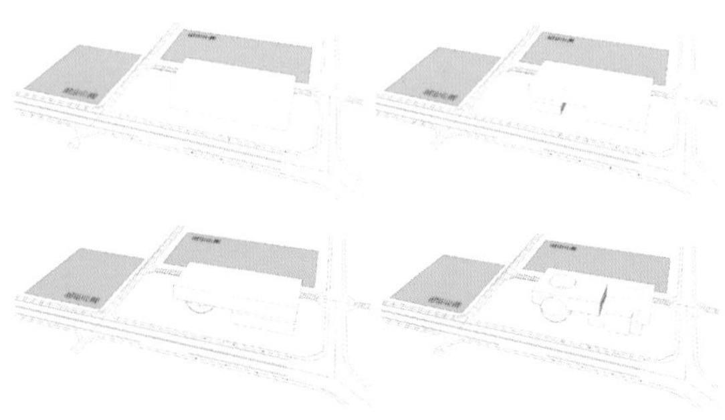

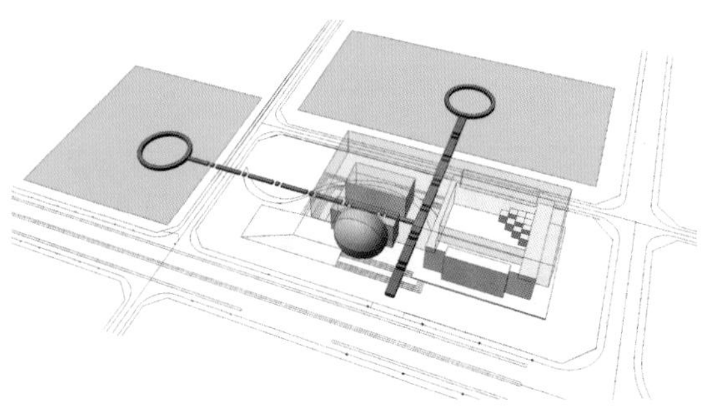

该项目位于兰州市安宁区，地理位置优越、交通便捷，是一个集科学性、知识性、趣味性、参与性为一体的多功能、综合性、现代化大型科技活动场馆。创作灵感来源于甘肃的文化、现代科技、地域特色、生活方式。广袤的大地、多彩的民族生活都是创作的源泉。

建筑的体形设计，是对甘肃特有的民居形式的提炼，形成客厅、院落、空间的布局，并结合科技之眼、科技之桥的理念形成了既具现代气息，又有文化内涵的立面造型。建筑的表皮通过对敦煌飞天图案、奔腾不息的黄河之水、广袤的甘肃大地的肌理提炼而形成，给人以科技的遐想。

甘肃省体育馆

Gansu Gymnasium

项目业主：兰州市体育局　建设地点：甘肃 兰州
建筑功能：体育建筑　用地面积：204 282平方米
建筑面积：51 796平方米　设计时间：2014年—2015年
项目状态：建成
设计单位：甘肃省建筑设计研究院有限公司
主创设计：冯志涛、莫笑凡、靳东儒、刘兴成、张轩

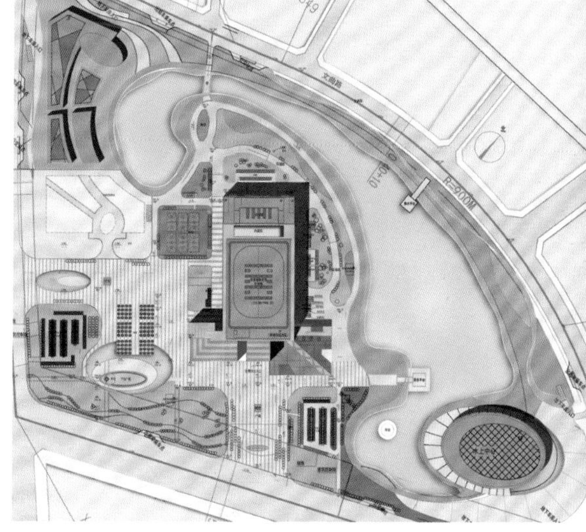

项目由体育馆和配套服务设施组成。其中体育馆由比赛馆、训练馆、赛时配套用房、训练配套用房、设备用房及休息厅等公共空间组成；配套服务设施主要包括给排水设施、供热制冷设施、供电设施以及其他公共服务设施；配套室外设施主要包括全民健身广场、体育公园、道路、停车设施、绿化景观以及城市公共交通设施等。

体育馆可举办篮球、排球、手球、5人制足球、羽毛球、乒乓球、体操等多种比赛，平时可作为兰州新区的休闲活动中心，承接大型会展、文艺演出等活动，提供健身、娱乐、购物等服务，同时也可满足周边学校的体育教学需求。

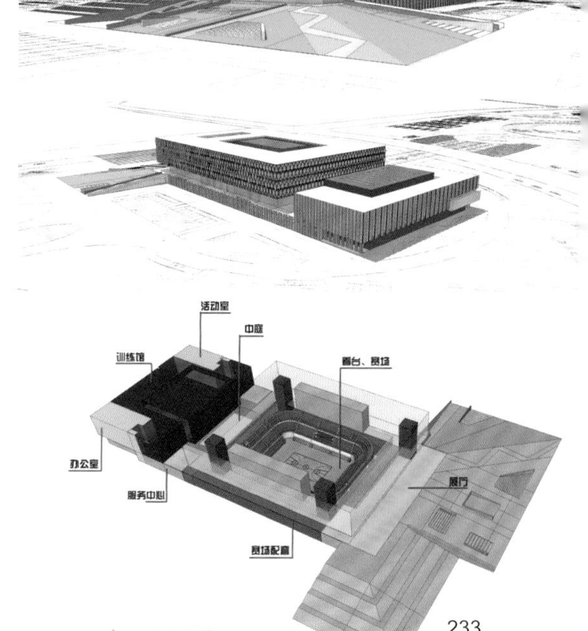

兰州新区文曲湖景观工程

Landscape Engineering of Wenqu Lake in Lanzhou New Area

项目业主：兰州新区职教园区建设投资有限公司
建设地点：甘肃 兰州
建筑功能：景观设计
用地面积：225 100平方米
景观面积：225 100平方米
设计时间：2016年
项目状态：建成
设计单位：甘肃省建筑设计研究院有限公司
主创设计：李康宁

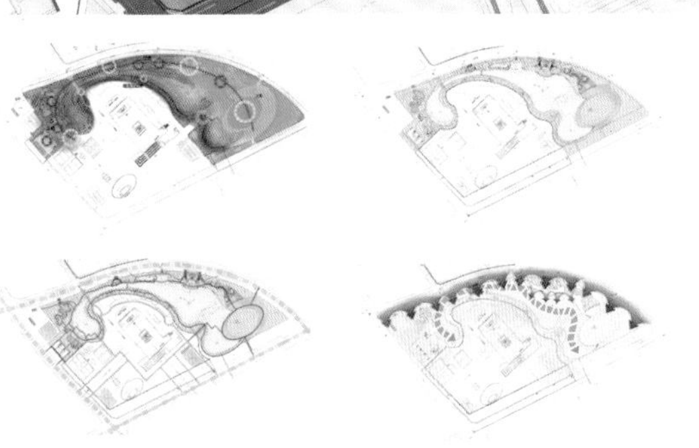

该项目位于兰州市新区职教园区东南角区域，北侧为职教园区商业综合配套区、景园住宅小区，南侧为甘肃省体育馆，用地基本呈带状的如意形。在文曲湖公园的南侧是甘肃省体育馆，体育馆建筑形态方正、雄伟、壮观、动感。如何将这样一个充满力量美的体育馆建筑融入一片柔美的湖畔环境之中共同生长，成为设计阶段的一个主要思考方向，基于此形成了设计的指导思想"刚柔相济，和谐共生"，从而使文曲湖公园和体育馆相辅相成，成为有机的整体。

一池碧水风皱起、百炼钢为绕指柔。

七里河体育场

Qilihe Stadium

项目业主：甘肃省体育工作第一大队
建设地点：甘肃 兰州
建筑功能：体育建筑
设计时间：2019年
用地面积：265 000平方米
建筑面积：51 796平方米
项目状态：在建
设计单位：甘肃省建筑设计研究院有限公司
主创设计：甘肃省建筑设计研究院有限公司设计二所

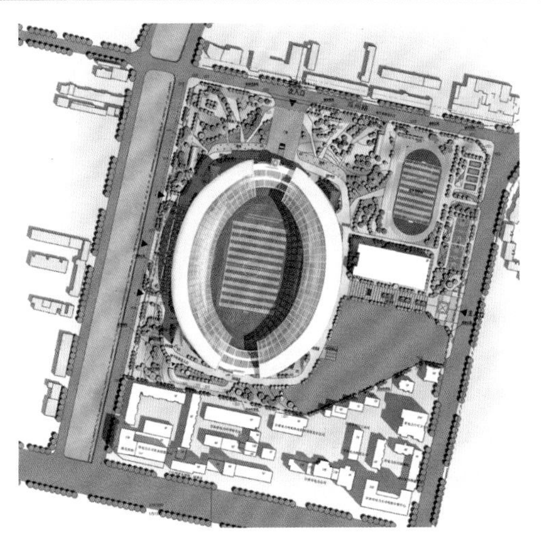

项目设计结合甘肃省体育工作第一大队的专业特点和发展需求，定位为以全民健身为主、赛事功能为辅的体育训练基地。场馆为乙类体育场，可容纳观众约23 800人。地下二层为小汽车停车库，战时局部为人防工程，可停车813辆，属于大型停车库。地下一层主要为8个内部训练馆和6个全民健身馆，通过东、西、南、北四个下沉广场来组织地下一层人流。

兰州战役纪念馆

Lanzhou Campaign Memorial Hall

项目业主：兰州市退伍军人事务局
建设地点：甘肃 兰州
建筑功能：文化建筑
用地面积：15 020平方米
建筑面积：12 017平方米
设计时间：2020年
项目状态：方案
设计单位：甘肃省建筑设计研究院有限公司
设计团队：王璐、徐含成、姚八依、潘德强

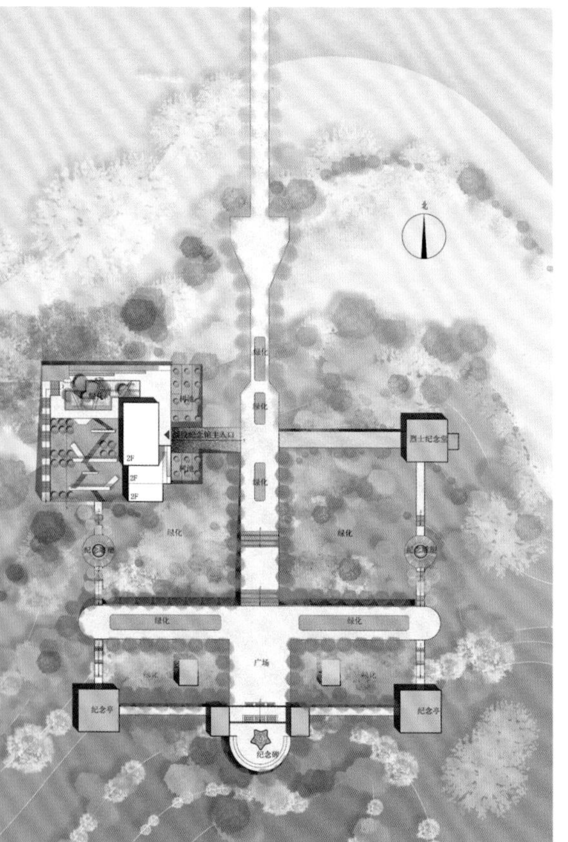

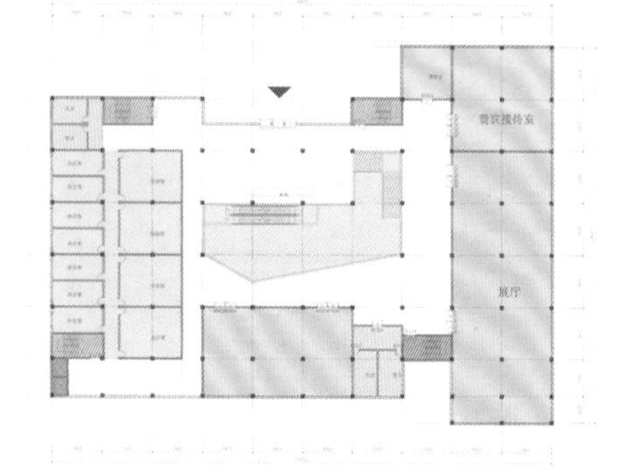

项目位于兰州市烈士陵园内，规模为地上两层，地下一层，设计依地势而建。北侧与坡地衔接，遵循原有的烈士陵园规划布局，同时以沈家岭的马鞍状的体块形式，形成具有代表意义的纪念建筑。建筑立面采用灰白色花岗岩，体现纪念馆建筑的永久意义。作为场地内的大型公共建筑，做到不破坏场地原有的规划布局，并成为环境的一部分。

建筑造型用简洁的线条和体块，体现刚毅、正义的红色革命精神。建筑结合场地，减少了对周边环境的破坏。新建纪念馆西侧结合地形做下沉式纪念广场，红色花岗岩与绿色景观的结合，体现具有亲和力的景观环境，让建筑融入环境，打造绿色纪念建筑。

兰州现代职业学院图书馆

Library of Lanzhou Modern Vocational College

项目业主：兰州市教育局
建设地点：甘肃 兰州
建筑功能：文化建筑
用地面积：30 300平方米
建筑面积：35 520平方米
设计时间：2016年—2017年
项目状态：建成
设计单位：甘肃省建筑设计研究院有限公司
主创设计：周震、设计六所方案部

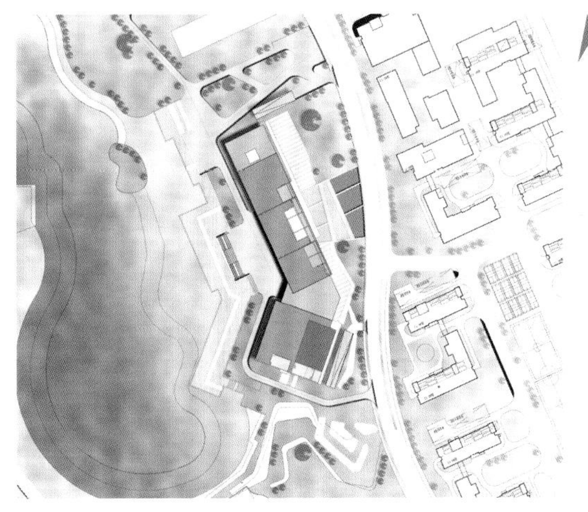

建筑规模为地上六层，地下一层，最大高度33.9米。建筑包括阅览室、剧场、会议室、研讨室、自习室、书库、地下车库及相关辅助用房等功能。

设计主要采用隐喻手法，将传统文化中“书”与“学”的意向与建筑造型、功能空间相结合，形成一栋既有具象造型，又有许多隐含文化元素的建筑，使图书馆成为一栋多元文化建筑，能聚集师生在此学习、交流，实现校方希望的“熔炉”作用。建筑采用传统色彩搭配现代建筑语言，一方面展示甘肃特有的地域文化，另一方面形成和谐、多元的色彩组合。借用水景、山景以及周边建筑形成的场所氛围，设计多角度展示本项目作为校园核心空间的亮点。

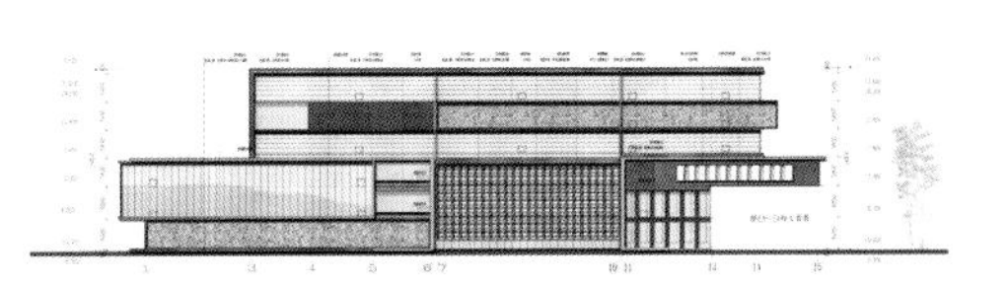

李宏

李宏博士是德国SBA建筑和城市设计公司合伙人、中国区董事总经理、首席设计师，拥有德国注册建筑师与注册城市规划师资质，兼任德国弗劳恩霍夫研究所高级研究员，上海交通大学-弗劳恩霍夫“城市生态发展”创新平台执行主任。其专业领域为智慧和生态城市建设。

李宏博士参与的一系列建筑设计项目中，拥有全世界最大的膜结构的生态建筑——上海世博会及世博轴于2010年获得世界生态建筑奖与欧洲杰出建筑奖、天津经济技术开发区CBD司法大楼荣获2006年中国建筑工程鲁班奖、青岛德国中心建筑群荣获2013年DGNB（德国可持续建筑委员会）金奖认证、上海创智国际广场办公楼获得2014年美国LEED金奖认证。

在城市规划领域，其参与设计的上海虹桥低碳商务示范区获得2011年全国及上海优秀城乡规划设计一等奖、上海宝山美罗家园大型居住社区荣获2011年全国优秀城乡规划设计三等奖与上海市优秀城乡规划设计一等奖、上海江湾-五角场城市副中心获得2007年全国优秀城乡规划设计三等奖，上海市优秀城乡规划设计二等奖与上海市优秀工程咨询成果一等奖。除此之外，李宏博士还参与了一系列城市更新与旧城改造项目，例如上海老城露香园地区旧城改造、上海大厦及浦江饭店周边地区城市更新、上海溧阳路宝阳老别墅区保护性改造。

作为智慧和生态城市建设领域的专家，李宏博士还是德国GIZ委派的中国国家行政学院“新型城镇化”课程讲师，曾主讲“北威州建筑师学会注册建筑师培训”与“可持续建筑设计与城市规划设计”课程。

德国SBA建筑和城市设计公司（简称：SBA GmbH），是一家拥有70多年历史，专业从事城市设计、建筑设计的事务所。总部位于斯图加特，在慕尼黑和乌尔姆设有专业分公司，并于2004年在上海成立了分公司——上海思倍安建设咨询有限公司。公司在德国三万余家建筑设计事务所综合实力评价中，规划和城市设计类排名第5，建筑类排名第27，是德国可持续建筑标准（DGNB）机构成员，DGNB城市和社区认证标准专家组成员，德国标准化机构（DIN）智慧城市标准编委会委员，公司于2018年被英国Build杂志评选“最佳国际建筑设计公司”，2019年被评为“德国最杰出城市设计公司”，历年来还曾获得过德国建筑师学会“模范建筑奖”、德国荣誉建筑院颁发的雨果-哈林奖（优秀商务楼宇设计）、彼得哈根奖（优秀历史建筑更新设计）、欧盟最佳设计与环境奖、慕尼黑市建筑文化奖及生态建筑奖等荣誉。

在建筑设计领域SBA GmbH特别擅长商业办公楼、医疗养老建筑及科研实验室设计，其代表作有上海世博会及世博轴、上海创智国际广场办公楼、德国慕尼黑脑瘫患者综合中心、德国乌尔姆大学附属儿童医院、德国弗莱贝格医院、德国比伯拉赫人体药理中心、天津医科大学空港国际医院、天津港保税区临港医院及国家合成生物技术创新中心核心研发基地等。在城市规划领域，公司擅长各类城市副中心、特色小镇、中德合作园区设计，目前国内所有的中德合作园区项目均为SBA GmbH的中标作品。

设计理念

在城市设计领域，SBA GmbH注重生态与环境保护、数据与城市大数据相结合，通过长期的中德合作开创了城市设计与低碳指标体系相互结合的设计理念，代表项目为上海虹桥低碳商务示范区，该项目成功地创建了专门的低碳指标体系与能效监控平台。

在建筑设计领域，SBA GmbH尤其注重专业性与实践相结合，组建的医疗健康专业设计团队长期专注于医疗健康领域的技术发展，从关注患者、老年人、残障人士等群体的身心健康和医疗需求出发，为提高医疗质量、改善就医环境、保护患者安全等方面提供先进的设计思路、解决方案和符合国际先进的JCI认证标准的设计方案。同时，在提高大型设备的硬件使用率和降低医疗人员劳动负荷等方面拥有非常丰富的经验和专业特长。

SBA GmbH的专家还擅长将患者安全度、医护人员最短路径和设备使用率的要求结合到无障碍设计和医疗特殊流程的设计中，在以患者为核心的流程设计、高洁净度要求下的手术室流程设计和一些专门医疗手段如核医学等的特殊流程设计中，以丰富的实践经验保障精细化的设计成果。

在设计上，公司秉承以病人为核心：安全的空间、舒适的环境、科室的合理组织。提高医疗效率：降低医务人员劳动负荷、医疗硬件的高效利用。生态持续发展：余热回收、废水和废弃物处理、新能源利用、绿色医疗设备、智能化控制、生态景观、绿色认证。

服务内容

SBA GmbH的医疗设计团队经过长期专注的医疗健康领域的设计实践，培养了一批不同专业特色的设计专家。除一般门急诊医院外，一些特殊领域如肿瘤防治中心、老年患者医治疗养中心、骨科手术专业医院、儿科专业医院等皆为公司的特色。

中国业务

近年来，随着中国对于医疗健康领域的不断重视，人们对于医疗环境、医疗质量以及医疗技术的要求不断加强，医疗建筑设计的标准也在不断提高，欧洲尤其是德国的高标准、高效率医疗设计理念逐渐受到中国市场的关注。SBA GmbH参与的一系列中国医疗健康领域的项目赢得了社会各界的高度赞誉。

地址：上海市杨浦区政高路38号创智国际广场B座17楼
电话：021-65877922
网址：www.sba-architekten.de/
电子邮箱：info@sba-int.com

张雷

张雷是德国SBA建筑和城市设计公司中国区董事、设计总监，拥有高级工程师职称、国家一级注册建筑师和注册城乡规划师资质。

张雷参与设计的一系列建筑设计项目中，上海世博会及世博轴于2010年获得世界生态建筑奖与欧洲杰出建筑奖，这是拥有全世界最大的膜结构的生态建筑；天津经济技术开发区CBD司法大楼荣获2006年中国建筑工程鲁班奖；青岛德国中心建筑群荣获2013年DGNB（德国可持续建筑委员会）金奖认证；上海创智国际广场办公楼获得2014年美国LEED金奖认证。除此之外他还参与了一系列医疗养老建筑、科研实验室的设计，代表项目为天津医科大学空港国际医院、广西检验检疫局综合实验大楼。

在城市规划领域，张雷参与设计的项目包括上海世博会世博园区浦东核心区及地下空间设计、天津空港经济区科技研发区城市设计、北京中关村科技园区丰台园东区三期城市设计等等，其中上海虹桥低碳商务示范区获得2011年全国及上海优秀城乡规划设计一等奖、上海宝山美罗家园大型居住社区荣获2011年全国优秀城乡规划设计三等奖与上海市优秀城乡规划设计一等奖。

蔡单婵

蔡单婵，建筑学硕士，高级工程师，是德国SBA建筑和城市设计公司建筑设计部设计总监，拥有中国一级注册建筑师资质。其专业领域为办公建筑、医疗和科研实验室建筑。

蔡单婵主持参与的一系列建筑设计项目中，青岛德国中心建筑群荣获2013年DGNB（德国可持续建筑委员会）金奖认证、上海创智国际广场办公楼获得2014年美国LEED金奖认证。除此之外，她还主持参与了诸多办公、科研楼，例如上海智慧岛数据产业园总部行政大楼、广西检验检疫局综合实验大楼、长三角规划研究中心建筑设计、中建锦绣天地28-02地块建筑设计、崇明智慧产业社区核心区建筑设计二期等项目。

在建筑设计领域，蔡单婵特别擅长医疗养老建筑及科研实验室设计，主持参与的有天津医科大学空港国际医院二期、天津港保税区临港医院及国家合成生物技术创新中心核心研发基地等。

郭一洲

郭一洲，建筑学硕士，是成长于中国本土、有着长期国际合作设计经验的建筑师，同时具有计算机专业背景，目前是德国SBA建筑和城市设计公司建筑设计部设计总监，持有中国一级注册建筑师资格证和高级工程师职称证，在十几年的从业时间中，积累了较为全面的城市设计及建筑设计经验，具有设计全周期服务的经验，在办公教育、文化场馆及数字化设计方面有较多项目成果，在城市及建筑设计国际竞赛中多次获得优胜名次。

主持设计的主要建筑有：上海城市规划展示馆展陈更新改造（国际竞赛优胜奖），方案深化后项目在建；五角场创智国际广场（建成），一期工程获美国LEED金奖认证，二期工程获上海优秀工程白玉兰奖；上海西虹桥科创中心；上海城市规划展示馆（即将竣工）；沈阳空气动力研究院某所区域规划及建筑等。

主要竞赛成果：苏州平江历史街区更新竞赛第一名，上海金桥城市副中心城市设计国际竞赛一等奖，青岛电影博物馆优胜奖。

天津医科大学总医院空港医院

Airport Hospital of Tianjin Medical University General Hospital

项目业主：天津港保税区投资有限公司
建设地点：天津
建筑功能：医疗建筑
用地面积：134 000平方米
建筑面积：160 000平方米
设计时间：2010年—2021年
项目状态：一期于2015年建成，二期在建
设计单位：SBA GmbH

项目位于天津空港经济区，是天津自贸区首家三级综合医院，设置床位数量1 500张，秉承国际先进的建筑设计理念，施工按照“鲁班奖”工程标准建设，严密把控安全质量，体现“以人为本”“以病人为中心”的人文关怀精神。

设计方案的基本构思是医院应该作为一个康复的场所，同时要展示出另一种哲学，即工作场所也应拥有同样的空间品质与舒适度。各种医疗设备及科室按照完整的功能单元被清晰地组织在水平或者垂直方向上，利于病人及工作人员方便地到达各个区域。由中央屋顶花园和丰富植被构成的大型公园，创造出一种“医疗公园”的概念。

国家合成生物技术创新中心核心研发基地

International Architectural Scheme Solicitation for Core R and D Base of National Synthetic Biotechnology Innovative Center

项目业主：天津港保税区规建局
　　　　　天津临港投资控股有限公司
建设地点：天津
建筑功能：研发 办公
用地面积：84 000平方米
建筑面积：177 064平方米
设计时间：2019年
项目状态：在建
设计单位：SBA GmbH

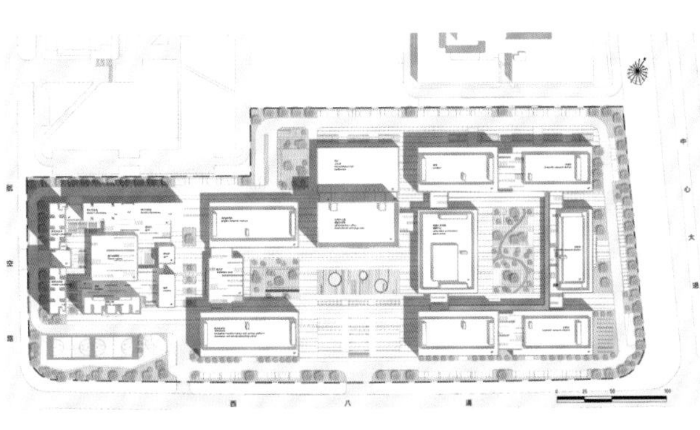

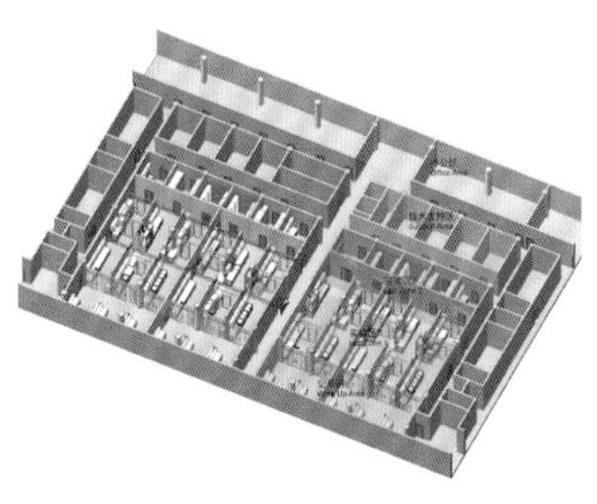

国家合成生物技术创新中心是在当前创新发展战略任务下建设的合成生物技术平台，具备国际一流的合成生物技术创新平台设施，面向企业、高校、科研院所等创新单元开放；集聚合成生物领域的高端创新资源，建立以天津为核心、京津冀联合、全国协同的合成生物创新体系，形成小核心、大网络的整体架构；组织实施面向产业的前沿与重大共性关键技术研发，为企业提供“合成生物工具”的定制化服务；建设合成生物从实验室走向产业化的孵化条件能力，促进科技成果的孵化、转化与产业化示范；搭建合成生物专业化众创空间，建立专利、金融、法规等专业服务体系，构建产业链企业联盟；与地方政府合作，建设细分行业的科技园区、区域产业集群与产业综合体。

上海创智国际广场

Shanghai KIC International Plaza

项目业主：上海胜境置业有限公司
建设地点：上海
建筑功能：办公建筑
用地面积：10 609平方米
建筑面积：36 328平方米
设计时间：2011年
项目状态：建成
设计单位：SBA GmbH

本项目位于上海江湾五角场城市副中心，拥有良好的区位优势及基础设施条件。项目以德国创智型中小企业为目标，设立德国创智企业中心大厦。

设计要求对目标企业需求、办公习惯等进行分析，提出相关企业的引进策略与符合项目定位的开发模式。同时在平面布局、功能业态分布、空间组合、室内环境等方面体现创智型以及中小企业特色，围绕“交流、沟通、开放、生态”的理念，体现办公的灵活性和自由度。项目注重绿色生态技术，对外立面、材料、设备等进行重点设计，打造符合国际创智企业风格与形象的建筑外形，并对外部空间、广场、地下空间、交通组织、景观环境等提出概念方案。

天津港保税区临港医院

Tianjin Port Free Trade Zone Lingang hospital

项目业主：天津港保税区建设服务中心
建设地点：天津
建筑功能：医疗建筑
用地面积：83 332平方米
建筑面积：85 950平方米
设计时间：2020年
项目状态：在建
设计单位：SBA GmbH

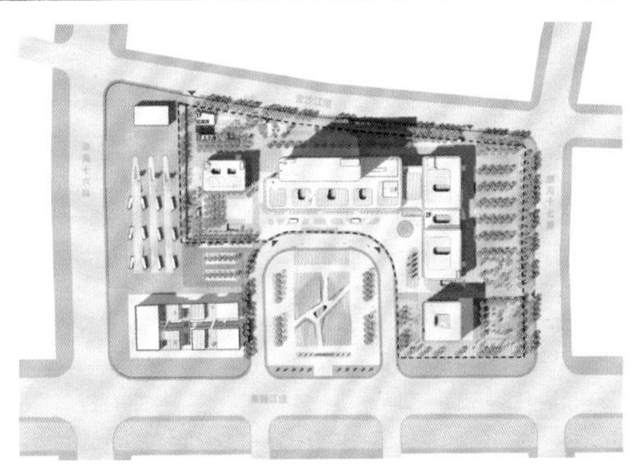

项目位于天津市海河入海口南侧，处于滨海新区核心区，设置床位数量500张。通过对建设用地的深入分析及项目要点的研究，了解到临港医院所在区域是一个重要的生活区，它为这里居民的生活和健康提供服务。首先，随着区域经济的快速发展，医疗需求日益增多，基本医疗供需矛盾不断加大；其次，区域毗邻海滨，伴随着海洋经济的快速发展，海上急救需求量也不断攀升；最后，医院在公共卫生事件中的重要作用急需加强。方案突显其特殊的设计特点。将建筑布局呈“L”形展开，同时在场地西侧端部设置院前急救广场和独立的感染楼，与邻近的急救中心联动，应对突发公共卫生事件。

刘智斌

职务：北京清华同衡规划设计研究院有限公司
建筑分院副院长
职称：高级工程师
执业资格：国家一级注册建筑师

工作经历

2001年—2003年　华森建筑与工程设计顾问有限公司
2003年—2009年　北京市建筑设计研究院
2009年—2012年　凯里森建筑事务所
2012年—2014年　北京市建筑设计研究院
2015年至今　北京清华同衡规划设计研究院有限公司

个人荣誉

中国建筑文化研究会“2020世界人居·年度杰出设计师”
中国民族建筑研究会“2018年度杰出设计师”

主要设计作品

通州当代万国城MOMA
荣获：2020世界人居·建筑、科技双金奖
2020年三星级绿色建筑设计标识证书
2018年WELL建筑标准™铂金级预认证
中建合肥产业基地
荣获：2019年安徽省优秀工程勘察设计二等奖
中建有机岛
荣获：2018年十佳农业产业规划设计奖
日照中心
春蕾小镇
房山人口迁移良乡棚户区改造
宣城EPC总承包设计
菏泽国花博览园交易中心
华罗庚中学滨湖校区
新疆科技学院新校区
英地·凤池桂苑
长江高科产业城湖畔会展中心
核工业大学大兴东校区
宝坻新城水生态住区
内蒙古大学南校区
顺义新城第26街区

张德民

职务：北京清华同衡规划设计研究院有限公司
建筑分院设计四所主任工程师
职称：工程师
执业资格：国家一级注册建筑师
国家一级消防工程师

教育背景

2007年—2012年　中国石油大学建筑学学士

工作经历

2012年—2013年　中国天辰工程有限公司
2013年—2016年　北京华清安地建筑设计事务所有限公司
2016年至今　北京清华同衡规划设计研究院有限公司

学术研究成果

《装配式技术在旧改项目中的适用性研究——以北京平房院落为例》载于《住区》杂志（2019.01）
专利：一种旧城平房改造的装配式地面结构

主要设计作品

通州当代住宅、商业施工图
中建有机岛
日照中心
菏泽国花博览园交易中心
内蒙古大学南校区
顺义新城第26街区
北京管庄施工图设计
梵石ITOWN项目
中建合肥智立方
春蕾小镇
舟山桃花岛
长春市市属公办技工院校
长春奥林匹克公园
吉林华桥外国语学院
南阳卧龙岗文化产业聚集区
张家港滨江新城金港水镇
汤阴文化街保护与更新设计

北京清华同衡规划设计研究院有限公司（以下简称“清华同衡”）是清华大学下属的全资国企，是清华控股旗下以城市研究、城乡规划设计咨询与人居环境工程技术研发为主业的成员企业，拥有城乡规划、土地利用规划、建筑设计、风景园林、文物保护勘察设计、旅游规划等多项专业资质。依托清华大学的综合学科与产业优势，通过城乡规划设计咨询，致力于开展国家与地区宏观发展政策研究以及具体的人居环境建设工程的技术研究与实施，为国家部委、各级政府部门、企业等提供研究和咨询服务。清华同衡成立于1993年（原北京清华城市规划设计研究院），于2012年8月由全民所有制改为有限责任公司，改制完成后整体划转至清华控股有限公司。

地址：北京市海淀区清河中街
清河嘉园东区甲1号楼
电话：010-82819583
网址：www.thupdi.com
电子邮箱：architen@126.com

胡庆涛

职务：北京清华同衡规划设计研究院有限公司
建筑分院设计四所主任工程师
职称：工程师

教育背景
2005年—2009年　内蒙古师范大学室内设计学士

工作经历
2009年—2010年　LANPAX设计集团
2011年—2012年　凯里森建筑事务所
2012年—2014年　北京市建筑设计研究院
2015年至今　北京清华同衡规划设计研究院有限公司

主要设计作品
日照中心
中建合肥产业基地
中建合肥智立方
中建有机岛长春吉合翡丽企业公园
菏泽国花博览园交易中心
江苏省华罗庚中学滨湖校区
宜昌市监察委员会执法办案场所
淄博博山易达广场
石家庄五十四所A3科研楼
神华准格尔能源办公楼
北京金隅嘉品MALL
淮安雨润中央新天地
济南振兴路和谐广场
临沂普尔曼酒店
临沂和谐广场
青岛李村和谐广场

南山石

职务：北京清华同衡规划设计研究院有限公司
建筑分院设计四所方案创作室主任
职称：工程师

教育背景
2011年—2016年　河北工业大学建筑学学士
2016年—2017年　爱丁堡大学建筑与城市设计硕士

工作经历
2018年至今　北京清华同衡规划设计研究院有限公司

主要设计作品
日照中心
菏泽国花博览园交易中心
中建合肥智立方

清华同衡将规划设计与科研成果转化为支撑城乡发展的源动力，持续以规划和技术回报社会，并积极投身社会公益事业，主动承担清华人“家国天下”的行业使命和社会责任。

建筑分院设计四所通过多年的持续积累，实现了跨学科、多专业、全链条的协同发展，专注于为业主提供“从投资咨询到运营管理”的一站式解决方案；专注于多功能、高复合度的综合性项目，以挑战激励创新，以创新建立价值。

从生态、绿色、健康、城市及社会等多个维度理解建筑空间的可持续性，通过设计创造可持续的人居环境。

建筑分院设计四所的主要业务范围包括建筑策划、产业及商业规划、投资或政策专项咨询、方案及施工图设计、概念规划及城市设计、商业招商及节事运营策划与管理、建筑产业化研发及设计、绿色及健康建筑设计。

通州当代万国城 MOMA

Contemporary Universal City MOMA, Tongzhou

项目业主：当代置业
建设地点：北京
建筑功能：住宅、商业、办公建筑
建筑面积：130 000平方米
设计时间：2016年
项目状态：在建
设计单位：北京清华同衡规划设计研究院有限公司建筑分院
主创设计：刘智斌、张德民、韦永超、尹黎丽、刘召军

通州当代万国城MOMA项目位于北京市副中心核心区，实现了从技术的理性向人本的回归和升维，是当代置业继东直门当代MOMA万国城之后又一个集绿色人居技术大成的标杆式项目。项目按照绿建三星标准设计并运营，不仅吸引着行业内人士的关注，也将为业主提供可持续的宜居生活方式。

项目在绿色科技方面，汇集地源热泵系统、天棚辐射系统、外墙保温系统等“十大科技”于一身，同时按照绿色建筑设计三星标准、绿色建筑运营三星标准、WELL国际健康标准进行规划及建筑设计，有望成为北京第一个落地建成的WELL住区。项目团队用了整整两年时间，尝试了住区规划及建筑设计的理念从“绿色”的技术理性向“健康”的人本回归的实践，将为即将入住的业主们提供一种更健康的生活方式。

▼恒温恒湿恒氧系统

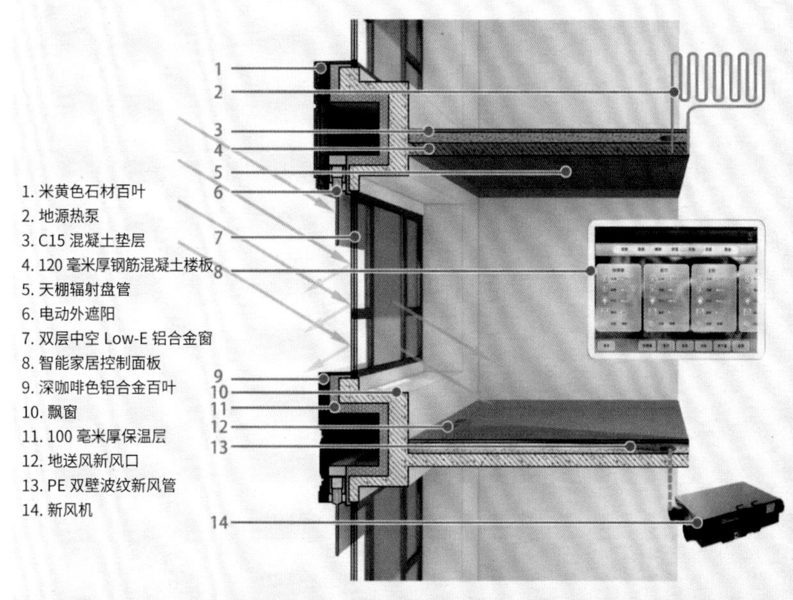

日照中心

Rizhao Center

项目业主：安泰实业
建设地点：山东 日照
建筑功能：办公、酒店、公寓、商业建筑
用地面积：314 475平方米
建筑面积：633 515平方米
设计时间：2019年
项目状态：方案
设计单位：北京清华同衡规划设计研究院有限公司建筑分院
建筑分院结构优化中心
主创设计：刘智斌、胡庆涛、南山石

日照中心是一座400米高的超高层建筑，位于日照市中心活力区，项目东侧与海岸线直线距离仅约2千米，南侧紧邻日照奥林匹克水上乐园，东南毗邻东夷小镇、四季花鸟园、海洋公园、万平口等著名旅游景点。

建筑挺拔向上的形态表达了中国传统文化中对自然山水的诗意追求，方案最终确定了“高山流水”的设计理念——旨在通过立面与形体的变化，展现城市地标主体形象的张力与动感。同时，“山水”的整体设计概念也在总图、裙房、景观等不同维度得到一致性表达。

此外，建筑巧妙地将现代功能有机融入，营造出丰富的空间感受和独特的使用体验，打造集旅游休闲、商务办公、品质栖居、运动体验等多业态于一体的复合型城市新地标。

中建产业基地 AB 地块

China Construction Industrial Base AB Block

项目业主：中建国际投资集团
建设地点：安徽 合肥
建筑功能：办公、商业、居住建筑
建筑面积：A地块：76 930平方米
B地块：210 274 平方米
设计时间：2016年
项目状态：建成
设计单位：北京清华同衡规划设计研究院有限公司建筑分院
主创设计：刘智斌、胡庆涛、韦永超、徐超

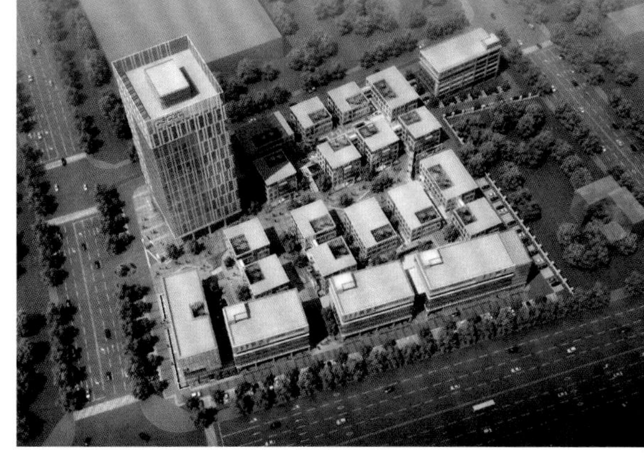

中建产业基地AB地块项目是中建国际投资集团第一个地产项目，也是安徽省包河国家级经济技术开发区的一次产业升级和实施产业产品“退二进三” 的重要示范项目。

设计任务为一期A地块及二期B地块，以WOEK范畴的办公、研发、孵化为主要功能，同时配置展示、会议、接待、餐饮、金融、法务、运动、便利店等功能；在三期的商业地块配置完善的酒店、公寓、剧院及商业中心等功能。

在功能规划方面，基于城市发展的大背景及包河区的现状，提出了产业园区小型的产城融合的设计理念。区别于传统的功能分区的发展模型，完善配置WORK、PLAY、LIVE功能。重视园区的绿色生态，引入田塬的设计理念，将园区打造成为多维度景观绿化、安静的院落桃源。

菏泽国花博览园交易中心

Heze National Flower Expo Park Trading Center

项目业主：菏泽正邦置业
建设地点：山东 菏泽
建筑功能：商业、展厅、博物馆建筑
建筑面积：136 033 平方米
设计时间：2019年
项目状态：在建
设计单位：北京清华同衡规划设计研究院有限公司建筑分院
主创设计：刘智斌、张德民、胡庆涛、南山石、汪奕玮、刘龙

菏泽国花博览园交易中心位于山东省菏泽中心城区北部，设计旨在提升与推广菏泽牡丹之都的形象与影响力，打造国内花卉博览产业明珠，构建现代化、生态化、国际化的花卉展示平台和大自然体验中心。园内建设国花博览馆、国花交易中心、伊甸园室内温室、观景塔、花园式主题酒店等项目。

项目在设计上将传统花卉种植与现代旅游产业相结合，打造“花卉+”产业模式，推进产业转型与升级；充分利用基地内现有水系，营造滨水景观及亲水活动项目，规划建设尽量避免对自然土壤和水资源的破坏；作为休闲旅游服务目的地，设计体现以人为本的设计理念，打造宜人的空间尺度，方便游客进行室外休闲活动。

装配式技术在旧改项目中的适用性研究

Study on the Applicability of Assembly Technology in Project

项目业主：私人　　建设地点：北京
建筑功能：居住建筑　　建筑占地：128平方米
设计时间：2016年—2017年
项目状态：建成
设计单位：北京清华同衡规划设计研究院有限公司建筑分院
主创设计：刘智斌、刘军、孙晓彦、韦永超、王鹏、舒涛、张德民、王心韵

研究装配式技术在旧改中的适用性，是为改进现有旧改中的建造方式，减小旧城更新过程中的环保压力，降低各项成本，为存量规划的实施提供更多选择。

胡同院落在旧改中具有突出的复杂性，设计团队在北京白塔寺区域，选择了几个具有代表性的平房院落，采用装配式技术对其进行改造升级，收到非常好的社会反响。

2017年清华同衡规划设计研究院设立了“装配式建筑在旧城改造项目中的适应性研究”的研究课题，由建筑分院承担研发任务，经过课题组的潜心研究，三个平房院落通过采用装配式改造，经过对全装配体系的实践和对部件的更新迭代，初步完成了装配式旧改的产业化实践。

北京东城光明楼简易楼改建

Reconstruction of Guangming Building and Simple Building, Dongcheng District, Beijing

项目业主：京诚集团　　建设地点：北京
建筑功能：居住建筑　　建筑面积：1 779 平方米
设计时间：2019年　　项目状态：施工图阶段
设计单位：北京清华同衡规划设计研究院有限公司建筑分院
主创设计：刘智斌、张德民、杨芳、汪奕玮

该旧楼房改建试点小区始建于20世纪60年代，为三层砖混结构简易楼，已属于危险等级较高的居住楼。这次试点是渐进式设计改建的一次尝试——将原危旧简易楼拆除，在原地重新建新楼，设计方案可回迁全部原有居民。同时尊重民意，居民可自愿选择回迁或外迁。

在深入理解存量改造的基础上，结合实地调研与深入交流，设计了改建方案。改建后建筑由三层变为四层，增加了每户套内的使用面积，使每户都有了独立的厨房和卫生间，居住体验得到了很大的改善；同时在楼栋首层增加了社区公共服务设施的空间。建筑总层数为四层，与光明楼小区其他建筑层数保持一致，延续城市立面，并用坡屋顶塑造其体量的完整性。

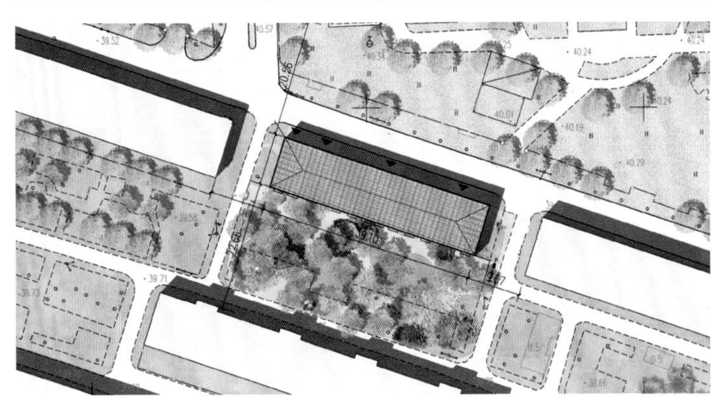

李琪

职务：西安市城市规划设计研究院院长
职称：正高级工程师

教育背景

1987年—1991年　西北建筑工程学院建筑学学士

工作经历

1991年—2003年　西安市规划局
2003年—2008年　西安市城市规划设计研究院
2008年—2013年　西安市规划局未央分局
2013年至今　　　西安市城市规划设计研究院

个人荣誉

西安市突出贡献专家
陕西省住房城乡建设科学技术专家委员会专家
中国城市规划协会常务理事
陕西省城乡规划协会副会长
《规划师》杂志编委
西安建筑科技大学硕士研究生校外导师
西安交通大学硕士研究生校外导师
长安大学客座教授
中国城镇化促进会城镇建设发展专业委员会专家
《中国城市报》城乡创新发展专家委员会专家

主要设计作品

大明宫遗址保护性总体规划
荣获：2005年陕西省优秀城乡规划设计一等奖
西安环城西苑规划
荣获：2005年陕西省优秀城乡规划设计二等奖
西安市第四轮总体规划（2008年—2020年）
荣获：2007年全国优秀城乡规划设计一等奖
　　　2007年陕西省优秀城乡规划设计一等奖
西安幸福新城核心区控制性详细规划
荣获：2013年全国优秀城乡规划设计二等奖
　　　2013年陕西省优秀城乡规划设计二等奖
西安市总体城市设计
荣获：2015年全国优秀城乡规划设计一等奖
　　　2015年陕西省优秀城乡规划设计一等奖
西安市总体城市设计
荣获：2015年全国优秀城乡规划设计二等奖
　　　2015年陕西省优秀城乡规划设计一等奖
西安火车站综合交通枢纽规划
荣获：2015年陕西省优秀城乡规划设计一等奖
小雁塔历史文化片区更新提升规划
荣获：2017年全国优秀城乡规划设计二等奖
　　　2017年陕西省优秀城乡规划设计一等奖
西安历史文化名城保护规划
荣获：2019年全国优秀城乡规划设计一等奖
　　　2019年陕西省优秀城乡规划设计一等奖
西安市色彩规划研究及管控导则
荣获：2019年全国优秀城市规划设计二等奖
　　　2019年陕西省优秀城乡规划设计一等奖
大西安绿道体系规划
荣获：2019年全国优秀城市规划设计二等奖
　　　2019年陕西省优秀城乡规划设计一等奖

学术研究成果

1. 《新形势下西安近郊地区的社会主义新农村规划——以灞桥区农村布局规划为例》第一作者，《西北大学学报》2007年168期。
2. 《西安建设人文化生态城市的新探索》第二作者，《西北大学学报》2007年168期。
3. 《西安明城墙区绿色交通体系的创建》第一作者，《城市发展研究》2013年（第八届）城市发展与规划大会论文集。
4. 《西安生态城市建设目标与构建策略》第一作者，《规划师》2014年第1期。
5. 《“一带一路”战略下西安开放开发新高地规划建设策略》第一作者，《规划师》2016年第2期。
6. 《生态文明建设背景下西安国土空间规划体系建构的思考》唯一作者，《规划师》2020年第36卷。

袁家村就地城镇化发展规划及近期建设实施

西安市城市规划设计研究院
XI' AN CITY PLANNING&DESIGN INSTITUTE

西安市城市规划设计研究院成立于1990年，现为西安市自然资源和规划局下属的事业单位，业务范围涵盖城市规划、城市设计、风景园林、交通规划和市政工程等多个方向，并具有规划设计甲级资质、文物勘察保护工程乙级资质。西安市城市规划设计研究院凭借强大的设计阵容、多学科专业的组合，跻身全国有影响力的规划设计单位行列。

西安市城市规划设计研究院下设党委办公室、行政办公室、总工办、经营管理室、规划设计一所至四所、建筑景观所、国土空间规划编制研究中心、城乡空间创新发展研究中心和CIM数据中心等部门，有交通规划研究分院、长安分院、西咸港务分院和历史文化名城分院等多个分院，此外还有西安筑邦规划设计研究咨询有限公司、西安天元规划设计研究有限公司等多个子公司。全院现有职工274人，共有各类专业技术人员248人，其中正高级技术职称有11人、副高级技术职称有81人、西安市突出贡献专家4人、留学归国人员15人及国家注册城乡规划师和建筑师41人。

建院以来，以“匠心营城、服务为本”为办院理念，共完成大型规划设计项目8 000余个，在古城保护、城市更新、交通规划等领域具有显著优势。西安市城市规划设计研究院以服务大西安经济建设和社会发展为首要任务，坚持开放办院、创新发展，用规划人的聪明才智和无私奉献去描绘更加灿烂的明天！

地址：西安市莲湖区劳动南路178号
电话：029-84333560
传真：029-84333560
网址：www.xaguihua.com

西安火车站综合交通枢纽规划

Xi'an Railway Station Integrated Transportation Hub Planning

项目业主：西安市规划局
建设地点：陕西 西安
设计时间：2012年—2014年
设计单位：西安市城市规划设计研究院
项目负责：李琪
设计团队：曹恺宁、王学超、宋瑞涛、吕向华、
赵红茹、严少乐、朱凯、樊雅江、李长江、
韩超、张春、李冰、刘立常、卢守义

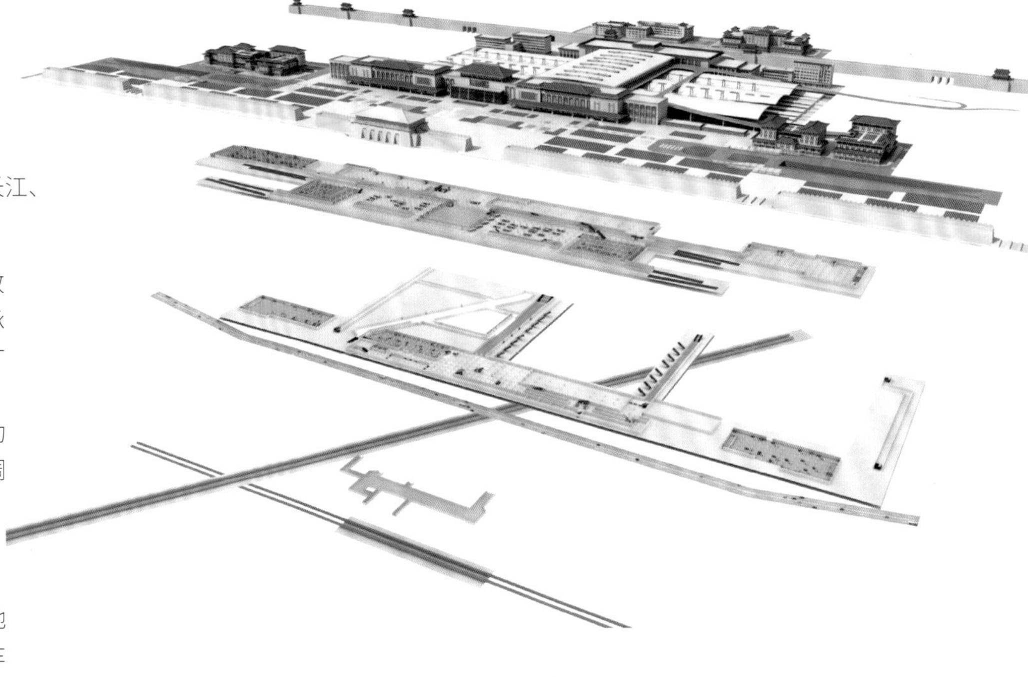

西安火车站始建于1934年，1990年完成新站改建工程，2014年客流量达3 733万人次，已超出其承载能力。中国铁路总公司拟对西安火车站进行改扩建，以改善该站的列车运行条件和旅客出行环境。规划设计以枢纽改造和城市更新为契机，以交通功能与城市功能相融合、交通环境与城市风貌相协调为目的，构筑一个现代化的功能综合、布局合理、换乘便捷、运作高效的一体化综合客运交通枢纽，提升城市整体形象。

项目规划用地总面积为8 477 000平方米，地上建筑总面积为609 500平方米。建筑包括有火车站北站房、火车站东配楼、火车站北广场、铁路高架与轨道、行李房、公共服务配套设施、长途客运站、旅客服务中心以及铁路配套设施等。

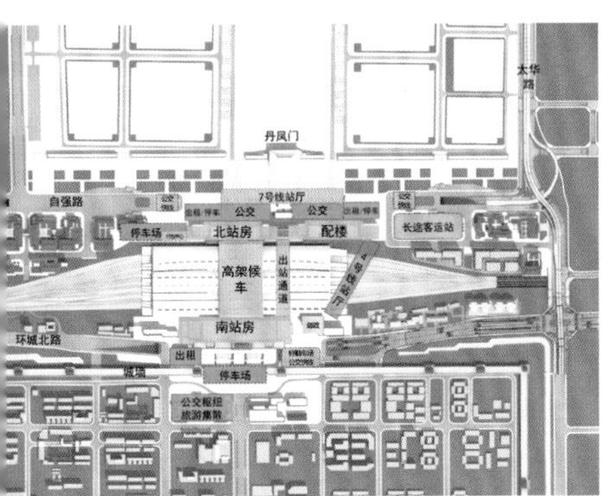

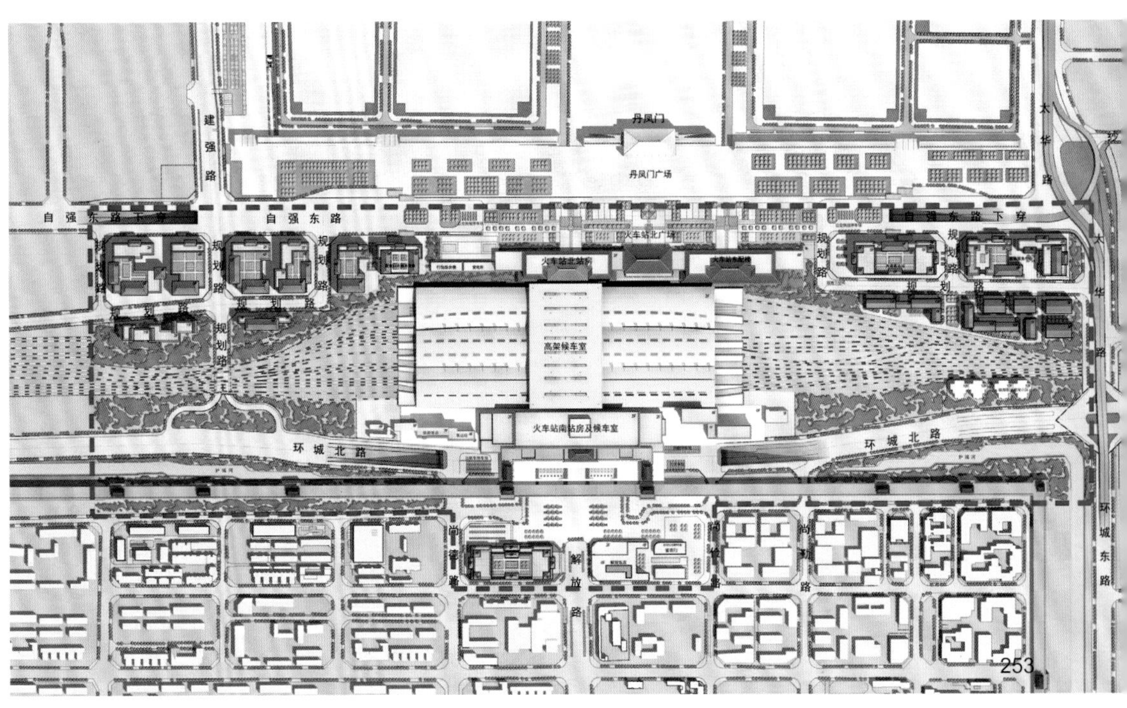

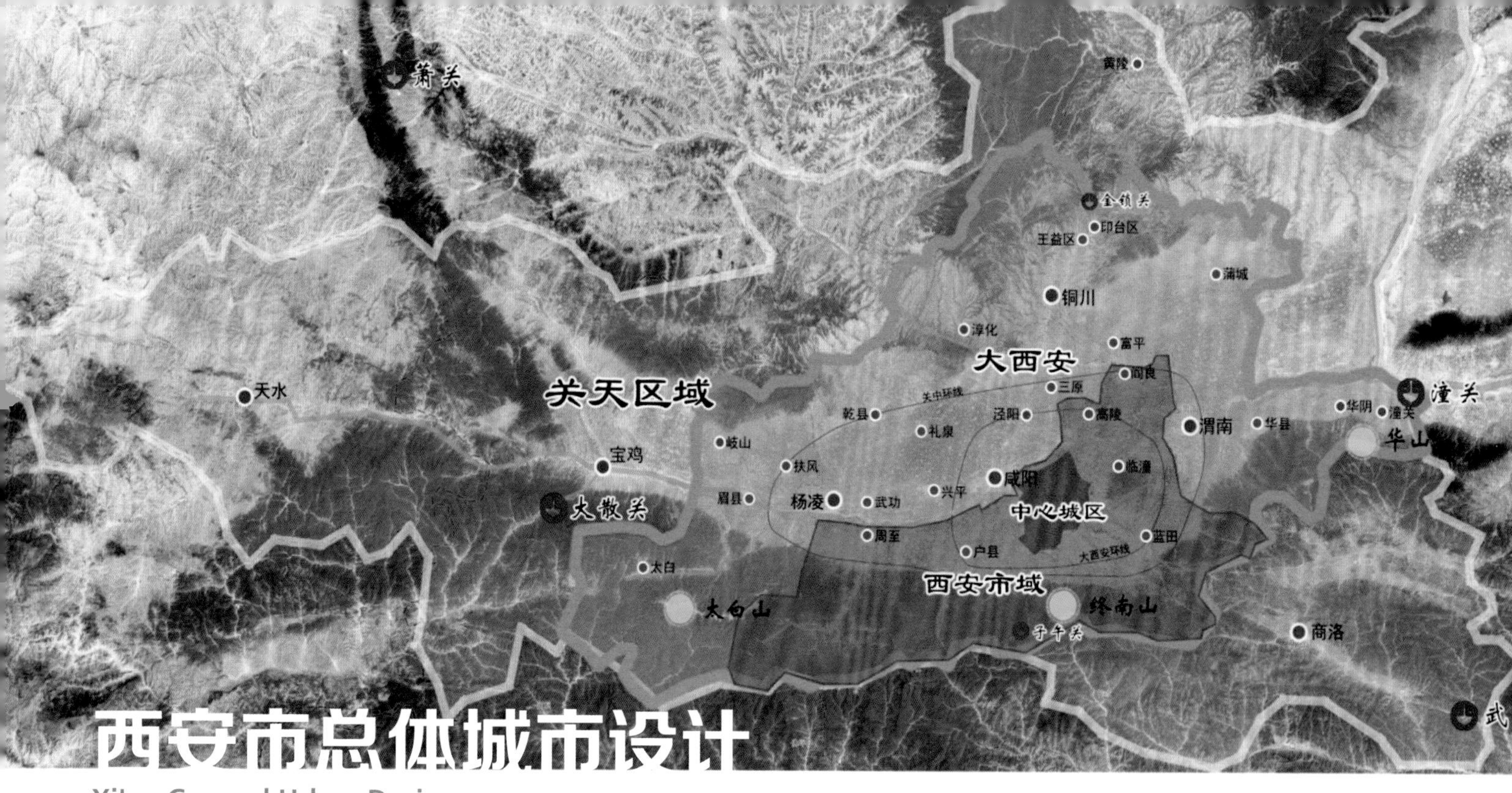

西安市总体城市设计

Xi'an General Urban Design

项目业主：西安市规划局
建设地点：陕西 西安
设计时间：2014年
设计单位：西安市城市规划设计研究院
项目负责：李琪
设计团队：周庆华、龙小凤、雷会霞、任云英、郝钊、杨彦龙、白娟、李晨、孙衍龙、舒美荣、薛妍、周文林、薛晓妮、王杨、张江曼、倪萌、李薇、杨晓丹、王晓兰

项目定位

为了进一步提升西安市城市规划管理水平，强化城市规划的引领作用、刚性约束力和法律效力，推进城市精细化管理，完善城市功能，提升城市品位，西安市开展了西安市城市设计全覆盖工作，并进行总体城市设计、分区城市设计、重点地段及城棚改项目设计等三个层次的城市设计工作。

研究范围

此次规划在研究层面突破行政辖区范围，将与西安的历史大环境发展密切相关的区域作为整体研究对象，建立关天区域、大西安区域、西安市域和西安市中心城区四个研究范围。其中关天区域和大西安区域是总体城市设计的研究范围，西安市域和西安市中心城区是主要设计和控制区域。

设计目标

西安是承载中华文明复兴的代表性城市和彰显东方文化价值观的国际化大都市。规划以历史文化为主导，以近现代文化为重要补充，确立文化自信、文化自觉、文化复兴的文化建设目标；以东方文化价值观引领西安发展，以唐城为重要载体，展示西安应有的文化地位。承古开新，建立文化之城、生态之城、休闲之城和现代之城的未来国际化大都市。

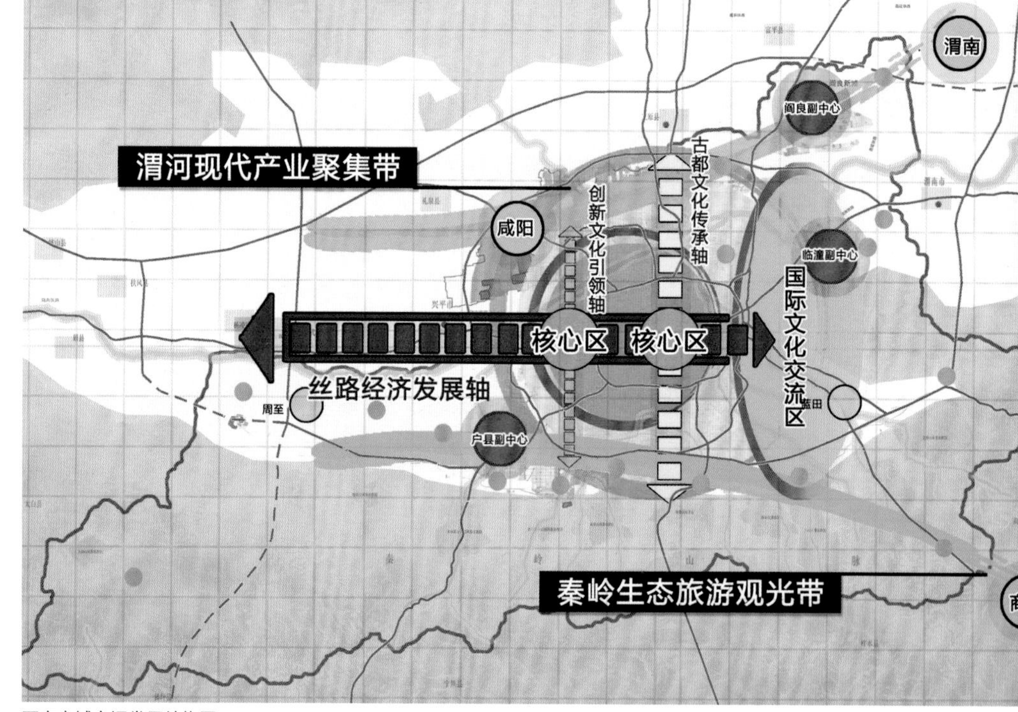

西安市域空间发展结构图

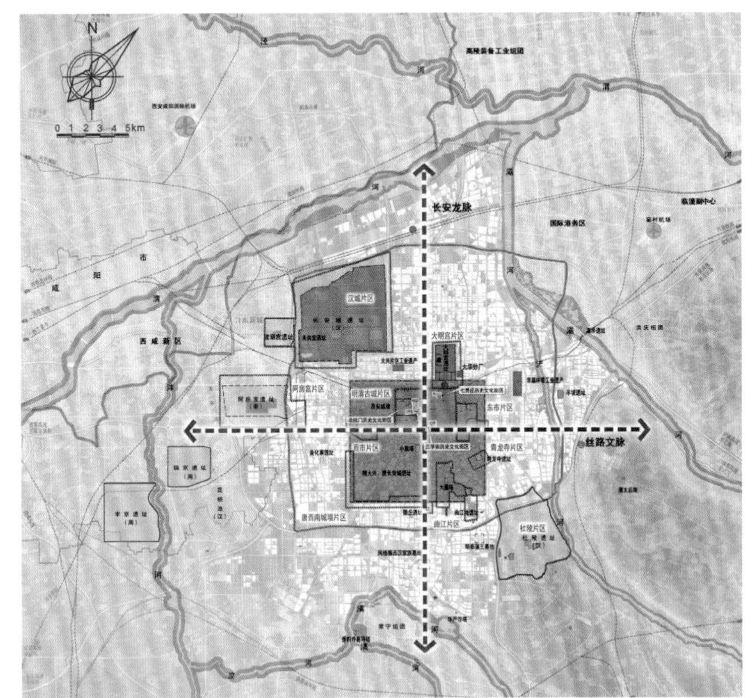

西安市中心城区历史文化名城保护规划图

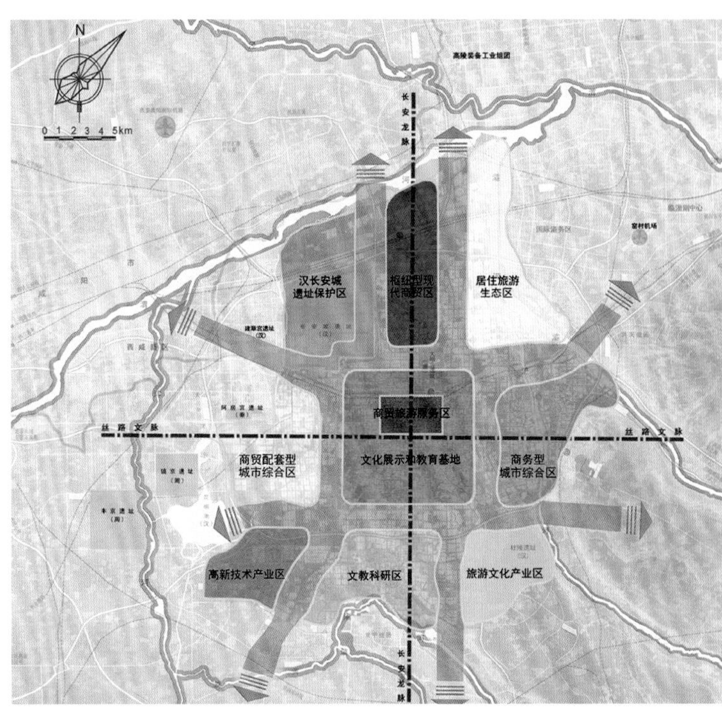

西安市中心城区空间格局规划图

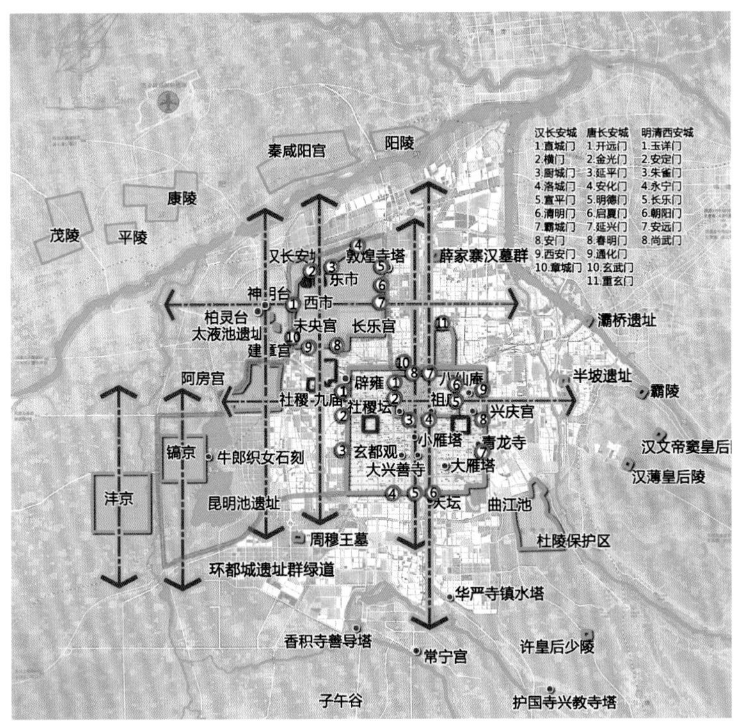

都城脉络保护图

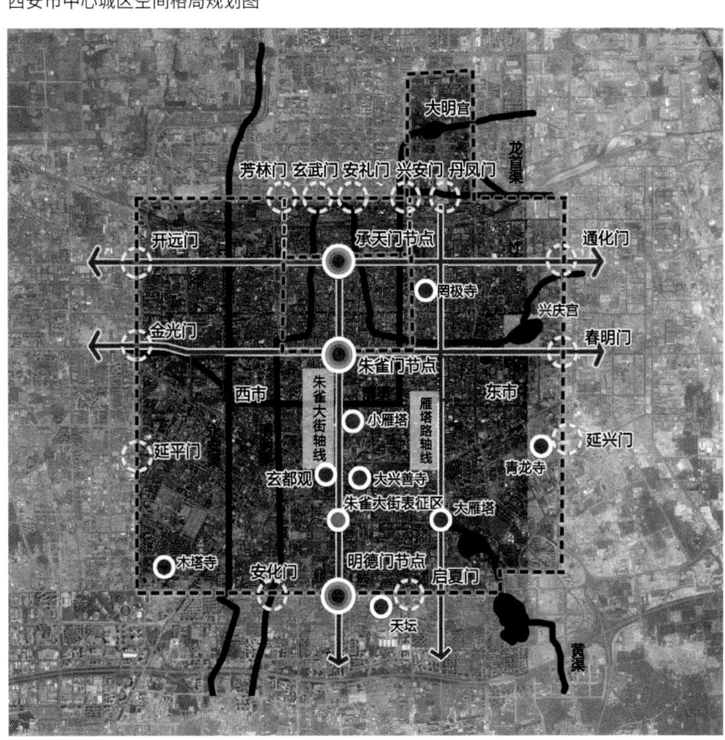

唐城历史空间结构修复图

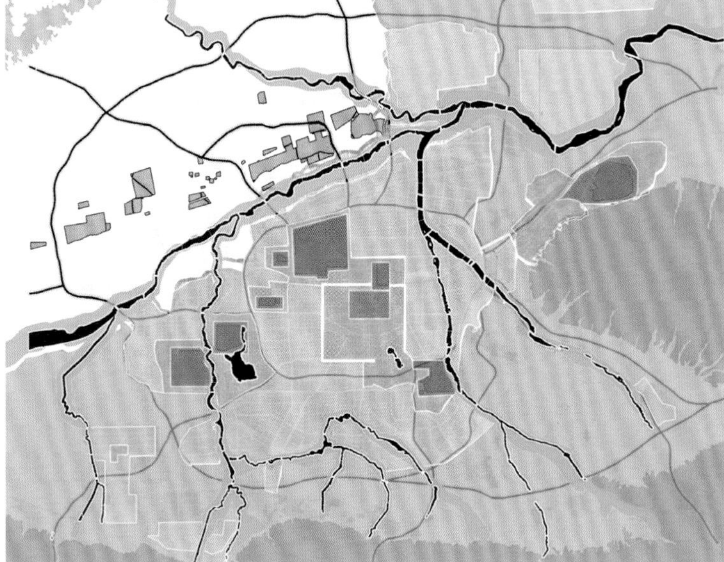

建筑风格控制体系规划图

色彩体系控制分区规划图

西安幸福新城核心区控制性详细规划

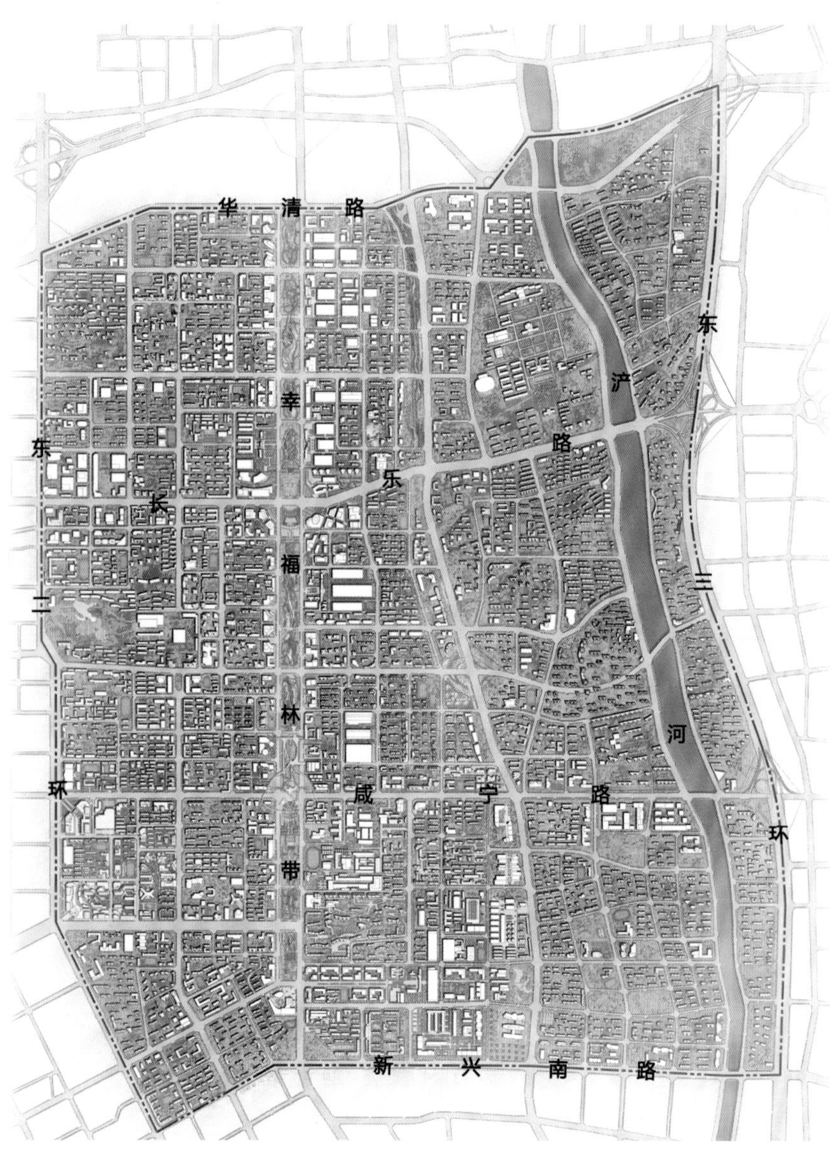

平面图

Xingfu New Town Core Area Control Detailed Planning, Xi'an

建设地点：陕西 西安
设计时间：2016年—2019年
设计单位：西安市城市规划设计研究院
项目负责：李琪
设计团队：宋颖、刘春凯、李珈、海慧、李孜、赵雯迪、李琢玉、宋明菲、史晓成、王奎、卓文淖、石珂、王更、刘博

规划范围

西安幸福新城核心区控制性详细规划的研究范围确定为：东接东二环，西达东三环，北至华清路，南临新兴南路，规划面积30.7平方千米。在研究范围内确定新城空间结构、产业及职能；核心区范围面积为11.2平方千米，核心区内规划主要在调整用地、完善道路、控制指标、利用地下空间等方面进行详细设计。

规划定位

核心区成为“面向世界的时尚新窗口，比肩国际的生态新典范”，建成科技之城、时尚创智之城、生态宜居之城。

控制性详细规划

实行单元管控、刚弹结合的控制原则，对开发强度及人口容量进行总量控制，使用地块平衡的控制方法，对公共服务设施定性定量，并以虚线引导。对重点项目深化到地块详则，控制所在地块的建设指标、建设控制线和坐标，这是指导土地储备、交易的直接依据。对地块内建筑高度、开放空间及城市连续界面等城市设计引导性内容进行细化。

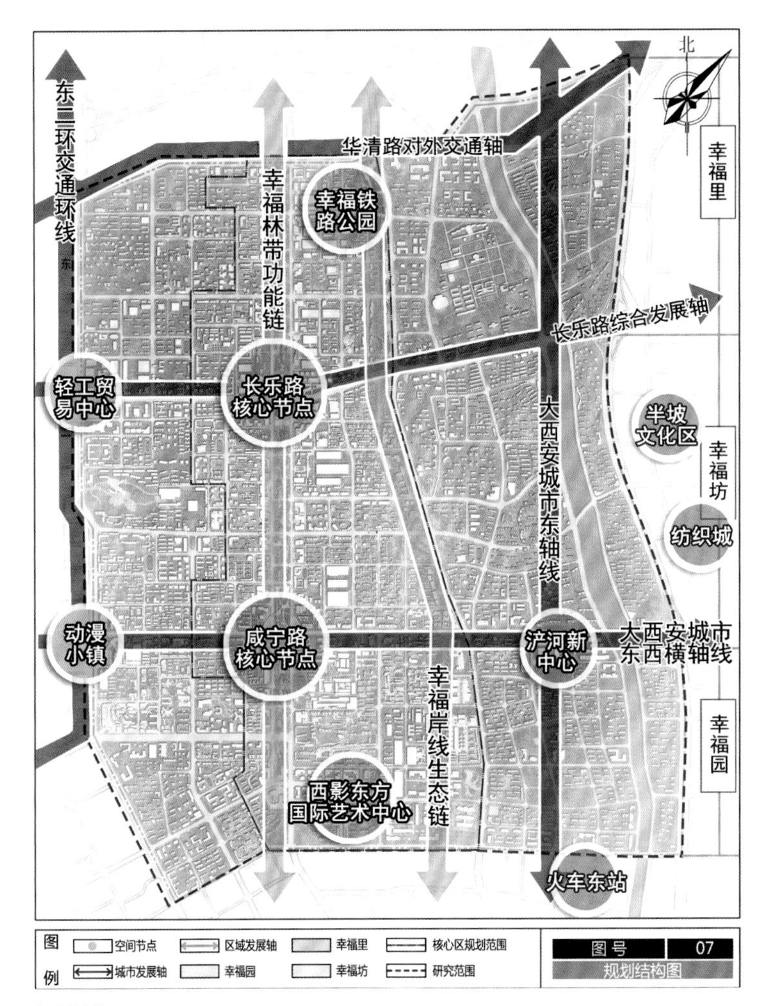

规划结构图

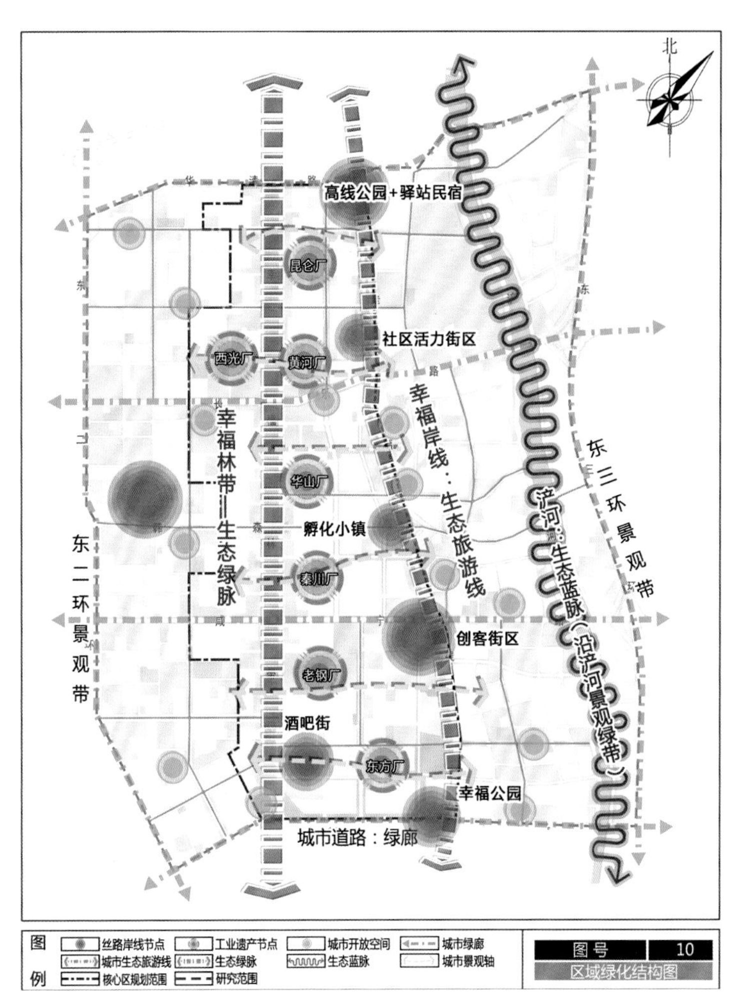

区域绿化结构图

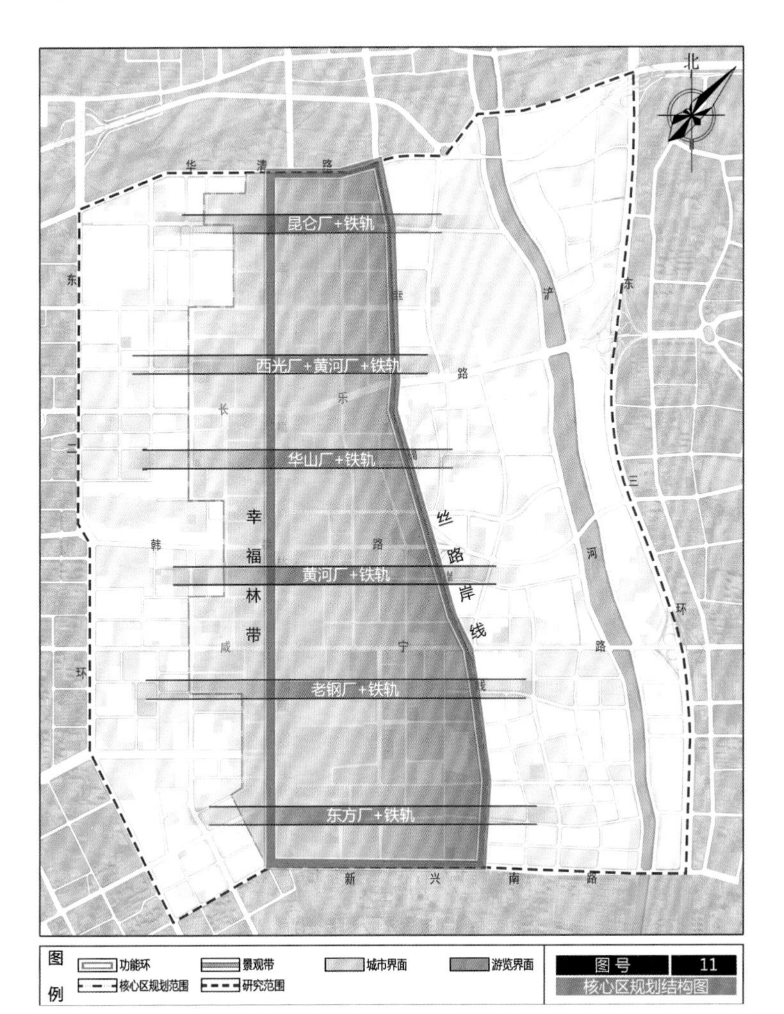

核心区规划结构图

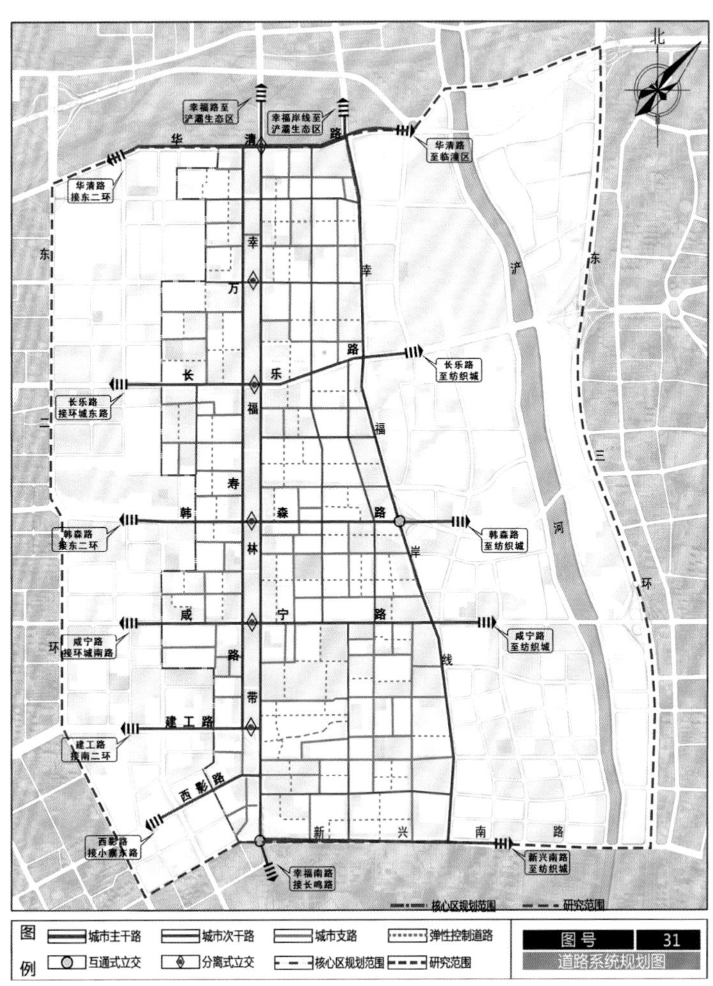

道路系统规划图

李兴

职务：上海栖舍建筑设计事务所创始人、总经理、设计总监
职称：高级工程师

教育背景

2004年—2009年　青岛理工大学建筑学学士

工作经历

2008年—2009年　上海复旦规划建筑设计研究院
2009年—2016年　山东大卫国际建筑设计有限公司
2016年—2018年　天津大学建筑设计规划研究院山东中心
2018年至今　上海栖舍建筑设计事务所

主要设计作品

威海市档案中心
荣获：2015年山东省优秀建筑设计方案一等奖
山东艺术学院艺术实践中心
荣获：2015 年山东省优秀建筑设计方案一等奖
宁夏隆德县博物馆（非遗馆）及图书馆
荣获：2016年山东省优秀建筑设计方案三等奖
长沙大汉·汉学院
荣获：2017年全国优秀工程勘察设计二等奖
2015年山东省优秀工程勘察设计一等奖
2015年济南市优秀工程勘察设计一等奖
沂南县客运中心
荣获：2017年全国优秀工程勘察设计二等奖
2015年山东省优秀工程勘察设计一等奖
2015年济南市优秀工程勘察设计一等奖
2015年全国优秀工程设计“华彩奖”银奖
中国红嫂革命纪念馆
荣获：2017年全国优秀工程勘察设计二等奖
2015年山东省优秀工程勘察设计二等奖
济南市历城二中
荣获：2019年山东省优秀建筑设计方案二等奖
临沂跨贸小镇
荣获：2019 年山东省优秀建筑设计方案三等奖
山东画院创作基地

董廷路

职务：上海栖舍建筑设计事务所创始合伙人、副总经理、设计总监
职称：工程师

教育背景

2010年—2015年　山东建筑大学建筑学学士

工作经历

2014年—2017年　山东大卫国际建筑设计有限公司
2017年—2018年　天津大学建筑设计规划研究院山东中心
2018年至今　上海栖舍建筑设计事务所

主要设计作品

山东艺术学院艺术实践中心
荣获：2015 年山东省优秀建筑设计方案一等奖
济南市历城二中及稼轩学校唐冶新校区
荣获：2019年山东省优秀建筑设计方案二等奖
济南市历城二中
荣获：2019 年山东省优秀建筑设计方案二等奖
聊城新动能创业中心大厦
荣获：2019 年山东省优秀建筑设计方案三等奖
临沂跨贸小镇
荣获：2019 年山东省优秀建筑设计方案三等奖
山大附中永锋实验高中
荣获：2019 年山东省优秀建筑设计方案三等奖
济宁国际中心
荣获：2019 年山东省优秀建筑设计方案三等奖
山东省少儿齐文化研学基地
荣获：2019 年山东省优秀建筑设计方案三等奖
山东画院创作基地

我们的追求：我们的理想是通过设计的表达赋予建筑生命，给予人们在探寻建筑空间之后的真实感动。把建筑看作有情感、有性格的生命体，在经过时间沉淀后保留建筑与自然和人的故事。建筑的设计，不止为这个时代。

我们的团队：栖舍建筑在上海、济南、杭州设有分部，建立全国各地的服务网络。他们是力求探索自己独特设计语言，挖掘建筑与场域多样共处模式的设计团队。

团队拥有一流的建筑、景观、室内等专业近百余名设计人才，是一支高效精干、激情活跃的团队。主创设计师均在知名设计事务所及方案公司任职多年，在工作经历中积累了丰富的设计经验，参与过众多获奖的项目。

我们的方式：合作是实践的主要方式，因为他们认为最优秀的设计方案源自与所有利益相关者的合作与沟通。他们将客户视为合作伙伴，并将每个项目看作一项独特的挑战，汇聚专业的设计师，共同设计创新的解决方案。

我们的作品：栖舍建筑专注于文化教育、产业办公、酒店商业、特色小镇、高品质住宅的方案设计领域。力求多元化发展，提升项目品质，融合室内、景观等设计领域。

地址：山东省济南市高新区汉峪金谷A1-5栋山东海洋大厦18层
电话：0531-59586297
传真：0531-59586297
网址：www.qishe-design.cn
电子邮箱：317319160@qq.com

济南国际创新设计产业园

Jinan International Innovation Design Industrial Park

项目业主：山东出版集团有限公司
建设地点：山东 济南
建筑功能：办公建筑
用地面积：18 791平方米
建筑面积：26 984平方米
设计时间：2017年
项目状态：建成
设计单位：上海栖舍建筑设计事务所
主创设计：李兴、董廷路、李华洁

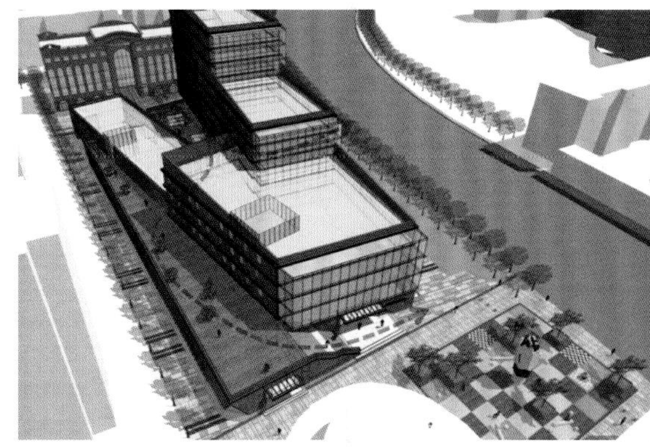

屋顶流线分析图

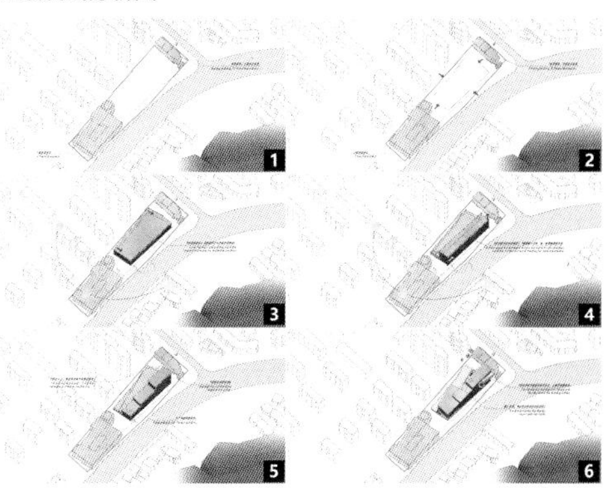

体块生成分析图

项目位于济南市市中区，曾经是山东出版集团的办公园区。近年来，随着文化产业形态的转变，人们的文化意识也从自我转向群体，群众关注群体的一致性多于个体的独特性，“城市共享”这一概念越来越被广泛应用在生活中。山东出版集团作为山东文化企业的先锋集团，希望将新建的办公园区定位为一座创新产业园，引入互联网、广告等行业的创意公司，为城市增添一座创新人才聚集的办公场所，表达与城市共享的未来观点。

建筑师受邀参与产业园设计，重写场地“内与外”的故事，统一外在的群体性，突出内在的个体性，建立建筑与城市之间的空间共享，让这里成为济南江北首个以工业设计为主题，为城市和创新人才服务的园区。

产业园通过退台体量为城市地块和界面做减法，通过景观性建筑山地为城市公共空间做加法，为园区内创意人才提供既开放又具个性的工作场所，这便是建筑师为山东文化重写的建筑故事，将内部的个体文化属性转写为外部的城市集体文化属性。在设计中，建筑师一直在讨论，“在城市的限定空间内需要什么样的建筑？限定空间内的建筑需要具有怎么样的城市属性？”，这种城市与建筑之间加减法的灵活运用，或许是一种合理和高效的可行办法。

山东画院创作基地

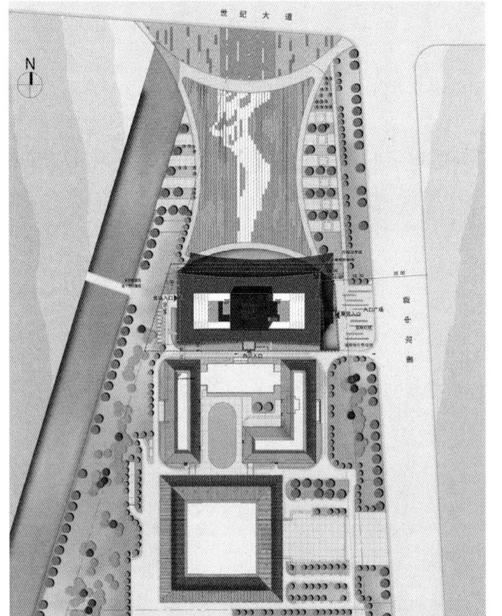

Creation Base of Shandong Painting Academy

项目业主：山东画院
建设地点：山东 济南
建筑功能：文化建筑
用地面积：6 319平方米
建筑面积：9 961平方米
设计时间：2019年
项目状态：在建
设计单位：上海栖舍建筑设计事务所
主创设计：李兴、董廷路

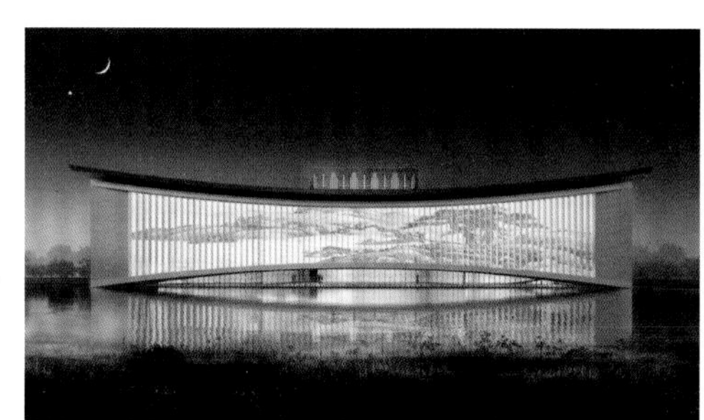

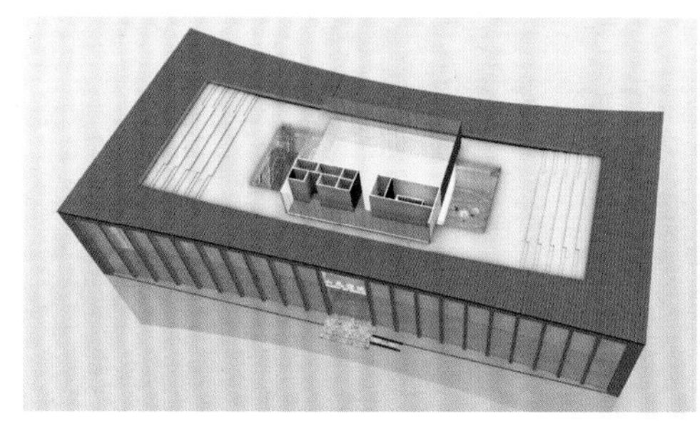

该项目是山东省文化厅重点工程，建筑以“墨韵绕山水，开卷见齐鲁。两水夹明镜，双桥落彩虹”为设计理念。人们沿世纪大道缓行，山东画院如一幅齐鲁画卷映入眼帘，以其宽宏大气迎接前来的访客。展开的齐鲁画卷浮于水面之上，宛若城市公园的帘幕，为人们展现着旷世名作和齐鲁文化。始于此，也终于此，淡淡墨韵环绕山水之间。

走近画院，入口和画卷下部的拱桥落于静水之上，不禁让人想起李白的“两水夹明镜，双桥落彩虹”。转入内部，它坚毅如山，灵动如水，体现着齐鲁大地“一山一水一圣人”的风采，行走其中，宛如寄情于山水之间，畅游在画作之中，为使用者和参展者提供一个“墨韵绕山水”的环境。

香河生态园公共服务管理中心

Xianghe Ecological Park Public Service Management Center

项目业主：江苏香河农业开发有限公司
建设地点：江苏 连云港
建筑功能：办公建筑
用地面积：39 556平方米
建筑面积：34 666平方米
设计时间：2020年
项目状态：在建
设计单位：上海栖舍建筑设计事务所
主创设计：李兴、宿晓峰、李华洁、董廷路、李猛

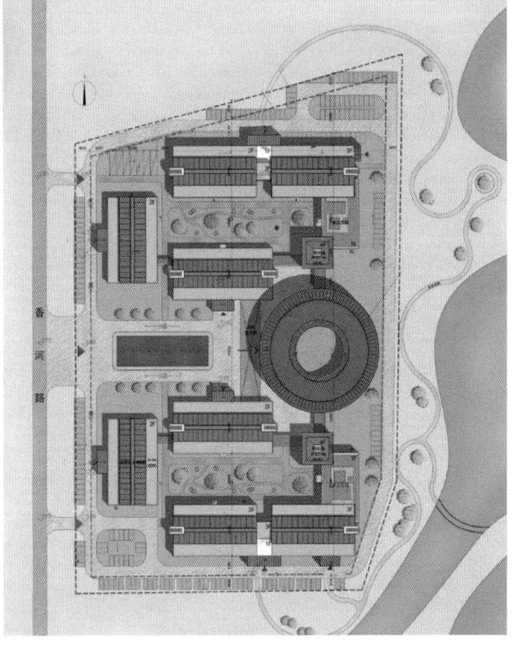

日出东方 风光如画

中轴对称 端庄大气

荷塘月色 悠然恬静

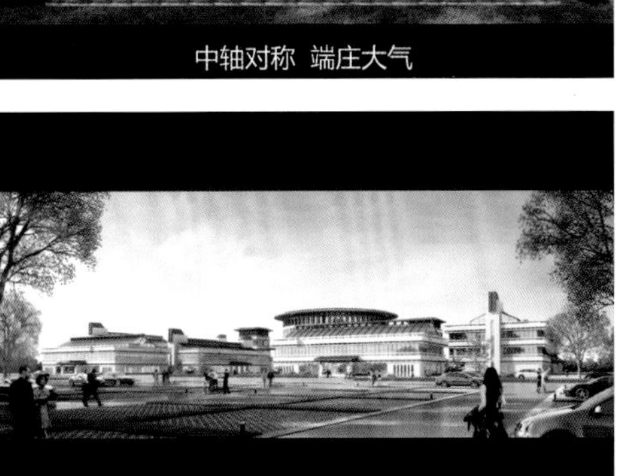
传统转译 错落有致

功能分区

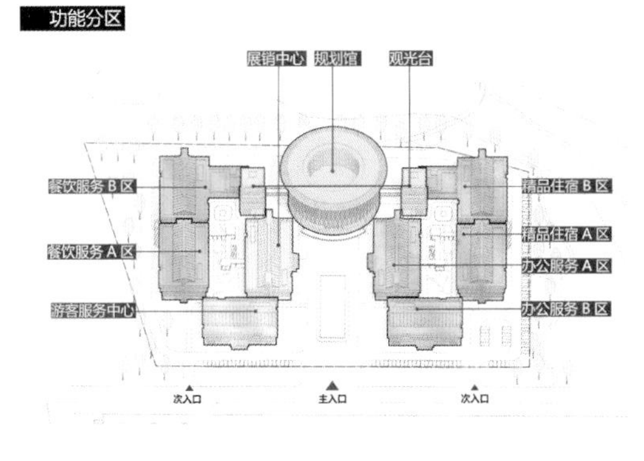

项目规划设计采取中轴对称的中国传统建筑布局方式，将各功能建筑有序地纳入其中，整体布局端庄大气，并通过建筑之间的围合形成两个内院，丰富了项目景观的空间层次。游客服务中心、展销中心、服务办公楼等建筑布置于中轴线以北，形成对外服务区；两栋办公楼、餐饮服务区及综合服务楼布置于中轴线以南，形成对内服务区；规划馆位于中轴线上，与两侧的观光塔构成整个建筑群的标志性建筑，规划馆以及观光塔都位于沿河一侧，通过延展景观面形成极佳的景观视野。

滨州轻工电子产业园

Binzhou Light Industry Electronic Industrial Park

项目业主：滨州市中海创业投资集团有限公司
建设地点：山东 滨州
建筑功能：办公建筑
用地面积：153 100平方米
建筑面积：254 500平方米
设计时间：2020年
项目状态：在建
设计单位：上海栖舍建筑设计事务所
主创设计：李兴、董廷路、李猛、宿晓峰

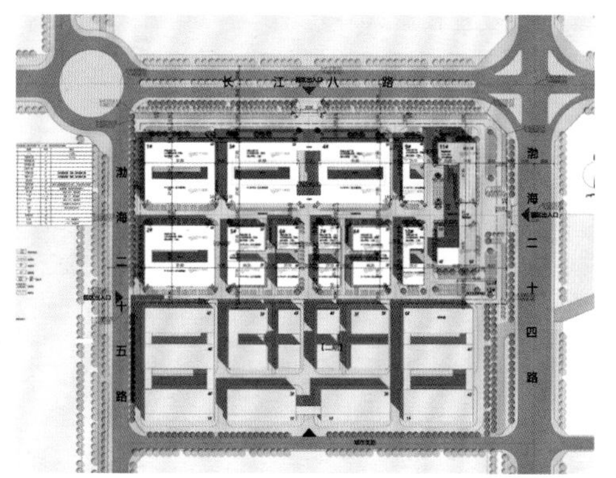

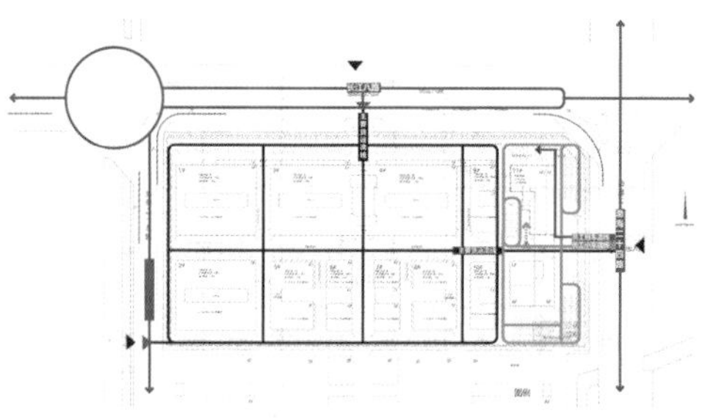

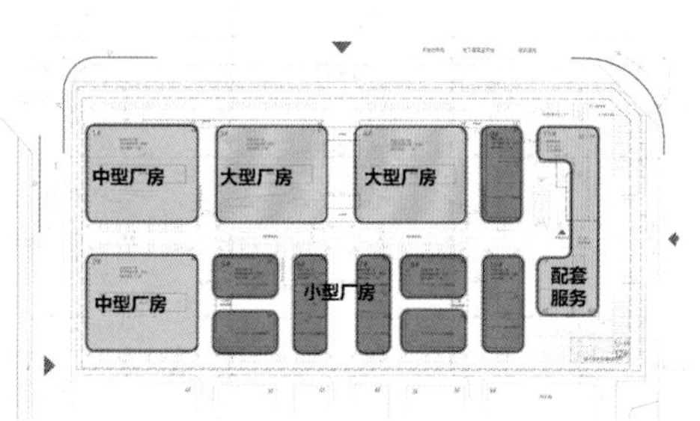

方案的设计愿景为打造新旧动能示范区发展标杆及制造业转型升级样板，塑造多元化生态型产业新城。产业园采用“生产环境生态化、生产服务市场化、生产空间专业化”的设计理念，集人性化、集约化、弹性化和现代化等特色于一体。园区内建设小型、中型、大型等多种形式的产品，满足科技企业孵化培育、中小企业成长创业、扩大吸引外商、延伸配套服务、地方经济扶持培植及中小企业拆迁安置的需求。同时，植入九大智慧化系统，助力打造智慧化产业区。

连云港香河民宿

Xianghe Village, Lianyungang

项目业主：江苏香河农业开发有限公司
建设地点：江苏 连云港
建筑功能：文旅建筑
用地面积：293 480平方米
建筑面积：97 040平方米
设计时间：2020年
项目状态：中标深化中
设计单位：上海栖舍建筑设计事务所
主创设计：李兴、李华洁、董廷路、宿晓峰、孙玉婷

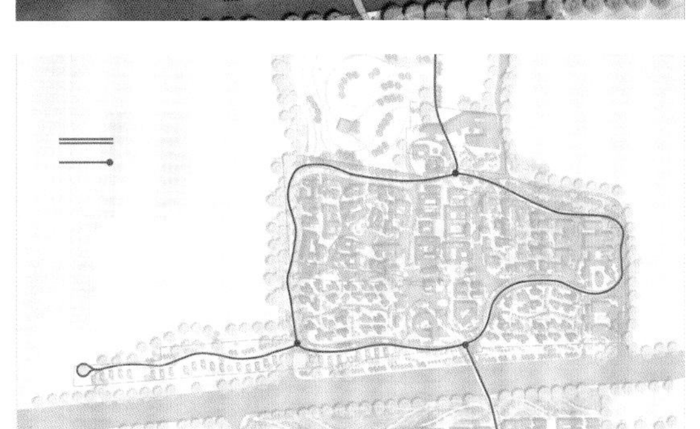

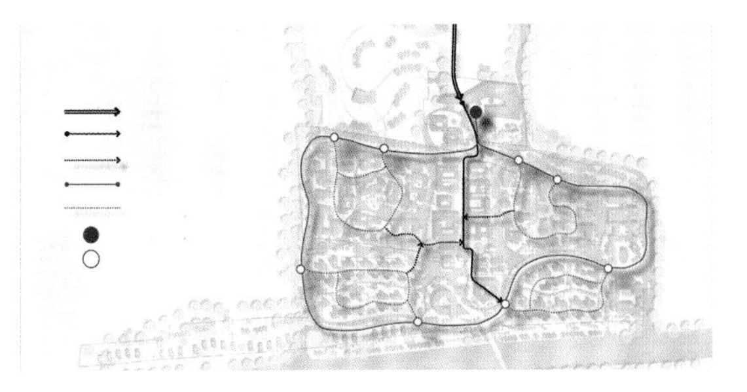

民宿酒店设计以“水”为魂，规划新的村落肌理关系，把自然水景和人工水景结合起来，合理规划区域功能；优化区域道路，加宽车行道路，扩大行车空间；梳理区域绿化层次，强化绿化空间设计，提高民宿的环境舒适度。

外部建筑环境坚持亲切、简约的原则，就地取材，充分利用当地的石材等建筑材料，采用精致与粗糙相结合的方式，将民宿酒店建筑的外部与乡村肌理和自然环境融为一体，提取当地建筑特色，凝练建筑语言，以现代材料打造与当地环境相协调的建筑。

李犁

职务：中国建筑上海设计研究院有限公司
创作中心总监、第九设计院副院长
职称：高级建筑师

教育背景

1983年—1987年　东南大学建筑学学士

工作经历

2008年至今　中国建筑上海设计研究院有限公司

个人荣誉

2011年被《建筑时报》杂志评为上海建筑十大领军人物
《建筑细部》杂志编委
《建筑技艺》杂志理事
东南大学上海校友会副会长

主要设计作品

安徽宣城体育中心
荣获：2009年上海国际青年建筑师奖方案类三等奖
上海车市（大跨钢构）
荣获：中国当代杰出青年建筑师奖
大连甘井子区行政中心
荣获：2007年上海国际青年建筑师奖建成类三等奖
上海南汇体育中心
上海805所太空对接实验室
安徽宿州中央大厦
长春凯悦酒店
上海南汇新凤凰城
重庆市人民医院
珠海金海岸医院
云蒙湖康养小镇

王志刚

职务：中国建筑上海设计研究院有限公司
农文康旅产业研究院副院长
职称：工程师

教育背景

2000年—2004年　江西理工大学城市规划学士

工作经历

2004年—2005年　广州Cendes事务所
2008年—2013年　加拿大泛太平洋建筑设计有限公司
2019年至今　中国建筑上海设计研究院有限公司

主要设计作品

云蒙湖康养小镇
山东平邑托福泰康城
赣州定南岭南康养谷
湖南新邵大同福地康养园
千岛湖云顶康养小镇
毕节百里杜鹃康养小镇

中国建筑上海设计研究院有限公司
CHINA SHANGHAI ARCHITECTURAL DESIGN & RESEARCH INSTITUTE CO.,LTD

中国建筑上海设计研究院有限公司是具有城市规划甲级、建筑设计甲级、园林景观甲级和施工图审查(含超限)资质的国家大型综合建筑设计院，是中国建筑集团有限公司的核心成员企业。

单位现有员工2 000余人，其中教授级高级建筑师、教授级高级工程师80多人，高级建筑师、高级工程师300多人，国家一级注册建筑师、国家一级注册结构师、注册设备工程师、注册电气工程师300多人。

单位业务范围包括城乡规划设计、建筑工程设计、风景园林设计、市政工程设计、建筑装饰（含室内软装陈设）设计、建筑智能化设计、幕墙设计、灯光设计、标识设计、BIM设计、绿色认证、施工图审查和工程咨询等。承接的工程项目遍布全国各地及海外多个国家和地区。

单位既秉承了中国建筑五十多年的优良传统，又坚持简约务实的现代理念。全体员工具有良好的质量意识和服务意识，愿同各界朋友共同努力，创作更多的优秀作品，创造更大的社会价值。

地址：上海市普陀区云岭东路245号
2号楼5楼
电话：021-52559739
传真：021-62860909
网址：www.shin.cscec.com
电子邮箱：289230865@qq.com

时新明

职务：中国建筑上海设计研究院有限公司
第九设计院设计总监
职称：工程师

教育背景

2006年—2011年 河南城建学院建筑学学士

工作经历

2011年—2013年 上海泛太建筑设计有限公司
2013年—2014年 上海联创建筑设计有限公司
2014年—2017年 上海霍普建筑设计股份有限公司
2017年—2019年 中国建筑上海设计研究院有限公司
2019年—2020年 上海天华建筑设计有限公司
2020年至今 中国建筑上海设计研究院有限公司

主要设计作品

武汉联投佩尔产业园
上海奉贤欧洲中小产业园
武汉大华滨江天地
上海松江漕河泾启迪产业园
滁州来安双创产业园
西安西咸新区中南东望中心
上海华润马桥租赁住宅
花样年绍兴越城区官渡4号地块
云蒙湖康养小镇
湖南新邵大同福地康养园

林建旭

职务：中国建筑上海设计研究院有限公司
第九设计院方案所设计总监
职称：工程师

教育背景

2008年—2013年 天津大学仁爱学院建筑学学士

工作经历

2013年—2016年 马达思班（上海）建筑事务所
2016年—2017年 福州市建筑设计研究院
2017年—2018年 INUCE壹驰建筑设计有限公司
2018年—2019年 阿莱夫（北京）建筑设计有限公司
2018年—2019年 厄列夫（上海）建筑设计有限公司
2019年至今 中国建筑上海设计研究院有限公司

主要设计作品

桂林山水在国际度假中心酒店
桂林山水在爱情岛
景德镇学院实训楼
薛城医疗智谷产业园
上海嘉定真新集贸综合体
唐山市第二医院骨科大楼
阿那亚家史馆及第五食堂
墨尔本大洋路滨海酒店
闽侯基督光明堂

尚志荣

职务：中国建筑上海设计研究院有限公司
第九设计院方案所所长、资深主创设计师
职称：工程师

教育背景

2005年—2010年 中国矿业大学建筑学学士

工作经历

2010年—2014年 上海博骜建筑工程设计有限公司
2014年—2015年 江苏省苏中建设集团上海建筑设计分公司
2015年—2016年 ASR上海筑略创想建筑设计有限公司
2016年—2018年 上海现代集团
2018年至今 中国建筑上海设计研究院有限公司

主要设计作品

沧州东方世纪家园
兴隆咖啡公园
巴盟体育馆
太原华润中心二~四期
山东华润济南B2地块
长春云计算中心
乌兰察布北方云计算中心
呼和浩特市民政园区精神康复医院
达茂旗党政中心
达茂旗博物馆
达茂旗纪念馆
内蒙古民族大学实验楼

武宁新光度假酒店

Xinguang Resort Wuning

项目业主：江西新光集团
建设地点：江西 九江
建筑功能：文化旅游
用地面积：7 048平方米
建筑面积：18 775平方米
设计时间：2021年
项目状态：方案
设计单位：中国建筑上海设计研究院有限公司
主创设计：李犁、尚志荣、林建旭

项目设计借鉴“鸟儿归巢”的理念，建筑主体设计新颖，客房部分如同一对翅膀，展翅高飞，结合鸟巢形的景观构架，构成一幅美丽的鸟儿归巢的画卷。建筑主体多采用灵巧的线条设计，视觉效果轻巧、流畅，局部精致活泼，富于变化，色调清新明快，强调体量的穿插效果和虚实变化。原生态建筑的设计理念，使自然、建筑与人和谐地融为一体，提升该建筑在城市中的形象。

平面功能布局为：二到四层以及部分一层为酒店客房，一层为酒店配套设施，地下为机动车库、设备用房和厨房。建筑立面材质采用大面积的玻璃幕墙，以提升建筑的科技感。立面造型以现代元素为基调，配以灵巧的线脚进行勾勒和收边，以求实现建筑本身的价值。

赣州定南岭南康养谷

Ganzhou Dingnan Lingnan Health Care Valley

项目业主：江西新略康养置业有限公司
建设地点：江西 赣州
建筑功能：康养建筑
用地面积：1 133 332平方米
建筑面积：67 7647平方米
设计时间：2021年
项目状态：方案
设计单位：中国建筑上海设计研究院有限公司
设计指导：李犁
主创设计：王志刚、时新明、成浩、林建旭、查美英

项目位于赣州市定南县，这里是历史上客家人的重要集散地和当今客家人最大的聚居地。规划布局和建筑设计，尊重地域文化的特性，融入时代和市场需求，提炼出赣南客家文化和建筑特征，并将其作为文化元素融入建筑之中，使得建筑既有时代特征，又具备传统文化的神韵。

设计根据当地的文化和自然条件优势，打造闭环式康养服务体系。居家生活：智慧适老化设计，为健康人群打造乐活家园。康养庭院：健康养生旅游模式，青山绿水，养身养心。医疗康养：核心业态医疗、康养辐射整个项目，为老年人、亚健康人群打造特色康养服务。灵魂安放处：择“砂环水抱”之地，做到资源高效利用、环境和谐、发展持续，实现人与自然的和谐统一。

云蒙湖康养小镇

Yunmeng Lake Health Care Town

项目业主：山东东蒙企业集团与山东峻瑞农业有限公司联合开发建设
建设地点：山东 临沂
建筑功能：康养建筑
用地面积：297 064平方米
建筑面积：397 232平方米
设计时间：2019年
项目状态：建成
设计单位：中国建筑上海设计研究院有限公司
设计指导：李犁
主创设计：王志刚、时新明、成浩

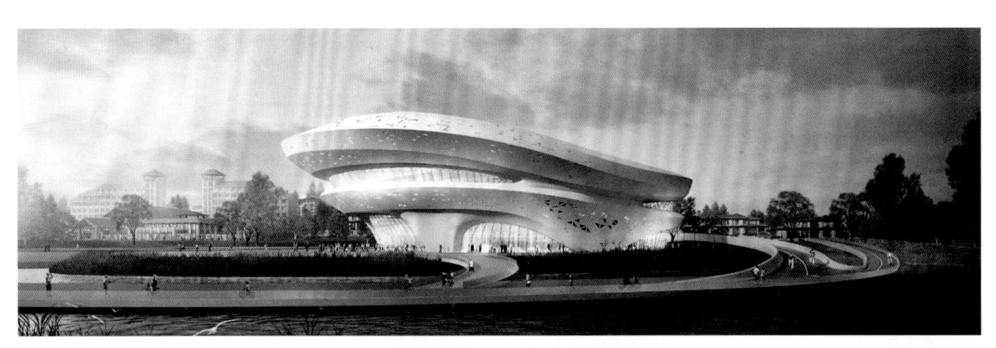

云蒙湖康养小镇位于地区总体规划布局的东南角河口滨湖区域，该区域规划重点为依托现有自然环境资源和滨湖有利条件，发展成为承载高端服务功能的康养住区。整个景观布局，依照流线型的设计构思，从生命的圆环与流线之间的相互作用出发，提取“生命不息”的绿环作为景观的肌理，结合现状水系，设计出具有特色的主题景观。

湖南新邵大同福地康养园

Datong Fudi Health Care Park Xinshao, Hunan

项目业主：湖南好普大同福地置业有限公司
建设地点：湖南 邵阳
建筑功能：康养建筑
用地面积：287 135平方米
建筑面积：579 362平方米
设计时间：2021年
项目状态：方案
设计单位：中国建筑上海设计研究院有限公司
设计指导：李犁
主创设计：王志刚、时新明、林建旭、成浩、查美英

项目位于邵阳市北侧，紧邻邵阳高铁北站，交通便利。规划布局按照“一心、一环、多组团”来设计。东侧的颐养中心为园区重要核心；滨水休闲生态带围绕水体布置，串联起多个功能组团，形成一个完整闭合的系统。项目规划设计依托邵阳高铁新城南北连通道路开设康养园区出入口，出入口可将机动车辆引入地下停放。园内围绕外侧呈环状连通，串联园区内各个组团，打造人车分流的安全通行环境。园区的内侧慢行环路通过景观节点、广场和会所串联。栈道、步道将康养公寓、居家康养组团连接至康养、医养中心，在保证通行便利的同时丰富漫步时的景致和业态。

李凌云

职务：大连理工大学土木建筑设计研究院有限公司
建筑分院常务副总建筑师
职称：高级工程师
执业资格：国家一级注册建筑师

教育背景
1986年—1990年　大连理工大学工程学士
1990年—1993年　大连理工大学建筑学硕士

工作经历
1993年至今　大连理工大学土木建筑设计研究院有限公司

个人荣誉
2012年大连市优秀工程勘察设计师
2013年辽宁省优秀青年建筑师

主要设计作品
大连医科大学主楼
荣获：2009年全国优秀工程勘察设计三等奖
辽宁省优秀工程勘察设计一等奖
教育部优秀设计三等奖
大连长兴岛兴港大厦
荣获：2010年辽宁省优秀工程勘察设计一等奖
2010年国家优质工程银质奖
大连外语学院新校区图书馆
荣获：2009年教育部优秀设计三等奖
2010年辽宁省优秀工程勘察设计三等奖
大连威尼斯水城工程
荣获：2018年辽宁省优秀工程勘察设计二等奖
沈阳国家大学科技城起步区项目
大连贝壳博物馆

裴宇

职务：大连理工大学土木建筑设计研究院有限公司
建筑分院副院长
职称：高级工程师
执业资格：国家一级注册建筑师

教育背景
1999年—2004年　大连理工大学建筑学学士
2004年—2007年　大连理工大学建筑学硕士

工作经历
2011年至今　大连理工大学土木建筑设计研究院有限公司

主要设计作品
景州文体中心
荣获：2020年河北省优秀工程勘察设计一等奖
大连鲁能优山美地北区2#地住宅二期
荣获：2020年大连市优秀工程勘察设计三等奖
沈阳国家大学科技城起步区项目（现沈阳锦联豪生大酒店）
深圳佳兆业金沙湾国际乐园
沈阳通航技术研究院
沈阳新宾东北亚人参现货交易中心

范志永

职务：大连理工大学土木建筑设计研究院有限公司
建筑分院副总建筑师、建筑所所长
职称：高级工程师
执业资格：国家一级注册建筑师

教育背景
2000年—2005年　内蒙古工业大学建筑学学士
2005年—2008年　西安建筑科大学建筑学硕士

工作经历
2018年至今　大连理工大学土木建筑设计研究院有限公司

主要设计作品
大连旅顺开发区西岸风景工程
荣获：2012年大连市优秀工程勘察设计二等奖
大连外国语大学
荣获：2016年深圳市优秀工程勘察设计一等奖
景州文体中心
荣获：2020年河北省优秀工程勘察设计一等奖
深圳佳兆业金沙湾国际乐园
吉林省梅河口春佳林语住宅
沈阳通航技术研究院
沈阳新宾东北亚人参现货交易中心

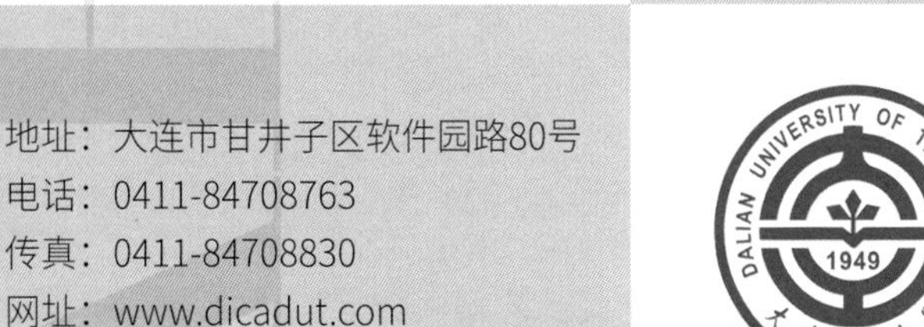

地址：大连市甘井子区软件园路80号
电话：0411-84708763
传真：0411-84708830
网址：www.dicadut.com
邮箱：754682434@qq.com

大连理工大学土木建筑设计研究院有限公司成立于1985年，是国家教育部所属综合性设计院，是辽宁省勘察设计行业20强企业。公司人才济济，专业齐全，技术力量雄厚，文旅设计在国内享有盛誉，特别是由公司独立创新设计的海洋馆维生系统在国内独树一帜。近5年公司建成大型海洋维生系统文旅工程20多个，如三亚海花岛深海梦幻工程、长沙大王山海洋乐园、郑州海洋公园工程、深圳佳兆业金沙湾国际乐园工程等，其中长沙大王山海洋乐园工程由本公司工程总承包，项目在建中。

大连医科大学主楼

Dalian Medical University Main Building

项目业主：大连医科大学
建设地点：辽宁 大连
建筑功能：教育建筑
用地面积：5 500平方米
建筑面积：27 275平方米
设计时间：2005年
项目状态：建成
设计单位：大连理工大学土木建筑设计研究院有限公司

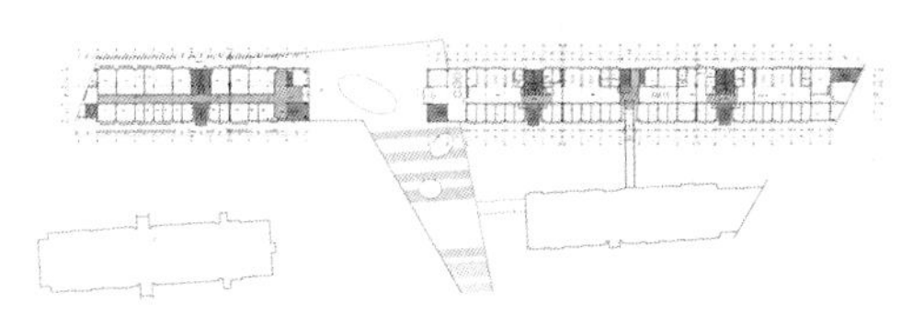

项目由基础医学院和行政办公楼共同组成，是学校对外的门户，两楼相接处紧扣大门主题。建筑地上五层，地下一层。基础医学院各教研室自成单元，实现模块化管理和使用，单元内南侧是小开间讨论室，北侧是大空间开放实验室，通过交通核将各单元组织在一起。实验室根据实验安全度层层细分，23个无菌细胞培养室均进行标准化处理，采用先进实验流程及设备，设缓冲空间及风淋，外窗统一做双层密闭窗。4个细菌室均设缓冲空间，细菌室有恒温恒湿要求。三层相连的大平台采用23米×11米椭圆形的透空花篮柱支撑，增加了空间流动性。大台阶与楼群一起围合成主楼南侧小广场，同时还是观景台，为师生提供良好校园及前部海景的视角。

沈阳国家大学科技城起步区项目

Shenyang National University Science and Technology City Start Project

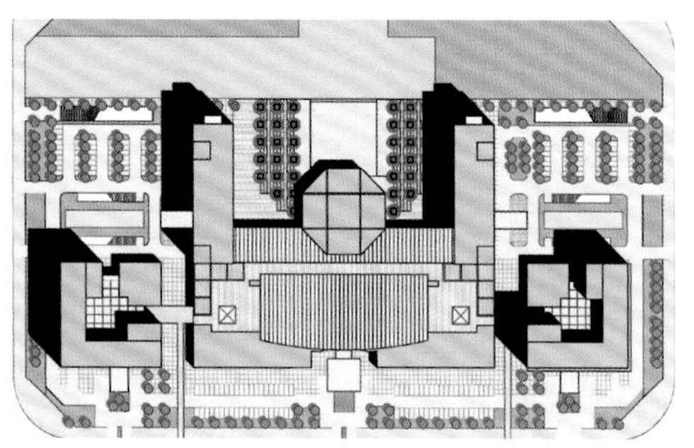

项目业主：沈阳锦联生态科技园发展有限公司
建设地点：辽宁 沈阳
建筑功能：商业综合体
用地面积：49 236平方米
建筑面积：125 983平方米
设计时间：2011年
项目状态：建成
设计单位：大连理工大学土木建筑设计研究院有限公司

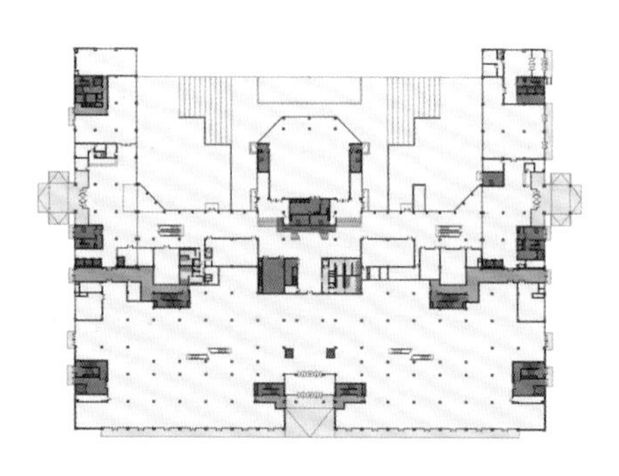

项目位于沈阳市浑南新城，主体包含五栋地上建筑和一个地下车库，是集五星级酒店、商业、公寓、办公、餐饮等多种功能于一体的城市商业综合体。

设计力求体现“功能合理、技术先进、品质高尚”的设计原则，在尊重法规及规划的前提下，力求精确布局、优化各项功能空间组合，并切实打造沈阳国家大学科技城起步区建设工程的整体独特形象，现为沈阳锦联豪生大酒店。

大连贝壳博物馆

Dalian Shell Museum

项目业主：大连星海湾指挥中心
建设地点：辽宁 大连
建筑功能：文化建筑
用地面积：10 000平方米
建筑面积：14 456平方米
设计时间：2007年
项目状态：建成
设计单位：大连理工大学土木建筑设计研究院有限公司

项目位于大连市星海广场东南角，背对广场，面迎大海。建筑主体为钢筋混凝土框架结构，“壳体”部分屋面采用网架结构，上覆双层金属屋面系统，平面呈椭圆形。1~4层展厅采用螺旋上升的连续空间作为主体展示空间，垂直交通隐形化处理，厚重的栏板强化了馆内螺旋向上的走势，如同海螺的螺线盘旋向上。在5.4米标高处有环形室外观景平台，观景平台与逐渐升起的地下室屋面相连，增加了室外空间的可通达性、动态性及趣味性。坡道展厅流线连贯流畅，游客体验丰富生动。

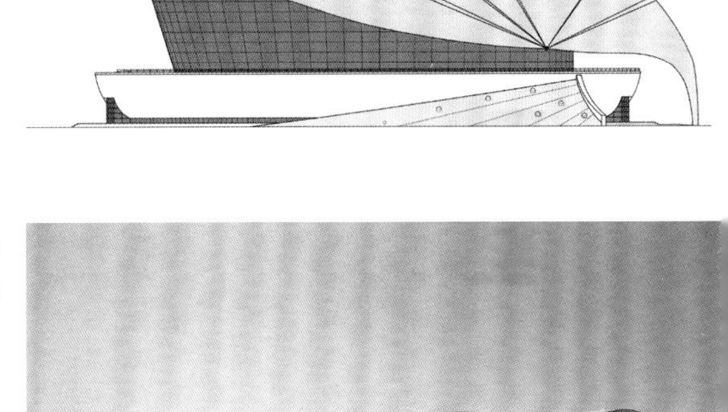

深圳佳兆业金沙湾国际乐园

Shenzhen Kaisa Jinsha Bay International Park

项目业主：深圳市兆富德旅游开发有限公司
建设地点：广东 深圳
建筑功能：文体建筑
用地面积：54 204平方米
建筑面积：112 000平方米
设计时间：2018年
项目状态：建成
设计单位：大连理工大学土木建筑设计研究院有限公司

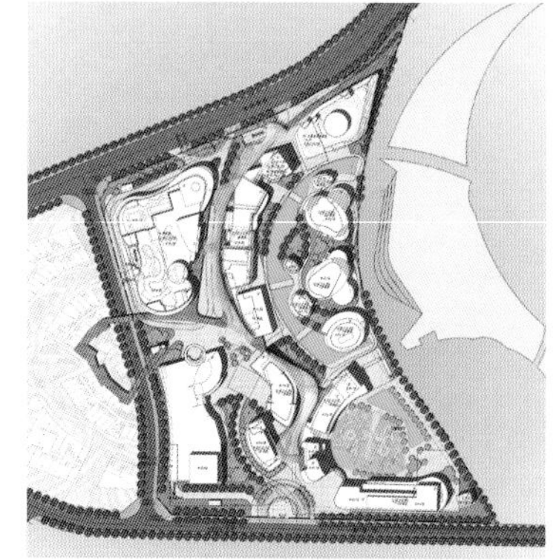

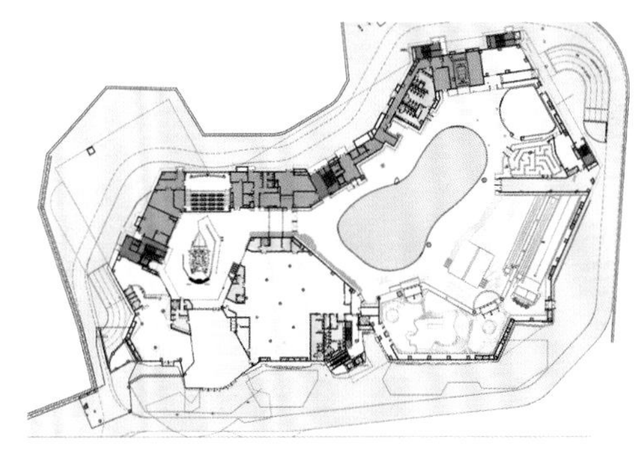

冰雪馆平面图

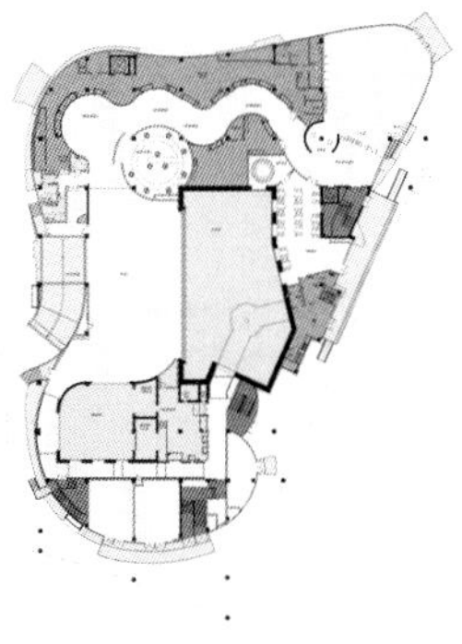

海洋馆平面图

项目布局灵活、错落有致。冰雪馆整个造型以“冰块、冰棱”为设计出发点，金属幕墙为白色铝板，将冰雪主题展现得淋漓尽致，从远处眺望，就像一块浮冰，反射着五彩斑斓的阳光，更好地凸显建筑自身冰雪娱乐功能的主题。海洋馆建筑立面入口造型酷似“鲨鱼嘴”，与海洋馆主题相呼应。立面材质以蓝白颜色的金属铝板和透明幕墙为主要表现手法，展现海水、天空与海洋生物的和谐统一。未来馆整个立面以大面积的灰白色和暗红色金属幕墙为基调，配以LED液晶显示屏和特种设备“竞速射击”高塔，巧妙地形成横竖对比的立面构图。

海洋馆地上建筑面积为1.08万平方米，地上3层，建筑以串联的方式将热带珊瑚展区、礁岩鱼类展区、奇幻水母展区、大水体鲨鱼观赏区等有序组织在一起；并设置穿越大水体的玻璃隧道，将二层的海兽观赏区、企鹅观赏区有机地组织在一起，观赏区尽端布置欢乐体验区和潜水体验区，为游客提供与动物亲近的机会；最终可上到三层屋顶花园区，整个三层观赏流线顺畅，游客可以从不同角度观赏各种海洋动物，为游客提供丰富多彩的游乐感受。

冰雪馆地上建筑面积为1.2万平方米，地上4层，建筑以冰雪娱乐设施为核心，通过入口门厅的有序组织，四周辐射餐饮、4D影院等娱乐空间。冰雪游乐区为通高四层的大空间，内设冰迷宫、冰面碰碰车、冰湖滑冰区、雪魔毯滑道等游乐设施，打造三维立体的游乐设施环境，为游客提供丰富的冰雪体验。

李硕

职务：上海大正建筑事务所主持建筑师

教育背景

2002年—2007年　河南工业大学建筑学学士

工作经历

2007年—2009年　北京直向建筑事务所
2009年—2011年　上海山水秀建筑事务所
2010年—2012年　上海天华建筑设计有限公司
2014年至今　上海大正建筑事务所

个人荣誉

2018年FA青年建筑师奖TOP40
2021年英国WAN世界建筑新闻网大奖全球设计新锐

主要设计作品

上海前滩华东师范大学第二附属中学
荣获：2020年市上海优秀工程勘察设计一等奖
2021年上海浦东张江科学城AI未来街区
德国ICONIC AWARDS标志性设计奖最高荣誉至尊奖

DPLUS STUDIO 大 正 建 筑

上海大正建筑事务所（简称：大正建筑）由建筑师李硕先生于2014年10月创立。

大正建筑是一家立足于上海，辐射全国各地，业务范围涵盖城市规划、建筑设计、室内设计等领域，以80后为主导，以90后为核心的新锐建筑设计机构。

大正建筑创作团队的设计工作，往往从开始就在追问设计的现实意义，直面真实的问题，而不只是建筑师自我意识的过分表达，并以此作为设计思路，建立独立而清晰的设计理念，从项目策划、概念设计开始，直至指导施工细节，贯穿始终，保持团队对设计全过程的控制，以实现最初的设计意图。

在城市急速发展的今天，大正建筑试图通过自己的工作方式，在不同尺度、不同地域和建筑功能的设计中，建立人与自然的平衡，营造充满东方情愫、具有认同感和归属感的空间，让每一个使用者都能感受到精神的愉悦与关怀。

地址：上海式杨浦区宝地广场B座
1201b
电话：021-55808950
网址：www.dplus-studio.com
电子邮箱：office@dplus-studio.com

南昌世茂水城云中心

Nanchang Shimao Water City Cloud Center

项目业主：南昌世茂新发展置业有限公司
建设地点：江西 南昌
建筑功能：办公建筑
用地面积：4 380平方米
建筑面积：2 100平方米
设计时间：2014年
项目状态：建成
设计单位：上海大正建筑事务所
合作单位：上海联创建筑设计有限公司
主创设计：李硕
设计团队：李佳、余江帆、周雪峰、樊明明、涂单单、耿丹阳、朱志超
建筑摄影：苏圣亮、田方方

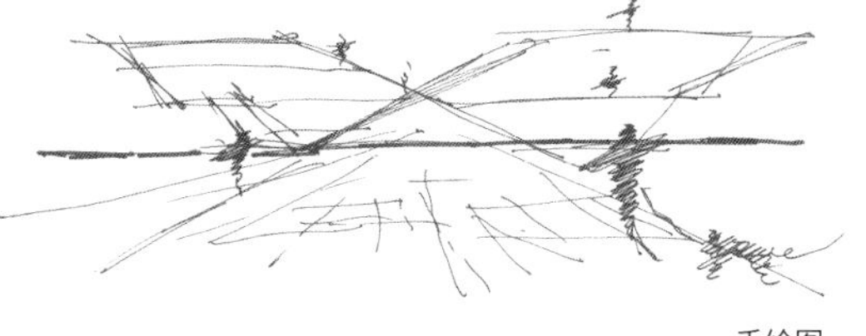

手绘图

剖面透视图

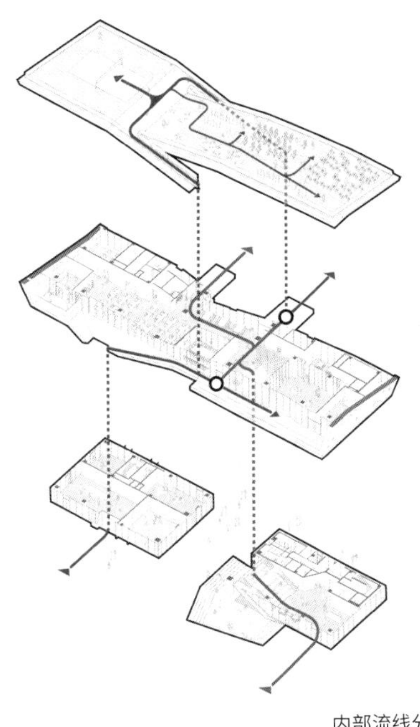

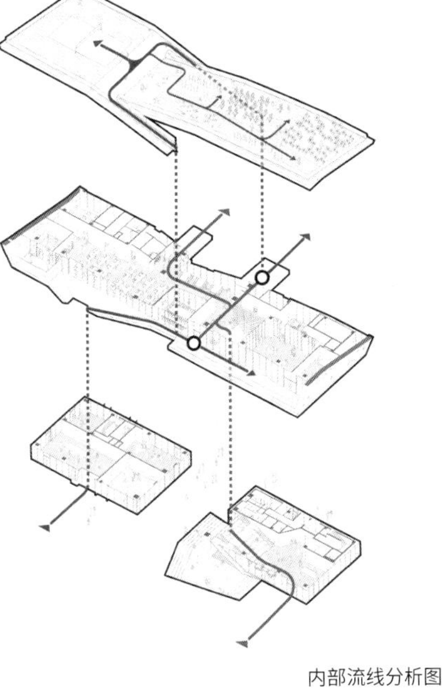

内部流线分析图

场所有关系图

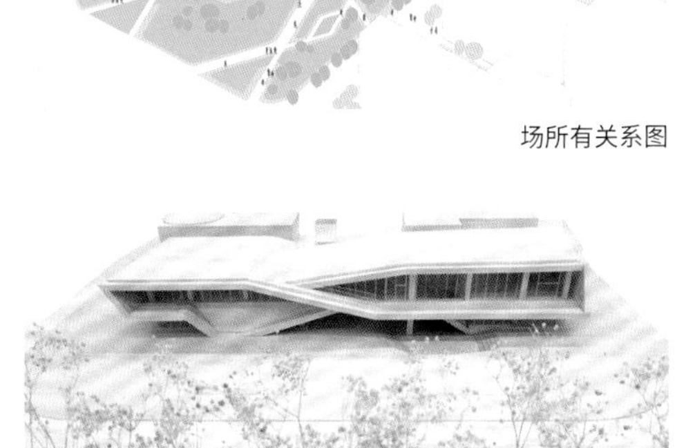

模型图

项目位于南昌市红谷滩新区，是一座新建的办公产业园区的几何中心。红谷滩新区是在南昌赣江西岸兴建的一座新城，和所有中国快速发展的城市新区一样，建设效率高，正处在大规模建设浪潮当中。

项目周边的硬件设施已经完全成熟。南侧是一块商业街区，西侧是青年公寓，东侧是低层退台办公区，北侧是一块景观广场。高速的城市建设，只完成了功能层面的需求，对于这样一个远离城市中心的新兴园区，还需要花更多的时间去培养社区精神，建立更完整的公共活动空间。于是，形成了团队的设计初衷：让新入驻这个园区的青年人除了工作生活，也能在这里“动”起来。

设计团队最大限度地打破原有场地柱网的限制，基于立面、视觉等层面的要求，以更为主动的姿态引导办公社区的人流，在与环境的交互中实现新城社区氛围的营造。

为此，建筑师设计了一条室外环绕建筑的开放攀爬路径，这条路径的起点在一层面对绿化广场，通过一个形式化的入口可以爬至二层平台再转至屋面。屋面另一侧则设计一条坡道，可以直接连接南区二层室外商业动线。同时一层为了南区商业和北区广场的有效连接而设置了局部架空层，同时在架空层又开辟了一条直达地库的路径。

苏州科技城实验小学

Experimental Primary School of Suzhou Science and Technology Town

建设单位：苏州科技城社会事业服务中心
建设地点：江苏 苏州
建筑功能：教育建筑
用地面积：43 880平方米
建筑面积：53 422平方米
设计时间：2013年—2015年
项目状态：建成
设计单位：上海大正建筑事务所
合作单位：致正建筑工作室
主创设计：李硕、张斌
设计团队：陈颢、丁心慧、吴人洁、张金霞、谢林波、徐家金
建筑摄影：夏至、陈颢

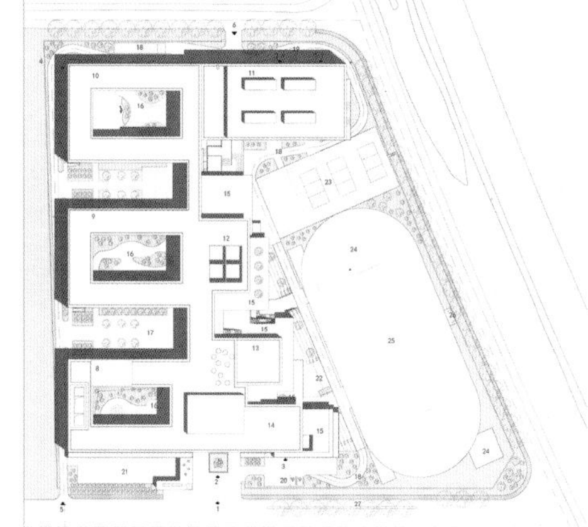
总平面图

平台流线图

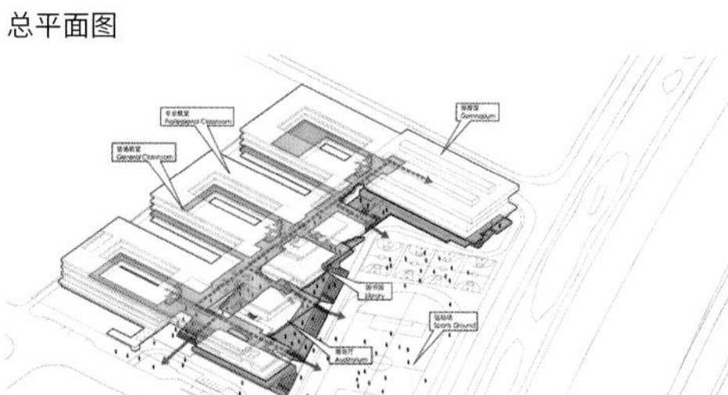
入口剖透视

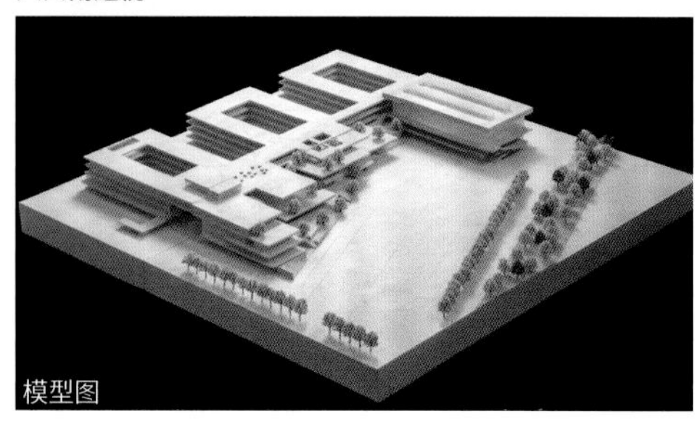
模型图

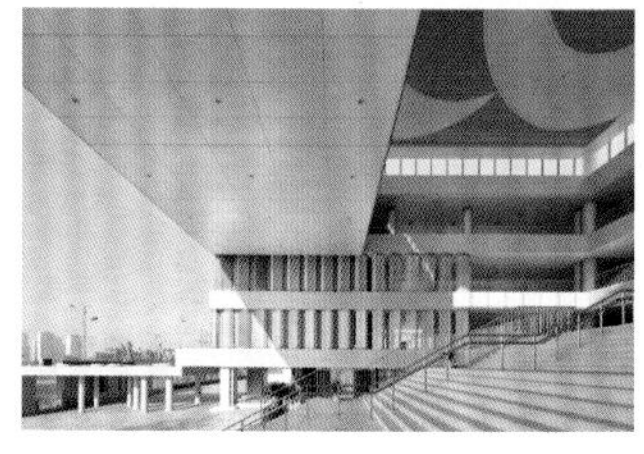

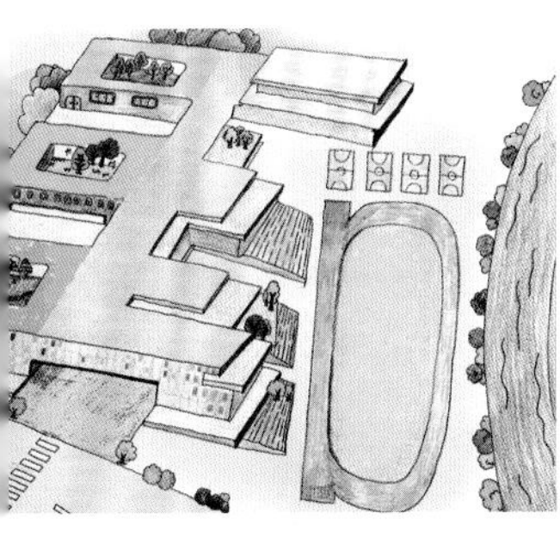

项目位于苏州市高新技术产业开发区，教学规模为36个班。建筑师提出一个积极和谐的“垂直书院”系统，对传统书院模式进行延续与再造。在学校空间的设计上，建筑师从微观和宏观两方面切入，使这个“垂直书院”在各个空间功能、形态和氛围上满足使用者，同时生成和谐的肌理，并融入城市之中。

设计首先将学校的功能作了区分和组合，把用于普通教学的标准化教室，以效率最大化和满足间距要求为原则，组合成三个相对独立的教学院落，以满足基本的教学需求。同时，把教师办公、行政管理、讲堂、图书馆、合班选课教室、风雨操场和食堂等以分组退台跌落的方式组织起来。为孩子们在这钢筋混凝土的建筑中，营造一方伴随他们成长记忆的自然天地，在城市与自然的交会处建立一个属于他们的田园绿洲。

刘承华

职务：贵州大学勘察设计研究院医疗建筑设计研究所所长
遵义分院院长
贵州大学建筑与城市规划学院建筑学专业资深教师
职称：高级工程师

社会任职
筑医台特聘专家
全国卫生产业企业管理协会专科医院发展分会副会长
贵州医建联盟理事

教育背景
1988年—1993年　贵州工业大学建筑学学士
1993年—1995年　重庆建筑大学建筑学进修

工作经历
1996年至今　贵州大学建筑与城市规划学院
1996年至今　贵州大学勘察设计研究院

主要设计作品
遵义医学院附属医院门诊综合大楼
荣获：贵州省第十八次优秀工程设计二等奖
遵义医学院附属医院内科综合大楼
金沙县黎明医院
湄潭县家礼医院
仁怀市人民医院
遵义医科大学第二附属医院
遵义医科大学附属口腔医院
德江县人民医院
纳雍县人民医院
纳雍县中医院
六盘水市肿瘤医院
贵州大学烟草学院
贵阳市中医药服务体系建设项目
遵义医科大学第二附属医院二期、三期

贵州大学勘察设计研究院是国有中型勘察设计规划咨询企业，始建于1981年，前身为贵州工学院勘察设计研究院（1981年—1996年）、贵州工业大学勘察设计研究院（1996年—2004年），是贵州大学各学院科学研究的平台和具有独立法人的生产机构。贵州大学勘察设计研究院现有建筑工程设计甲级、城市规划乙级、土地规划乙级、工程勘察乙级、地质勘察乙级、电力设计乙级（新能源发电、送变电）、煤矿设计乙级、风景园林乙级、工程咨询乙级等工程设计资质，以勘察设计为核心业务。

单位现有职工200余人，其中中国工程院院士1名，国家一级注册建筑师、一级注册结构工程师、注册岩土工程师、注册规划师、注册设备工程师、造价工程师等各专业国家注册工程师50余人，各类高中级技术人员百余名，具有科研能力强、学习气氛浓和追求不断创新的特点。

单位技术力量雄厚，技术设备先进，以学术水平一流的学校相关学院的强大研究团队为后盾，集生产、科研、教学于一体，注重行业前沿研究与工程实践成果转化。专业配置齐全，下属7个职能部门及16个生产单位，完成了大量的工业建筑与民用建筑设计与勘察，擅长教育建筑、文化建筑、体育建筑、医疗建筑、商业建筑、居住建筑及工业建筑设计，并获得了社会的广泛认同。特别是马克俭院士领衔的科研设计团队在空间结构研究与设计领域达到国内领先水平。

单位注重发挥人才与技术特长，以担负行业科研创新为己任，取得多层面丰硕成果。凭借良好的信誉和对质量的执着追求、对技术的不懈探索，沉淀出厚重品牌，多次获得各类奖项。未来，单位将继续践行绿色环保、科技生态、以人为本的设计理念，为国家新型城市化建设做出更大贡献。

医疗建筑设计研究所

业务特色：始终致力于医疗建筑设计及医疗建筑室内空间的研究。

宗旨理念：坚持“质量优先、诚信设计”的服务宗旨，遵循“绿色环保、科技生态、以人为本”的设计理念。

营业范围：开展前期咨询策划、方案设计、施工图设计、医院室内设计、医院标识系统设计、医院景观设计、医院智能化设计等业务，具备包含设计总承包在内的全设计链条服务能力。

团队优势：在完成工程任务的同时，培养了一个技术精湛、求真务实、团结进取、追求卓越的医疗建筑设计团队，在医疗卫生建筑领域逐步形成了独特的专业优势，树立了良好的品牌形象，在国内同行业享有盛誉。

成功案例：迄今为止，完成了大量的医疗建筑设计工程项目，项目投入使用后得到了业主和社会的广泛好评。建成的建筑类型有三级综合甲级医院、三级专科医院、乡镇卫生院、实验室建筑、疾控中心、发热门诊等。

地址：贵阳市花溪区贵州大学勘察设计研究院
电话：18096179009
传真：0851-84731067
网址：www.gzuad.com
电子邮箱：554819974@qq.com

遵义医科大学附属口腔医院

Stomatological Hospital Affiliated to Zunyi Medical University

项目业主：遵义医医科大学附属口腔医院
建设地点：贵州 遵义
建筑功能：医疗建筑
用地面积：39 309平方米
建筑面积：64 991平方米
设计时间：2016年
项目状态：建成
设计单位：贵州大学勘察设计研究院
主创设计：刘承华、杨曼劲、徐斌、
王玉洁、高若涵、任坚、项秋展

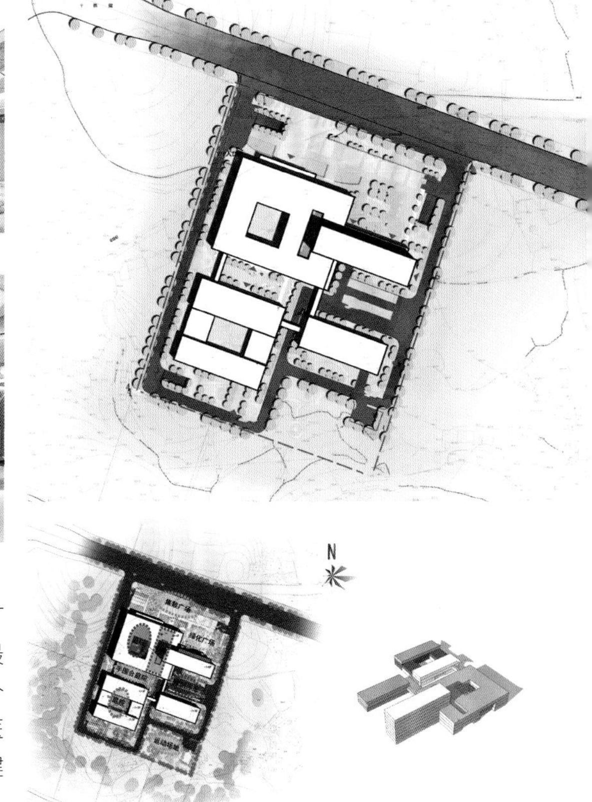

项目设计以“口”为主题构思，在总图布局和立面构思上均将“口”直接纯粹地运用其中，遵循遵义地区建筑设计相关特色，将遵义会议会址的风格融入设计。建筑师提取当地的青砖外墙、坡屋顶、拱窗元素，将各原素通过变化，合理有机地与现代医疗建筑进行组合，使其既体现地域特色，又体现现代建筑的特点。

该项目为口腔专科医院，所以建筑布局打破了综合医院建筑常用的医疗街的概念，以最简单的两个院落和两个板式建筑组合成三个“口”，形成一个开放的“品”，升华口腔医院的特色，口健康，才能品百味，回归口腔健康的主题。

德江县人民医院

Dejiang People's Hospital

项目业主：德江县人民医院
建设地点：贵州 德江
建筑功能：医疗建筑
用地面积：179 422平方米
建筑面积：157 993平方米
设计时间：2014年
项目状态：在建
设计单位：贵州大学勘察设计研究院
主创设计：刘承华、杨曼劲、徐斌、王玉洁、高若涵、任坚、项秋展、杜少宇

设计坚持“以人为本”的设计理念，本着以病人为主线的设计原则进行空间及功能板块的规划组织，让人们最大限度地亲近自然，提升人们对美好生活的向往。

规划以“生命的纽带”为总平面图的立意，通过“纽带”的概念灵活地组织医院各个功能板块，使得总图布局能更好地匹配医院各功能板块。在大自然中，“生命的纽带”常常用来形容父母与孩子之间的感情，同时体现人与人之间的情感关系，更是医生与患者之间强有力的隐形衔接，故而衍生出“生”的希望，寓意医院是所有生命希望的起点。

建筑布局从“纽带”的“形”出发，希望借“纽带”的美好寓意给医院建筑注入灵魂，提升医院设计的内涵，结合医院规划上的弹性要求，符合医院设计的可持续发展原则。

六盘水市肿瘤医院

Liupanshui Cancer Hospital

项目业主：六盘水市肿瘤医院
建设地点：贵州 六盘水
建筑功能：医疗建筑
用地面积：15 437平方米
建筑面积：40 829平方米
设计时间：2019年
项目状态：方案
设计单位：贵州大学勘察设计研究院
主创设计：刘承华、王玉洁

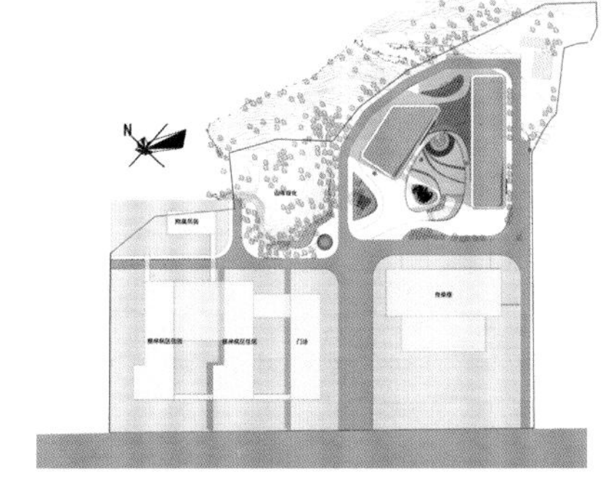

功能分析

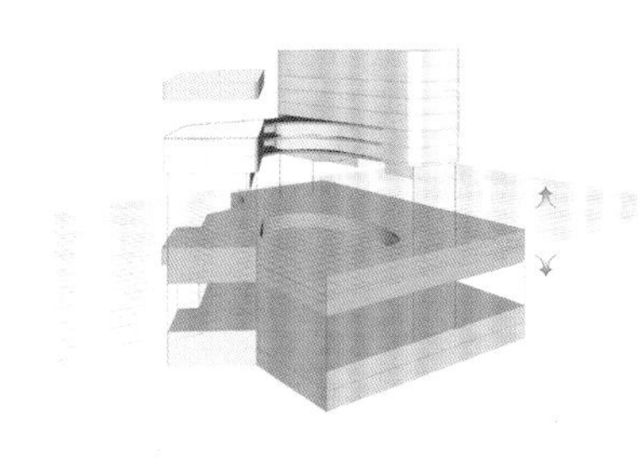

功能整合分析

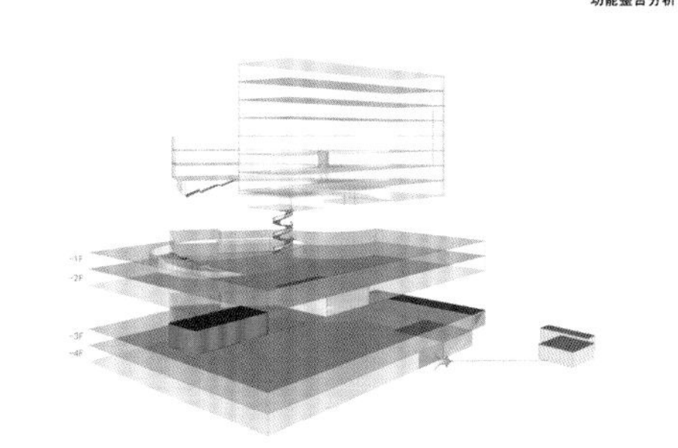

项目位于已修建完成的院区内部，位置较为隐蔽，与院区内一座高层住院楼相邻，且用地高差很大，用地边界呈不规则形状，设计选择退让出一定的广场空间，以开放的姿态给肿瘤医院患者一种亲切的视觉空间感受，打破肿瘤及肿瘤治疗场所给人心理上的压抑感。在满足建筑日照、卫生间距的同时，最大限度地留出一个休闲的活动区域，以消除患者的阴霾情绪。由于周边的已建建筑形式较为方正，所以设计采取柔和的建筑姿态与之形成鲜明的对比，体现该板块的独特性。两个简单的建筑体量，通过柔和的连廊、室外空间的组织，提升了医院的整体形象。

贵阳市中医药服务体系建设项目

Tcm Service System Construction Project, Guiyang

项目业主：贵阳市交通投资发展集团有限公司
建设地点：贵州 贵阳
建筑功能：医疗建筑
用地面积：111 196平方米
建筑面积：189 096平方米
设计时间：2021年
项目状态：方案
设计单位：贵州大学勘察设计研究院
主创设计：刘承华、王玉洁、徐斌、高若涵、张转、杜少宇

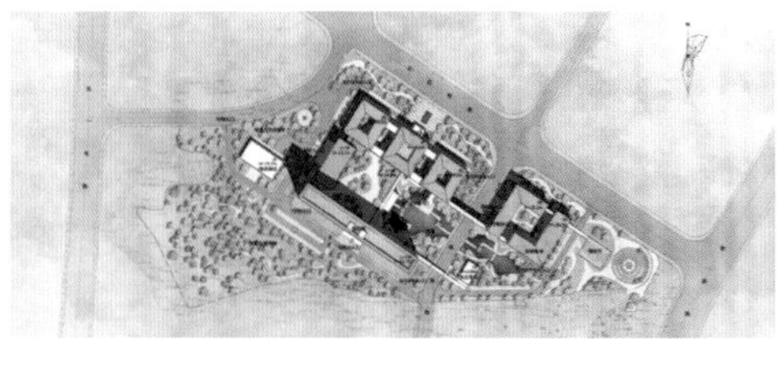

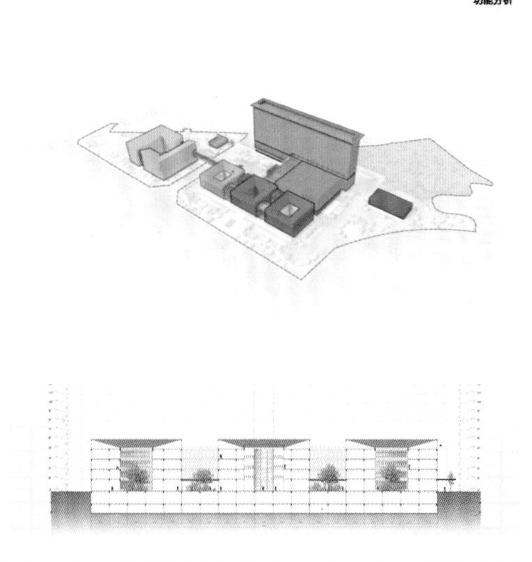

项目用地背靠山体，具有良好的自然环境优势，设计根据医疗建筑本身的特点，将社会属性扩大化，利用场地东侧的尖角地段作为医院的开放市民广场，与医院的报告厅、院内生活区等板块形成一个具有城市客厅效应的空间。

设计根据中国传统医馆的特色，考虑到建筑与园林相互依存、和谐共生的关系，将园、院、天井植入其中，形成“院中有园，环环相扣”的总体布局，营造虚实并济、阴阳合抱的环境特色。

设计汲取中国古建筑的合理成分，去其糟粕，取其精华，古为今用，结合当代建筑设计手法，重新审视人与自然、人与资源、人与人之间的巧妙关系，将朴素的生态建筑思想和人文意识融入现代化中医院的设计中。

贵州大学烟草学院

Tobacco College of Guizhou University

项目业主：贵州大学
建设地点：贵州 遵义
建筑功能：教育建筑
用地面积：20 754平方米
建筑面积：38 240平方米
设计时间：2015年
项目状态：建成
设计单位：贵州大学勘察设计研究院
主创设计：刘承华、杨曼劲、陈小松、任坚、项秋展

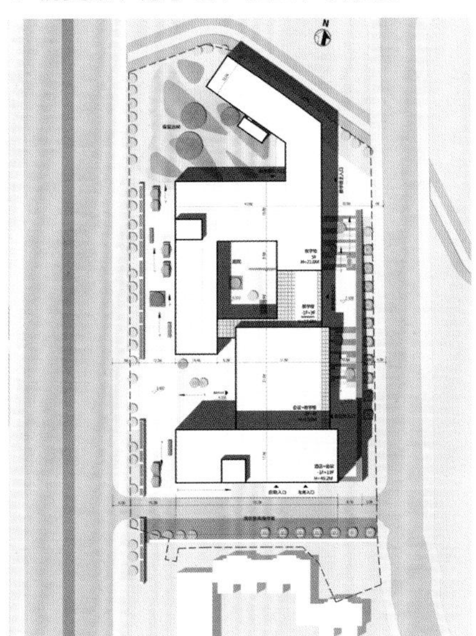

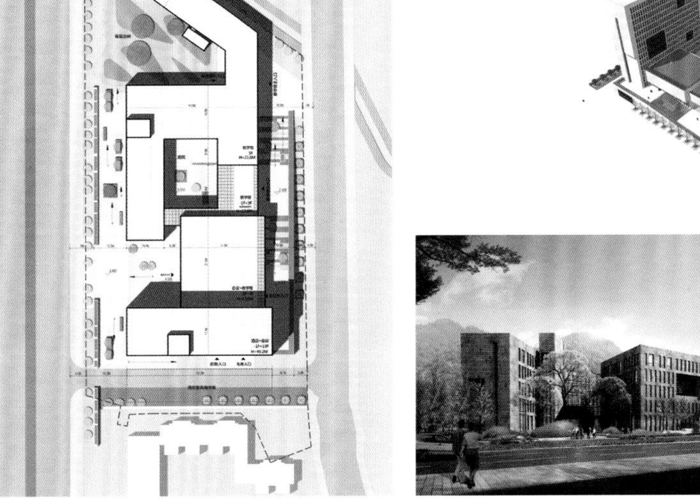

项目位于贵州大学新校区内，整个新校区的基调为“贵大红”，同时校区的建设形成了一定的肌理性，教学建筑不仅要满足基本的教学、会议、酒店用房的要求，还要体现对师生的人文关怀，最大限度地为师生提供良好的空间环境。

学校是最纯粹的地方，建筑设计采用纯粹的几何原型，结合基地及功能的组织，通过打破、连接的简单处理手法，自然地产生架空或出挑，同时在视觉和景观上形成互相渗透，避免出现因建筑体量的存在而打破校园与基地外部城市、山体的联系，形成透气的空间，丰富空间的同时保证了整个建筑体量与校园的协调性与统一性。

刘鹏

职务：智博建筑设计集团有限公司装饰设计院院长
职称：高级工程师
执业资格：高级注册室内设计师

教育背景
2005年　清华美院环境艺术设计学学士

工作经历
2012年—2013年　创立个人工作室
2014年—2014年　上海追梦空间设计公司
2018年至今　智博建筑设计集团有限公司

主要设计作品
桂林隐享酒店
洛阳考古博物馆
洛阳考古研究院

席垒

职务：智博建筑设计集团有限公司副院长
职称：高级工程师
执业资格：注册城乡规划师、国家二级注册建筑师

教育背景
2014年—2016年　河南科技大学风景园林专业硕士

工作经历
2007年—2010年　中机十院国际工程有限公司
2010年—2020年　中色科技股份有限公司
2020年至今　智博建筑设计集团有限公司

主要设计作品
连飞大厦
荣获：2016年中国有色金属建设协会优秀工程设计三等奖
栾川县人民医院
荣获：2018年中国有色金属建设协会优秀工程设计二等奖
洛阳市吉利区新建第三中学
汝阳县人民医院新院区
汝阳县紫罗新区规划设计
洛阳恒大绿洲A地块、B地块、D地块规划设计
升龙又一城修建性详细规划
洛阳丹尼斯九洲广场
吉利区阳光社区二期
山西省晋城市司徒村规划及建筑设计
郑州铁路局龙城嘉园二期
郑州铁路局龙锦嘉园
新野县第一中学
黎明化工研究院科技楼

智博建筑设计集团有限公司成立于1993年，注册资金5 000万元，现有员工655人，其中各类国家注册工程师174人，中、高级职称241人。

集团拥有建筑工程设计甲级、工程监理房建甲级、市政甲级、工程造价咨询甲级以及城乡规划、工程咨询、装修工程等资质，主要从事工程建设咨询、营销策划、投融资、城乡规划、工业与民用建筑工程设计、工程地质勘察、工程测量、监理、造价、装饰工程设计施工、地基基础、工程招标代理、建设工程项目全过程质量及造价控制、项目成本分析与控制，资金合理使用与流向监管、工程总承包等工程建设全过程服务等。

集团下设上海研发中心、规划院、建筑设计院、装饰设计院、景观设计院、洛阳理工设计院及地质勘察公司、测量公司、咨询公司、监理公司、装修公司、招标代理公司、造价公司等；为方便开展工作，在上海、河北、广东、云南、西藏、新疆、陕西设有分公司；同时还设有洛阳熙居农业旅游发展有限公司、洛阳同筑置业有限公司、河南智博房屋安全鉴定有限公司、洛阳智全建筑咨询有限公司、洛宁洛书文化研究院等独立法人子公司。

集团先后通过ISO 9001—2008国际质量管理体系认证、环境管理体系认证、职业健康安全管理体系认证，并获得河南省工程设计AAA级诚信单位、河南省高新技术企业、河南省科技小巨人培育企业等荣誉称号，多次被评为省、市级先进单位，并有多个项目获得国家、省市级优秀奖。

集团秉承“做完美工程，创辉煌人生，为安居乐业”的宗旨、“做一项工程，树一座丰碑，交一方朋友”的目标、“快乐工作，健康生活，共享和谐”的口号，发扬“团结、博爱、创新、卓越”的智博精神和“诚信、严谨、高效、求实”的智博理念，积极向工程项目管理、全过程质量及造价控制、建筑工程总承包及建设工程全过程服务方向全面发展。

地址：河南省洛阳市智慧工厂物联网创新科技园D1办公楼20层
电话：0379-64720059
传真：0379-63351308
网址：www.zhibogroup.cn
电子邮箱：hnzbjzsj2007@163.com

曼哈顿新天地

Manhattan New World

项目业主：金銮洛阳房地产开发有限公司
建设地点：河南 洛阳
建筑功能：商业建筑
用地面积：49 116平方米
建筑面积：85 489平方米
设计时间：2015年
项目状态：主体已建成
设计单位：智博建筑设计集团有限公司
设计团队：程志恒、成博、张彦莉

项目以“名彰汉唐、街纳古今、功著河洛、客聚五洲”为设计理念，汲取洛阳地方建筑“内外有别、天圆地方、天人合一”的思想内涵，借鉴与传承经典建筑形式而形成新唐风建筑，很好地契合了定鼎路上的明堂。设计风格和洛阳城的地理属性相结合，提取隋唐建筑的经典特征并与现代建筑理念与实践相结合，做到古为今用，重其意，而不是仿其形，并有所创新。以变化的街巷空间和细腻的建筑尺度实现功能与建筑形式的统一，突出具有文化内涵及传统的建筑特质。

伊川县龙键商务广场

Longjian Business Square, Yichuan County

项目业主：洛阳龙键置业有限公司
建设地点：河南 洛阳
建筑功能：商业建筑
用地面积：16 378平方米
建筑面积：43 735平方米
设计时间：2019年
项目状态：在建
设计单位：智博建筑设计集团有限公司
设计团队：王升、程志恒、成博

项目设计通过对现状地块的改造来重构城市形象，改善伊川县行政办公区轴线西侧城市风貌；通过多种业态的引入、空间形态的重组、现代服务的聚集来更好地服务区域内的居民，完善伊川县新区行政服务中心的功能。

贯彻“领先性”原则，设计高起点、高标准、高水平。

贯彻“以人为本”原则，强调人、环境与建筑的共存与融合。

贯彻“尊重自然”原则，结合地形，充分利用自然景观。

豫西煤田地质科技中心

West Henan Coalfield Geology Science and Technology Center

项目业主：河南省豫西煤田地质勘察有限公司
建筑功能：办公建筑
建筑面积：64 511平方米
项目状态：在建
设计团队：张彦莉、程志恒、成博
建设地点：河南 洛阳
用地面积：20 000平方米
设计时间：2018年—2020年
设计单位：智博建筑设计集团有限公司

本项目依托豫西地质的科研、教育人才优势和创新服务资源，促进政、产、学、研互动结合，为科研机构、科技人员和产业投资者营造互利共赢的科技创业平台。设计充分借鉴当前国内外众多科技园区的先进规划设计理念，并结合科技中心的环境区位特点，构建一流的公园式科技中心。

在空间结构及层次上采用开放空间（南端主入口广场）、公共空间（共享大厅）、半私密空间（建筑半围合成的中庭空间）、私密空间（各建筑单体空间及园区内部花园）的形式，建筑包裹着环境，环境映衬着建筑，相互间又具有一定的流动性，动静相宜，营造煤田地质科技中心的空间氛围。

建筑造型力求方正大气、简洁明快，体现科研建筑雅致而高效的性格特征，中式风格的提炼凸显科技中心的特点，竖向线条表现出挺拔向上的建筑形象。

各建筑单体采用了较为一致的建筑元素和造型手法，结合不同的尺度处理，使科技中心建筑风格既统一又各具特色，屋顶采用青铜器上的回形纹作为顶部造型，稳重大气，体现历久弥新的企业形象。中式窗格的设计在注重整体造型的同时，关注建筑的细节和品质，实现古今对话，高度契合洛阳历史文化名城的定位，延续城市文脉。

洛阳市涧西区西苑路实验小学

Xiyuan Road Experimental Primary School, Jianxi District, Luoyang

项目业主：洛阳市涧西区西苑路实验小学
建设地点：河南 洛阳
建筑功能：教育建筑
用地面积：14 800平方米
建筑面积：11 833平方米
设计时间：2015年—2021年
项目状态：方案
设计单位：智博建筑设计集团有限公司
设计团队：成博、王升、张彦莉

设计坚持“以人为本、功能为重”的设计指导思想，努力创造一个实用的校园环境，以保障学生的日常学习和生活质量，使校园具有朴素美、自然美，形成宁静、优雅的学校环境，并呈现出生机勃勃的景象。

洛铜文创产业园区规划设计

LuoCopper Cultural and Creative Industrial Park Planning and Design

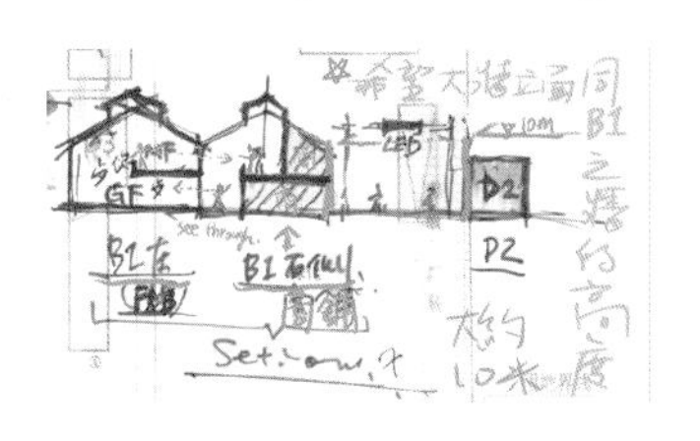

项目业主：河南顺铎置业有限公司
建设地点：河南 洛阳
建筑功能：文化建筑
用地面积：67 933平方米
建筑面积：72 160平方米
设计时间：2020年
项目状态：方案阶段
设计单位：智博建筑设计集团有限公司
合作单位：台湾甘泰莱设计公司
艺术顾问：董建
设计团队：刘鹏、赵亚峰、王建、麦江源、曹白恩、尤相武

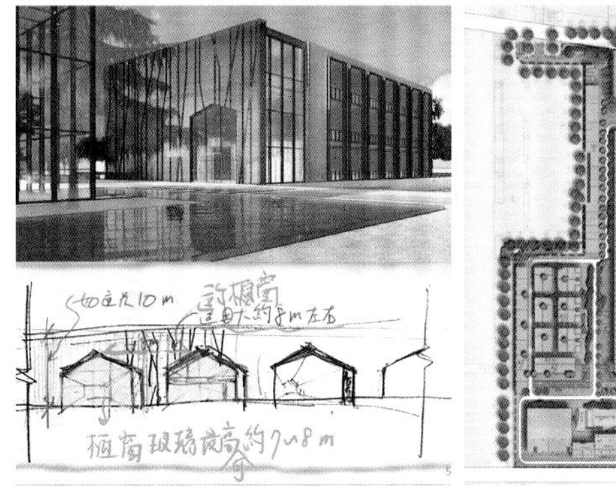

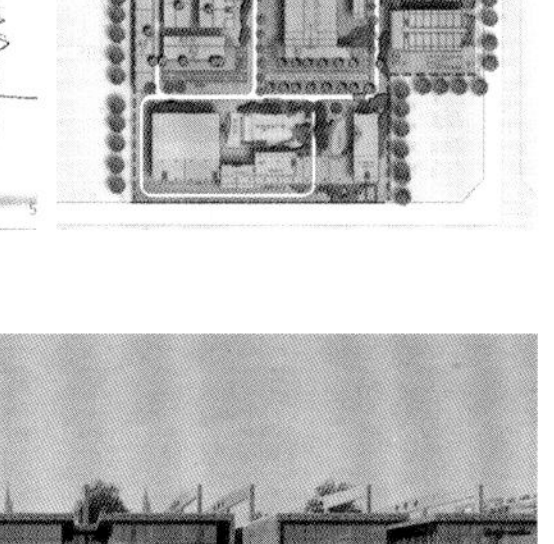

项目位于建设路与唐宫西路交叉口，工程分两期建设，建筑改造理念为尊重原则、匹配原则和共生原则。

1．A类建筑：为早期建筑，有特定历史感且外观有保留价值的建筑。

改造方法：

（1）维持原样，在保证功能使用的前提下，尽量少改动外观，配合抗震加固要求，稍加调整或复原。

（2）在不影响保留建筑整体形象的前提下，适当加入时尚元素，在功能上做改造。

2．B类建筑：为中期建筑，外观没有保留价值。

改造方法：

（1）中期砖混结构建筑多为危房，做彻底拆除处理，保留拆下的红砖，用做新建筑外墙，延续建筑肌理。

（2）后期钢构建筑，保留原有结构框架，保存其历史感和工业特征，延续工业历史记忆符号。

3．C类建筑：新建建筑。采用新旧融合方式，使新建筑的设计与老建筑的风格、肌理、风貌相协调和融合。

4．建筑室内空间：按功能进行改动，灵活布置功能区，保留有价值的细节。

李龙

职务：苏州立诚建筑设计院有限公司副院长
执业资格：国家一级注册建筑师

教育背景
2005年—2010年　华中科技大学建筑学学士
2010年—2013年　华中科技大学建筑学硕士

工作经历
2013年—2017年　上海中船第九设计研究院工程有限公司
2017年至今　苏州立诚建筑设计院有限公司

个人荣誉
苏州市紫金人才奖（建筑与环境设计）“设计优青”荣誉称号

主要设计作品
太仓市诺亚方舱
荣获：2020年江苏省优秀工程勘察设计一等奖
太仓市板桥中学
荣获：2020年苏州市优秀工程勘察设计三等奖
格子间的消亡——绿色共享办公
荣获：2020年首届全国绿色建筑设计竞赛专业组三等奖
太仓香塘发展大厦
荣获：2020年首届全国绿色建筑设计竞赛专业组三等奖
太仓市橄榄岛小区
荣获：2020年太仓市优秀楼盘
2021年苏州市优秀工程勘察设计二等奖

朱晓冬

职务：苏州立诚建筑设计院有限公司副院长
职称：国家二级注册建筑师

教育背景
2005年—2010年　扬州大学建筑学学士

工作经历
2010年—2012年　全日新建筑规划设计(上海)有限公司
2012年至今　苏州立诚建筑设计院有限公司

主要设计作品
格子间的消亡——绿色共享办公
荣获：2020年首届全国绿色建筑设计竞赛专业组三等奖
太仓市诺亚方舱
荣获：2020年江苏省优秀工程勘察设计一等奖
太仓市橄榄岛小区
荣获：2020年太仓市优秀楼盘
2021年苏州市优秀工程勘察设计二等奖

尹浩

职务：苏州立诚建筑设计院有限公司项目设计师
职称：助理工程师

教育背景
2012年—2017年　长江大学建筑学学士

工作经历
2017年至今　苏州立诚建筑设计院有限公司

主要设计作品
太仓市诺亚方舱
荣获：2020年江苏省优秀工程勘察设计一等奖
太仓市电梯卫士
荣获：2020年苏州市优秀工程勘察设计二等奖
太仓市板桥中学
荣获：2020年苏州市优秀工程勘察设计三等奖
格子间的消亡——绿色共享办公
荣获：2020年首届全国绿色建筑设计竞赛专业组三等奖
太仓香塘发展大厦
荣获：2020年首届全国绿色建筑设计竞赛专业组三等奖

苏州立诚建筑设计院有限公司，成立于2004年9月，是国家建设部认定的具有建筑工程甲级、岩土工程勘察甲级、房屋建筑工程监理甲级、公路工程监理丙级、市政公用工程监理乙级等资质的单位，是苏州地区较有知名度的综合勘察设计公司，从事各类建筑工程勘察设计及相关的装修设计、工程咨询等业务。

公司总部设在江南水乡太仓市，下设张家港分公司、昆山分公司、常熟分公司、吴江分公司、勘察队及苏州立诚岩土检测有限公司等分支机构。公司专业门类齐全，拥有先进的设备和雄厚的设计能力，在城市规划、建筑设计、城市景观、给水排水、建筑电气、暖通空调、工程地质等方面有专业优势。工程设计的项目种类包括高层办公、综合商业、酒店、医院、学校、高档住宅、工业厂房、各类产业园等。

地址：江苏省太仓市上海东路1号苏州国信大厦10楼
电话：0512-53122698
0512-53122699
传真：0512-53572538
电子邮箱：licheng-tc@vip.163.com

太仓市板桥中学

Taicang City Banqiao Middle School

项目业主：江苏省太仓市高新技术开发区管理委员会
建设地点：江苏 太仓
建筑功能：教育建筑
用地面积：30 465平方米
建筑面积：28 050平方米
设计时间：2020年
项目状态：在建
设计单位：苏州立诚建筑设计院有限公司
设计团队：徐红涛、李龙、朱晓冬、尹浩、李坤秋、张勇、顾斌、沈丹、祝祥明、李尧青、张华、胡陈杰、柯岭

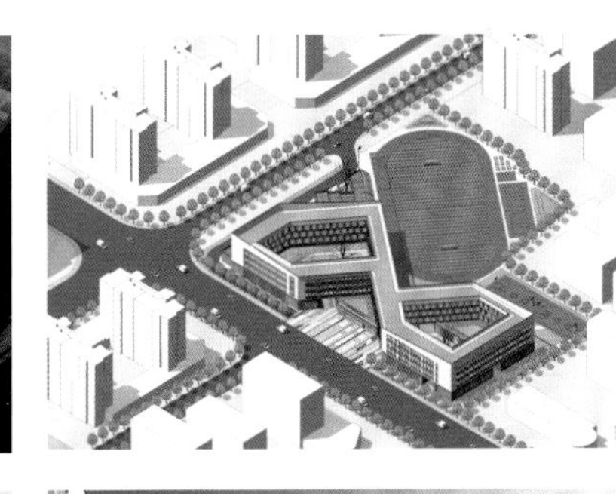

项目设计采用数学逻辑里“∞”的概念，各功能区的布局科学合理，考虑到操场与教学楼的动静关系，把学校行政及教学主要功能与配套教学及活动用房进行分区，科学分离交通流线系统，提高校园整体的教学质量与效率。多种开放尺度空间形态，营造出人与人、人与自然充分交流的场所环境，利用材料、光影等设计来增强空间的人文情怀，营造多层次交往环境。

设计倡导生态与可持续发展的设计理念，充分考虑节能环保和使用维修成本，采用环保的技术措施，如绿色屋顶、场地雨水处理技术、太阳能等，使用无害化材料，让学生在健康的校园环境中成长。

太仓香塘发展大厦

Taicang Xiangtang Development Building

项目业主：香塘集团有限公司
建设地点：江苏 太仓
建筑功能：商业、办公建筑
用地面积：7 128平方米
建筑面积：25 080平方米
设计时间：2020年
项目状态：在建
设计单位：苏州立诚建筑设计院有限公司
设计团队：徐红涛、李龙、朱晓冬、尹浩、李坤秋、杨诚、顾斌、沈丹、李尧青、张华、胡陈杰、柯岭

传统办公模式：一家企业的会议室一半时间被空置，档案室一半的空间被浪费。新型办公模式：提供档案室、会议室、食堂、展厅、商务洽谈区等企业共享空间，按时租赁给所需要企业，通过信息化管理保证办公空间的有效利用，从而实现绿色节能，主要有以下策略。

设计策略一：减少建造成本，合理安排空间，提高空间的使用效率。设计引入企业管家的服务，在整栋办公楼以3~4个企业为一组，为其提供可分时租赁的会议室、档案室、食堂、商务洽谈区、视频会议设备、企业展厅等空间和设备，并通过企业会员卡的形式按月收取费用。

设计策略二：共享办公的理念。此举大大提升了空间的利用率，避免一些附属空间被闲置的情况，同时也能减少材料的浪费和能量的消耗。

设计策略三：分时办公的理念。提供可分时租赁的食堂、会议室、展厅、档案室、商务洽谈、视频会议设备等公共空间和设备，通过企业会员卡的形式按月收取费用。企业可提前向企业管家预定公司所需要的共享空间，共同协调，促进协作并提高效率。

设计策略四：可变化的商务空间。可变区域位于楼层之间分割出的高大中庭，加上中庭外的俯瞰景观露台，共同打造里外融合的标志性聚集场所。

设计策略五：可持续性的设计。通过采用一定的节能技术与入驻者对个人舒适性选择的有机结合的手法，创造节能和个人舒适性共存的新型节能环境。

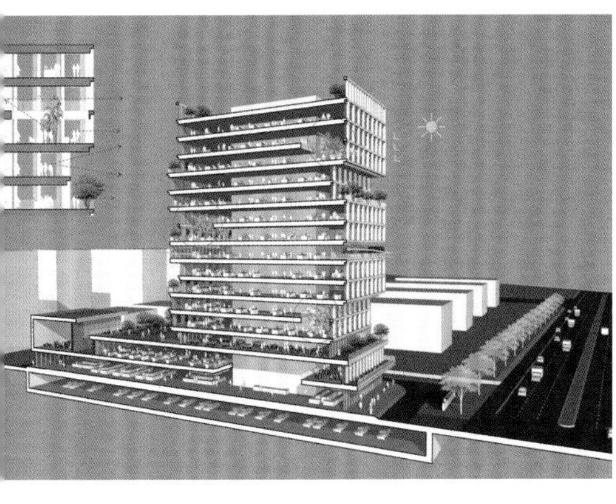

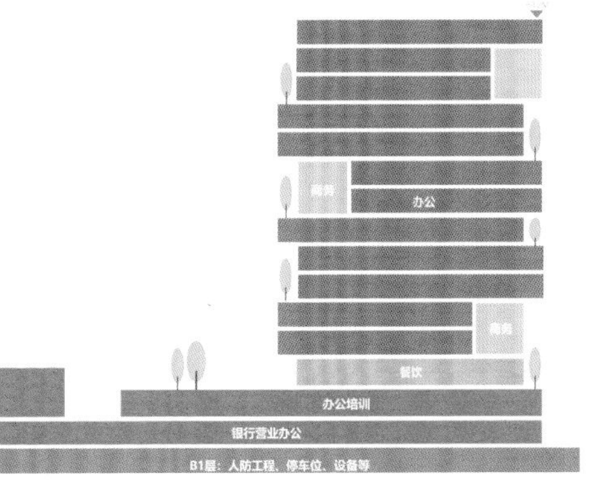

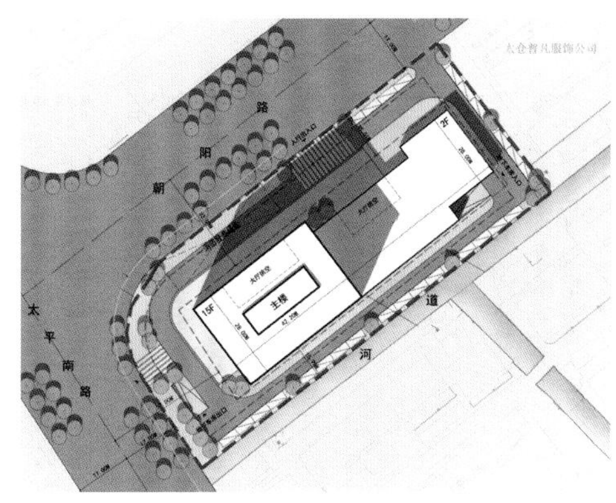

太仓市新建东郊幼儿园

Taicang New East Suburb Kindergarten

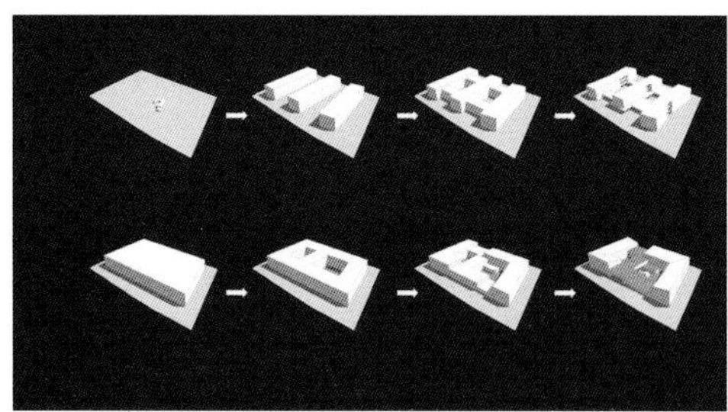

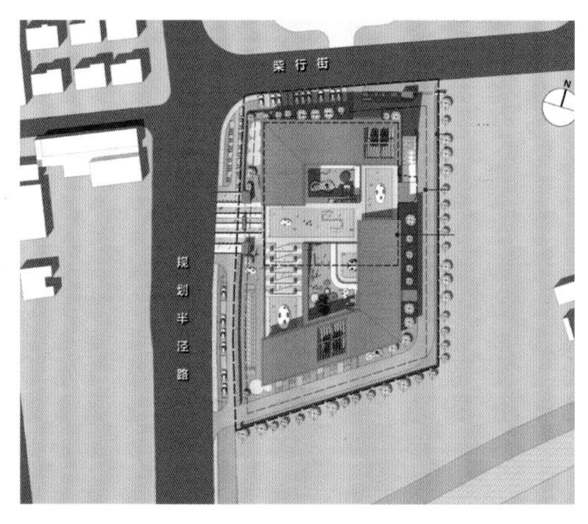

项目业主：太仓高新技术产业开发区管理委员会
建设地点：江苏 太仓
建筑功能：教育建筑
用地面积：10 021平方米
建筑面积：13 030平方米
设计时间：2019年
项目状态：在建
设计单位：苏州立诚建筑设计院有限公司
设计团队：徐红涛、李龙、朱晓冬、尹浩、陆雨璐、孙建鹏、胡颖平、李坤秋、李尧青、张华、胡陈杰、柯岭

项目是一座充满童趣、特征鲜明、寓教于乐的幼教建筑，设计注重庭院的营造，在建筑中，庭院不仅仅是一个传统的物理空间，还是情感交流的场所。幼儿园通过庭院维系校园的凝聚力、增进同学之间的交往，并以用触手可及的方式与自然相通。

整个幼儿园室外只使用了三种颜色——蓝、黄、绿，强烈的色彩对比和形状冲突，让幼儿园布局显得设计感十足。建筑室内与室外的界限模糊，使得孩子们随时与自然进行对话。彩色玻璃，创意的形体、多变的空间、滑梯坡道、攀岩坡道等，将幼儿园与这些自然美好的小事物集结在一起，加以简单质朴的木质材料，寓意回归自然本真的主题。

太仓市橄榄岛小区

Taicang City Olive Island Community

项目业主：太仓通洋房产有限公司
建设地点：江苏 太仓
建筑功能：居住建筑
用地面积：24 757平方米
建筑面积：68 472平方米
设计时间：2017年
项目状态：建成
设计单位：苏州立诚建筑设计院有限公司
设计团队：徐红涛、李龙、朱晓冬、汤嘉琳、杨诚、陈鸿斌、孙建鹏、胡颖平、毛焕达、顾青峰、宋志威、李尧青、胡陈杰、柯岭

项目位于太仓市沙溪镇，地理位置优越，属于沙溪镇南部新城核心区域，周边配套成熟，商业、学校、医院一应俱全，是一个精致优雅的低密度、高品质、现代生态宜居社区。项目坚持“以人为本”的设计原则，着眼于“人、环境、建筑”，致力于构筑和谐的生活环境，营造高端典雅的“法式府邸”。

整体规划，意在创造一种自然和谐的生活场景，展现项目的区域特征、文化特征、场景特征。规划布局，使住宅建筑合理分布，小区内住宅呈前后三行布局，各行间形成天然的主次景观轴。景观设计，追求视野的最大化，强调朝向的均好性，建筑单体偏南北向布置，优先考虑通风需求。

刘彬

职务：华建集团华东建筑设计研究总院
第四事业部总建筑师助理、创作室主任
职称：高级工程师
执业资格：国家一级注册建筑师

教育背景
2007年—2010年　同济大学建筑学硕士

工作经历
2010年至今　华建集团华东建筑设计研究总院

主要设计作品
上海科技大学张江校区景观塔
荣获：2016年上海城市建筑品质案例人文创新项目
2017年上海市优秀工程设计二等奖
2018年上海市白玉兰照明奖三等奖
2019年中国照明学会中照奖三等奖
2019年上海市建筑学会建筑创作奖佳作奖
2019年中国威海国际建筑设计大奖赛优秀奖
2019年全国优秀工程勘察设计三等奖
国家电网内蒙古东部电力有限公司调度通信楼
荣获：2019年上海市优秀工程设计三等奖
北京银行保险产业园649地块
荣获：2019年上海市建筑学会建筑创作奖佳作奖
2020年上海市优秀工程设计一等奖
青岛西站站前综合交通枢纽
荣获：2020年青岛市优秀建筑设计二等奖
2021年上海市建筑学会建筑创作奖佳作奖
北京银行保险产业园636、651地块
杭州艮山门动车运用所上盖空间开发城市设计
济南CBD华置C2地块剧院
南通中央创新区金融商务中心启动区
哈尔滨绿地东北亚国际博览城国际会展中心
安庆国际会展中心与张湖公园悠然坊
青岛国际院士港智能制造板块
上海市青浦区西虹桥蟠臻路西侧27-04地块
上海市四川中路前海人寿总部大楼
上海青浦区西虹桥数据中心
南京奥美大厦

ECADI

华建集团华东建筑设计研究总院（以下简称：华东总院）成立于1952年，是中华人民共和国成立初期第一批国有大型建筑设计咨询企业之一。60余年来，凭借雄厚的技术实力和持之以恒的创新发展，华东总院在高强度的国际、国内竞争中，逐步发展成为立足全国、面向国际的著名建筑设计企业。

华东总院始终围绕“国际先进理念、最佳中国实践”的发展定位，秉承“中国设计、国际品质、属地服务”的理念，成功打造自主品牌形象，以国际水准的设计理念、创意和品质把控能力，对当地客户和项目需求的深刻理解，以及强有力的国际国内技术资源整合能力和专业高效的服务管理，完成了一大批具有挑战性的重大工程实践。

华东总院坚持“立足上海、服务全国、面向国际”的发展战略，秉承“设计时代精品、引领美好生活”的企业使命，致力于提供具有价值的创意设计与涵盖项目全生命周期的全过程、定制化服务，实现客户所想，打造建筑精品，助力社会发展。

地址：上海市汉口路151号
电话：021-63217420
传真：021-63214301
网址：www.ecadi.com
电子邮箱：huadongyuan@ecadi.com

上海科技大学张江校区景观塔

Landscape Tower of Zhangjiang Campus of ShanghaiTech University

项目业主：上海科技大学
建设地点：上海
建筑功能：公共建筑
建筑面积：630平方米
设计时间：2014年
项目状态：建成
设计单位：华建集团华东建筑设计研究总院
主创设计：刘彬

上海科技大学张江校区景观塔高87.3米，是校园中最高、最醒目的建筑物，不但是学校地理意义上的地标，更寄托了上海科技大学的办学精神，体现其作为一所新兴的中国顶级科技大学的文化内涵，成为学校的“精神地标”。

景观塔设计采用当代的科技手段，去表现中国的人文传统。以松江方塔为原型，保留九重塔的形制特点，使用钢和玻璃为主要材料，对传统古塔要素进行重构。塔身相邻层间平面轮廓成45度的旋转，使得层间的支撑柱由竖直变为倾斜，从而将立面分割为若干个三角形。结构外框升级为一个立体网架，如同一个紧致的晶体结构，具有更好的抵抗风荷载和地震力的作用，所有结构主框架暴露于外，成为造型的重要构图元素。

国家电网内蒙古东部电力有限公司调度通信楼

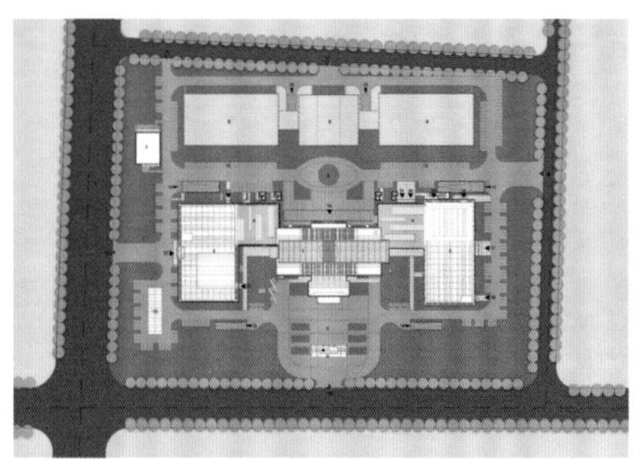

Dispatching Communication Building of State Grid Inner Mongolia Eastern Electric Power Co., Ltd

项目业主：国家电网内蒙古东部电力有限公司
建设地点：内蒙古 呼和浩特
建筑功能：办公建筑
用地面积：68 329平方米
建筑面积：83 000平方米
设计时间：2012年
项目状态：建成
设计单位：华建集团华东建筑设计研究总院
主创设计：刘彬

项目位于呼和浩特市如意开发区的核心地段，针对电力调度大楼独特的功能要求，形式上删繁就简，以紧凑的关联性提高企业的运作效率，在简洁的建筑体量之内，营造多维度的公共空间，为使用者提供独特的空间体验。

建筑的调度通信、总部办公、外事交易、后勤服务等四大板块，分别纳入建筑体量的三个组成部分，形成了主楼、西裙楼、东裙楼三个清晰的形体逻辑。外立面石材和玻璃形成虚实对比，采用花岗岩干挂幕墙作为外立面维护材料，建筑呈现出结实稳重的立面特点。

设计将主楼的中走道放大成为巨大的环廊式中庭，串联起众多的休息平台和内边庭，并以此为骨架建立一套多层次的内部公共空间系统。主楼东、西两个上下贯通高达80米的巨大中庭像是两片巨大肺叶，每隔两层设置突出在外、具有更多景观面的边庭，提供了尺度宜人的内部休憩场地。

北京银行保险产业园649地块

Plot 649, Beijing Bank & Insurance Industrial Park

项目业主：北京保险产业园投资控股有限责任公司
建设地点：北京
建筑功能：办公建筑
用地面积：35 226平方米
建筑面积：142 179平方米
设计时间：2016年
项目状态：建成
设计单位：华建集团华东建筑设计研究总院
主创设计：刘彬、钟嘉斯、任仕新

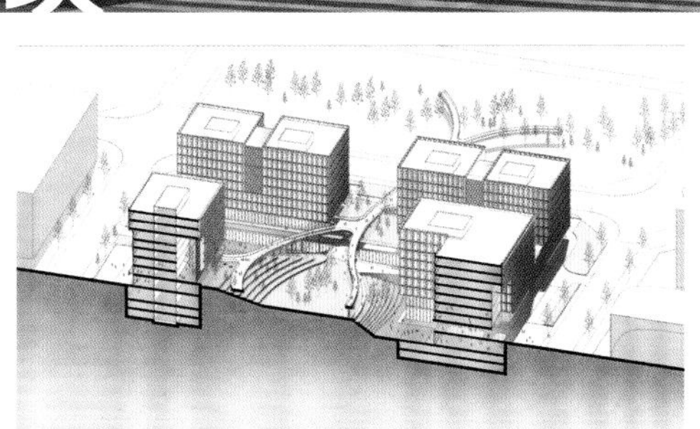

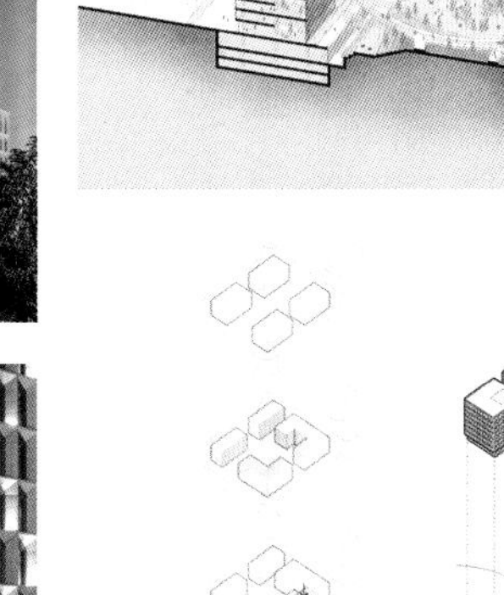

项目位于北京市石景山区北部，设计充分利用依山傍水的自然环境，确立了“南侧严整、北面消散、内部丰富”的设计策略，在三个不同的尺度层级上，寻求建立与自然环境相协调的建筑系统，以实现建筑与场地、环境的最大化融合。

在建筑的立面设计上，做到“厚”而不“重”。这组西山脚下的建筑群既要体现出一定的体量感，又要不过于沉重；外立面选择浅米色的烧毛面花岗岩石材和玻璃作为主要的表皮材料，并把石材的比例提高到50%以上，使整个建筑显得更加结实。主立面设计了一种内向斜切的锯齿形幕墙单元，保持外边界的平齐，落地玻璃窗内向切转15度，形成内凹的三角形小窗台，将表皮由一个平面拓展出厚度，产生了戏剧性的肌理和光影效果。

青岛西站站前综合交通枢纽

Comprehensive Transportation Hub in Front of Qingdao West Railway Station

项目业主：青岛西海岸交通投资建设有限公司
建设地点：山东 青岛
建筑功能：交通、商业、办公建筑
用地面积：231 500平方米
建筑面积：186 000平方米
设计时间：2017年—2018年
项目状态：建成
设计单位：华建集团华东建筑设计研究总院
主创设计：刘彬、Oliver Huster、赵诗佳

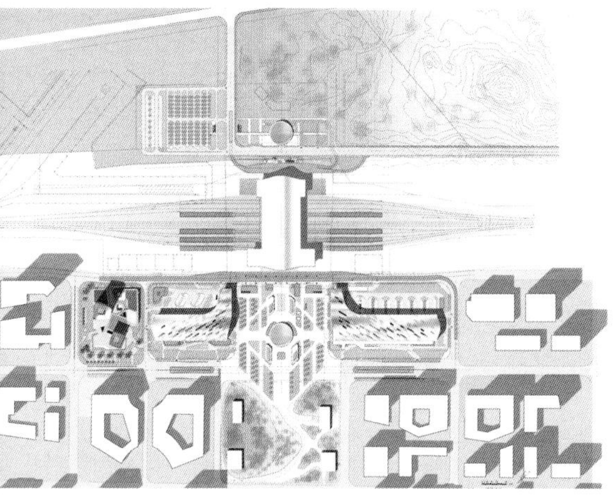

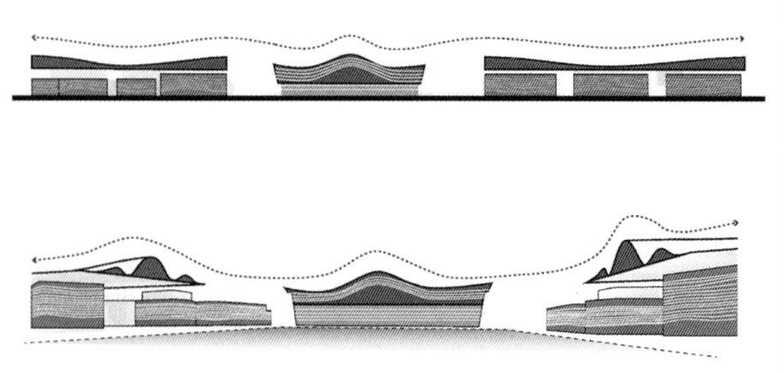

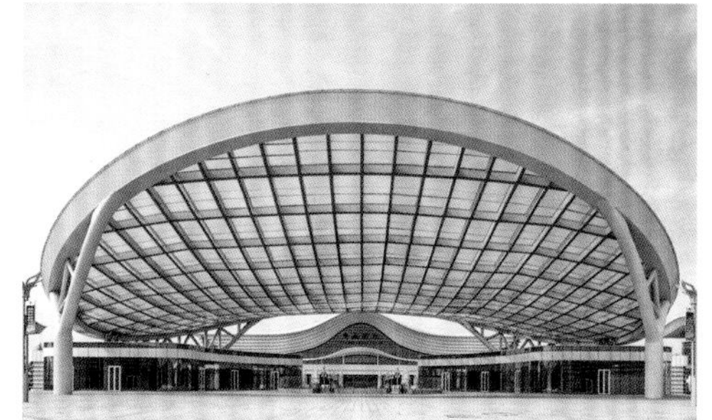

项目设计范围涵盖高铁站房东西广场及与其毗邻的6个地块，是具有复合功能的交通枢纽综合设施，汇集高铁、地铁、公交总站、长途客运站等多种交通方式，同时也承载了交通、办公、酒店、商业、旅游服务等多种功能。

建筑造型呼应青岛海洋城市的特点，借鉴了海洋和岩石的意象，波浪形的钢结构大屋面“漂浮”在较为圆润的小体量上方，塑造一种波浪轻打鹅卵石的视觉效果。交通动线组织通过高效率换乘实现以公共交通为主导的交通方式和空间组织，降低对私家车的依赖度，优化城市交通运行，提高公共交通和周边地块的活力。项目应用级差密度原则平衡功能需求量与土地开发量关系，建设土地集约、环境友好的站前城市空间。

杭州艮山门动车运用所上盖空间开发城市设计

Hangzhou Genshanmen Bullet Train Garage Covering Urban Design

项目业主：杭州市规划局、中国铁路上海局集团有限公司
建设地点：浙江 杭州
建筑功能：居住、商业建筑
用地面积：690 000平方米
建筑面积：740 000平方米
设计时间：2018年
项目状态：在建
设计单位：华建集团华东建筑设计研究总院
合作单位：中铁第四勘察设计院集团有限公司
主创设计：刘彬、赵诗佳、何啸东

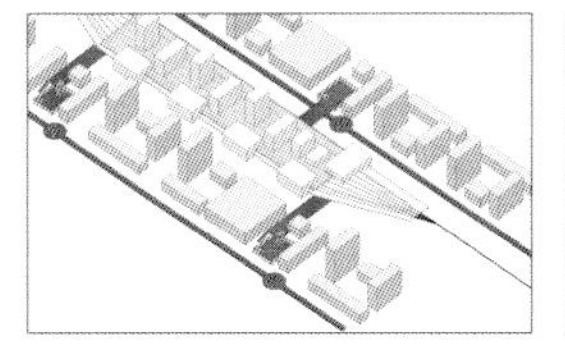
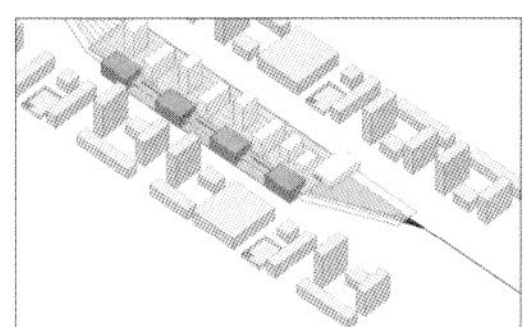
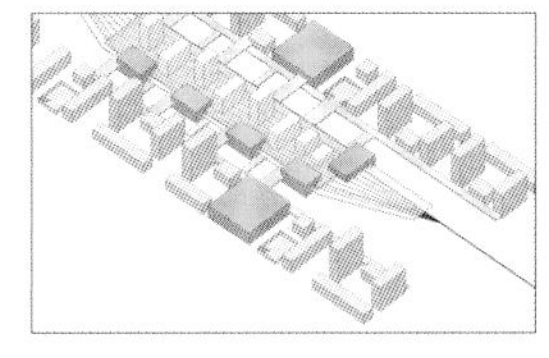
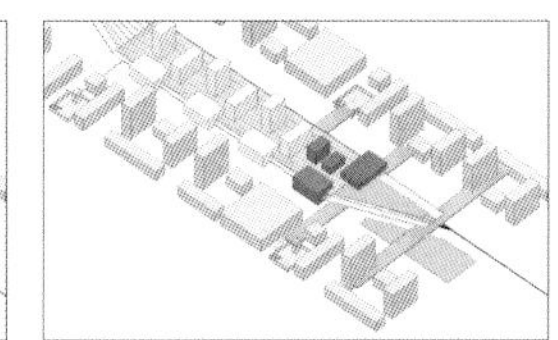

项目毗临杭州市中心区域，城市设计以“时空之门”为概念，通过铁路上盖空间的建设，突破城市发展瓶颈，打通城市发展通道，消除东西交通阻隔，拉近东西片区空间距离，实现交通、功能和公共空间的连接，成为东西城市片区的连接之门。项目结合东西两边的城市环境，建立向外的延伸，带动城市片区机动车跨板和高线步行网络的立体化交通体系，开拓城市公共空间，弥补服务配套设施的不足，创造绿色环绕、生态宜居的城市片区。

公共空间以“一纵三横”为骨架，连接起各空间组团，实现景观价值最大化。利用咽喉区设置开放的公共活动场地和体育设施，融合运动、自然、社交、艺术多种要素，打造活力创新、智慧高效、复合生活、生态持续的宜居高地。

刘人昊

职务：大连城建设计研究院有限公司副院长
　　　建筑专业院院长
职称：教授级高级建筑师
执业资格：国家一级注册建筑师、注册城市规划师

教育背景
1984年—1989年　大连理工大学工学学士

工作经历
1989年至今　大连城建设计研究院有限公司

个人荣誉
2008年大连市优秀设计师奖
2009年辽宁省优秀青年建筑师奖

主要设计作品
大连百斯德・绿天地
葫芦岛昱榕酒店
荣获：2010年辽宁省优秀工程勘察设计一等奖
大连青云58街
荣获：2005年辽宁省优秀工程勘察设计一等奖

张月鑫

职务：大连城建设计研究院有限公司副总建筑师
　　　建筑二所所长
职称：教授级高级建筑师、高级规划师
执业资格：国家一级注册建筑师、注册咨询工程师

教育背景
1994年—1999年 哈尔滨建筑大学建筑学学士

工作经历
1999年至今　大连城建设计研究院有限公司

个人荣誉
2016年大连市绿色设计优秀设计师奖

主要设计作品
大连嘉和广场
荣获：2016年辽宁省优秀工程勘察设计二等奖
长海县小长山乡复兴村新农村规划
荣获：2011年辽宁省优秀工程勘察设计一等奖
葫芦岛昱榕酒店
荣获：2010年辽宁省优秀工程勘察设计一等奖

李冲

职务：大连城建设计研究院有限公司方案院总建筑师
　　　项目总工
职称：教授级高级建筑师
执业资格：国家一级注册建筑师

教育背景
1998年—2003年 大连理工大学建筑学学士

工作经历
2003年至今　大连城建设计研究院有限公司

个人荣誉
2018年大连市绿色设计优秀设计师奖

主要设计作品
大连百斯德・绿天地
大连星海长岛
大连红星滨海社区商业
荣获：2016年辽宁省优秀工程勘察设计奖二等奖

大连城建设计研究院有限公司
DALIAN INSTITUTE OF URBAN AND ARCHITECTURE DESIGN CO.LTD

大连城建设计研究院有限公司成立于1991年，具有建筑设计甲级、城乡规划设计甲级、人防工程专项设计乙级、景观专项设计乙级、市政专项设计乙级、工程咨询乙级等资质。现有设计人员260名，拥有辽宁省工程设计大师2名、大连市设计大师5名、教授级高级工程师16名、高级工程师80名、国家一级注册建筑师18名、国家一级注册结构工程师15名、注册设备工程师15名、注册城市规划师13名。具有全专业设计能力，可为客户提供全过程项目设计咨询管理和EPC工程总承包服务。

公司是辽宁省建筑设计行业综合实力十强企业，担任大连市勘察设计协会副理事长、大连市绿建协会副会长、中国勘察设计行业协会结构分会理事。邱韶光院长是辽宁省首批工程设计大师，担任中国建筑学会结构分会理事、全国高层建筑结构委员会委员、住建部建筑结构标准化委员会委员、辽宁省抗震超限审查专家，是建筑设计行业领军人物。

公司秉承“设计质量、设计水平、设计速度、设计服务”四个一流的设计理念；成立至今，设计成果累计超过3 000项，建筑面积超过3 000万平方米，荣获国家级、省部级、市级奖150余项。

地址：大连市西岗区民运街23号嘉汇大厦3层
电话：0411-39889926
传真：0411-39889960
网址：www.dlcjsjy.com
电子邮箱：dlcjy1111@vip.sina.com

大连城堡航海博物馆

Dalian Castle Navigation Museum

项目业主：大连星海湾开发建设管理中心　建设地点：辽宁 大连
建筑功能：文化建筑　用地面积：50 000平方米
建筑面积：32 000平方米　设计时间：2001年
项目状态：建成
设计单位：大连城建设计研究院有限公司
获奖情况：2003年大连市优秀工程勘察设计一等奖
2004年辽宁省优秀工程勘察设计二等奖
2004年（大连）国际典范设计大赛三等奖

项目位于大连南部海滨风景区（莲花山脉）中的“白云山景区”的一座小山上。古城堡航海博物馆创意源于西班牙巴塞罗那的一个城堡遗址，源于人类文明对山地开发利用的理解。建筑功能集航海、贝壳展览（亚洲最大）、餐饮、休闲服务、游览观景以及高级商住等功能于一体。

建筑造型以城堡形式呼应主题，融于山海环境之中，享有浪漫气息与雄壮的震撼力。建筑设计提炼欧式建筑语汇，体量高低呼应，回廊错落有致，主塔布局灵动、自由，很好地融入山体之中。立面设计做到古朴、稳重、协调，与山体环境很好融合，让人感受到历史的久远及与地域文化的结合，从海上看城堡仿佛建筑生长在大自然环境之中，给建筑赋予生命。

大连百斯德·绿天地

Dalian Best • Green World

项目业主：大连晟泽文化休闲产业有限公司
建设地点：辽宁 大连
建筑功能：商业建筑
用地面积：17 244平方米
建筑面积：37 400平方米
设计时间：2015年
项目状态：建成
设计单位：大连城建设计研究院有限公司
获奖情况：2016年全国BIM“创新杯”设计大赛优秀奖
2017年辽宁省BIM技术应用竞赛一等奖
2018年辽宁省优秀工程勘察设计一等奖
2018 年大连市优秀工程勘察设计一等奖
2018 年辽宁省BIM技术应用竞赛专项设计一等奖
2018 年大连市BIM技术应用竞赛优秀设计一等奖

项目设计从城市角度入手，让建筑与景观融为一体，并顺应地势形成一条自由的曲线“飘带”，建筑采用多首层理念，实现立体化交通流线。

项目的业态主要由文化展示、仓储、休闲娱乐、地下车库等功能空间构成。其中，地下二层以车库为主，同时设有娱乐功能；地下一层以仓储为主，同时设有文化展示和部分休闲娱乐功能；地上以文化展示功能为主，其中影院位于本项目的西南方位，即华东路与中华路交叉口，成为面向城市的展示界面，而其他文化展示用房布置在基地周边，位于项目东北角散点式的文化展示空间面向泉华公园和泉水居住区，从而将人流更加便捷地引入。

大连金石滩文化博览广场

Dalian Jinshitan Cultural Expo Plaza

项目业主：大连大连金石滩旅游集团
建设地点：辽宁 大连
建筑功能：文化建筑
用地面积：70 000平方米
建筑面积：32 000平方米
设计时间：2009 年
项目状态：建成
设计单位：大连城建设计研究院有限公司

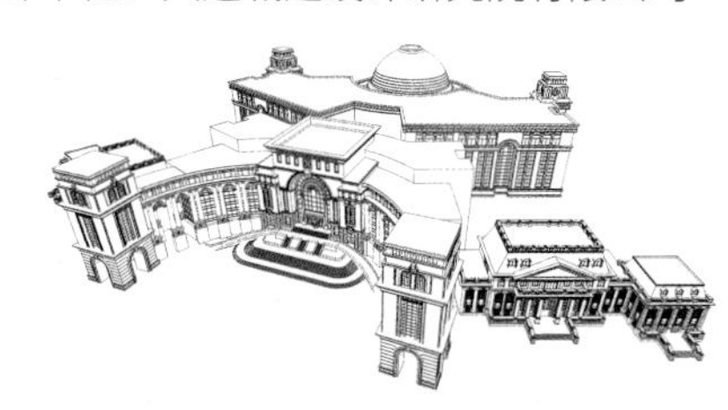

项目位于大连金石滩旅游度假区中部，即现在的蜡像馆、地质博物馆及毛泽东像章陈列馆区域。该项目是在原蜡像馆的基础上改扩建而成的，按功能分为七大区域，是集蜡像馆、民俗馆、天文馆、科技馆、展览馆、会议中心、餐饮空间为一体的综合服务体。

建筑造型设计将古典和现代建筑的精华相融合，延续经典的建筑比例，将精致的细节与现代建筑简洁的线条有机结合。楼面设计以新古典主义风格为主，并加入了哥特式建筑特有的经典元素。立面风格庄重精美，运用传统美学法则使现代的材料与结构产生规整、稳重、典雅的印象，并通过夸张的建筑尺度，给人以震撼的感觉。

大连湾实德地块配套小学

Dalian Bay Shide Plot Supporting Primary School

项目业主：大连市甘井子区教育局
建设地点：辽宁 大连
建筑功能：教育建筑
用地面积：16 400平方米
建筑面积：16 999平方米
设计时间：2019年
项目状态：在建
设计单位：大连城建设计研究院有限公司

项目是由三个体块组成的“凹”字形建筑，入口上方连廊相连，使建筑整体性更强，入口空间更加大气，上部体量穿插其他体块，主次分明，强调对比。建筑南立面为教学单元与体育馆，体块虚实结合，体育馆上部的穿孔铝板印有各类运动的图案，向城市彰显青春的校园气息；教学楼的窗户组合错落有致，形成了活泼有序的立面效果。

大连星海长岛

Dalian Xinghai Changdao

项目业主：大连星海世纪房地产开发有限公司
建设地点：辽宁 大连
建筑功能：商业建筑
用地面积：35 000平方米
建筑面积：276 800平方米
设计时间：2013年
项目状态：建成
设计单位：大连城建设计研究院有限公司
获奖情况：2015年全国“创新杯”BIM设计大赛最佳应用奖
2015年辽宁省BIM应用设计大赛三等奖
2016年辽宁省优秀规划设计三等奖
2016年大连市优秀工程设计BIM应用专项一等奖

项目地上部分设有6栋公寓，沿街布置有三层公建，北面是一座超高层现代风格塔楼，建筑高度210米。公寓设计汲取古典和现代建筑的精华，延续经典的建筑比例。建筑立面以垂直线条为主，竖向的窗带、竖向的装饰线条、阶梯状向上收缩的造型等都诠释了建筑高耸、挺拔、向上的形象。

公建立面风格精致细腻，以ArtDeco风格为主，以理性的结构比例呈现高贵的秩序感，建筑外墙采用天然石材，配合柱式、玻璃幕墙等装饰艺术，使现代建筑透着古典建筑的经典韵味，呈现庄重与典雅的建筑特色。在细节上突出石材、金属、玻璃等材料的配合，讲求技术和形式上的精准，使建筑富丽精致，别具特色。

大连市民健身中心

Dalian Citizen Fitness Center

项目业主：大连星海湾开发建设管理中心
建设地点：辽宁 大连
建筑功能：体育建筑
用地面积：108 800平方米
建筑面积：20 000平方米
设计时间：2009年
项目状态：建成
设计单位：大连城建设计研究院有限公司

项目位于大连市区的重要地段，设计重点突出现代、动感的体育建筑特色，并注重与城市整体环境及地域特色的有机结合，富有时代气息和鲜明的个性特征，并将建筑艺术和现代科技汇集于一体，是大连市重要的标志性建筑。大尺度的悬挑给人以强烈的视觉冲击感，彰显体育建筑特有的魅力。从纤维的肌理和中国传统建筑的冰裂纹饰图案中获得独具风格的建筑表皮，不仅体现了运动元素结合中华传统的文化内涵，而且传达了建筑具有绿色环保的节能理念，同时，有助于调节内部温度并防止直射光照影响室内活动。

刘环

职务：中国建筑设计研究院有限公司
生态景观建设研究院副院长
职称：高级工程师

工作经历

2007年至今　中国建筑设计研究院有限公司

社会职务

国家科技专家库专家
北京土木建筑学会城市环境景观专业委员会委员
中国建筑学会园林景观分会会员
中国风景园林学会会员
中央美术学院硕士学位研究生导师

个人荣誉

玉树地震灾后重建先进个人
光华龙腾奖·中国设计业青年百人榜
亚太经合组织会议项目积极贡献奖

主要设计作品

北川新县城灾后重建温泉、红旗片区景观设计
荣获：2009年全国优秀城乡规划设计一等奖
2011年中国环境艺术最佳范例奖
北川羌族自治县文化中心
荣获：2012年北京市优秀工程设计一等奖
玉树康巴风情商业街、红卫路商业区景观设计
荣获：2013年中国环境艺术金奖
北川羌族自治县抗震纪念园
荣获：2013年中国环境艺术金奖
北京雁栖湖核心岛入口广场及南广场景观设计
荣获：2015年北京市优秀工程勘察设计一等奖
2015年全国人居经典建筑规划竞赛环境金奖
2015年中国风景园林学会规划设计三等奖
2015年中国环境艺术金奖
湖南永顺老司城土司遗址公园及遗址博物馆景观设计
荣获：2017年全国优秀工程勘察设计一等奖
2017年北京市优秀工程勘察设计一等奖
2019年IFLA APR国际风景园林杰出奖
北京世界园艺博览会区总体概念规划设计
荣获：2017年IFLA APR国际风景园林杰出奖
2019年中国风景园林学会规划设计一等奖
“一带一路”国际高峰论坛景观设计
荣获：2018年中国建筑设计奖园林景观设计二等奖
北京工业大学第四教学楼组团建筑
荣获：2016年全国工程建设项目优秀设计一等奖
2017年北京市优秀工程勘察设计一等奖
玉门关游客服务中心景观设计
荣获：2018年北京市优秀工程设计二等奖
2019年北京市优秀工程勘察设计二等奖
2020年中国建筑设计奖园林景观设计一等奖
北京阜成门内大街景观设计（一期）
荣获：2020中国建筑设计奖园林景观二等奖
2020年IFLA APR国际风景园林亚太区荣誉奖
龙岩龙津湖公园景观
荣获：2021年北京优秀工程勘察设计二等奖
呼和浩特市昭君博物馆
荣获：WAF世界建筑节中国区年度优秀作品奖
德国国家设计奖特别表彰奖
北京世界园艺博览会公共绿化（二标段）及中国馆、妫汭剧场景观设计
通州城市副中心行政办公区市政府及委办局景观设计
南昌汉代海昏侯国考古遗址公园规划
元上都遗址公园及配套展示工程
凌家滩国家考古遗址公园
中国建筑设计研究院园区及创新楼景观设计

CCTC 中国建设科技集团　中国建筑设计研究院有限公司 CHINA ARCHITECTURE DESIGN & RESEARCH GROUP

中国建筑设计研究院有限公司生态景观建设研究院（以下简称：生态景观院）是中国建筑设计研究院有限公司下属的一级部门，现已发展成为全国一流的以生态与景观环境设计、研究、建设管理为核心的一站式综合服务设计机构，拥有建筑、规划、风景园林等多项行业甲级设计资质，业务领域涵盖生态景观规划设计、总图场地及BIM设计、设计咨询管理、设计总承包、景观生态及设计工程总承包等。

多年来，生态景观院作为设计行业的“国家队”，秉承服务国家战略、传承本土文化、聚焦生态文明、发展民生建设、创新科研技术的精神，先后在国内外完成各类国家重点项目及其他规划设计项目2 000多项，荣获国际IFLA奖、国内重要奖项、行业专项奖300多项，也是中国建筑学会园林景观分会的发起单位。

业务范围

规划设计：生态景观规划设计、城市设计、历史保护规划、风景旅游区规划、生态综合治理、国家考古遗址公园、城市新区、城市公园、城市广场、居住区、总图市政、设计咨询等。

技术科研：承担国家和部委生态环境建设、城市街道更新等方面课题研究，制定国家、行业及地方标准和规范；提供工程总承包、技术咨询与专业评审服务。

工程总承包：生态景观EPC。

地址：北京市西城区车公庄大街19号
电话：010-88328323
网址：www.cadg.cn
电子邮箱：liuhuan@cadg.cn

北川新县城灾后重建温泉、红旗片区景观设计

Landscape Design of Hot Spring and Hongqi Area For Post Disaster Reconstruction In Xinxian County, Beichuan

项目业主：北川新县城工程建设指挥部
建设地点：四川 北川
建筑功能：居住区景观
用地面积：400 000平方米
设计时间：2009年—2010年
项目状态：建成
设计单位：中国建筑设计研究院有限公司生态景观建设研究院
项目摄影：张广源、刘环

项目设计理念来源于羌族人民生活及精神的二元追求。经历剧痛的北川人民心理需求多样化，既需要众志成城的团结精神，也需要平静的追思空间和安全感。因此，园区整体规划突出对羌族人民文化生活及精神生活的描述及追忆，也强调人民对新生活的向往和追求，为新城人民带来统一和谐环境的同时，也塑造对过去生活及未来新生活两种不同的空间感受和行为体验。

设计从城市整体空间及建筑布局出发，对园区内主要轴线进行分析，通过在场地内设置主题性碉楼、拉克西等代表羌族文化的元素，形成对园区整个景观空间节奏的丰富和完善。将精神文化融入景观，从文化、场所精神、地域性、人的精神体验、城市环境、生态性、经济性等各个层面出发，为羌族人民构筑新的生活模式。

玉树康巴风情商业街、红卫路商业区景观设计

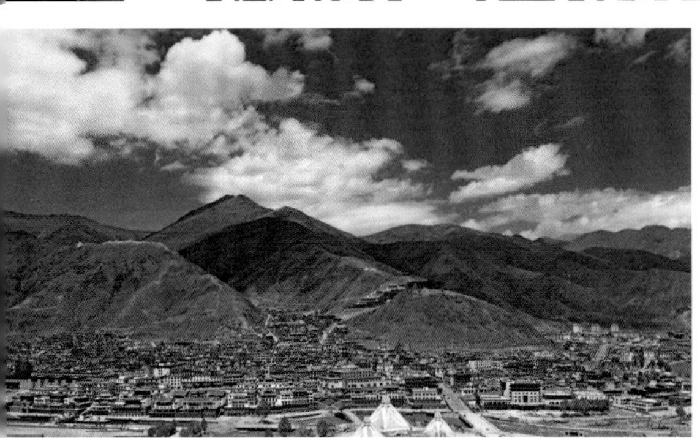

Landscape Design of Yushu Kangba Style Commercial Street And Hongwei Road Commercial District

项目业主：中国水利水电建设集团公司玉树灾后恢复重建现场指挥部
建设地点：青海 玉树
建筑功能：城市公共空间
用地面积：74 000平方米
设计时间：2012年—2014年
项目状态：建成
设计单位：中国建筑设计研究院有限公司生态景观建设研究院
项目摄影：张广源、刘环

项目位于高海拔地区，平均海拔接近3700米，基地内分布了大量震后遗留的残墙断壁及瓦砾废墟。扎曲河、巴塘河两条河流交汇于此，场地内部现状为北高南低的滨河坡地，南北地块由一道陡坎分隔，最大落差达12米。

设计将人文、自然两条主线纳入景观方案的构思当中。首先，以自然为主线，基于大地的设计语汇和风格，将延绵的山峰、流淌的河流、堆砌的石头进行抽象处理，以景观铺地、叠石、台阶等形式进行呈现，结合实际的功能，通过图案及纹样的疏密变化控制景观的节奏；其次，以人文为主线，将文成公主进藏的故事融入各个景观节点，通过景观雕塑、象征图案等要素将故事情节步步推进，将聚缘、赏纳、竞曲、融合、祝福、升华、幸福等场景通过有张有弛的故事情节逐步展开，最终实现人文精神和民俗文化的升华。

湖南永顺老司城土司遗址公园及遗址博物馆景观设计

Landscape Design of Tusi Site Park And Site Museum In Laosicheng, Yongshun, Hunan

项目业主：永顺县老司城开发经营有限公司
建设地点：湖南 永顺
建筑功能：遗址公园景观
用地面积：230 000平方米
设计时间：2013年—2015年
项目状态：建成
设计单位：中国建筑设计研究院有限公司生态景观建设研究院
项目摄影：张广源、刘环、业主提供

项目作为土司文化的代表，以其突出价值与普遍意义被世界公认，并于2015年联合湖北恩施唐崖土司城址、贵州遵义海龙屯土司遗址一起被列入世界文化遗产名录，成为我国第48处世界文化遗产。

项目分为遗址公园与博物馆两个部分。设计思考的是如何从遗址保护的态度、遗址保护的展示及利用方面使遗址格局与原有的村落风貌、自然环境之间找到一个平衡点；探讨的是如何借鉴当地传统建造知识，利用现状地理环境优势，就地取材，使建筑融入山水格局之中。

项目建成后，成为研究中国西南少数民族地区土司文化的重要场所，也成为展示土司文化遗产的重要组成部分。在其成为世界文化遗产名录的影响及社交媒体的传播下，吸引了大量的市民及文化考古爱好者来此聚集，加强了公民的文化及历史保护意识，其质朴而精心的设计也为展现这片土地的历史和美好做出了更多的努力。

玉门关游客服务中心景观设计

Landscape Design of Yumenguan Tourist Service Center

项目业主：敦煌雅丹国家地质公园管理处
建设地点：甘肃 敦煌
建筑功能：旅游景观
用地面积：29 800平方米
设计时间：2016年
项目状态：建成
设计单位：中国建筑设计研究院有限公司生态景观建设研究院
项目摄影：张广源、尹大骞

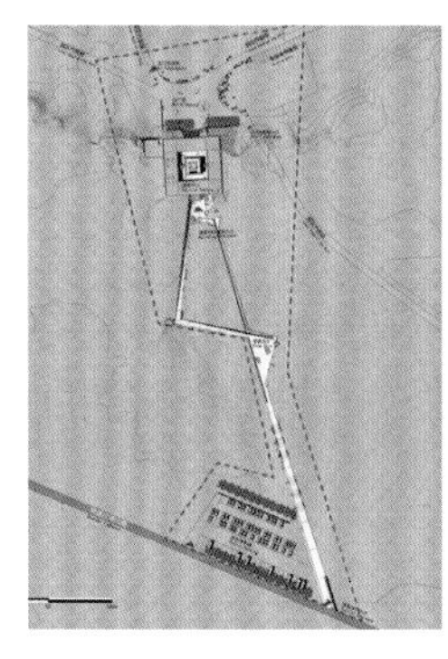

项目位于世界文化遗产玉门关遗址区内，设计将景观融入戈壁风貌，呈现出厚重的玉门关遗址与荒凉戈壁并存的场所感。

场地融入大地。项目设计带着让场所融入戈壁大环境的初衷，深化布局，减小建设强度，采用当地石砾及契合大地色系的黄色锈板并以此作为区域游览的线索，增加融合性的同时，又不缺乏雕刻感。

趣味归于体验。结合现状高差，利用直线形的步道与墙体形成空间与视觉的焦点，通往入口的小径和几处精心设置的石头和骆驼刺融入周边的风景，下沉步道中的光表达了建筑空间对玉门关遗址的期待。

北京阜成门内大街景观设计（一期）

Landscape Design of Fuchengmennei Street in Beijing (Phase I)

项目业主：北京华融金盈投资发展有限公司
建设地点：北京
建筑功能：老城街道更新改造
用地面积：15 000平方米
设计时间：2015年—2019年
项目状态：建成
设计单位：中国建筑设计研究院有限公司生态景观建设研究院
项目摄影：于志强、丁志强、贾瀛

项目设计历时5年，在存量空间严重不足、权属关系非常复杂的条件下，通过各方广泛平等的交流及全过程的参与，重塑了安全有序的街道秩序、与人协调的街道尺度和绿色舒适的高品质生活空间，共同完成了对一条有700余年历史的老街的复兴。项目建成后基本实现连续的林荫空间、行人车辆各行其道、无障碍设施全线布置、公共空间大范围拓宽、配套服务设施进一步完善的显著成效。

学术研究方面，阜成门内大街一期已被作为典型案例收录入北京市和西城区街道设计导则，为首都核心区城市更新提供参考，并取得实用新型发明专利一项。社会评价方面，多数专家和居民代表对改造成果表示认可，多个后续的老城更新项目均对本项目的线杆综合、公交并站、地铁周边空间整合利用、市政设施融入特色文化等创新模式有所借鉴和推广。

龙岩龙津湖公园景观

Longyan Longjin Lake Park Landscape

项目业主：龙岩城市发展集团有限公司
建设地点：福建 龙岩
项目功能：城市公园景观
用地面积：430 000平方米
设计时间：2016年—2017年
项目状态：建成
设计单位：中国建筑设计研究院有限公司生态景观建设研究院
项目摄影：张景

龙津湖公园位于龙岩市的核心区、城市中轴线上，是市政府行政办公建筑群轴线及市民广场轴线的延续，周边业态包含商业、金融、酒店、文化等城市核心配套功能，地理位置优越，是城市形象的展示窗口和为城市服务的核心公共空间。

设计团队融合生态、景观、建筑、道桥、水处理、水利等多专业，对整个区域的规划布局总体研究，打破旧有格局，进行大胆重构，调整了原通直河道走势，沿轴线布置10万平方米的调蓄湖，以闸坝与河道联通，增强了蓄滞洪能力，有效防止城市内涝的发生，并对改善城市核心区热岛效应起到了显著作用。南部以龙岩市花——山茶花为设计意向构建茶花岛，总体形成北靠青山、南望茶花岛、两翼环扣、城景共荣的城市绿色公共空间。

雷霖

职务：中国建筑西北设计研究院有限公司
第二建筑设计研究院副院长、总建筑师
兼医疗建筑设计研究所所长
中国医疗建筑设计师联盟理事
西安建筑科技大学硕士研究生导师

职称：教授级高级建筑师

执业资格：国家一级注册建筑师

教育背景

1988年—1992年　西安冶金建筑学院工学学士

工作经历

1992年—1994年　西安大地（国际）建筑设计事务所

1994年至今　中国建筑西北设计研究院有限公司

个人荣誉

2018年中国医疗建筑设计年度杰出人物

2019年全国医疗建筑十佳设计师

第三届中国中西部地区土木建筑杰出建筑师

主要设计作品

陕西中医药大学第二附属医院

荣获：2016年陕西省医院优秀建筑设计一等奖

第四军医大学附属唐都医院

荣获：2016年陕西省医院优秀建筑设计一等奖

延安市中医医院迁址新建项目

荣获：2016年陕西省医院优秀建筑设计一等奖

陕西省中医医院干部病房综合楼

荣获：2016年陕西省医院优秀建筑设计一等奖

学术研究成果

1.《一种平疫转换的病房阳光间活动隔断布局形式》（专利号：ZL202021407402.0）

2.《一种新型布局的传染病房使用的传递窗结构》（专利号：ZL202022115727.8）

3.《立足西部·服务医患——医院建筑设计作品实录》，陕西人民出版社，2016年1月

李敏

职务：中国建筑西北设计研究院有限公司
院专业总建筑师、医疗建筑研究中心主任

职称：教授级高级建筑师

执业资格：国家一级注册建筑师

冯青

职务：中国建筑西北设计研究院有限公司
医疗所副总建筑师

职称：教授级高级建筑师

王艳俊

职务：中国建筑西北设计研究院有限公司
医疗所工艺部长、副总建筑师、副所长

职称：高级建筑师

执业资格：国家一级注册建筑师

郁立强

职务：中国建筑西北设计研究院有限公司
医疗所医养建筑部部长、副总建筑师

职称：高级建筑师

执业资格：国家一级注册建筑师

郭高亮

职务：中国建筑西北设计研究院有限公司
院青年主创建筑师、医疗所副总建筑师

职称：高级建筑师

执业资格：国家一级注册建筑师

钱薇

职务：中国建筑西北设计研究院有限公司
医疗所装饰部部长

职称：高级建筑师

段成刚

职务：中国建筑西北设计研究院有限公司
医疗所结构专业负责人、总工程师

职称：教授级高级工程师

执业资格：国家一级注册结构工程师

赵丽娟

职务：中国建筑西北设计研究院有限公司
医疗所电气专业负责人、副总工程师

职称：教授级高级工程师

执业资格：注册电气工程师

蒋忠

职务：中国建筑西北设计研究院有限公司
医疗所暖通专业负责人、副总工程师

职称：教授级高级工程师

执业资格：注册公用设备工程师（暖通）

李琼

职务：中国建筑西北设计研究院有限公司
医疗所给排水专业负责人、副总工程师

职称：教授级高级工程师

执业资格：注册公用设备工程师（给排水）

中国建筑西北设计研究院有限公司成立于1952年，是中华人民共和国成立初期国家组建的六大区建筑设计院之一，是西北地区成立最早、规模最大的甲级建筑设计单位，现为世界500强企业——中国建筑股份有限公司旗下的全资子公司。

医疗建筑设计研究所成立于2011年，已设计完成第四军医大学附属唐都医院、西安市公共卫生中心、陕西中医药大学第二附属医院、河南大学第一附属医院金明院区、西安曲江新区医院等建设项目。医疗建筑设计研究所专业配备齐全，骨干由中青年设计专家组成，业务范围包括新建或改扩建医疗建筑的可行性咨询、建筑设计、内外部装修设计、净化层流设计、医用气体设计、医用弱电系统设计、医用污水处理系统设计、室外景观环境设计等，涵盖医疗建筑设计的各个方面。

地址：西安市文景路98号　电话：029-68519055　传真：029-68519040
网址：www.cscecnwi.com　电子邮箱：leil@cscecnwi.com

西安常宁国际医学中心

Xi'an Changning International Medical Center

项目业主：西安常宁国际医学中心
建设地点：陕西 西安
建筑功能：医疗建筑
用地面积：99 838平方米
建筑面积：288 887平方米
床位数量：1 500个
设计时间：2018年
项目状态：在建
设计单位：中国建筑西北设计研究院有限公司医疗建筑设计研究所
设计团队：雷霖、冯青、张名良、杨毅、胡哲辉、郭高亮

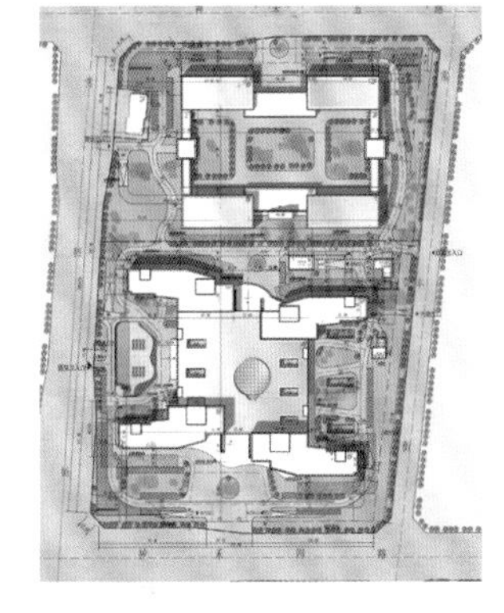

项目位于西安市常宁新区，根据区域规划，前期设置780张床位，后期设置医养结合或康复床位720张。它医疗功能齐备，是一所集医疗、教学、科研、预防、保健、康复、养生、健康管理于一体的现代三级甲等综合医院，将成为陕西新城市建设重要的民生工程。

在公共空间的组织上，建筑师采取了与传统医院不同的方式。门诊底层门厅的空间形式采用"中心共享厅"的设计理念，通过地下扶梯和四个方向的入口将人流引入中庭，在这个空间中，设置了咖啡休息区、药房、零售区、礼品区等场所，将其布置成医疗综合体的休闲社交空间和商务中心。从入口雨棚起始，小尺度的门厅及多层回廊、中庭共同构成一个生动活泼的空间系列，强化了入口和交通枢纽的功能。

河南大学第一附属医院金明院区

Jinming District of The First Affiliated Hospital of Henan University

项目业主：河南大学第一附属医院

建设地点：河南 开封

建筑功能：医疗建筑

用地面积：147 066平方米

建筑面积：329 902平方米

床位数量：1 500个

设计时间：2020年

项目状态：在建

设计单位：中国建筑西北设计研究院有限公司医疗建筑设计研究所

设计团队：雷霖、王艳俊、杨毅、钱薇、胡哲辉、赵玺、王伟、李亚伟

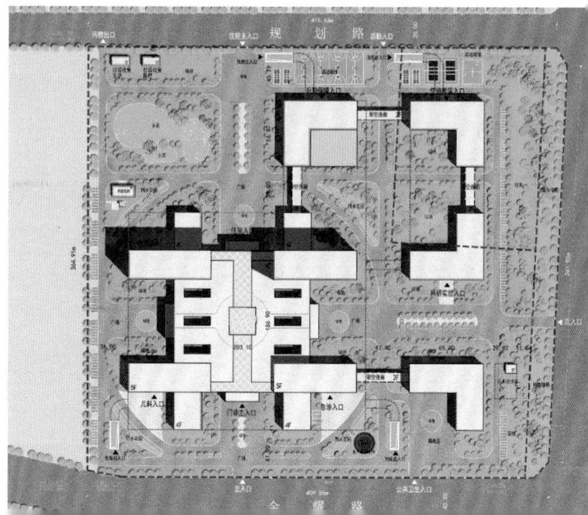

项目位于开封市金明区金明大道与金耀路交会处的西北角，区位条件优越。开封作为八朝古都，四水贯都，开辟了中国历史上开放街巷、往来贸易的先河。设计将宋代传统城市肌理（里坊制）和街巷风光融入院区，街道、连廊、绿化、水系犹如卷轴般沿着门诊医技综合楼徐徐展开，在街巷院落间营造小尺度的宜人微环境，缓解了医院的疏离感。

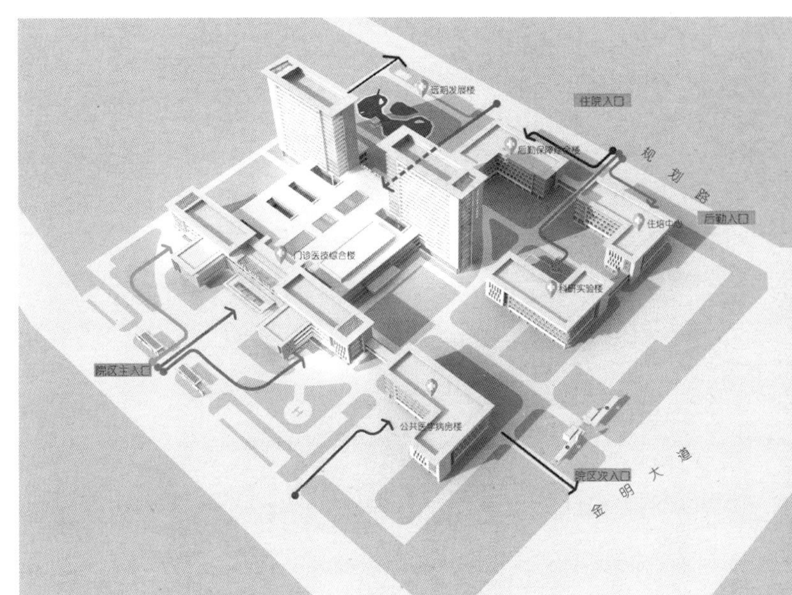

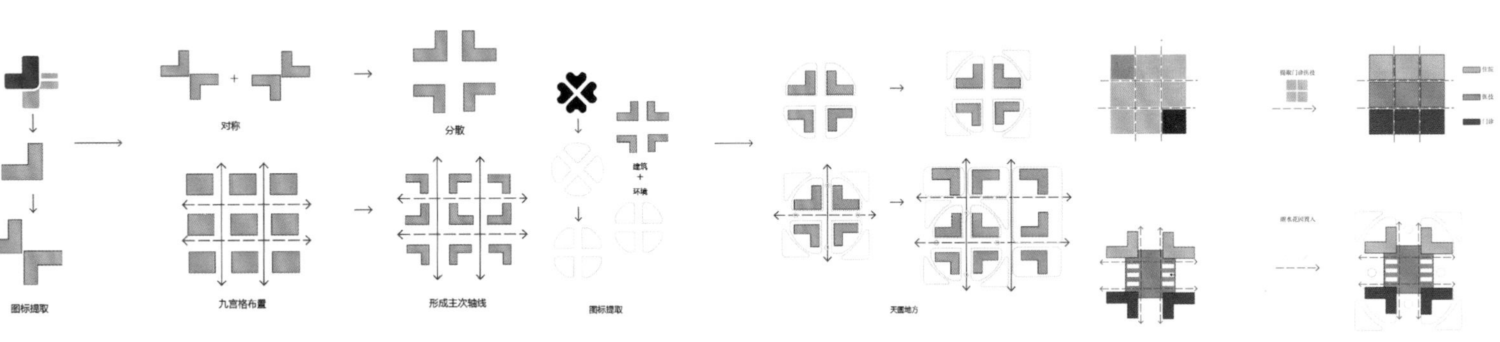

西安大兴渭水园医院医养产业园

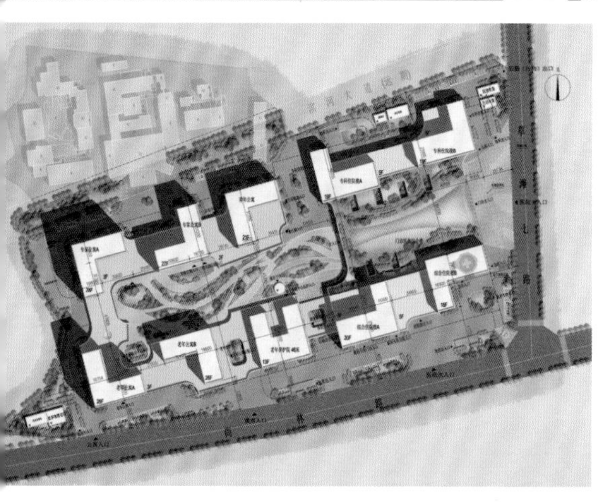

Xi'an Daxing Weishuiyuan Hospital Medical and Nursing Industrial Park

项目业主：西安大兴渭水园医院医养产业园
建设地点：陕西 西安
建筑功能：医疗建筑
用地面积：114 933平方米
建筑面积：665 555平方米
床位数量：2 000个
设计时间：2020年
项目状态：方案
设计单位：中国建筑西北设计研究院有限公司医疗建筑设计研究所
设计团队：雷霖、郭高亮、胡哲辉、王伟、张春生、李蕾、赵玺

项目位于西安市经济开发区渭河之滨，基地周边道路、景观条件优越，是一座集医疗、养老、专家生活等于一体的医养产业园。它包含2 000张床位的三级甲等综合性医院、500张床位的老年养护院、1 000张床位的老年公寓、1 500套专家公寓以及500套单身青年公寓。

建筑以“生命绿谷”为设计理念，将建筑整体沿着场地周边布置，将场地中间位置留出，布置共享中心绿地。整体建筑规划以群山之态矗立于公园一畔，通过造山治水的设计，让建筑与公园的景观融为一体，成为自然向城市的延伸。整体建筑形态取自“横看成岭侧成峰，远近高低各不同”的山峦视觉意向，结合古典山水画的湖、泉、林、溪、谷、石、峰等丹青要素，勾勒出一幅富有未来色彩的城市山水画卷。

西安曲江新区医院

Xi'an New Qujiang District Hospital

项目业主：曲江新区医院
建设地点：陕西 西安
建筑功能：医疗建筑
用地面积：47 418平方米
建筑面积：220 260平方米
床位数量：800个
设计时间：2020年
项目状态：在建
设计单位：中国建筑西北设计研究院有限公司医疗建筑设计研究所
设计团队：雷霖、郁立强、李蕾、杨阳、王伟、张春生

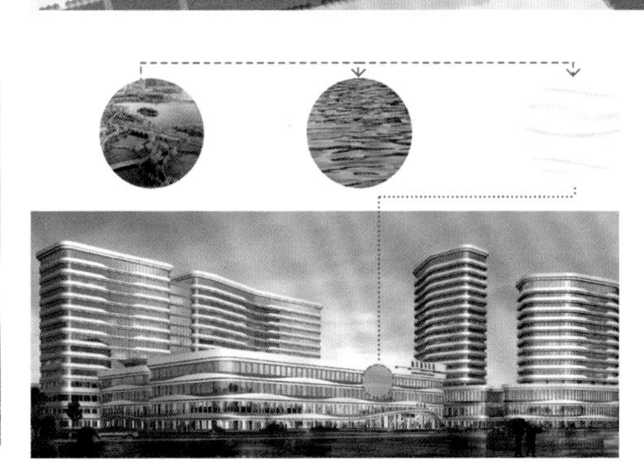

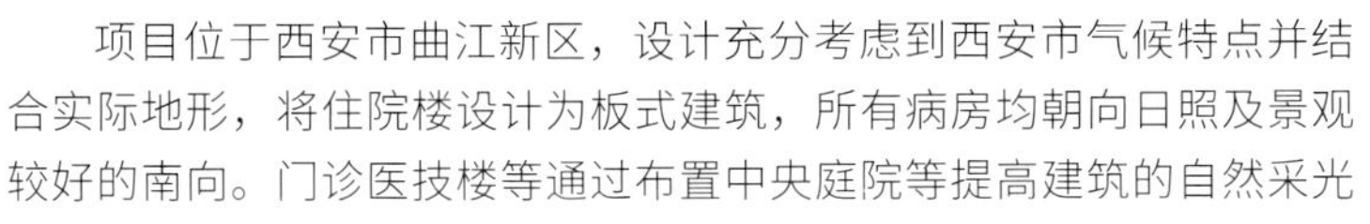

项目位于西安市曲江新区，设计充分考虑到西安市气候特点并结合实际地形，将住院楼设计为板式建筑，所有病房均朝向日照及景观较好的南向。门诊医技楼等通过布置中央庭院等提高建筑的自然采光和通风率，减少建筑能耗，打造绿色节能建筑。学术交流中心采取折叠形双塔式体量设计，成为城市新地标。

刘豫

职务：重庆大学建筑规划设计研究总院有限公司
新疆分院院长、总工程师
职称：高级规划师

教育背景

1990年—1995年　重庆建筑工程学院城市规划学士
2001年—2005年　重庆建筑大学城市规划硕士
2012年至今　重庆大学城市规划博士（在读）

工作经历

1995年—2001年　新疆自治区建筑设计研究院
2005年—2008年　乌鲁木齐市建筑设计院
2008年—2012年　新疆四方建筑设计院有限公司
2012年—2019年　成都市建筑设计研究院新疆分院
2014年至今　乌鲁木齐市尺米丈建筑规划设计有限责任公司
2019年至今　重庆大学建筑规划设计研究总院有限公司新疆分院

个人荣誉

2011年新疆优秀勘察设计人物
新疆大学建筑工程学院外聘硕士生导师
新疆农业大学外聘基地研究生导师

主要设计作品

乌鲁木齐邮电学校体育馆建筑设计
荣获：1999年新疆优秀建筑设计二等奖
1999年住建部优秀建筑设计三等奖
五家渠市沁园旅游度假区
荣获：2006年新疆优秀规划设计二等奖
2009年住房和城乡建设部广厦奖
吐鲁番市二堡乡高昌民居项目
荣获：2011年新疆优秀规划设计一等奖
2011年全国优秀规划设计三等奖
乌鲁木齐市闲来小镇详细规划
荣获：2015年新疆优秀设计集体表扬奖
和田市团城改造更新（一期）
荣获：2017年新疆优秀规划设计二等奖
2017年全国优秀规划设计三等奖
云南丽江总体规划国际咨询案(2002年—2020年)
澳大利亚纳兰德拉市中国园设计
阿塞拜疆巴库市南部新城城市设计

黄治斌

职务：重庆大学建筑规划设计研究总院有限公司
新疆分院合伙人、副院长

教育背景

1994年—1998年　山东工艺美术学院环境艺术学士

工作经历

2005年—2007年　中国艺术研究院
2014年—2016年　成都市建筑设计研究院
2016年—2020年　清华大学建筑设计研究院成都分院
2020至今　重庆大学建筑规划设计研究总院有限公司新疆分院

个人荣誉

四川省川台文化交流带头人
“绿色战旗”乡村振兴博览园驻村大师
中国“天元杯”民宿大赛评委
“鲲鹏奖”中国室内设计大赛评委

主要设计作品

北辰美庐售楼会所、样板房
荣获：2011年亚太人居典范设计金奖
伊顿小镇售楼会所、样板房
荣获：2012年中国国际空间环境艺术设计筑巢奖
金牛国际高尔夫社区体验中心
荣获：2013年亚太人居典范设计金奖
安仁之光公馆主题酒店
荣获：2014年中国国际空间环境艺术设计筑巢奖
中国古羌城景区羌文化主题酒店
都江堰拾光山丘“首批国家级田园综合体”
万宁书房岭国际艺术小镇
邛崃诗酒里
邛崃汪山公园林盘酒庄
温江龙腾鱼凫神话小镇
温江龙腾御锦蜀风国潮园区
万锅来潮——中国火锅小镇

CQUD
重大（新疆）设计

地址：乌鲁木齐市沙依巴克区高铁北三路与荣盛五街交叉路口往西北约90米（新疆交通智能科技大厦1005房）
电话：0991-8890915、15086888075
传真：0991-8890915
电子邮箱：1581771304@qq.com

重庆大学建筑规划设计研究总院有限公司，是国内高校最早成立的甲级建筑设计研究院之一，现为重庆大学重要的高科技服务型企业和“双一流”建设服务平台。公司拥有建筑工程设计甲级、城乡规划设计甲级、风景园林设计甲级、市政（给排水、环境卫生）工程设计甲级、工程咨询甲级、文物保护工程勘察设计乙级、旅游规划设计乙级、工程勘察乙级以及建筑装修装饰、机电安装、消防施工等工程专业承包一、二级等资质。

重庆大学规划设计研究总院有限公司新疆分院以重庆大学的专业技术及科学服务为载体，重新定义新疆设计行业、高质量的设计水准，是泛文旅产业陪伴式成长服务提供商。

重庆大学规划设计研究总院有限公司新疆分院由4个合伙人于2019年联合筹建，主要承接泛文旅建筑、规划设计及技术咨询等相关业务。

和田市团城改造更新（一期）

Reconstruction and Renewal (Phase I) Design of Tuancheng, Hotan

项目业主：和田市政府
建设地点：新疆 和田
建筑功能：城市更新
用地面积：133 000平方米
建筑面积：127 444平方米
设计时间：2015年
项目状态：建成
设计单位：重庆大学建筑设计研究总院有限公司新疆分院
成都市建筑设计研究院新疆分院
主创设计：冯立文、刘豫、郭松、赵海洋、冯湘卡、邱戈、靳欣

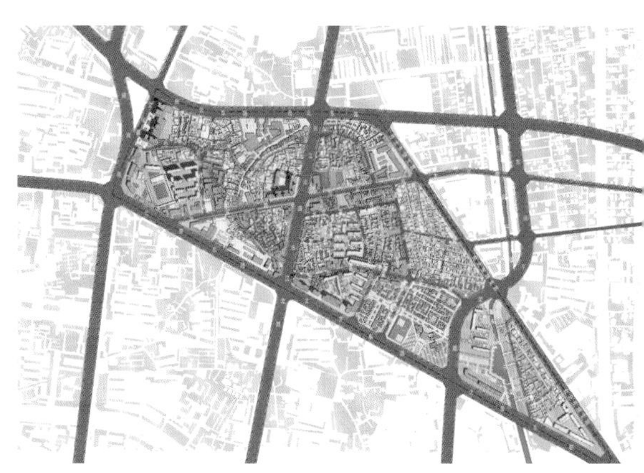

设计结合和田市团城改造更新（一期）的现状问题，从规划角度对项目进行分析与规划，致力于把和田市团城打造成一个独具和田民族特色的文化魅力历史街区、南疆旅游产业发展提升区和新疆旧城综改示范区。设计有两个创作理念：自组织式老街区更新模式与“中国公众史学”理论的实践应用。

洛阳关公里文化街区设计

Design of Guangongli Cultural District in Luoyang

项目业主：洛阳昊拓文化发展有限公司
建设地点：河南 洛阳
建筑功能：城市设计
用地面积：86 665平方米
建筑面积：217600平方米
设计时间：2018年
项目状态：方案
设计单位：成都市建筑设计研究院新疆分院
主创设计：刘豫、王家辉、黄宁、陈润、冯伟、郭宇、李雪

方案在国际竞赛中获得第一顺位设计权。设计理念：首先，创立了地域、时间、人物、时势等“四维”文化定位方法，应用“文化轴线交会定位方式”对项目进行文化精准定位；其次，采用地下、地面与空中立体多元街区空间融合的设计方法；再次，提炼出文化街区布局、产业、文化方面的八个设计原则； 最后，组建泛文旅设计所需的综合专业团队，其中包含前期战略、策划定位、文创梳理、商业管理、商业销售、文旅运营、政策与经济分析、城市规划、建筑设计、景观设计、环境艺术、古建筑等不同领域的10多位专家，多学科、多专业的融合，保证项目设计的“成熟度”。

悦地上城商住综合体

Yuedi Shangcheng Commercial and Residential Complex

项目业主：新疆石湾房地产开发公司
建设地点：新疆 乌鲁木齐
建筑功能：城市综合体
用地面积：21 150平方米
建筑面积：52 670平方米
设计时间：2019年
项目状态：在建
设计单位：成都市建筑设计研究院新疆分院
主创设计：刘豫、黄志斌、高飞、杨海斌、赵刚、高红、唐晨轩

项目采用城市多元镜像的时空印象设计理念，先将北部狭窄巷道的空间做镜面化处理，以扩宽城市视觉空间，再通过镜面倒映城市生活。入口处设置现代钢木古建筑门楼，唤起大众对“古今”“新旧”“宽窄”“内外”等对立冲突的记忆。地面“历史”河流引发内街“古今”的“公众记忆”复苏。核心是多元精细建筑文化细节处理，提升城市人群的尊严体验，探索新城规划设计思想在街区设计中的“迁移”。

爱丽丝梦幻圣境游乐园

Alice In Wonderland Amusement Park

项目业主：辽宁东方雨文化旅游有限公司
建设地点：辽宁 盘锦
建筑功能：文旅建筑
用地面积：460 942平方米
建筑面积：105 363平方米
设计时间：2016年
项目状态：在建
设计单位：成都市建筑设计研究院新疆分院
主创设计：刘豫、康永生、梁波、邱米、李欣蔚、刘西南、张亚楠

项目是辽宁省规模最大、室内外全季节的首个主题型游乐园。设计以文化观光、文化体验为主，配套商业休闲、主题度假提升项目在旅游、休闲、集散方面的功能。设计突破传统主题游乐园设计方式，结合现有凹状地形特点，强化爱丽丝独特的梦幻“树洞”入口建筑群落体验，再以电影的“蒙太奇”手法为基本创作灵感，将电影《爱丽丝梦游仙境》与用地有机融合，揣摩电影叙事顺序、研究电影情景，以此营造空间机理、组织建筑布局。

乌鲁木齐市闲来小镇详细规划

Detailed Planning of Xianlai Town In Urumqi

项目业主：新疆江南王子投资有限公司
成都文化旅游发展集团有限责任公司
建设地点：新疆 乌鲁木齐
建筑功能：城市规划
用地面积：111 518平方米
建筑面积：87 310平方米
设计时间：2015年
项目状态：建成
设计单位：成都市建筑设计研究院新疆分院
主创设计：刘豫、邹文涛、吴磊、黄志斌、康永生、李雪

方案探索开放、多元、丰富的“北方寒冷地区”公共空间设计范式。首先，通过对街、巷、里不同空间尺度的诠释，将传统城市脉络与现代人的安全、社交、尊重需求结合起来，满足文化的承载诉求。其次，设置以传统文化为背景的艺术展馆、特色客栈、演出舞台，将地域融合文化进行积极展示和推广。最后，在内街以中原传统街道风貌为主，辅以外街“中式屋面+外墙青砖+外墙新疆花砖”的混搭式设计，使项目的文化构成更为多元和丰富，形成包容性强、内涵丰富的城市节点，为地域建筑设计提供一种可行的样板。

龙腾御锦蜀风国潮园区

Longteng Yujin Shufeng Guochao Park

项目业主：成都龙腾梵谷国际文化旅游开发有限公司
建设地点：四川 成都
建筑功能：文旅建筑
用地面积：43 332平方米
建筑面积：22 773平方米
设计时间：2021年
项目状态：在建
设计单位：重庆大学建筑规划设计研究总院有限公司新疆分院
主创设计：黄治斌、刘豫、杨海斌

项目位于成都市温江区和盛镇兰亭社区，一期“龙腾梵谷火锅庄园”依靠中式园林沉浸式场景，成为温江乃至成都著名的美食打卡地。二期“龙腾御锦蜀风国潮园区”以古蜀神话为主题，以“特色美食＋消费场景＋文化IP”为亮点，围绕龙腾御锦婚礼堂，辅以龙谷剧场、蓉派官府菜博物馆、火锅博物馆及火锅观光体验工坊、数字化农场，打造蜀风新园区。

未来，将依托一期、二期项目，打造三期“龙腾鱼凫神话小镇”，使其成为区域标志性文旅项目和旅游目的地，成为温江区乃至成都市新场景新消费的重要组成部分。

邛崃诗酒里

Qionglai Shijiuli

项目业主：成都市沄崃投资集团有限公司
建设地点：四川 邛崃
建筑功能：文化建筑
用地面积：19 333平方米
建筑面积：3 580平方米
设计时间：2021年
项目状态：方案
设计单位：重庆大学建筑规划设计研究总院新疆分院
主创设计：黄治斌、林震灏、刘豫

项目位于邛崃市城区南部汪山公园。邛崃历史文化底蕴深厚，旅游资源丰富，处处尽显“两千年秦汉文化，三百里绿色风情”。设计按照原生态、原材料、原形态的原则，把建筑视为独一无二的文创产品，以每一个预制的细节，组合成超高颜值建筑。与自然完美融合的网红建筑促进了文化创意、精品民宿、乡村旅游等跨界融合，构建邛崃新的城市形象，见证邛崃的美好未来。

邛崃汪山公园林盘酒庄

Qionglai Wangshan Park Linpan Winery

项目业主：成都市沄崃投资集团有限公司
建设地点：四川 邛崃
建筑功能：文旅建筑
用地面积：17 333平方米
建筑面积：3 160平方米
设计时间：2021年
项目状态：方案
设计单位：重庆大学建筑规划设计研究总院有限公司新疆分院
主创设计：黄治斌、钟俊、刘豫

项目位于邛崃市城区南部十方堂片区。设计把川西林盘的“林在田中、院在林中”意象植入其中，让建筑成为山的组成部分，与周围景观建立和谐的关系。项目选用青瓦、灰砖、白墙、原木、毛石、天井等川西民居常见的材质与元素，与钢架、玻璃的轻盈形成对比，巧妙地彼此呼应，创造出极为丰富的建筑体验。大屋顶带来凉爽的荫蔽，通透且明亮的庭院及砖砌墙体形成的“灰”空间，尽显林中有院、院中有林的场所意境。

梁耀昌

职务：广州珠江外资建筑设计院有限公司创作室主任
职称：高级工程师
执业资格：国家一级注册建筑师

教育背景

1999年—2004年　华南理工大学建筑学学士
2004年—2007年　华南理工大学建筑学硕士

工作经历

2007年至今　广州珠江外资建筑设计院有限公司

主要设计作品

建成项目
广州市气象监测预警中心
荣获：2014年中国建筑学会建筑创作奖公共建筑类金奖
2015年中国建筑设计建筑创作奖
2015年全国优秀工程勘察设计一等奖
2013年香港建筑师学会两岸四地建筑设计奖银奖
广州市绿色建筑示范工程
翁源县气象防灾减灾业务技术用房
荣获：2019年全国优秀工程勘察设计一等奖
2020年中国建筑设计（公共建筑）一等奖
2019年香港建筑师学会两岸四地建筑设计奖卓越奖
紫金县突发事件预警信息发布中心
荣获：2021年广东省优秀工程勘察设计一等奖
英德市预警信息发布技术业务用房
荣获：2019年全国优秀工程勘察设计二等奖
高要市生态气象探测基地建设工程
荣获：2021年广东省优秀工程勘察设计一等奖
乐昌市突发公共事件预警信息发布中心
荣获：2021年广东省优秀工程勘察设计二等奖
北京天桥演艺中心
荣获：2016年中国建筑学会公共建筑金奖
2017年全国优秀工程勘察设计一等奖

在建项目
番禺区图书馆新馆
广州市第二工人文化宫
广州市白云校区学生宿舍
博罗县气象综合探测基地设施建设项目
广州市南沙区蕉门九年一贯制学校
中山市气象灾害预警监测信息发布中心

学术研究

《基于传统岭南建筑智慧和气候适应性的绿色建筑设计实践研究》
荣获：2021年广东省工程勘察设计行业协会科学技术一等奖
2021年广东省工程勘察设计行业协会科学创新一等奖
《岭南建筑特色的绿色建筑设计导则》（广州市节能专项资金项目）

陈玫霞

廖卓嘉

王濛奇

钟威龙

珠江设计

珠江设计是提供专业技术和管理服务的综合设计公司，是以广州珠江外资建筑设计院有限公司及旗下8个独立法人子公司为主体的设计平台。广州珠江外资建筑设计院有限公司创立于1979年，是国内首家总承包（EPC）链条内的建筑设计公司。经过40多年的发展，其依托珠江实业集团，立足“成就蓝图之美”的本心，已完成上千个项目，项目涉及多个领域，成就来自于所有珠江设计人对创新理念、卓越设计和优质服务的不懈追求。

珠江设计以城市规划、建筑设计、绿建设计、全过程设计咨询、BIM及装配式的数字化设计和咨询、景观园林及室内装饰为核心业务，主张全过程引入项目设计管理，通过数字化设计的运用，如全建制BIM正向设计技术的运用，为业主提供专业、高效、优质的设计服务。

创作室设计团队遵循学术研究型的创作路线，结合多年项目实践，探索出一套传承岭南建筑文化的气候适应性绿色建筑设计理论。基于该理论，团队创作出一系列的应对地域气候的绿色建筑项目，包括以广州市气象监测预警中心、翁源县气象防灾减灾业务技术用房为代表的气象项目；以番禺图书馆新馆、广州市第二工人文化宫、仲恺学院白云校区学生宿舍、中山气象科学公园为代表的公建项目。同时，在该理论方法的支持下，团队致力于融入建筑性能化设计、智能化设计等新技术，推行全过程BIM正向设计的方法和实践研究。

地址：广州市环市东路362号好世界广场22楼
电话：020-83842921
传真：020-89187500
网址：www.pearl-river.com
电子邮箱：liangyc@pearl-river.com

广州市气象监测预警中心

Guangzhou Meteorological Monitoring and Early Warning Center

项目业主：广州市气象局
建设地点：广东 广州
建筑功能：办公建筑
用地面积：54 000平方米
建筑面积：9 597平方米
设计时间：2009年—2012年
项目状态：建成
设计单位：广州珠江外资建筑设计院有限公司
设计团队：陈杰、梁耀昌、黄皓山、许菲茵、李敏茜、余彦睿、刘嘉旺、段学文

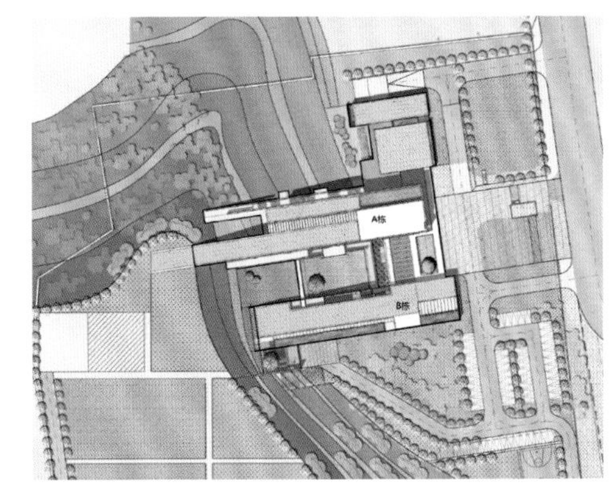

建筑师将传统岭南建筑空间处理手法运用到现代建筑设计中，运用冷巷、天井、敞厅以及庭院的设计手法，营造出静逸、舒适、富于文化意味的建筑环境；并满足节能、低碳、生态的绿色建筑要求，探索一种融合新技术、传统文化、场所精神的新思路，运用现代建筑语言对地域性的文化进行阐释，创造一种新的应对气候环境、独具文化品位的现代岭南绿色建筑。

设计通过不同标高的屋顶花园与自然坡地相连，通过条状的绿化屋面和坡地将自然景观延伸至建筑里面，达到建筑与环境的交融，创造性地还原场地的丘陵自然地貌，造就与自然和谐共生的生态建筑。

翁源县气象防灾减灾业务技术用房

Wengyuan Meteorological Disaster Prevention Technical Room

项目业主：翁源县气象局
建设地点：广东 韶关
建筑功能：科研、办公建筑
用地面积：41 438平方米
建筑面积：2 978平方米
设计时间：2014年—2017年
项目状态：建成
设计单位：广州珠江外资建筑设计院有限公司
主创设计：陈杰、梁耀昌

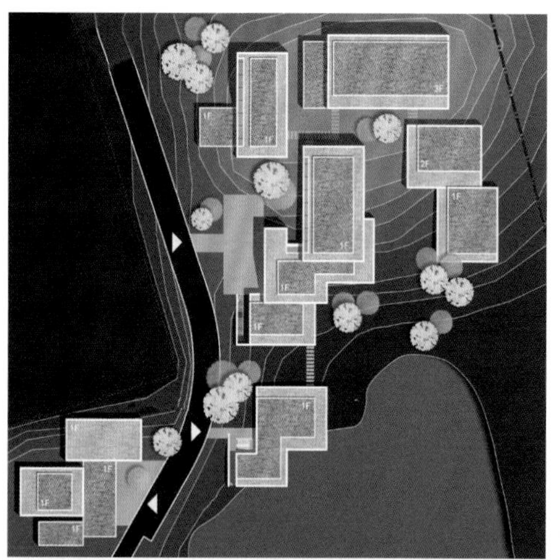

项目借鉴客家围楼等岭南建筑应对地域环境的生态设计手法，模仿当地传统建筑的营造形式，利用现有的优美自然环境，围绕水塘及山坡展开布置，通过不同标高的庭院组合，营造出节能、生态、环保的低碳型建筑。

新建的建筑群以低矮、平和的方式嵌入山坡里面，自然地融入环境当中。建成后层叠的绿化屋顶，与层层递进的庭院、保留的水塘一起，将原有的栖息之地还给了小鸟。建筑沿南北向布置，竖向交通安排在建筑物的西侧，与片墙一起，形成了具备通风、遮挡西晒功能的冷巷，与不同标高的敞厅、庭院相结合，建立了良好的通风网络系统。

紫金县突发事件预警信息发布中心

Zijin County Emergency Early Warning Information Release Center

项目业主：紫金县气象局
建设地点：广东 河源
建筑功能：办公建筑
用地面积：5 496平方米
建筑面积：2 227平方米
设计时间：2015年—2017年
项目状态：建成
设计单位：广州珠江外资建筑设计院有限公司
主创设计：陈杰、梁耀昌
参与设计：黄国庆、陈玫霞、钟威龙、廖卓嘉、王濛奇

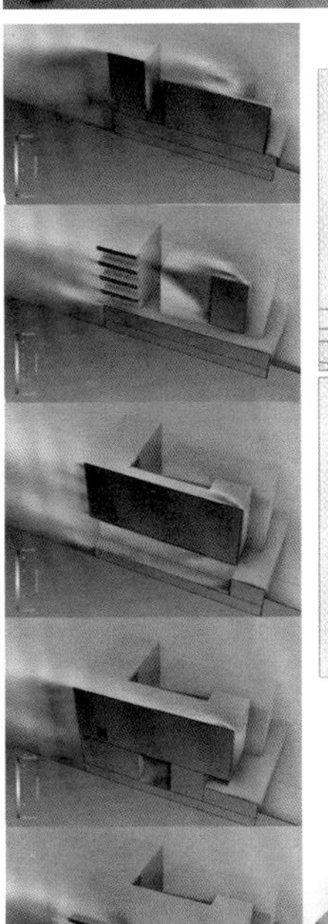

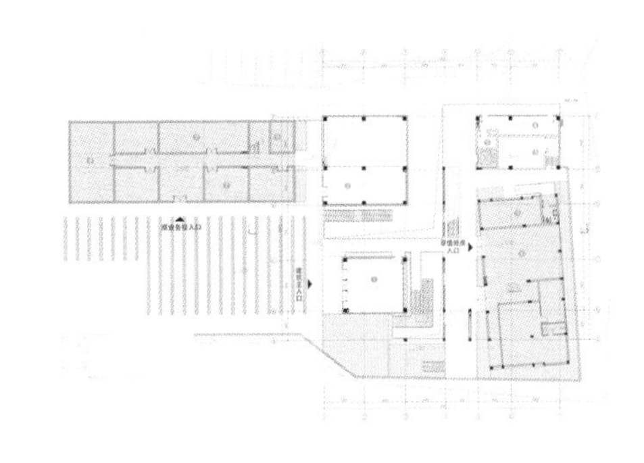

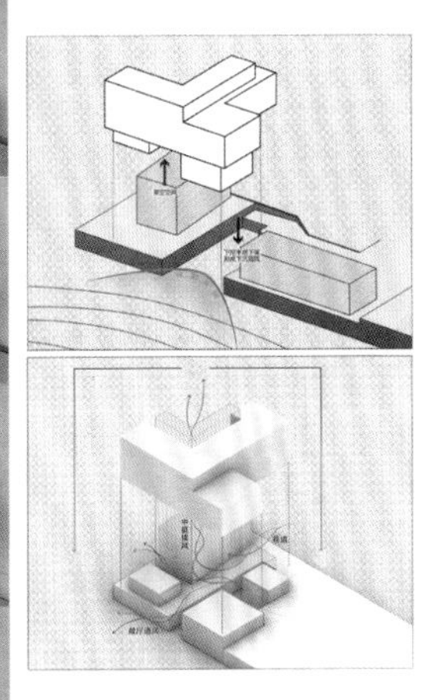

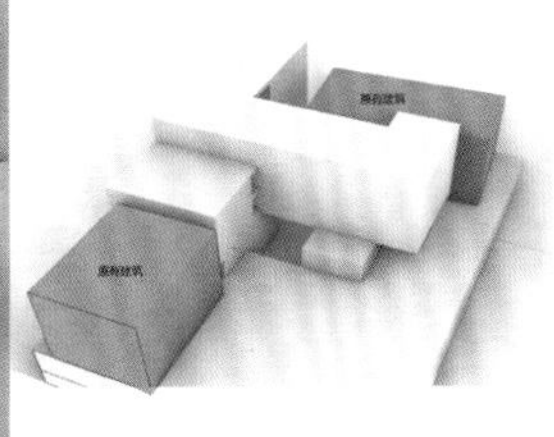

项目位于紫金县旧城区，用地紧张，设计创造性地利用场地不利的制约条件，在两栋旧楼之间置入一个新的体量，通过下挖半地下室、架空、阳光中庭等半开敞空间的设计，不仅满足了功能面积的使用需求，而且在局促的场地内营造出一个光照充足、通风良好的办公空间。

设计利用一个小中庭和下沉庭院，将新旧建筑结合成一个整体，并成为新的垂直交通空间。开敞的中庭在东南方向设置了两个开口，借助下沉庭院与4层通高中庭之间的高差及串联关系，实现了建筑内部的热压通风效果。项目设计借鉴岭南建筑应对地域环境的绿色设计手法，营造出节能、生态、环保、省地的低碳型建筑。

番禺区图书馆新馆

New Panyu District Library

项目业主：番禺区图书馆
建设地点：广东 广州
建筑功能：文化建筑
用地面积：12 761平方米
建筑面积：44 024平方米
设计时间：2016年至今
项目状态：在建
设计单位：广州珠江外资建筑设计院有限公司
设计团队：陈杰、梁耀昌、黄国庆、钟威龙、王濛奇、陈玫霞、廖卓嘉

项目设计结合周边环境，提出了双首层的概念，受传统岭南建筑自然通风智慧的启发，设置了贯穿南北、东西两个方向的通廊，将图书馆分成四个体块，体块错位后在中间形成顶部开口的中庭。中庭和通廊，被看作是外部环境与内部阅览、书库等功能室之间的半室外空间。该空间建立起图书馆与北侧中央公园、东侧河涌绿地之间的联系，既有组织自然通风的功能，又能满足极端高温天气下的空调使用需求。

广州市第二工人文化宫

Guangzhou Second Workers' Cultural Palace

项目业主：广州市总工会
建设地点：广东 广州
建筑功能：文体建筑
用地面积：21 012平方米
建筑面积：83 726平方米
设计时间：2016年至今
项目状态：在建
设计单位：广州珠江外资建筑设计院有限公司
设计团队：陈杰、梁耀昌、黄国庆、钟威龙、王濛奇、廖卓嘉、陈玫霞

项目设计根据功能性质，将建筑分为体育楼和培训楼，并采用化整为零的设计手法，通过建筑形体的叠加、组合、错动，自然形成多层次的空中绿化平台。建筑采用铝板幕墙、玻璃幕墙、金属铝拉网、竖向金属格栅等材质，在适应功能需求的同时，表现了现代工业与社会生活的融合。设计将丰富的建筑形体、空中平台统筹在一个简洁的建筑体量之中，形成一个对城市界面友好的公共建筑形象。

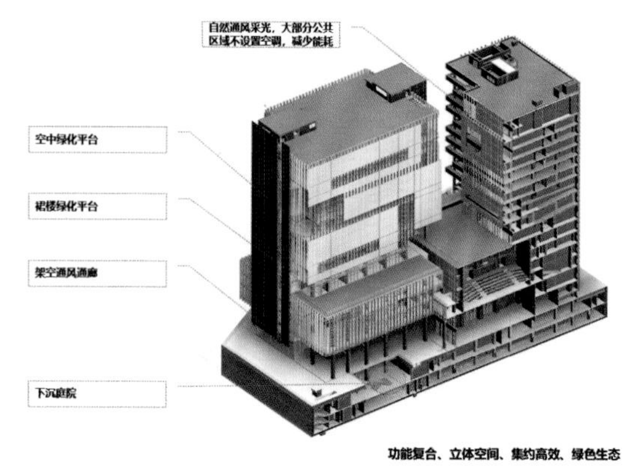

功能复合、立体空间、集约高效、绿色生态

基于传统岭南建筑智慧的绿色建筑设计项目

Green Building Design Project Based on the Traditional Lingnan Architectural Wisdom

设计团队经过多年的实践研究，探索出一套传承传统岭南建筑文化的气候适应性绿色建筑设计理论。理论总结出岭南建筑的“气候适应性”空间策略——冷巷、天井、敞厅、庭院等空间元素灵活组合成强调以自然通风为主要目的的空间系统；以岭南建筑文化内涵和空间表现特点为基础，在此传统建筑空间策略上整合通风、遮阳、隔热、理水等功能，与现代建筑表现手法相融合，提出符合岭南地域特征的绿色建筑措施。它使得绿色建筑更具有地域特征，更符合当地的气候特点，并打破以往绿色建筑设计在形式和内容上的趋同性，从而为推动绿色建筑技术的本土化应用提供了方向性意见和可实施的设计方法。

英德市预警信息发布技术业务用房

乐昌市突发公共事件预警信息发布中心

高要市生态气象探测基地建设工程

博罗县气象综合探测基地设施建设项目

中山市气象灾害预警监测信息发布中心

广州市突发事件预警信息发布中心

广州市白云校区学生宿舍

连州雷达信息接收中心业务技术用房

广州市南沙区蕉门九年一贯制学校

毛晓兵

职务：中铁二院工程集团有限责任公司
建筑工程设计研究院总建筑师
职称：正高级工程师
执业资格：国家一级注册建筑师

教育背景
1988年—1992年　东南大学建筑学学士

工作经历
1992年至今　中铁二院工程集团有限责任公司

个人荣誉
中国建筑学会地下空间分会副理事
中国交通运输协会客运站建设技术委员会委员
中国国家铁路集团有限公司铁路建设工程评标专家

主要设计作品
上海地铁9号线二期工程
荣获：2012年全国优秀工程勘察设计一等奖
2012年中国中铁优秀工程设计一等奖
海南东环高铁
荣获：2012年中国中铁优秀工程设计一等奖
海南西环高铁
荣获：中国中铁优秀工程设计二等奖
成都东站
荣获：2012年铁道部优秀工程设计一等奖
成都至都江堰铁路景观设计研究
荣获：2012年中国中铁科学技术成果二等奖
青岛北站
荣获：2014年中国钢结构金奖工程
2014年中国钢结构协会科学技术二等奖
2015年中国钢结构工程大奖
2015年—2016年铁路优秀工程设计一等奖
2016年中国中铁优秀工程设计一等奖
2019年全国优秀工程勘察设计一等奖
海南西环高铁凤凰机场站综合交通枢纽设计
荣获：中国中铁股份公司优秀设计二等奖
石家庄站
荣获：北京市优秀工程勘察设计公共建筑综合奖三等奖
东方站BIM设计
荣获：中国建筑业协会首届工程建设BIM应用大赛二等奖

学术研究
《现代轨道交通综合体设计理论与关键技术》
荣获：四川省科学技术进步奖一等奖

中铁二院工程集团有限责任公司（简称：中铁二院），成立于1952年，隶属于世界双500强企业——中国中铁股份有限公司，是国内特大型工程综合勘察设计企业。

中铁二院业务范围涵盖规划、勘察设计、咨询、监理、产品产业化、工程总承包等基本建设全过程服务，横跨铁路、城市轨道交通、公路、市政、港口码头、民航机场、生态环境等多个领域，设立经济运量、运输组织、城市规划、线路、轨道、路基、桥涵、隧道、站场、机务、车辆、机械、建筑、结构、暖通、电力、牵引供变电、接触网、通信、信号、信息、环保、给水排水、施预、地质、测绘共26个专业方向。

中铁二院现有职员 6 000多人，拥有全国工程勘察设计大师5人、省级工程勘察设计大师17人、新世纪百千万人才工程国家级人选1人、国家有突出贡献中青年专家1人、享受国务院政府特殊津贴专家近50人、各类省部级专家210多人，有高级职称以上人员3 000多人、持各类注册执业资格人员1 500多人。

中铁二院下设21个全资子公司、3个控股子公司、21个生产院、32个国内经营机构、5 个区域指挥部、14个国外分支机构。

建院以来，中铁二院参与建成的铁路通车里程占全国铁路通车总里程的四分之一，其中高速铁路占全国高速铁路通车里程的三分之一；建成的城市轨道交通通车里程占全国已运营轨道交通线路的五分之一；先后设计了近5 000公里高速公路。

中铁二院先后荣获国家科技进步奖30多项、国家级勘察设计金奖和银奖20多项、全球FIDIC杰出工程项目奖3项、省部级科技和创优奖1 000多项，编制了162项国家及行业标准、2项国际标准，获得国家授权专利近2 000多项。

中铁二院以服务全球交通和市政建设为使命，以交通建设为核心，以技术创新为先导，努力成为跨行业、涵盖工程建设生命全周期、具有完整产业链的国际型工程公司。

地址：四川省成都市通锦路3号
电话：028-87668866
网址：www.creegc.com

青岛北站

Qingdao North Railway Station

建设地点：山东 青岛
建筑功能：交通建筑
建筑面积：61 395平方米
设计时间：2008年—2014年
项目状态：建成
设计单位：中铁二院工程集团有限责任公司
合作单位：北京市建筑设计研究院、AREP

青岛北站是国家铁路网一级枢纽站，是山东省特大型铁路客运站和综合型交通枢纽。项目位于青岛市李沧区，站房原址为青岛市垃圾填埋场，在城市生活垃圾填埋区兴建如此大规模工程在全国尚属首次。

青岛北站造型立意为海鸥在海滨展翅飞翔，寓意青岛博大的胸怀和广阔的发展前景，突出“海边的站房”得天独厚的环境优势，使交通建筑的空间塑造与自然环境浑然一体，完美地体现了人与自然和谐共存的城市特点。青岛北站又以独特的建筑造型成为青岛市的新地标，这座极具地域特征和视觉冲击力的交通建筑为胶州湾海域增添了活力。

重庆东站及配套综合交通枢纽

Chongqing East Railway Station and the Supporting Comprehensive Transportation Hub

建设地点：重庆
建筑功能：交通建筑
建筑面积：1 220 000平方米
设计时间：2020年至今
项目状态：在建
设计单位：中铁二院工程集团有限责任公司
同济大学建筑设计研究院(集团)有限公司

项目是重庆规划的“四主”客运系统之一，是联系武汉、西安、长沙等中心省会城市和深圳、广州、上海等国际大都市的西部门户，是重庆市构建“米”字形高速铁路网络的关键节点，对主城中心区客流集散、城市功能对外辐射具有举足轻重的作用。

设计因地制宜、依山就势，巧妙利用站场、站房30~50米地形高差，进行“桥建合一”立体布局。规划采用高架桥的方式，利用高架桥下方土地空间，布局配套枢纽及设施，将桥上桥下建筑结构融为一体，形成“上进下出为主、下进下出为辅、立体流线疏解”的综合交通枢纽体系。

海口东站

Haikou East Railway Station

建设地点：海南 海口
建筑功能：交通建筑
建筑面积：9 889平方米
设计时间：2009年
项目状态：建成
设计单位：中铁二院工程集团有限责任公司

项目整体造型取意海南的“海洋”文化，形态犹如乘风破浪的帆船，精美的菱形桁架结构犹如渔网，室内纯净的白色与碧蓝的天空相互辉映。

站房屋盖采用钢结构管桁架的大跨度框架体系，最大跨度为42米，最大悬挑18米，钢结构部分最大高度23.1米。广场、普通候车和屋顶在三个层次上形成与城市和轨道区域的衔接，犹如起伏的海浪一般，寓意“海纳百川”的美好蓝图。

立面格栅为站房主结构轮廓的设计特征，结合次结构在主立面上形成了强烈的节奏感，加上简练的材质运用，银白的金属杆件与浅蓝色遮阳膜结合，棕色的陶土板与海蓝色玻璃呼应，表达了自然与人文的高度协调。

昆明站

Kunming Railway Station

建设地点：云南 昆明
建筑功能：交通建筑
建筑面积：34 651平方米
设计时间：2003年
项目状态：建成
设计单位：中铁二院工程集团有限责任公司

石家庄站

Shijiazhuang Railway Station

建设地点：河北 石家庄
建筑功能：交通建筑
建筑面积：107 000平方米
设计时间： 2009年
项目状态：建成
设计单位：中铁二院工程集团有限责任公司
中国建筑设计院有限公司

林芝站

Linzhi Railway Station

项目业主：西藏铁路建设公司
建设地点：西藏 林芝
建筑功能：交通建筑
用地面积：16 000平方米
建筑面积：15 000平方米
设计时间：2018年
项目状态：建成
设计单位：中铁二院工程集团有限责任公司

山南站

Shannan Railway Station

项目业主：西藏铁路建设公司
建设地点：西藏 山南
建筑功能：交通建筑
用地面积：16 000平方米
建筑面积：15 000平方米
设计时间：2018年
项目状态：建成
设计单位：中铁二院工程集团有限责任公司

博鳌站

Boao Railway Station

建设地点：海南 琼海
建筑功能：交通建筑
建筑面积：3 991平方米
设计时间：2009年
项目状态：建成
设计单位：中铁二院工程集团有限责任公司
中国建筑设计院有限公司

泸州站

Luzhou Railway Station

建设地点：四川 泸州
建筑功能：交通建筑
建筑面积：40 000平方米
设计时间：2019年
项目状态：建成
设计单位：中铁二院工程集团有限责任公司
中国建筑西南设计研究院有限公司

厦门新客站

Xiamen New Railway Station

建设地点：福建 厦门
建筑功能：交通建筑
建筑面积：27 600平方米
设计时间：2012年
项目状态：建成
设计单位：中铁二院工程集团有限责任公司
悉地国际建筑设计有限公司

自贡站

Zigong Railway Station

建设地点：四川 自贡
建筑功能：交通建筑
建筑面积：35 000平方米
设计时间：2017年—2020年
项目状态：建成
设计单位：中铁二院工程集团有限责任公司
中国建筑西南设计研究院有限公司

毛文全

职务：新疆四方建筑设计院有限公司方案创作室主任
职称：高级工程师
执业资格：国家一级注册建筑师

教育背景

2000年—2005年　新疆大学建筑学学士

工作经历

2005年—2008年　乌鲁木齐建筑设计研究院有限责任公司

2008至今　新疆四方建筑设计院有限公司

主要设计作品

鹭洲国际高档居住小区
荣获：2010全国人居经典建筑规划设计建筑金奖
新疆农业大学学生餐厅
荣获：2017年新疆优秀工程勘察设计三等奖
新疆边检总站戍边公寓住房项目
荣获：2019年新疆边检总站项目设计方案竞赛一等奖
乌鲁木齐龙河雅居2#楼
新疆农业大学学生浴室
库车县市民服务中心
新疆农业大学职工集资建房南昌路住宅
新疆农业大学职工集资建房克西路住宅
托克逊县全民健身活动中心
新疆艺术学院影视戏剧教学实验楼
乌鲁木齐达坂城嘉德假日酒店
乌鲁木齐第38小学新建教学楼
新疆华春毛纺有限公司职工宿舍
新疆艺术学院头屯河校区中专部体育场
乌鲁木齐米东区安居富民工程金泰玉小区
乌鲁木齐卡子湾皮革厂片区棚户区改造
乌鲁木齐红山体育场公共停车库
新疆师范大学文光校区400米运动场
新疆人民医院苏州路院区改造
乌鲁木齐古牧地镇小破城村富民安居工程二期
乌鲁木齐古牧地镇黄渠沿村富民安居工程二期
新疆师范大学艺术楼
喀什大学学生食堂
新疆生产建设兵团西营148团养老院
新疆奥特莱斯商业集群
乌鲁木齐火车南站商住项目
新疆蔚来康养社区
新疆徐商大厦
新疆金杨美家全屋定制产业园
阿克苏地区库车市名爵苑商住楼
乌鲁木齐觅食森林公寓楼
乌鲁木齐鼎铭美华大酒店
新疆交通职业技术学院国家优质校人才培养与现代教育示范中心
图木舒克市舒新壹号小区

新疆四方建築設計院有限公司
XINJIANG SIFANG INSTITUTE OF ARCHITECTURAL DESIGN

新疆四方建筑设计院有限公司成立于1993年1月1日，其前身是乌鲁木齐经济技术开发区建筑勘察设计院有限责任公司，2001年5月1日与乌鲁木齐市建筑设计院合并组建为乌鲁木齐建筑设计研究院有限责任公司，2009年11月2日重组为新疆四方建筑设计院有限公司。公司设有项目部、总工办、方案室、市政所、规划所、设计管理部、财务部、人力资源行政部等部门，下设工程总承包分公司、设计分院，具有建筑设计甲级、市政工程设计甲级、室内设计甲级、智能化设计甲级、工程总承包（建筑、市政）甲级、设计咨询甲级、城市规划设计乙级等资质。公司现有职工152人，其中国家一级注册建筑师5人、一级注册结构工程师4人、二级注册建筑师4人、注册城市规划师5人、注册公用设备（暖通）工程师1人、注册公用设备（给排水)工程师5人、注册电气（供配电）工程师3人、注册造价工程师2人、注册咨询师9人，高级工程师29人、工程师53人、助理工程师52人，具有较强的高端人才优势。

公司在注重提高人才素质的同时，不断更新和完善技术装备，配置各种绘图机、彩色打印机、投影演示仪等设备，并设置了内部局域网、计算机中心室等，真正做到了计算机出图率100%。公司成立以来，设计了大量的建筑作品，项目涉及宾馆、医院、游泳馆、音乐厅、幼儿园、中小学建筑、纪念性建筑、住宅、居住区规划、残疾人建筑等，涌现出许多优秀作品。同时，公司不仅能够完成BIM设计和装配式建筑设计，而且可以完成在BIM体系下的装配式建筑工程拆分设计。

公司拥有一批优秀的设计人才，荣获国家住房和城乡建设部优秀设计三等奖2项，新疆维吾尔自治区优秀设计奖一等奖3项，新疆维吾尔自治区优秀设计二等奖、三等奖5项。公司将抓住国家西部大开发的机遇，强化具有地域特色的精品设计。坚持“顾客第一、信誉第一、质量第一、服务第一”的原则，奉行原创设计，追求卓越梦想，努力为社会奉献更多、更好的设计产品。公司有一个梦，就是要闯出一条具有地方文化、地域特色的原生态建筑理论和实践之路。

地址：新疆维吾尔自治区乌鲁木齐水磨沟区安居南路70号万向招商大厦13层
电话：0991-4614563
网址：www.xjsf1993.com

乌鲁木齐鼎铭美华大酒店

Urumqi Dingming Meihua Hotel

项目业主：新疆鸿宇创世房地产开发有限公司
建设地点：新疆 乌鲁木齐
建筑功能：酒店建筑
用地面积：14 809平方米
建筑面积：36 872平方米
设计时间：2020年
项目状态：方案
设计单位：新疆四方建筑设计院有限公司
主创设计：毛文全

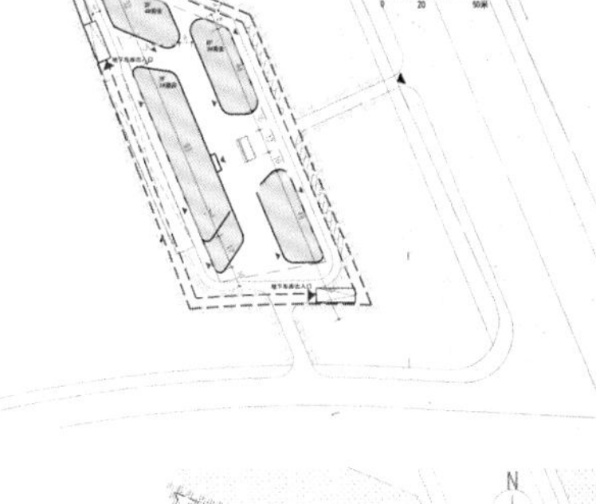

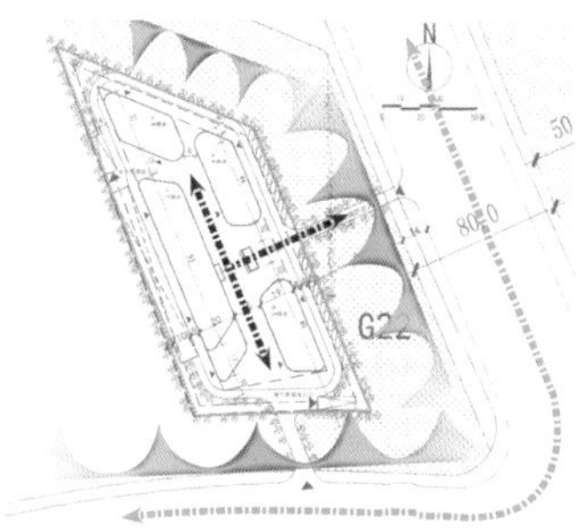

项目用地呈南北走向的不规则四边形，场地北侧、东侧为城市主干道，南侧为次要道路。根据场地周边道路关系，结合建筑功能要求，沿场地中央的长边方向设置商业内街，将场地分为靠北、东侧主干道的商业部分和靠场地内部的酒店部分。明确划分各个主、次要功能流线，利用多条商业通道将商业建筑划分为三个体块，加强内部和外部商业的通达性。

建筑立面采用水平带形窗的现代建筑语素，结合建筑转角的圆形设计、米灰色的整体色调，形成典雅的建筑立面，使建筑成为沿城市道路的一个地标性建筑。

新疆交通职业技术学院国家优质校人才培养与现代教育示范中心

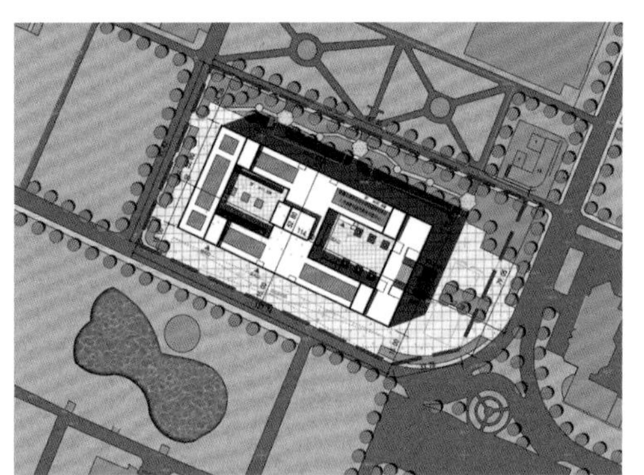

National High Quality Talent Training and Modern Education Demonstration Center of Xinjiang Traffic Vocational and Technical College

项目业主：新疆交通职业技术学院
建设地点：新疆 乌鲁木齐
建筑功能：教育建筑
用地面积：34 000平方米
建筑面积：35 951平方米
设计时间：2020年
项目状态：方案
设计单位：新疆四方建筑设计院有限公司
设计团队：王毅、毛文全、阿不都赛买提・米吉提

项目位于新疆交通职业技术学院主要规划轴线西侧，靠近图书馆及校内主要景观广场。场地呈不规则多边形，虽然用地范围较大，但用地内有多栋现有建筑和绿地。考虑到学校目前的运行情况和今后的发展需要，本着可持续发展的理念，设计控制建筑的长宽尺寸，将多种建筑功能整合在一个单体建筑内，并通过室外台阶设置双首层，解决各种交通流线问题。建设过程不拆除建筑、不占用绿地，待建设完成后，拆除现在的宿舍即可形成新建建筑的室外场地，并与校园主轴线和图书馆、行政楼相呼应。

图木舒克市舒新壹号小区

Tumuxuk City Shuxin No.1 Community

项目业主：新疆北新房地产开发有限公司
建设地点：新疆 图木舒克
建筑功能：居住建筑
用地面积：41 957平方米
建筑面积：53 528平方米
设计时间：2020年
项目状态：在建
设计单位：新疆四方建筑设计院有限公司
设计团队：王毅、毛文全、曹雪鼎、祝有财、阿不都赛买提·米吉提

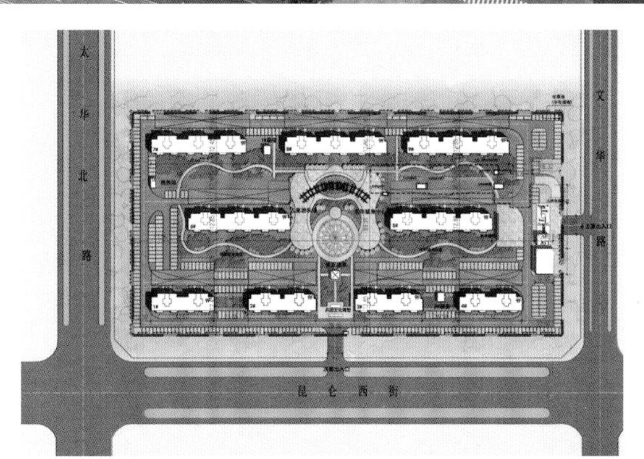

项目用地为长方形地块，在场地内设置中心景观带，同时以中心景观为中心节点向四周辐射，庭院之间形成视线通廊，使小区的中心景观辐射面达到最大，提升小区品质。小区布局采用动静结合的原则组织功能、道路、绿化结构体系。 住宅以南北朝向为主，能够达到采光好、通风好、环境好的要求，建成符合当地居民生活习惯的居住建筑。

住宅套内分区明确，以起居室为中心，房间内部动静分离、寝居分离、干湿分离。室内布局紧凑，设计尽可能减少开向起居室的门洞数量，提高面积的使用率和舒适程度。住宅套内适应现代生活方式，在保证经济实用的基础上，力求做到全明设计，真正实现明厅、明厨、明卧、明卫的舒适户型。

新疆奥特莱斯商业集群

Xinjiang Outlets Business Cluster

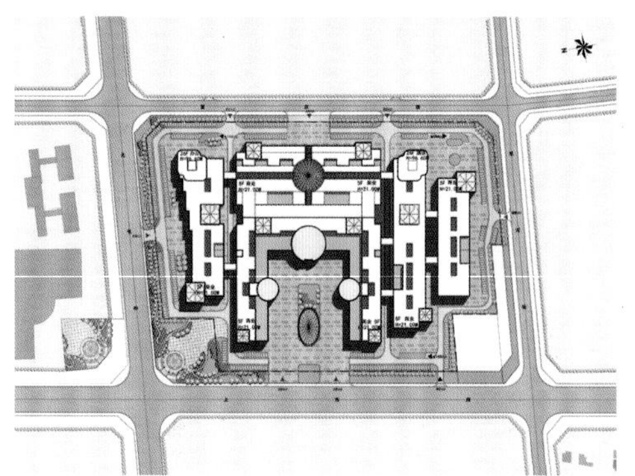

项目业主：新疆聚铭房地产开发有限公司
建设地点：新疆 乌鲁木齐
建筑功能：城市综合体
用地面积：410 500平方米
建筑面积：1 588 890平方米
设计时间：2018年
项目状态：方案
设计单位：新疆四方建筑设计院有限公司
设计团队：朱飞、毛文全、曹雪鼎、祝有财、阿不都赛买提・米吉提

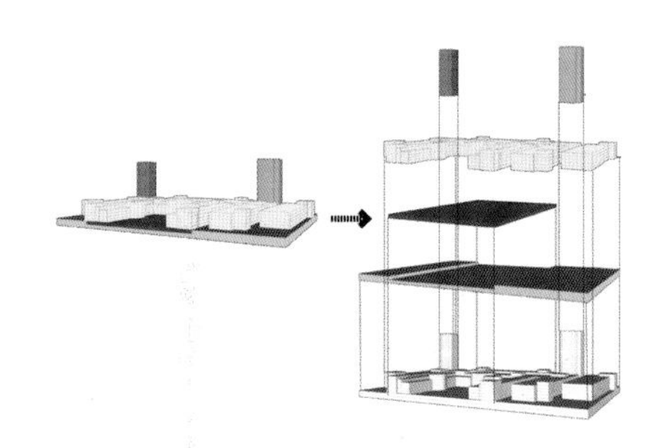

设计围绕奥特莱斯的国际化商业旗舰引领作用，带动青湖生态经济技术开发区南区商业的快速成熟及人流聚集，使项目成为新疆文化及创意旅游产业的集中地，把其打造成复合型的新型商业与文化创新园区，并成为新疆休闲旅游新热点。

项目形成两大组团，即奥特莱斯商业集群及配套全民健身生活组团和素质教育全民健身生活组团。奥特莱斯商业集群在奥特莱斯主题引领下配套休闲奥莱金街、写字楼、高档酒店、公寓及其底商；素质教育全民健身生活组团依托板块价值和综合体自身价值，打造高品质城市住宅；通过产品细节的打造，提升整体品质，满足目标客户需求，建立竞争优势。

喀什大学学生食堂

Kashgar University Student Canteen

项目业主：喀什大学
建设地点：新疆 喀什
建筑功能：教育建筑
用地面积：7 790平方米
建筑面积：5 654平方米
设计时间：2016年
项目状态：方案
设计单位：新疆四方建筑设计院有限公司
主创设计：毛文全

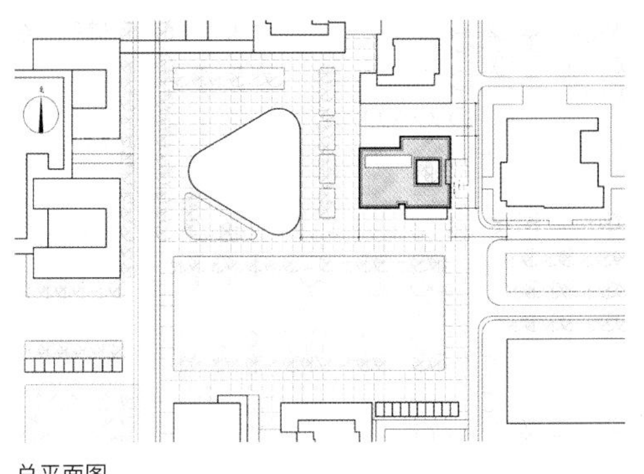

总平面图

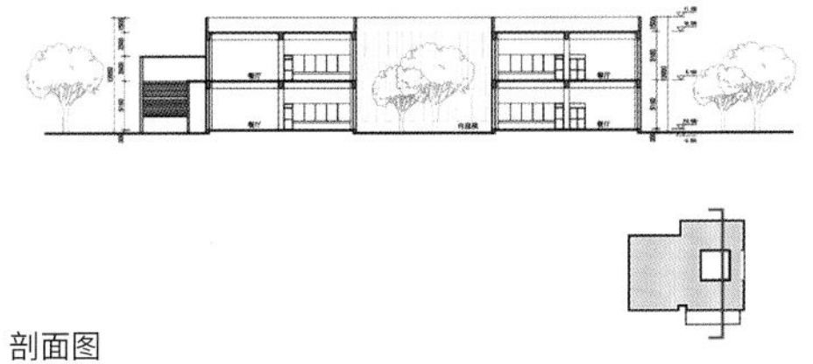

剖面图

项目设计结合当地气候条件，采用简洁的体块设计，建筑功能和流线分区明确。东侧为就餐空间，西侧为后厨操作区。用地北、东、西三个方向均临近校园现有建筑。南侧为集中绿地，故将主要人流出入口设置在南侧，西北角较为偏僻的位置设置后勤出入口。

建筑立面结合当地居民习俗，采用小开窗的立面形式。在就餐空间中部设置内庭院，解决就餐空间因进深较大，带来的采光和通风不良的问题。通过在建筑南侧设置室外楼梯，解决二楼大量人流集散的问题。同时在楼梯外侧设置造型墙，顶部设置遮阳板，既满足遮阳的功能要求，又产成富有变化的光影，形成了体现当地气候特色的独特的建筑形式。

王飞

职务：北京市建筑设计研究院有限公司
营销副总监
第五建筑设计院党支部书记
第五建筑设计院副院长
职称：高级工程师
执业资格：国家一级注册建筑师、LEED AP BD+C

教育背景
1994年—1999年 天津大学建筑学学士
2019年—2021年 剑桥大学跨领域建成环境设计硕士

工作经历
1999年—2004年 中国航天建筑设计研究院
2004年—2009年 北京凯帝克建筑设计有限公司
2009年—2013年 北京世纪中天国际建筑设计有限公司
2013年至今 北京市建筑设计研究院有限公司

主要设计作品
崇礼融创公馆
荣获：2019年度BIAD优秀设计三等奖
张家口市奥体中心周边地块城市设计
荣获：2017年度BIAD优秀设计三等奖
济南外国语学校华山分校
荣获：2015年度BIAD优秀设计二等奖
黑龙江扎龙国奥农驿
荣获：2015年度BIAD优秀设计二等奖
苏州中房颐园
荣获：2014年度BIAD优秀设计二等奖
大连同康生物医疗产业园
荣获：2014年度BIAD优秀设计三等奖
国际航空总部园
大连旅顺生物医疗健康产业园
临安同康医疗产业园
北京亦庄中国云计算产业园
吉林数据中心产业园
廊坊金融街金悦府
长沙中房湘橘华府
汉沽滨海梦想城
龙口果岭小镇
龙脉花园
荣获：2007年全国人居建筑设计大奖赛优秀奖

周丹

职务：北京市建筑设计研究院有限公司
第五建筑设计院建筑二所副所长
职称：高级工程师
执业资格：国家一级注册建筑师

教育背景
1996年—2001年 哈尔滨工业大学建筑学学士
2001年—2004年 哈尔滨工业大学建筑学硕士

工作经历
2004年至今 北京市建筑设计研究院有限公司

个人荣誉
优秀抗疫建筑（工程）师“优秀抗疫人物奖”

主要设计作品
雄安宣武医院
荣获：“创新杯”建筑信息模型应用大赛特等奖
小汤山医院B区改造工程
荣获：行业优秀勘察设计奖应急救治设施设计奖（改扩建项目）一等奖
中国医学科学院阜外医院深圳医院二期
北京市属医院发热门诊提升改造项目
北京达美颐养中心

BIAD 北京市建筑设计研究院有限公司
BEIJING INSTITUTE OF ARCHITECTURAL DESIGN
第 五 建 筑 设 计 院
BIAD Architectural Design Division No. 5

北京市建筑设计研究院有限公司第五建筑设计院（以下简称“第五建筑设计院”）是北京市建筑设计研究院有限公司直属的大型设计院，一贯秉承“开放、包容、合作、共赢”的理念，凝聚了多层次、多领域的优秀设计人才近200人，涵盖策划、规划、建筑、结构、设备、电气、室内、经济等专业。

第五建筑设计院在医疗养老、数据中心、城市综合体、总部及园区办公、酒店、人居、教育、城市设计、特色小镇等多个建筑领域有所建树，并以建筑、结构、机电三大中心为核心，拓展了前期策划及可研分析、规划设计、室内设计、结构机电咨询、经济咨询、建筑数字设计等全产业链条，为建设方提供更加完善便捷的服务。“客户导向，产品导向”引导他们不断改进设计管理，通过营销、运营、技术的分工协作以及不断提升的设计与管理的信息化手段，推动了对产品和设计流程的不断优化。

顺应北京市建筑设计研究院有限公司做“国际一流建筑设计科创企业”的发展战略，第五建筑设计院直面行业发展对设计团队提出的要求与挑战，不断更新自我，持续打造智慧、开放的平台型设计团队。

地址：北京市西城区骡马市大街8号
泰和国际大厦6层、8层
电话：010-88045688 57366333
传真：010-57366332
网址：www.biad.com.cn
电子邮箱：biadtsh-sw@vip.sina.com

陆非非

职务：北京市建筑设计研究院有限公司
第五建筑设计院酒店设计所所长
职称：高级工程师
执业资格：国家一级注册建筑师

教育背景
1997年—2002年 北京市建筑工程学院建筑学学士

工作经历
2002年至今 北京市建筑设计研究院有限公司

主要设计作品
重庆人民大厦
万国数据中心系列项目
鞍山皇冠假日酒店
大连东港四季酒店
北京马科研假日酒店
北海银滩皇冠假日及智选酒店
长白山华商智选酒店
崇礼翠云山皇冠假日酒店&智选酒店
张家口博恒假日酒店

徐欣

职务：北京市建筑设计研究院有限公司
第五建筑设计院创研中心设计总监
职称：工程师
执业资格：国家一级注册建筑师

教育背景
1999年—2004年 天津大学建筑学学士
2004年—2007年 天津大学建筑学硕士

工作经历
2007年—2011年 北京市建筑设计研究院有限公司
2011年—2019年 北京邑匠建筑设计有限公司
2019年至今 北京市建筑设计研究院有限公司

主要设计作品
北京亚太大厦
北京低碳能源研究所及神华技术创新基地
内蒙古鄂尔多斯市国泰商务广场
中共北京市委党校综合教学楼
山东泰安金融商务中心
中持水务河南睢县污水资源概念厂
六盘水梅花山剧场
万国数据浦江镇智能云服务大数据产业园
德阳数字小镇概念规划及一期建筑

赵朝

职务：北京市建筑设计研究院有限公司
第五建筑设计院主任工程师、室内设计室主任
职称：建筑装饰高级工程师

教育背景
2005年—2009年 清华大学环境艺术设计系学士

工作经历
2016年至今 北京市建筑设计研究院有限公司

个人荣誉
北京市室内装饰协会设计委员会专家委员
中国（北京）室内设计新势力榜提名奖（新浪家居）

主要设计作品
中国驻迪拜大使馆
国家行政学院大有书馆
国家行政学院会议中心报告厅
国家行政学院餐厅及公寓
朝阳区档案馆新馆

主要项目（部分项目为单位内部合作完成）

■综合类项目
北京新航城临空经济总部园
天津旺海广场
大族广场
蓝色港湾
银河SOHO
新中关
鸿坤理想城商业中心
大兴创依荟商业中心
鄂尔多斯亿利城
国际航空总部园
长沙五矿广场

■办公类项目
南海子体育公园产业园区
经开科技园-BDA国际企业大道
亚信联创研发中心
济南浪潮科技园
丽泽SOHO
荣华国际中心

■医院类项目
中国医学科学院阜外医院深圳医院二期
中国医学科学院阜外医院深圳医院三期
北京首都儿科研究所附属儿童医院通州院区
小汤山医院
雄安宣武医院
首都医科大学宣武医院
中国医学科学院北京协和医院
北京天坛医院
北京达美颐养中心
国寿健康公园

■酒店类项目
大连鲁能四季酒店
北戴河华贸喜来登酒店
长白山万达假日酒店
北海银滩皇冠假日酒店
崇礼翠云山皇冠假日&智选酒店
平谷御马坊希尔顿逸林&花园酒店
郑州阳光城希尔顿花园酒店
桂林万达文华&嘉华酒店
自贡希尔顿花园酒店

■人居类项目
高碑店龙湖·列车新城住宅项目
新首钢国际人才社区
保利首创旧宫
天津旺海公馆
华瀚国际公寓
西山壹号院
百旺杏林湾
沧州天成·熙园·名筑
威海财信保利名著小区
廊坊金融街金悦府

■文教类项目
北京凯文国际学校
北大附中朝阳未来学校
人大附中初中部
北京信息科技大学新校区
国家行政学院大有书馆
国家行政学院南校区会议中心、报告厅改造工程

■文旅项目
融创江心岛概念规划及首开区建筑设计
融创抚仙湖概念规划
橄榄坝傣族水乡特色小镇核心游憩商业区
长白山万达国际旅游度假区商业街
崇礼太舞四季文化旅游度假区
崇礼太舞度假酒店公寓雪皓居
新雪国一期公寓

■数据中心
万国数据浦江镇智能云服务大数据产业园
智能科技云计算数据中心
智慧产业融合与创新云计算数据中心
通州网络安全技术研发及应用平台厂房及配套设施
智能创新产业云计算数据中心项目

国际航空总部园

International Aviation Headquarters Park

项目业主：北京新航城控股有限公司
建设地点：北京
建筑功能：城市综合体
用地面积：59 169.70平方米
建筑面积：201 592.75平方米
设计时间：2019年至今
项目状态：设计中
设计单位：北京市建筑设计研究院有限公司第五建筑设计院

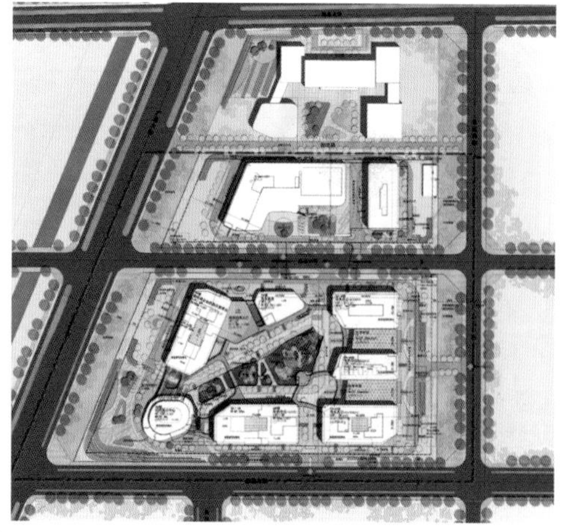

项目位于北京市大兴区礼贤镇，将被打造成“政务+商务”创新融合的临空高端产业服务中心，实现临空启动磁极的核心价值。

项目规划从项目利益出发，处理好项目与城市、项目与开发者、项目与城市使用者之间的关系；从设计角度出发，解决用地性质、交通动线、城市界面及分区、高度及形象门户、公共空间、地下空间、碳关键设计等七大关键问题。

项目以“生态绿之谷，富氧微森林”为设计理念，以“生态谷+多首层+共享空间”为特点打造生态低碳、功能复合、空间灵活的产业服务园区。流线型生态服务广场构成了园区的主干，融合了文体服务、政务办公、商务办公、公寓酒店、商业服务、招商展示、行政管理等七大功能模块。同时项目从总体规划布局、景观场地设计、建筑立面设计、建筑功能的后期灵活转换等方面实现可持续发展技术的应用。

廊坊金融街金悦府

Langfang Finalcial Street, Jinyue Mansion

项目业主：廊坊市融方房地产开发有限公司
建设地点：河北 廊坊
建筑功能：居住建筑
用地面积：211 340平方米
建筑面积：588 929平方米
设计时间：2018年至今
项目状态：在建
设计单位：北京市建筑设计研究院有限公司第五建筑设计院

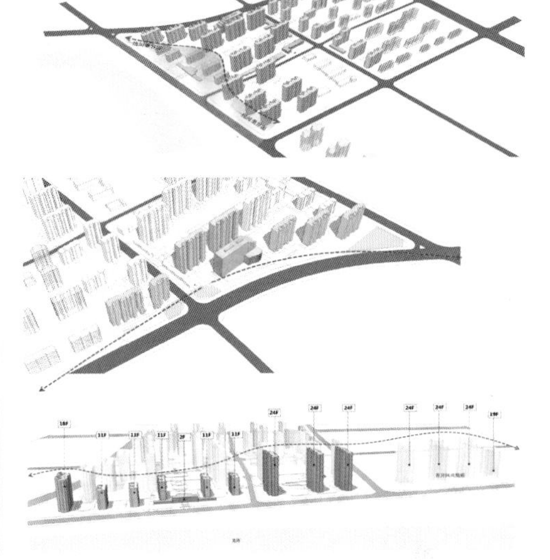

项目位于廊坊市安次区龙河产业园区内，设计强调建筑与龙河的有机共生关系，沿龙河形成高低起伏的城市天际线，将河景户型的套数最大化。设计将龙河的景观资源融入社区，形成108米长超大尺度的中心花园，通过现代中式立面风格，彰显新时代的文化自信。

从都市繁华，到逐水而居，再到独享庭院的空间递进关系，打造具有仪式感的归家流线，并结合景观设置丰富的公共交往空间，创造健康生态的居住环境。设计遵循海绵城市的建设原则，采用透水铺装、雨水花园等措施，同时使用保温结构一体化、太阳能利用等节能技术，建设节能环保的生态社区。

雄安宣武医院

Xiongan Xuanwu Hospital

项目业主：首都医科大学宣武医院雄安院区
建设地点：河北 雄安
建筑功能：医疗建筑
用地面积：138 860平方米
建筑面积：280 000平方米
设计时间：2019年—2021年
项目状态：在建
设计单位：北京市建筑设计研究院有限公司第五建筑设计院

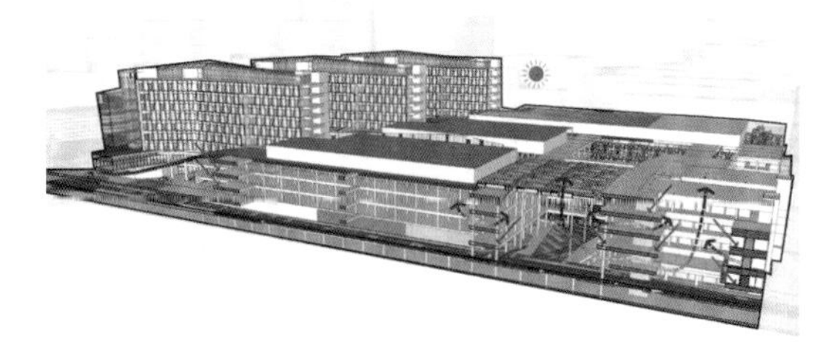

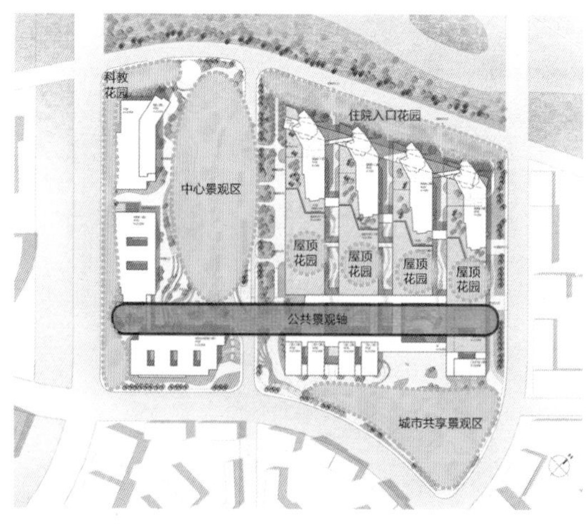

项目是在雄安新区建设的第一家综合医院，将承担医疗、教学、科研、预防保健和康复任务，为雄安及其周边居民提供高水准、全方位的优质医疗服务；同时作为京津冀协同发展和非首都功能疏解的重要组成部分，承担分流前往首都核心区就诊患者的诊治任务。

项目是设计总承包工程，医疗功能复杂，专业技术难度较大，分包专项设计多。第五建筑设计院作为设计总承包方，负责多方协调对接，整体把控设计质量；经济专业进行全过程造价咨询，分阶段配合各专业控制造价，保证限额工程资金的高效使用。

中国医学科学院阜外医院深圳医院二期

Chinese Academy of Medical Sciences Fuwai Hospital Shenzhen Hospital Phase II

项目业主：深圳市建筑工务署工程设计管理中心
建设地点：广东 深圳
建筑功能：医疗、科研建筑
用地面积：6 500平方米
建筑面积：69 500平方米
设计时间：2020年—2021年
项目状态：设计中
设计单位：北京市建筑设计研究院有限公司第五建筑设计院

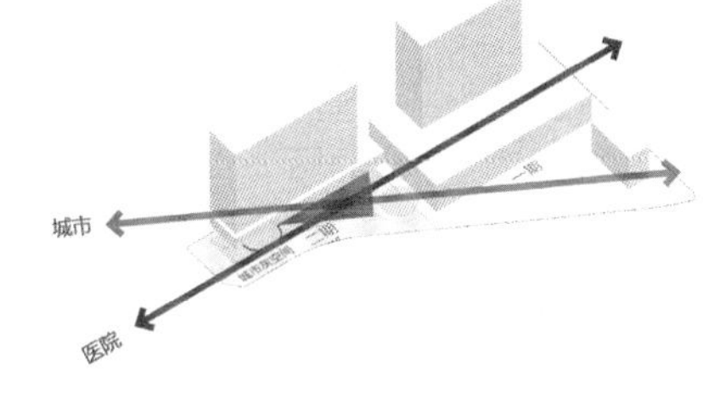

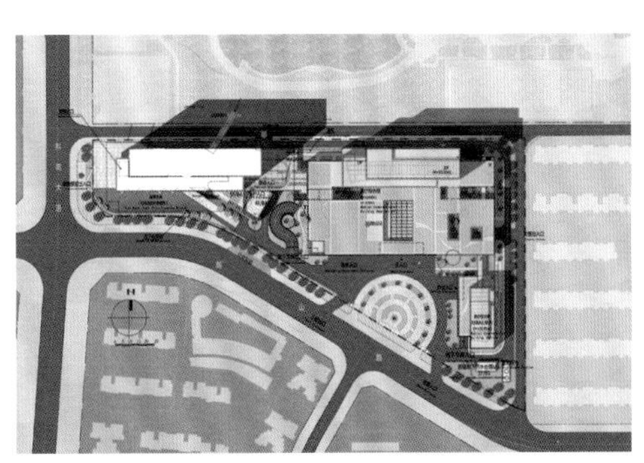

中国医学科学院阜外医院深圳医院项目是由国家心血管病中心（中国医学科学院阜外医院）和深圳市政府联合创办的公立心血管专科医院，也是深圳市及华南地区唯一一家高起点、高水平的心血管专科医院。该项目是深圳市政府医疗卫生“三名工程”重点项目。

作为医院二期工程，设计师以“轴线”和“对位关系”的规划思路对建设用地进行了整体布局。建筑采用与一期高层部分相同的进深尺度，使二者形成对位关系，南侧布置广场和绿化，与建筑互为依托，形成花园式医院的景观效果。建筑利用体块穿插的设计手法，选用阜外医院的标志性红色元素，形成整体造型的亮点。

自贡希尔顿花园酒店

Hilton Garden Hotel Zigong

项目业主：四川友华房地产开发有限公司
建设地点：四川 自贡
建筑功能：酒店建筑
用地面积：22 478平方米
建筑面积：119 900平方米
设计时间：2017年
项目状态：方案
设计单位：北京市建筑设计研究院有限公司
第五建筑设计院

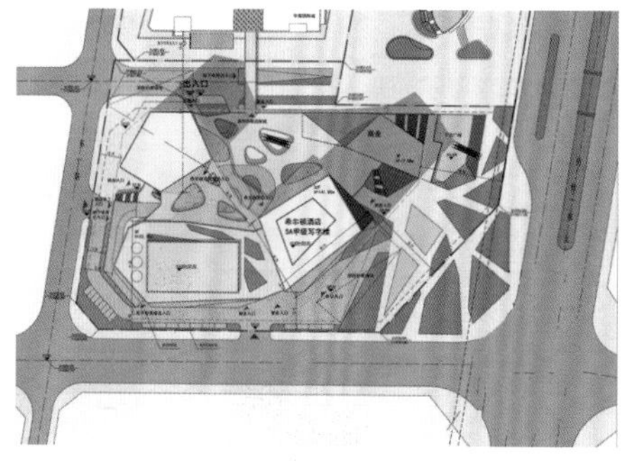

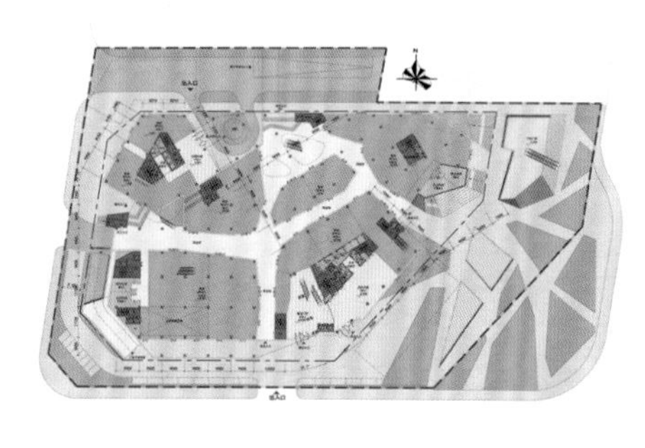

建筑形象简洁、清晰，设计针对希尔顿酒店与花园酒店双品牌特点，通过室外平台连接共享公共设施。酒店地下室位于核心位置，兼顾设施合用及交通均衡。设计融合中国古老的传统艺术“自贡剪纸”，秉承质朴丰润、清新明快的艺术风格，传达出更多的城市地标信息。

设计采用立体化分流，以提升用地竖向利用效率，首层商业动线连接城市各个界面，成为汇聚的中心；办公与公寓机动车流线位于用地外围，方便高效进出并避免交叉；酒店机动车落客区独立于二层平台，营造闹中取静的到达体验。

长沙五矿广场

Changsha Minmetals Plaza

项目业主：湖南矿湘置业有限公司
建设地点：湖南 长沙
建筑功能：商业综合体
用地面积：22 900平方米
建筑面积：187 498平方米
设计时间：2020年
项目状态：方案
设计单位：北京市建筑设计研究院有限公司第五建筑设计院

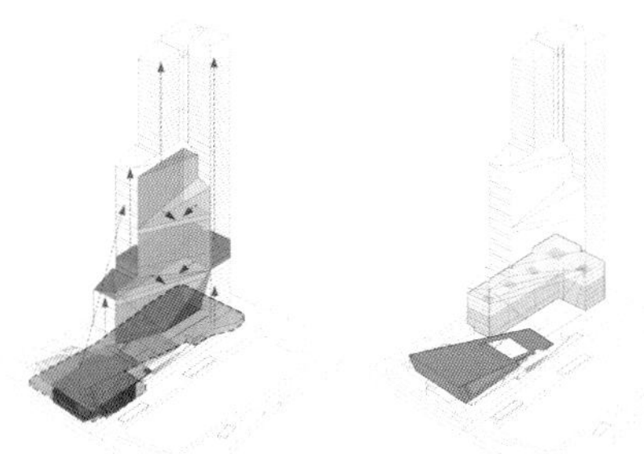

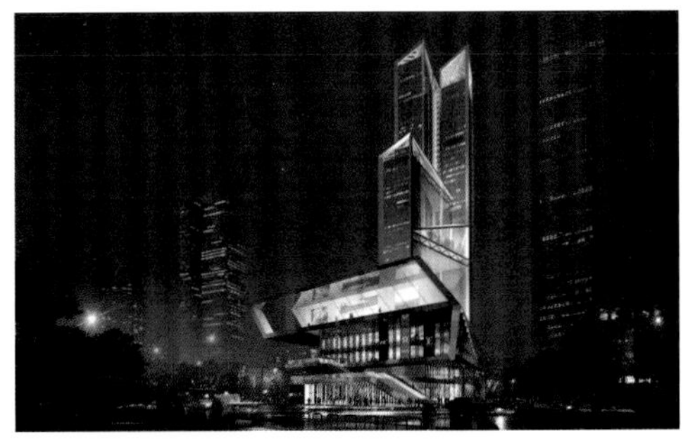

项目位于南湖新城与市中心交接处，用地毗邻湘江和橘子洲头，是一座超高层城市综合体。建筑整体造型设计源于“晶体矿石”，建筑形象硬朗大气、典雅精致，符合五矿集团的气质和形象；幕墙肌理如湘江风帆一般展开，取意“百舸争流，千帆竞发”的意境。

设计采用超高层单塔与多层商业裙房组合的布局形态。超高层位于用地西侧，塑造沿江地标，俯瞰湘江、远眺岳麓山，尽占景观优势，建筑平面也尽可能沿江景和山景视野展开，充分发掘用地价值。裙房位于用地东侧，面向城市主街界面，打造业态混合的精品商业，并通过强势导入人流，展示项目活力，形成新的时尚生活目的地。

设计通过艺术空间的配置，运用材质、色彩、艺术来创造丰富的空间功能布局，将空间赋予艺术文化功能，体现艺术化装置的冲击力。建筑师在设计中增加多层次的照明设施，注重光、影、线的结合，打造具有质感、品位感的空间环境，提升空间感及艺术性。整体设计利用自然光和通风，采用合理有效的措施，尽力降低能源消耗，体现生态思想和节能观念，满足可持续发展的需要。使用现代、艺术、传承的设计语言，打造具有经济适用、安全环保、集约高效的空间环境。

朝阳区档案馆新馆

The New Chaoyang District Archives

项目业主：北京市朝阳区机关后勤服务中心
建设地点：北京
建筑功能：办公建筑
用地面积：15 386平方米
建筑面积：40 060平方米
精装面积：10 351平方米
设计时间：2019年—2020年
项目状态：在建
设计单位：北京市建筑设计研究院限公司第五建筑设计院

北京经济技术开发区南海子郊野公园B-04-4地块精装修

Beijing Economic and Technological Development Zone Nanhai Country Park b-04-4 Plot Fine Decoration

项目业主：北京国苑体育文化投资有限责任公司
建设地点：北京
建筑功能：办公建筑
设计面积：2 810平方米
建筑面积：13 489平方米
设计时间：2020年
项目状态：在建
设计单位：北京市建筑设计研究院有限公司第五建筑设计院

崇礼太舞度假酒店公寓雪皓居

Chongli Tai Dance Resort Hotel Apartment Xuehaoju

项目业主：张家口崇礼太舞旅游度假有限公司
建设地点：河北 张家口
建筑功能：居住建筑
建筑面积：75 380平方米
设计面积：21 057平方米
设计时间：2017年—2018年
项目状态：建成
设计单位：北京市建筑设计研究院限公司
第五建筑设计院

国家行政学院大有书馆

China National School of Administration Dayou Library

项目业主：中共中央党校
建设地点：北京
建筑功能：文化建筑
设计面积：1 631平方米
建筑面积：13 008平方米
设计时间：2019年
项目状态：建成
设计单位：北京市建筑设计研究院限公司第五建筑设计院
获奖情况：2020年北京市最美书店和特色书店
2020年BIAD室内装修专项设计奖